机器人焊接

项目化教程

邵佳洪 主 编
张银辉 副主编
孙慧平 主 审

化学工业出版社
·北京·

内 容 简 介

本书分为两个模块：摩托车模型的制作和压力容器的焊接。摩托车模型的制作模块下设置六个项目，分别为：摩托车模型认知、车头制作、车架制作、车座制作、其他部件的制作以及模型整体的组对与焊接。压力容器的焊接模块下设置五个项目，分别为：压力容器焊接技术入门、压力容器的焊前准备、各类焊缝的焊接机器人工作站系统焊接、机器人与焊接变位机的协同焊接、低压容器的焊接质量检验。两个模块下共有34个教学任务。本书以工作过程为主线设计教学项目体系，以学生现实能力为依据安排教学难度，以项目成果为教学效果检验标准。本书配套有各项目的作业指导书，便于学生自学。

本书可作为中高职院校工业机器人技术、焊接技术及相关专业的教材，也可作为岗位培训用书，还可供相关工程技术人员参考。

图书在版编目（CIP）数据

机器人焊接项目化教程/邵佳洪主编．—北京：化学工业出版社，2022.3

ISBN 978-7-122-40412-1

Ⅰ.①机…　Ⅱ.①邵…　Ⅲ.①焊接机器人-教材
Ⅳ.①TP242.2

中国版本图书馆CIP数据核字（2021）第250854号

责任编辑：葛瑞祎　王听讲　　　　文字编辑：宋　旋　陈小滔
责任校对：王佳伟　　　　　　　　装帧设计：刘丽华

出版发行：化学工业出版社（北京市东城区青年湖南街13号　邮政编码100011）
印　　装：北京京华铭诚工贸有限公司
787mm×1092mm　1/16　印张17¾　字数436千字　2022年4月北京第1版第1次印刷

购书咨询：010-64518888　　　　售后服务：010-64518899
网　　址：http://www.cip.com.cn
凡购买本书，如有缺损质量问题，本社销售中心负责调换。

定　　价：49.80元

序

《机器人焊接项目化教程》是浙江省慈溪技师学院组织数名专业教师采用项目教学法，按照工厂生产任务、生产工序编撰的实用性、操作性很强的教材。这本教材有以下三大特点：

一是教育目标符合学生发展。以知识与技能目标为重点，同时注重教学过程与方法的科学性，实现学生核心素养培养目标的达成。

二是学习内容体现时代特征。学习内容图文并茂，广泛运用视频及多媒体等多种教学载体，采用理实一体、工学结合，让学生做到手脑并用，有利于基础知识和操作规范的理解和记忆。

三是教学形式激发学生兴趣。在教学活动中，教师以启发、互动方式进行教学，突出了学生的主体地位，改变了以往以教师为中心的传统形式，充分发挥学生学习的主动性。学生经过自己动手动脑掌握学习内容，完成工作任务，产生成就感和喜悦感，提高学习的积极性。

这本教材有两个模块，十一个项目，34 个任务。模块一分为六个项目 19 个任务进行教学和实训。针对摩托车规格类型介绍摩托车结构，以 2018 款哈雷摩托车模型为例，结合摩托车在工厂生产的工序，使学生通过焊接生产项目的过程学习，分析各部件制作工艺，深入了解制作过程中相关材料性能和折弯、等离子切割、钣金成型、各种焊接数据计算及制作工艺，对焊接夹具的选用、焊接位置的确定、焊接方法的选择、焊缝质量的检验进行分项目训练，明确任务目标，按要求分步实训，由浅入深、由易到难，符合职业教育规律和学生的认知规律，有利于学生掌握理论，提高技能。模块二分为五个项目 15 个任务进行教学和实训。以低压容器机器人焊接为例，通过了解压力容器的性能与要求，理解机器人焊接压力容器所需的焊接参数、工艺和方法。通过介绍不同母材材质的压力容器，让学生学会焊材的选用、焊接方法的选择、保护气的使用、坡口形式加工等。通过模块二的教学，能够让学生学会 KUKA、ABB、OTC 等焊接机器人的编程、示教和焊接等，通过反复训练，不断提高学生解决机器人焊接难题的能力。

《机器人焊接项目化教程》是编写者针对焊接技术应用专业学生的特点编制的，出版之前根据教学实际经过多次修改和完善，力求科学性和正确性。这本教材既可作为中职、高职及应用型本科机械类专业焊接课程的教材，也可作为相关企业员工培训以及高校本科相关专业师生学习的参考用书。

李建军

博士、教授，中国工程焊接协会副秘书长，

中国石油天然气管道局专家咨询委员会委员

2021 年 4 月 30 日

前 言

本书是为适应机器人焊接技术应用型人才紧缺，但在校学生对具有一定危险性、劳动环境差的焊接技能训练兴趣不高的现实而开发的项目化教材。本书以寓教于乐、循序渐进为原则，选择摩托车模型工艺品和低压容器两类产品为教学载体，以制作过程为主线，以项目化形式组织教学内容，采用理实一体化方法实施教学。教学内容按回顾既往、巩固前修知识与技能、拓展新知识、演示新技能的顺序，引导学生在理论指引下，模仿教学案例完成新项目训练，制作下一个项目所需构件，环环相扣，从易到难直至制作完成一件完整产品。通过“做中学”“学中做”带给学生成功的体验，激发学生学习与训练的积极性。

本书分为两个模块、十一个项目，共34个教学任务，以工作过程为主线设计教学项目体系，以学生现实能力为依据安排教学难度，以项目成果为教学效果检验标准。本书具有如下编写特点。

1. 项目任务难度恰当，项目成果清晰可视

本书按照项目化教学要求，将产品过程进行了碎片化，对教学内容进行重构，突破了传统机器人焊接教材庞杂纷繁的框架结构，有利于在有限的教学时间内取得设定的教学成果。教学内容直观、实施简便，成果可视化、可检验性强。

2. 兴趣与技能并重，知识学习与技能训练同步展开

本书摩托车模型制作模块突出兴趣性、观赏性，同时安排有大量的薄板气体保护焊接、氩弧点焊等高难度操作技能训练，以成品的美观程度可一目了然地判定学生的技能掌握程度。低压容器焊接突出实用性、工业化生产，通过完整的压力容器制作与检验过程的学习，训练学生从事高质量焊接工作的能力，并以直观的水压试验和金相验证学生的焊接质量。

3. 资源丰富充实、信息量大、实用性强

本书配套建设了教学资源库，并提供了作业指导书可以帮助教师方便地组织教学活动，有利于初学者课外模仿训练，做到时时可学。

本书由慈溪技师学院邵佳洪担任主编，张银辉担任副主编。具体编写分工如下：车桃炯编写了模块一的项目一，谢奎编写了模块一的项目二，戚恩平编写了模块一的项目三，方晨阳编写了模块一的项目四，陈世杭编写了模块一的项目五和六，邵佳洪和张银辉共同编写了模块二，施金辉负责文稿整理和全书的统筹工作。

本书由孙慧平教授担任主审，他认为本书突出了项目化教材特色，将理论知识和实操课

程相结合，具有较强的实践性和导向性；内容编排合理，项目使用灵活，难度深浅适中，符合职业教育教学及学生心理结构构建规律和学习特点。此外，孙教授还对书稿提出了很多宝贵意见，在此表示衷心感谢。

本书的编写是对建立职业教育项目化教材课程体系的初步探索，囿于编者水平有限，衷心希望使用本书的读者对本书存在的不当之处提出宝贵的意见。

编者

2021 年 11 月

目 录

模块一 摩托车模型的制作

模块二 压力容器的焊接

模块一　摩托车模型的制作

项目一 摩托车模型认知

任务一 摩托车模型功能与结构分析

任务目标

1. 熟悉摩托车的发展历程。
2. 认识常用摩托车的主要种类。
3. 对比分析实用摩托车及其模型的结构组成和主要功能。

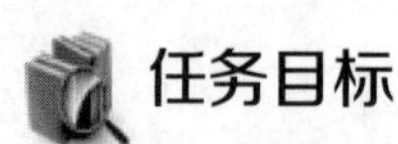

相关知识

一、摩托车的发展历程和主要种类

1. 摩托车的发展历程

1885 年 8 月 29 日，德国的戴姆勒制造出世界上第一辆以汽油发动机为动力的摩托，是世界上第一辆获得发明专利的摩托车，现存于德国慕尼黑科学技术博物馆。摩托车 100 多年的发展经历了沧桑巨变，100 多年前车辆制造尚停留在马车技术阶段，汽油发动机性能低级，无论在外形、结构还是性能上，与现代摩托车都有着巨大差别。

1903 年，美国哈利公司生产了第一款进入市场销售的车型，采用自行车车架，发动机气缸工作容积 409mL，功率 2.94kW。19 世纪 90 年代至 20 世纪初出现的第二代摩托车，采用了充气橡胶轮胎、滚珠轴承、离合器和变速器、前悬挂避震系统、弹簧车座等众多新发明和新技术，使得摩托车具有了实用价值，得以在工厂批量生产。

20 世纪 30 年代之后，随着科学技术的不断进步，摩托车采用了后悬挂避震系统、机械式点火系统、鼓式机械制动装置、链条传动等新技术，摩托车的发展又登上了新台阶，进入了成熟阶段，广泛应用于交通、竞赛以及军事方面。

20 世纪 70 年代之后，摩托车采用了电子点火技术、电启动、盘式制动器、流线型车体护板等技术，90 年代又发明了尾气净化技术、ABS 防抱死制动装置等，使摩托车成为造型美观、性能优越、使用方便、灵活快速的先进的机动车辆。大排量、豪华型摩托车，如图 1-1 所示的哈雷摩托车，已经移植了当今汽车先进技术。

1951 年 8 月，我国正式开始自行试制、生产摩托车，由北京汽车制配六厂完成的 5 辆重型军用摩托车被命名为井冈山牌，最高车速可达 110km/h。到 1953 年，井冈山牌两轮摩托车年产量突破 1000 辆，开辟了我国摩托车工业新纪元。摩托车工业经过半个多世纪的风雨沧桑，形成了比较完善的生产、开发、营销体系，有相当一部分独立自主的知识产权，有一批名牌产品覆盖市场，图 1-2 所示为升仕 310 摩托车。

图 1-1　2018 款哈雷摩托车

图 1-2　国产升仕 310 摩托车

改革开放之后，我国摩托车工业迅速崛起，经过摩托车工业企业和广大从业人员的努力拼搏，历经起步、发展、整合、重组，跌宕起伏的艰难发展，现已跻身世界摩托车生产大国，成为汽车工业的重要组成部分。随着经济的发展，摩托车在我国的消费市场正在历经变革，摩托车已经从过去的通用交通工具开始转变为时尚消费型摩托车。

2. 摩托车的种类

摩托车有多种分类方式，不同国家有不同的分类方法。国际标准（ISO 3833-1977）按速度和重量将摩托车分为两用摩托车和摩托车两类。我国摩托车的分类有两种方法，一种是按排量和最高设计速度，分为轻便摩托车和摩托车。轻便摩托车发动机工作容积不超过 50mL，最高设计速度不大于 50km/h；摩托车指发动机工作容积大于 50mL，最高设计速度超过 50km/h 的两轮或三轮摩托车。另一种是按车轮的数量和位置分为两轮车、边三轮车和正三轮车三类。

习惯上，一般按用途、结构、发动机型式和工作容积来分类。如将作为城市内、短距离的代步工具，速度不超过 50km/h、结构紧凑小巧的摩托车，称为微型摩托车或轻便摩托车；经常用于城乡之间往返，能二人骑乘，发动机工作容积为 125～250mL 的摩托车称为普通摩托车；行驶在道路条件较差、要求高速行驶或用作一般竞赛的，则称为越野摩托车。

二、摩托车模型的结构组成与功能

各类摩托车深受广大年轻一代的喜欢，摩托车模型也成为社交的重要时尚产品。本书综合各类摩托车的结构与外观特点，制作了一种可以供学生学习手工电弧焊、钣金加工和机器人焊接等相关知识和操作技能的摩托车模型，如图 1-3 所示。

实用两轮摩托车一般由发动机、传动系统、行走系统、操纵机构和电气设备五大部分组成，摩托车模型主要用于完成机械零部件的成型以及构件焊接技术的学习，故将模型分为车头、车架、车座和其他四部分，以便学生学

图 1-3　摩托车模型

习相关的知识及培养相应的操作技能。

1. 车头部分

实用两轮摩托车的车头通常由支架、转向机构、减震器、挡泥板、挡泥板架、车头灯罩、车头大灯、转向灯等组成。摩托车模型用各种常用标准件和部分自制件来实现相应的功能，如图 1-4 所示。

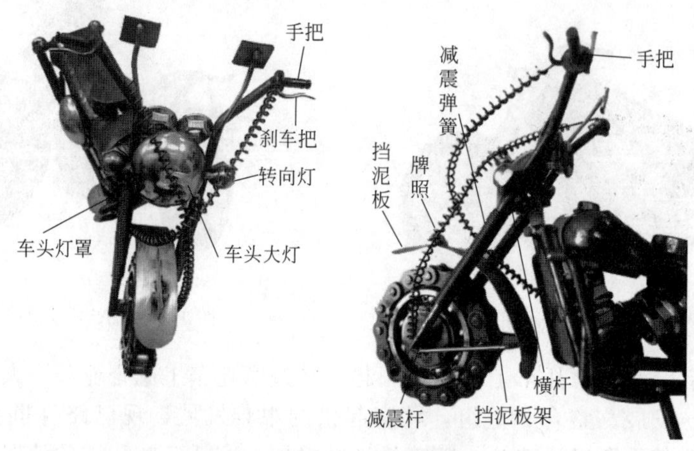

图 1-4 摩托车模型的车头

摩托车的车头主要用于控制驾驶方向，摩托车及乘员的部分质量经减震杆传递至前轮，而前轮受到路面冲击所产生的冲击载荷通过减震器缓冲后传至车体。驾驶人员通过手把转动车头支架，从而操纵安装在支架上的前轮转向。右侧手把用于控制发动机的节气门开合度，从而控制车速；左侧手把为前制动器握把，一般为固定的把套，与刹车把配合控制离合器，实现摩托车的制动。

为尽可能地仿真实用车头结构，模型的转向机构中采用可转动螺栓与螺母连接来表示，螺栓头外缘与车头支架的横杆焊接，螺母的外缘与车架焊接，可实现车头相对于车架的灵活转动。支架横杆与两根减震杆焊接成 H 形 ，用圆柱螺旋弹簧代表前减震器，并与减震杆焊接成型；横杆前上方焊有半球形壳体用以代表车头罩；车头罩上方焊有两个来代表仪表盘和里程表的 M6 自锁螺母；车头罩前方的车大灯采用一个 M8 自锁螺母表示，转向灯则为两个 M6 带盖螺母。减震杆上端冷弯成与主体部分成接近 90°，以便与手把焊接；手把下方焊接有弯曲成刹车把形状的小圆杆。

通常采用滚子链条和深沟球轴承焊接成车轮的主体部分，轴承内圈的两端焊接有盖板，以方便与减震杆和挡泥板支架的焊接。挡泥板支架上点焊有薄板冷弯的半圆状挡泥板，其上点焊有代表车牌的长方形薄板。

2. 车架部分

车架是摩托车的骨架，主要用来支承发动机、变速传动系统、座垫、油箱以及摩托车乘员的重量，并设计有安装连接机构，使整车能够支承在车轮上。同时还需承受行驶中产生的冲击和振动载荷。车架部分一般由主车架、挡风架、后减震器、排气管、踏板、撑脚架等组成，如图 1-5 所示。

摩托车模型的主车架结构主要采用杆件，与少量板件焊接成型。主车架 1 号杆用于焊接连接车头的螺母和后车轮组件；主车架 2 号杆用于固定发动机，并与 1 号杆组成主车架的主体网架，尾部焊接有代表排气管的圆柱螺旋弹簧；主车架 3 号杆主要固定后减震器，下部水

图 1-5 车架结构

平段与 2 号杆焊接成一体，前部向上倾斜段与车座壳体焊接成一体，后部倾斜段焊接有代表排气管的圆柱螺旋弹簧。后减震杆上焊接有直径较小的圆柱螺旋弹簧，代表后减震器的减震弹簧。

挡风架采用两根热弯成型的圆杆表示，与 1 号杆和 2 号杆焊接成一体，以进一步强化整体车架。挡风架与 1 号杆的前面焊接有一块三角板的薄板作为挡风板。将标准平垫片一分为二作为踏板，与主车架两侧的 2 号杆焊接成型；摩托车模型左侧踏板与主车架 2 号杆交接处配上撑脚架。

3. 车座部分

摩托车的车座为驾驶和乘坐人员提供舒适的位置，并保证骑行者的安全，也是展示摩托车整体结构的主要构件。良好的外观，可以使摩托车更加美观、灵动飘逸。摩托车模型的车座部分是与乘坐人员直接接触的主要部分，由发动机罩、乘员座、油箱盖、后挡泥板、尾灯以及装饰件等部分组成，如图 1-6 所示。

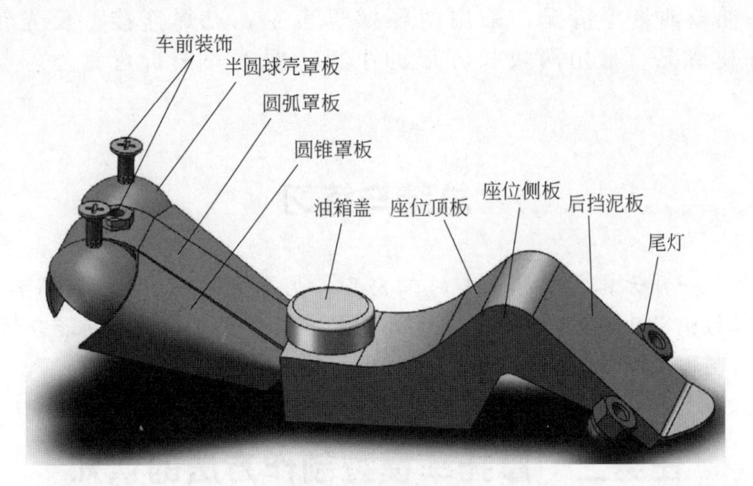

图 1-6 车座结构

发动机罩由两块半圆球壳罩板、一块圆弧罩板和两块圆锥罩板焊接成一体，用于保护发动机及油箱，其上焊有装饰用的两个螺钉和一个螺母。乘员座部分由一块座位顶板和两块座位侧板焊接成型，后挡泥板与座位顶板做成一体。在发动机罩与乘员座交界处设计有油箱盖，采用圆柱形壳体代表，与两者均用点焊连接。在座位侧板的向后延伸段上焊接有代表尾灯的两个带盖六角螺母。

4. 其他部分

摩托车的发动机是其核心部件，结构复杂，零件数量多，最大程度的仿真制作难度极大。本书主要用于培养学生的焊接与钣金加工能力，因此对发动机进行了大幅度的简化，仅采用代表发动机外壳的薄壳和代表气缸的特种螺钉，如图 1-7 所示，故归为其他部分进行阐述。车轮有前车轮和后车轮两种，仅有极少部分有所区别，也归为其他部分进行阐述。

除此之外，刹车线、仪表盘、反光镜也作为其他部分处理，如图 1-8 所示。

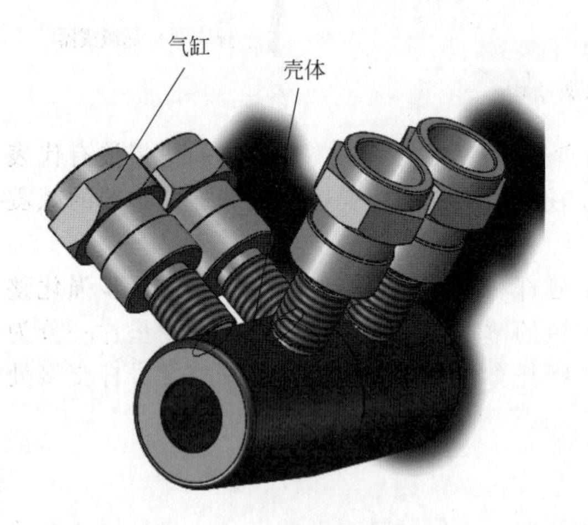

图 1-7 发动机构件

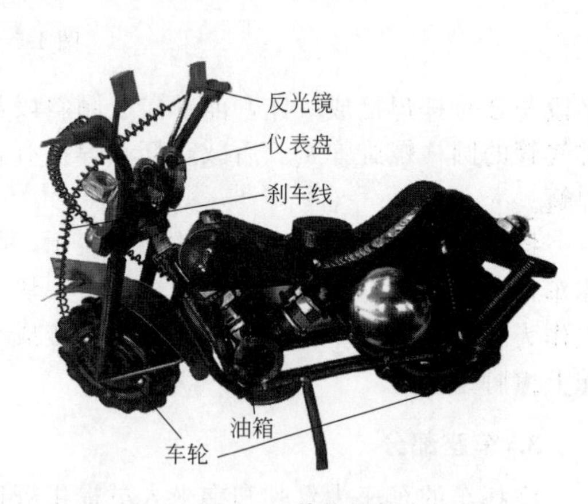

图 1-8 其他辅件

刹车线用于将手动制动力传递到摩托车的刹车盘，用一条细钢丝套上细弹簧表示，一条连接右手把和前轮，另一条连接左侧手把和车架。仪表盘用来显示摩托车的行驶速度、里程、油箱油量等情况，采用两颗螺母表示，点焊连接。反光镜，用于观察后面车辆的行驶情况，采用两块长方形的小板，配上一根折弯钢丝，与减震杆固定焊接。

总结与练习

摩托车模型是一种仿真实用摩托车的工艺品，也是学生练习和提高焊接水平的重要载体，选择一种容易获得且相对熟悉的国产实用摩托车，完成其结构和功能分析，对理解后续各部分零部件的制作具有重要意义。

任务二 摩托车模型制作方法的认知

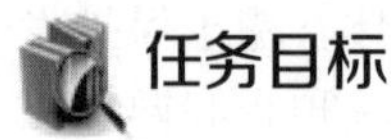

任务目标

1. 熟悉摩托车模型制作的常用工艺方法。
2. 掌握相关工艺参数选定的技巧。

3. 能够根据制作要求选择合理的工艺方法。

相关知识

一、摩托车模型的制作工艺种类

摩托车历经100多年的发展，积累了从设计制造到表面涂装的大量成熟工艺。摩托车模型是实用摩托车的仿真，主要采用薄板、杆件和标准件制作，包括薄板的下料、冲压和铆焊成型，杆件的切割、折弯及点焊等多种工艺方法。为更好地完成本书指定摩托车模型的制作，应当了解和熟悉主要的制作工艺和方法。

1. 杆件折弯

杆件折弯即在外力的作用下形成符合设计要求的形变，有冷弯和热弯两种方法。在常温下进行的弯曲称冷弯，常由钳工完成。当杆件尺寸较大时（直径超过5mm），需要边加热边进行弯曲的称热弯，常由锻工完成。按工艺特点，弯曲又可分为压弯、滚弯和拉弯。压弯是最常用的弯曲方法，常用通用机械压力机或液压机，或专用折弯压力机。

热弯是把杆件加热至杆件的规定弯曲温度下再使杆件弯曲的过程。一般钢铁材料冷态和热态的机械强度有显著变化，温度上升到300℃以上时强度开始急剧下降，到700℃时其强度不足冷态强度的1/10。杆件的热弯就是利用钢铁材料的这一特性，先在杆件需要热弯部位做上记号，再将杆件加热至900℃左右，呈橘红色时进行弯曲。杆件外侧受拉伸，内侧被挤压，形成一小段圆弧。

2. 氩弧焊

氩弧焊是薄板与细杆焊接成型常用的一种焊接方法，使用惰性气体氩气作为保护气体，具有以下特点。

① 焊缝质量高。氩气是一种惰性气体，不与金属起化学反应，合金元素不会被烧损，而氩气也不溶于金属。焊接过程基本上是金属熔化和结晶的过程，保护效果好，能获得较为纯净及高质量的焊缝。

② 焊接变形应力小。电弧受氩气流的压缩和冷却作用，电弧热量集中，且氩弧的温度很高，热影响区小，焊接时产生的应力与变形小，特别适用于薄件焊接和管道打底焊。

③ 焊接范围广。几乎可以焊接所有金属材料，特别适宜焊接化学成分活泼的金属或合金。摩托车模型制作中，氩弧焊比较适合不同材料的杆件和薄板等构件之间的焊接。

氩弧焊根据电极材料的不同可分为钨极氩弧焊（不熔化极）和熔化极氩弧焊。根据其操作方法不同可分为手工、半自动和自动氩弧焊。根据电源不同又可以分为直流氩弧焊、交流氩弧焊和脉冲氩弧焊。摩托车模型制作常用钨极脉冲手工氩弧焊焊接方法。

3. 机器人等离子切割

等离子切割是利用气体在高温高压下等离子化，形成高能的等离子气流束加热和熔化被切割材料，并借助高速气流将熔化材料排开，直至等离子气流束穿透工件背面而形成切口。

等离子弧切割设备由电源、割炬、控制系统、气路系统和冷却系统等组成。等离子弧的电源一般采用陡降外特性的直流电源，受电压变化影响小，切割稳定，同时多采用直流正接方法，即工件接正极，电极接负极。常用切割气体如表1-1所示。

表 1-1 常用切割气体

气体	氢气(H_2)	氩气(Ar)	氮气(N_2)	氧气(O_2)	压缩空气	组合气体 He Ne N_2 H_2
特性	1. 导热性好 2. 纯氢气密度小,不适合单独使用 3. 充当氩气的补充气体可以在高速切割时得到高质量的切割面	1. 易熔融物吹出 2. 所需电压低 3. 所需能量低 4. 成本过高	1. 导热性良好 2. 和 Ar 混合进行切割可以提高导热性,得到高切割质量 3. 使用纯 N_2 切割时,切割面气孔多	1. 能够氧化金属,易于切割 2. 减少熔融物的黏性,易被吹出 3. 切割边缘小 4. 切割面毛刺较少	1. 便宜 2. 飞溅小,颗粒细小 3. 切割速度很高时,切割面质量好,毛刺较小 4. 空气中 N_2 含量高,切割面易出现气孔	氧化性不足

等离子弧柱的温度可达10000～30000℃，远超所有金属和非金属的熔点。等离子弧主要依靠熔化而非氧化反应来切割材料，能够切割绝大多数材料，并且切口窄，切割面的质量好，切割速度快，切割厚度可达150～200mm。

摩托车模型制作材料主要为结构钢和合金钢，可以选用氧气作切割气体。

4. 钣金成型

钣金加工是针对6mm以下金属薄板的一种综合冷加工工艺，包括剪切、冲裁、折弯、焊接、铆接、模具成型及表面处理等，其显著的特征就是同一零件厚度一致。

钣金加工分为非模具加工和模具加工两类。非模具加工通过数冲 、激光切割、剪板机、折床、铆钉机等设备对钣金进行加工的工艺方式，一般用于样品制作或小批量生产，成本较高。模具加工通过固定的模具对钣金进行加工，一般有下料模、成型模，主要用于大批量生产。

钣金的下料方式主要有数冲、激光切割、剪板机、模具下料等，数冲为目前常用方式，激光切割多用于打样阶段，加工费用高，模具下料多用于大批量加工。钣金成型主要是钣金的折弯、拉伸。

(1) 钣金折弯　钣金的折弯主要使用折弯机床，一次折弯精度为±0.1mm，二次折弯精度为±0.2mm，三次及以上折弯精度为±0.3mm。折弯加工一般须遵循由内到外，由小到大，先折弯特殊形状、再折弯一般形状的顺序，避免前工序成型后对后继工序产生不良影响或干涉。

材料弯曲时，在其圆角区上的外层受到拉伸，内层则受到压缩。当材料厚度一定时，内层半径 r 越小，材料的拉伸和压缩就越严重；当外层圆角的拉伸应力超过材料的极限强度时，就会产生裂缝和折断。因此，应避免过小的弯曲圆角半径，常用材料的最小弯曲半径见表1-2。

表 1-2 折弯件的最小弯曲半径

材　料	最小弯曲半径
08、08F、10、10F、DX2、SPCC、E1-T52、0Cr18Ni9、1Cr18Ni9、1Cr18Ni9Ti、1100-H24	$0.4t$
15、20、Q235、Q235A、15F	$0.5t$
25、30、Q255	$0.6t$
1Cr13、H62(M、Y、Y2、冷轧)	$0.8t$

续表

材　料	最小弯曲半径
45、50	1.0t
55、60	1.5t
65Mn、60SiMn、1Cr17Ni7、1Cr17Ni7-Y、1Cr17Ni7-DY、SUS301、0Cr18Ni9、SUS302	2.0t

注：弯曲半径是指弯曲件的内侧半径，t 是材料的壁厚。

弯曲件成型后很容易因为回弹而影响成品的精度。影响回弹的因素很多，主要包括材料的力学性能、壁厚、弯曲半径以及弯曲时的正压力等。折弯件的内圆角半径与板厚之比越大，回弹就越大。在弯曲区压制加强筋，不仅可以提高工件的刚度，也有利于抑制回弹。

(2) 钣金拉伸　钣金的拉伸主要由数冲或普冲完成，需要各种拉伸冲头或模具。拉伸件形状应尽量简单、对称，尽可能一次拉伸成型。需多次拉伸的零件，应允许表面在拉伸过程中可能产生的痕迹。在保证装配要求的前提下，应该允许拉伸侧壁有一定的倾斜度。

拉伸件底部与直壁之间的圆角半径应大于板厚，即 $r_1>t$ 。为了使拉伸进行得更顺利，一般取 $r_1=(3\sim5)t$，最大圆角半径应小于或等于板厚的 8 倍，即 $r_1\leqslant8t$。拉伸件凸缘与壁之间的圆角半径应大于板厚的 2 倍，即 $r_2>2t$，为了使拉伸进行得更顺利，一般取 $r_2=(5\sim10)t$，最大凸缘半径应小于或等于板厚的 8 倍，即 $r_2\leqslant8t$。圆形拉伸件的内腔直径应取 $D\geqslant d+10t$，以便在拉伸时压板压紧不致起皱，如图 1-9 所示。

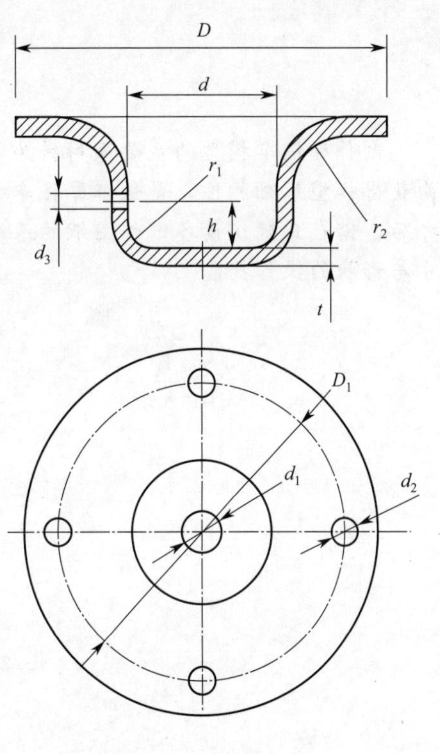

图 1-9　拉伸圆角要求

矩形拉伸件相邻两壁间的圆角半径 r_3 应取 $\geqslant3t$，为了减少拉伸次数，r_3 应尽可能取 $\geqslant H/5$，以便一次拉出来。圆形无凸缘拉伸件一次成型时，高度 H 和直径 d 之比应小于或等于 0.4，即 $H/d\leqslant0.4$。

拉伸件由于各处所受应力大小各不相同，使拉伸后的材料厚度发生变化。底部中央保持原来的厚度，底部圆角处材料变薄，顶部靠近凸缘处材料变厚，矩形拉伸件四周圆角处材料变厚。在设计拉伸产品时，对产品图上的尺寸应明确注明必须保证外部尺寸或内部尺寸，不能同时标注内外尺寸。

二、摩托车模型的制作工艺熟悉

1. 杆件热弯

本次练习为使用氧-乙炔气割器，在台虎钳辅助下，完成使用一原料长度为 22mm、直径为 5mm 的 Q235A 圆钢的 90°弯曲成型。

首先，对杆件需要热弯处进行标记，在距离两端 10mm 和 8mm 处分别划线，将杆件固定在台虎钳上，使用氧-乙炔火焰对标记处进行加热，加热至橘红色后用大力钳对杆件进行折弯至 90°，放入水里冷却后测量成型角度是否满足要求。

2. 机器人等离子切割

本次练习是利用工业机器人和等离子切割系统，在一块 200mm×200mm×3mm 的 Q235 薄板上切割出一个直径 100mm 的圆。

首先，将前述薄板平铺在切割支架上，并保证板水平；再利用前修课程掌握的焊接机器人编程技术完成 ϕ100 圆切割示教编程；最后操作机器人完成圆的切割。

总结与练习

制作摩托车模型的主要原材料为圆钢和薄板，获得符合制作要求的下料尺寸，并通过弯曲获得模型基础构件，是保证摩托车模型尺寸精度及外形美观的前提。因此，完成理论学习之后，需在正确识读各零件图纸的基础上，进行圆钢切割与弯曲练习，以掌握保证正确的尺寸与形状的操作技能。

项目二 车头制作

任务一 车头结构认知

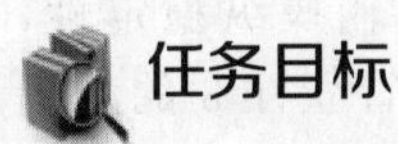

任务目标

1. 熟悉两轮摩托车的前叉结构形式。
2. 分析摩托车模型车头结构组成及特点。
3. 熟悉车头结构件的制作工艺及制作难点。

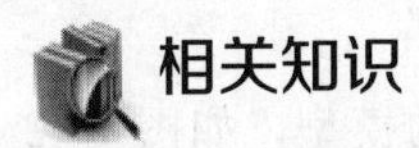

相关知识

一、两轮摩托车的前叉结构形式

摩托车品种类型很多，家用摩托车主要有二轮摩托车、正三轮摩托车、边三轮摩托车，二轮摩托车又分为骑式和踏板式。但无论何种类型的摩托车，均由发动机、传动机构、行驶机构、安全设备和操纵等部分组成。本书以二轮骑式摩托车为参照对象，构建摩托车模型，阐述摩托车模型构件的制作。

摩托车在行驶过程中，特别是在凹凸不平的低质路面上行驶时，车轮将承受来自路面的冲击性垂直反力、车轮旋转产生的离心力、发动机的振动及其他惯性力，并传递到车架上，如图 1-10 所示。部分冲击力和振动，最终将作用到骑乘人身上。如果冲击力的幅值和频率

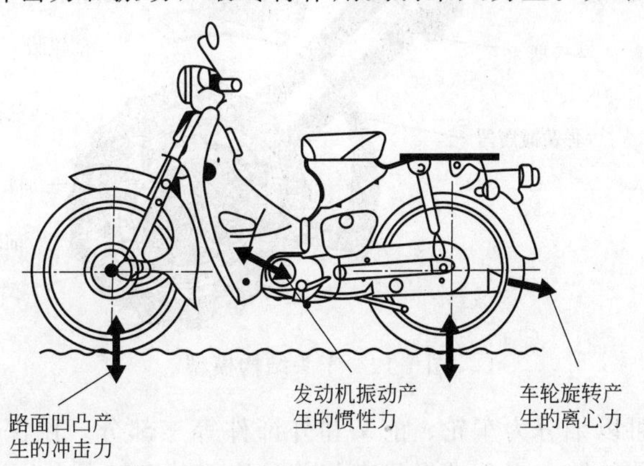

图 1-10 摩托车受力图

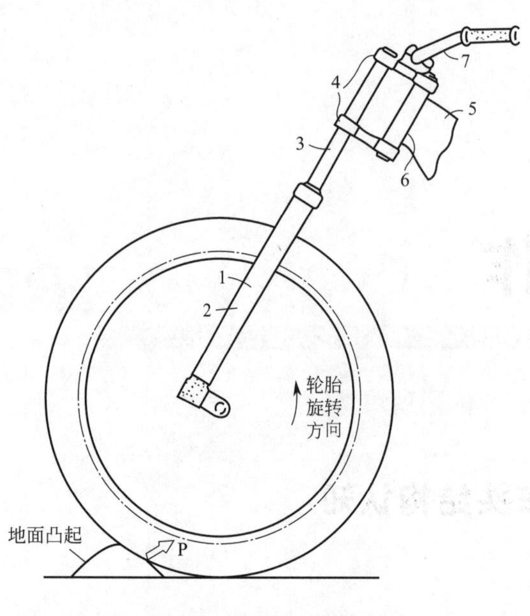

图 1-11　车头结构示意图

1—前叉套管；2—前叉管；3—叉管立柱；4—连接板；5—车架；6—前立管；7—方向把

超过人的承受范围，将引起疲劳，影响行车安全并造成摩托车各零部件的松动、机械疲劳。

为了缓和与衰减摩托车在行驶过程中受到的冲击和振动，保证行车的平顺性与舒适性，提高摩托车的使用寿命和操纵的稳定性，摩托车上均设置有悬挂和减震装置。二轮摩托车的车头结构如图 1-11 所示。

前叉内装有缓冲装置，下端通过缓冲部件与摆臂连接，摆臂的另一端与前车轮车轴连接。前叉是前车轮悬挂减震支承部件，由前叉套管 1 和前叉管 2 组成，相互配合并可自由伸缩，内封装有液压减震器等缓冲减震机构。考虑车辆操纵稳定性，前叉倾斜一定的角度。叉管立柱 3 的上端通过上下连接板 4 与车架 5 的前立管 6 相连接，连接板 4 上设有方向把 7。前叉可相对于车架 5 自由转动。

二、车头结构组成

本项目所要完成的任务是一种参照上述两轮摩托车车头结构专门设计的模型，如图 1-12 所示。

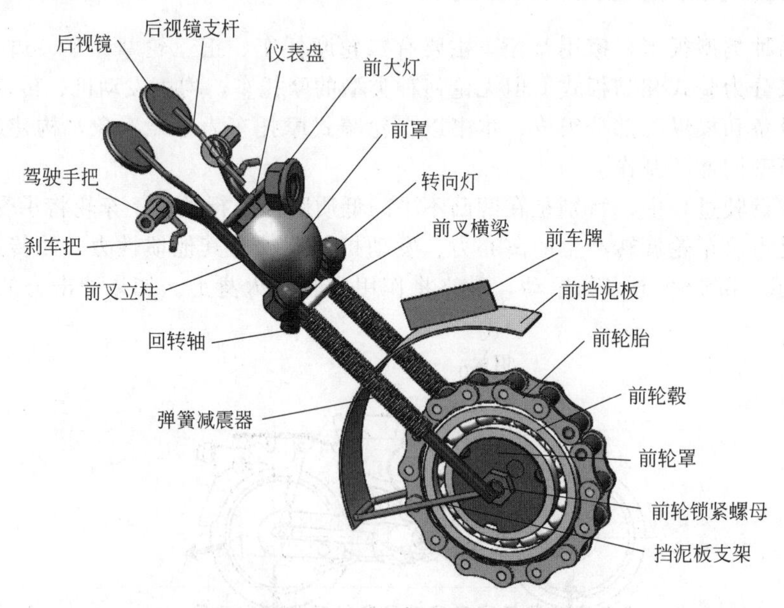

图 1-12　车头结构模型

摩托车车头模型可以细分为车轮、前叉和外饰件等三部分。用深沟球轴承代表前轮毂，滚链围成的圆环代表前轮胎，六角螺母代表与前叉连接的车轴，并用冲裁成型的薄钢片代表前轮罩。各零件之间采用点焊连接。

前叉是摩托车的重要部件，但液压缓震器制作精度要求高，故采用弹簧减震器结构。前叉由弯折成型的前叉立柱和刹车把，冲压成型的前罩，以及法兰螺母代表的前大灯、仪表盘，有盖螺母代表的转向灯，铆钉代表的驾驶手把等组成。两前叉立柱之间用一圆柱形前叉横梁连接，横梁上焊接有代表回转轴的六角螺钉。

此处外饰件指后视镜和前挡泥板及牌照。后视镜由冲压成型的薄板件、弯折成型的细钢丝焊接成一体。前挡泥板采用薄板手工弯曲成型，与细钢丝手工弯折成型的挡泥板支架、薄板代表的牌照焊接成一体，并与车轮连接成一体。

三、车头结构件的常用制作工艺

分析上述描述的摩托车模型车头组成，构件可以分成以下几类：

① 紧固件。包括铆钉、六角螺钉、法兰螺母、有盖螺母、六角螺母等；

② 标准件。包括深沟球轴承、标准滚子链等；

③ 薄板成型件。包括剪切成型的牌照、手工弯曲成型的前挡泥板、冲压成型的后视镜和前罩；

④ 钢丝成型件。包括切割成型的前叉横梁，手工弯折成型的后视镜支杆、刹车把和前挡泥板支架，以及冷弯成型的前叉立柱、弹簧。

综上所述，专门设计的摩托车模型各构件的制作，覆盖了冷作加工的大部分工艺，包括切割、弯折、冲裁等；模型装配以点焊为主，包括薄板与薄板的焊接、薄板与细杆的焊接，以及细杆与细杆之间的焊接。通过以上可以很好地训练学生完成各种成型工艺的学习。

总结与练习

摩托车模型车头由多种不同材质、不同形状的零件焊接而成，其中车轮部分采用标准件为主体零件焊接而成。对于已掌握基本焊接操作技能的学生，选择与前修课程类似的焊接构件，有利于知识迁移与技能提升。因此，选择模块一项目二任务一练习题图所示的车头结构件中的链条与深沟球轴承焊接制作为训练课题，完成其制作要点与难点分析。

模块一项目二任务一练习题图

任务二 简单杆件的冷弯成型

任务目标

1. 了解冷弯成型工艺的适用范围。
2. 能够熟练识读冷弯成型杆件零件图。
3. 掌握冷弯加工的操作步骤与要领。
4. 完成简单杆件的冷弯成型。

相关知识

一、冷弯成型工艺

冷弯成型是一种节材、节能、高效的钢材成型新工艺、新技术，经过半个多世纪的发展已经成为最有效的板材金属成型技术。近些年来，冷弯型钢产品作为重要的结构件，在建筑、汽车制造、船舶制造、电子工业及机械制造业等许多领域得到了广泛的应用。其产品类型极其广泛，包括普通的导轨、门窗等结构件，以及具有特殊用途的专用型材。

发达国家的冷弯成型技术工艺已经历了近百年的发展，1838～1909 年是发现和试生产时期，1910～1959 年是创建和逐渐推进冷弯成型工艺时期，1960 年至今为冷弯成型生产的快速发展阶段。我国自 20 世纪 50 年代后期开始，经过艰难曲折的发展，20 世纪 80 年代实现了冷弯型钢的快速发展，目前已有 800 多种冷弯产品。

1. 冷弯成型理论

在冷弯成型的过程中影响因素众多、成型过程复杂，至今还没有能够精确分析这一过程的理论。常用的理论分析方法主要有简化分析与运动学法、能量法和数值算法。简化分析与运动学法的本质思想是分别考虑横向弯曲变形和纵向弯曲变形，在分析中横向变形应用弹塑性理论及纯弯曲理论分析，纵向变形等同为弹塑性薄壳来分析，是早期冷弯成型研究方法。能量法先计算材料的变形功，然后通过最小能量法求解相关量。

数值算法包括有限元法和有限条法，其中有限元法比较成熟，应用的主要方法有刚塑性有限元法和弹塑性有限元法。刚塑性有限元法利用刚塑性材料的变分原理和虚功原理，忽略材料的弹性变形。弹塑性有限元法的理论基础是有限变形弹塑性理论及有限变形弹塑性变分原理的离散化理论。

2. 传统冷弯成型工艺

传统的冷弯成型工艺有单张成型、成卷成型、连续成型、联合成型。

单张成型是预先将板材料切割成指定长度，然后通过选料辊将板材送入成型机进行成型。成卷成型和连续成型的工艺基本相同，其不同之处就是连续成型的板材连接处必须焊接，使板材连续不断地成型加工；而成卷成型则是单卷供给。联合成型是加工特种钢材的成型工艺，型钢对成型工艺有特别要求，需要有复杂的成型设备。

3. 冷弯成型新技术

近年来，在传统冷弯型钢成型工艺上发展出了局部加热成型、热冷弯成型和变截面成型等新技术。局部加工技术是将冷弯成型过程中受力最大、金属变形最剧烈的变形区域加热到指定温度，从而降低材料的强度，提高金属的塑性。局部加热成型技术适用于强度比较高、伸长率低的高强度钢的成型，同时能够得到弯曲半径较小的型钢产品。

热冷弯成型技术是将冷弯成型和淬火工艺集成在同一工序的成型技术，即将板材在进入轧辊之前加热到奥氏体状态，经过轧辊压轧成型以后淬火处理得到均匀马氏体组织。其特点是被加工产品的长度可以不受限制，板材的利用率高达 90%，节省了材料。

柔性冷弯成型技术是近年来发展迅速的一门技术，解决了型钢成型产品截面单一的问题。常用的变截面成型工艺有三维冷弯成型工艺、分支冷弯成型和非等厚冷弯成型技术。

二、冷作识图基础知识

完整的装配图一般由标题栏、明细栏、零部件序号、各组成零件间的相互位置和装配关系、主要零件的结构形状、必要的尺寸、技术要求等内容组成；完整的零部件图一般由一组视图（包括零件具体形状尺寸、位置尺寸、公差标注等完整的尺寸，技术说明、技术标注文字描述）、标题栏、明细栏等组成。

冷作图样有整体和分件两种表达方法。整体形式一般用于较简单构件的表达，通常用一张较全面的图样来表达构件的形状和详细尺寸；分件形式常用于较复杂部件的表达，一般采用一张表达装配关系的总图，并附每一零部件的详图形式。

冷作图样与一般产品图样相比具有以下特点：

① 冷作图样通常由总装图、部件图和零件图等组成；

② 冷作图样上轮廓结合处的线条密集，细节部分往往难表达，图样中局部放大图、断面图、向视图、省略画法等较多；

③ 冷作图样上一般只标出主要的尺寸，某些零件的尺寸没标出，需通过放实样或计算确定；

④ 图样上通常不标出毛坯的拼接要求，需要根据技术要求、受力情况安排拼接焊缝的位置、拼接方式；

⑤ 有些构件图样上结合处的接缝形式、连接方式没有标明，需要根据技术要求、加工工艺进行结构处理确定；

⑥ 冷作图样中相贯线、截交线较多。

冷作图样的识读，一般先从总图入手，明确各零部件的组合形式及相互关系，了解总图技术要求及图框内容；然后对零部件图进行详细分析，确定各构件的形状、尺寸、材料等；最后制定生产工艺，投入制作。

三、冷作加工工序

冷作加工的基本工序包括矫正、放样、剪切、弯曲、冲压、胀接、铆接及焊接等。

1. 矫正

材料在制造、运输以及制作产品的过程中，不可避免地受到各种不同的外力作用，引起不同程度的变形。矫正就是通过外力或加工产生的作用，使材料变得平直或使断面变回应该有的形状。

矫正的方法很多，根据矫正时钢材的温度不同可分为冷矫正和热矫正。冷矫正是在常温下进行，冷矫正时会产生冷加工硬化现象，它只适用于塑性较好的材料。热矫正是在 700～

1000℃左右的高温下进行，适用于材料变形、塑性差或设备能力不够，以及手工矫正不能完成等情况，对操作者的技术要求较高。

手工矫正只需简单工具，操作灵活，但效率较低，劳动强度大，通常用于矫正一些变形量不大、截面尺寸较小的零件或构件。机械矫正劳动强度低，技术要求较低，但不适用于高弹性、高脆性的材料。火焰矫正不但适用于材料变形较大的矫正，也适用于结构件在制造过程中和制造后期变形的矫正。用手工和机械矫正方法矫正的工件，也能使用火焰进行矫正，但火焰矫正不适用于细小或薄形构件的矫正。

2. 放样

冷作产品通过放样才能进行下料。放样就是根据冷作图样，按构件的实际尺寸或一定比例画出该构件的轮廓，或将曲面摊成平面，以准确地确定构件的尺寸，作为制造样板、加工或装配工作的依据，这一工作过程称为放样。随着数控切割机的使用，放样工序可以直接在计算机上完成。

放样需要划线工具和辅助工具作出轮廓线，如图 1-13 所示。常用的工具有划线平台、划针、样冲、划规、卷尺以及 90°角尺，放样划线精度能达到 0.25～0.5mm。

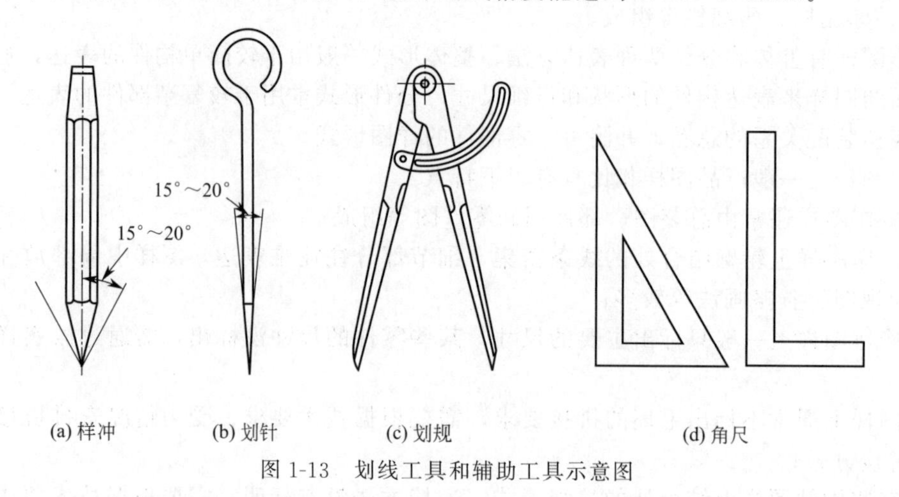

图 1-13 划线工具和辅助工具示意图

划线平台是划线的主要工具，将需要划线放样的工件放置在划线平台上，利用划针可直接在工件上划出加工线条。样冲用硬质材料做成，用于在工件所划线条上冲眼，作为加工界限标志，或者把样冲眼作为划圆弧或圆的中心定位孔。90°角尺可以作为划平行线或垂直线的导向工具。

3. 剪切

剪切就是将工件制作所需的毛坯从大块原材料上切割出来，常用火焰切割和金属切割。金属切割具有切口光滑、整齐美观的优点。金属切割设备主要有剪板机、联合冲剪机、锯床、砂轮切割机等。

4. 弯曲

弯曲就是将材料弯成一定角度或一定形状的工艺方法。弯曲时根据材料的温度不同可分为冷弯与热弯，热弯又分为自然热弯和附加外力热弯。附加外力热弯主要是为了解决弯曲时外力不足、材料塑性不够的问题；自然热弯就是利用火焰矫正的原理，在没有设备、设备能力不足或有设备用不上的情况下才使用。对材料进行弯曲加工的设备有卷板机、弯管机等。卷板机可以将板材卷成筒体及锥体；小型弯管机经常用来弯制小段简单形状的管子，复杂大段的管子（如蛇形管）可以在专用的大型弯管机流水线上加工。

5. 压制成型

压制成型是一种在压力机上利用模具使板材成型的工艺方法。根据压制材料的温度不同可分为冷压和热压。对于压弯、压延来说，板料的成型完全取决于模具的形状与尺寸，对于压延来说，模具一般都是专用的，对于旋压和折边来说，模具多为通用。压延使用的设备有机械式压力机、液压式压力机。压弯使用的设备有各种压力机、折边机。旋压使用的设备有旋压机、收口机。

6. 旋压

被加工的坯料在旋压模具的操纵下，完成由点到线，由线到面的形变，从而使之成为人们需要形状的工艺过程，称为旋压，分为热旋压和冷旋压两种。冷旋压的加工厚度对于碳素钢来说一般为 1.5～2mm，对于有色金属一般在 3mm 以下，板厚超出此范围的，则必须采用热旋压。

7. 铆接和胀接

利用铆钉把两个或两个以上的零件或构件（通常是金属板或型钢）连接为一个整体，这种连接方法称为铆接。铆接的主要优点是工艺简单、连接可靠、抗振和耐冲击。但与焊接相比较，其缺点是结构笨重，铆钉孔削弱了被连接件截面的强度，生产率低，连接的经济性和紧密性都不如焊接。由于焊接和高强度螺栓连接的发展，铆接的应用已逐渐减少。

胀接广泛应用于管子与管板的连接，是一种利用管子和管板变形来达到密封和紧固的连接方法。胀接时，在管子的内壁均匀地施加压力，对管子直径进行扩胀。当压力超过管子材料的屈服点后，管子达到塑性变形状态，使管子和管板之间胀合。此时，管子外壁也对管板孔壁施加小于管子内壁上的压力，由于管板的孔间距远大于管子的壁厚，因此，管板外壁仅处于微扩的弹性变形状态，管板孔壁的径向回弹压力就对管子外壁产生紧固作用，从而达到牢固的结合。

四、角形弯折的手工操作

零件尺寸不大时，角形弯折工作通常在台虎钳上进行。将材料夹持在台虎钳上，保持合适的夹持力度，并使弯折线恰好与钳口衬铁对齐。当弯折工件在钳口以上部分较长或板料较薄时，应用左手按住工件上部，用木锤在靠近弯曲部位轻轻敲打，如图 1-14(a) 所示。如果敲打板料上方，易使板料翘曲变形，如图 1-14(b) 所示。

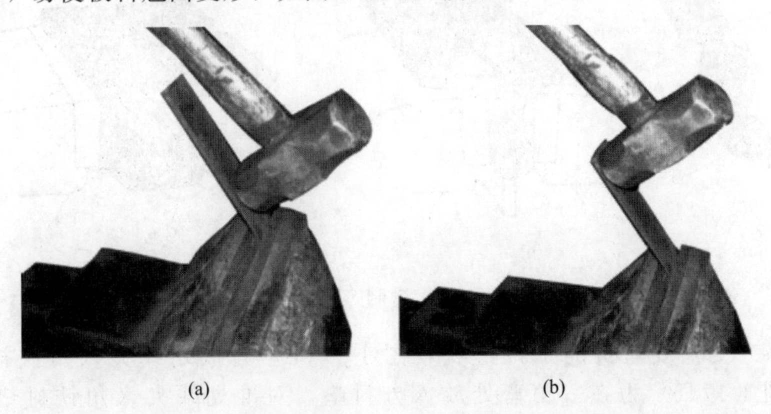

图 1-14 钳口上段较长时的角形弯折操作示意图

若板料在钳口以上部分较短，可用硬木垫在弯角处，再用力敲打硬木，如图 1-15 所示。若钳口宽度比零件宽度小时，可借助夹持如图 1-16(a) 所示工具先夹紧材料，再将它们在台虎钳上夹紧，进行材料的弯折，如图 1-16(b) 所示。

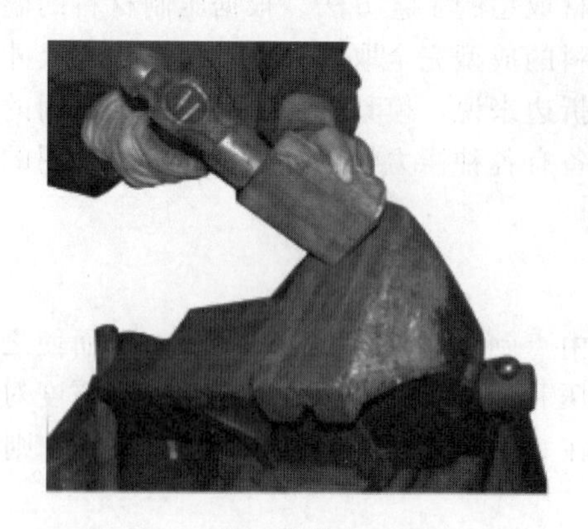

(a) 正确的操作

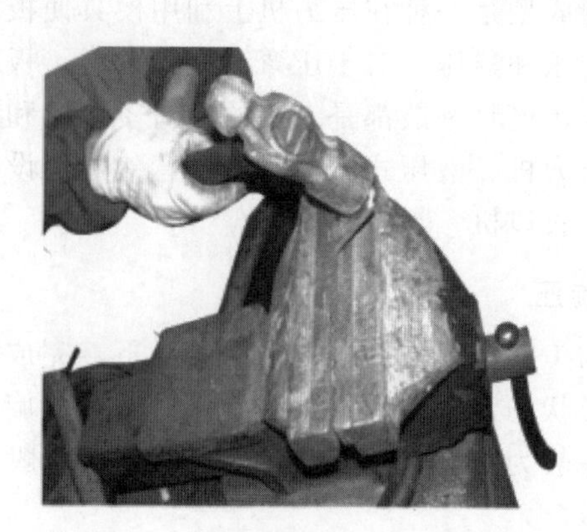

(b) 错误的操作

图 1-15 钳口上段较短时的角形弯折操作示意图

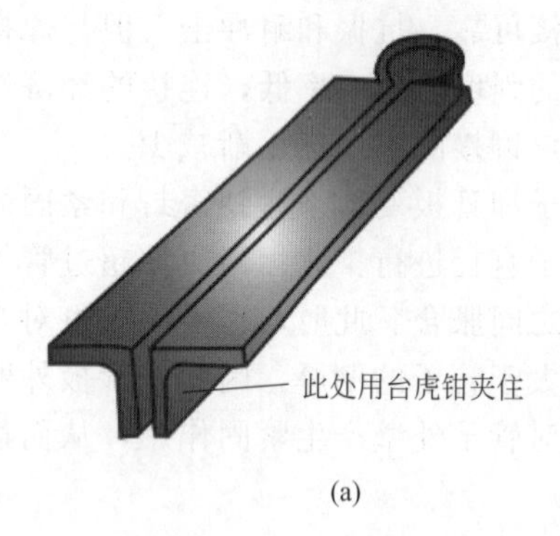

(a)

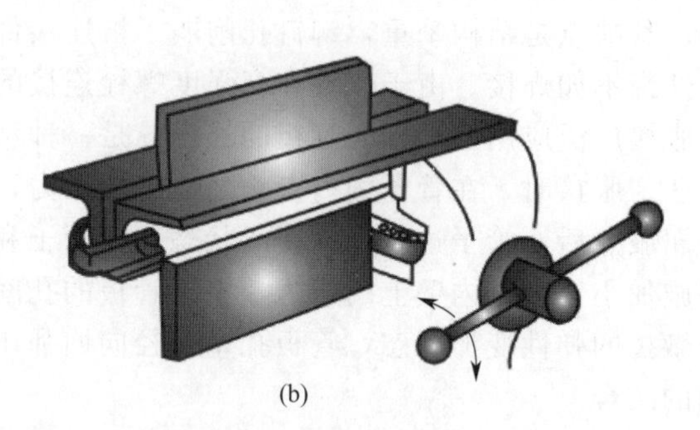

(b)

图 1-16 钳口宽度较小时的角形弯折操作示意图

弯制 S 形构件时，需要借助木垫或金属垫等辅助工具。首先依划线夹持板料，弯成 α 角，然后将方衬垫垫入 α 角，再弯折 β 角，如图 1-17 所示。

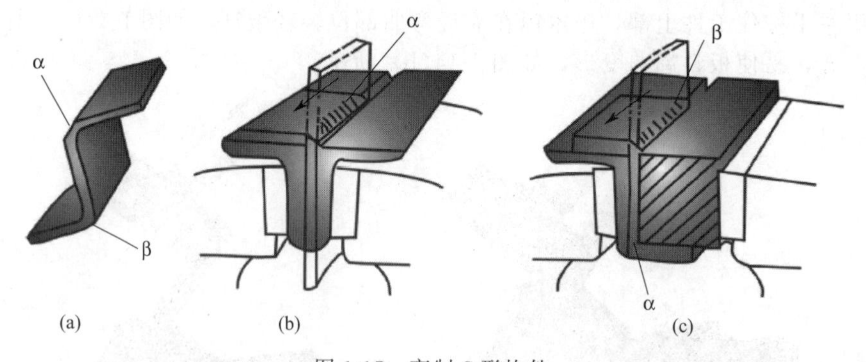

(a) (b) (c)

图 1-17 弯制 S 形构件

图 1-17(a) 为需要弯折的工件形状，图 1-17(b) 为依划线夹入角铁衬垫，弯制 α 角的操作，图 1-17(c) 为在 α 角弯处放入方衬垫，对准划线夹入角铁衬垫弯制 β 角的操作。

弯制 n 形构件时，先弯成 α 角，再用衬垫弯成 β 角，最后弯成 θ 角。弯曲封闭的盒子时，其方法步骤与弯形件大致相同，最后夹在台钳上，使缺口朝上，再向内弯折成型，如图 1-18 所示。

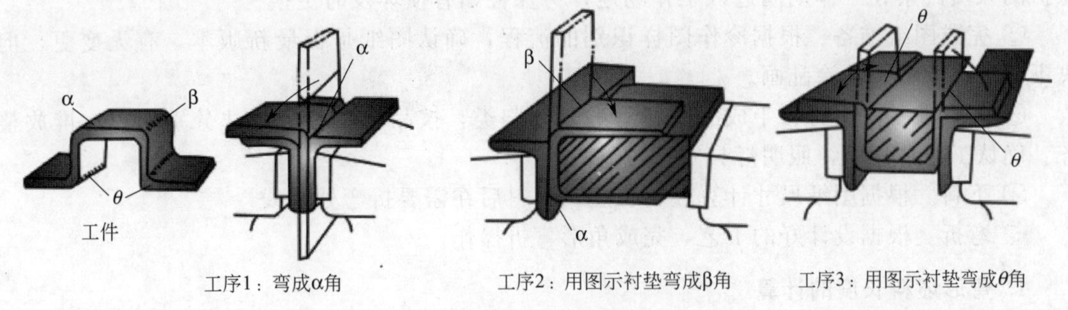

图 1-18　弯制 n 形构件

五、简单杆件冷弯成型操作

在车头部分由钢丝制作的主要构件有如图 1-19 所示的挡泥板支架，图 1-20 所示的后视镜支架和刹车把。本节详细介绍挡泥板支架的制作，其余两构件用于实操训练。

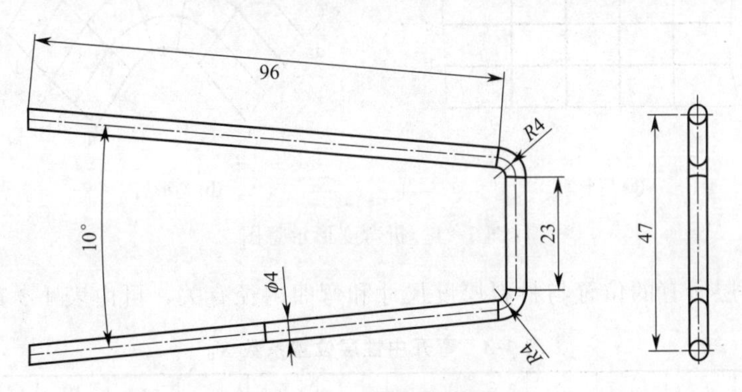

图 1-19　挡泥板支架

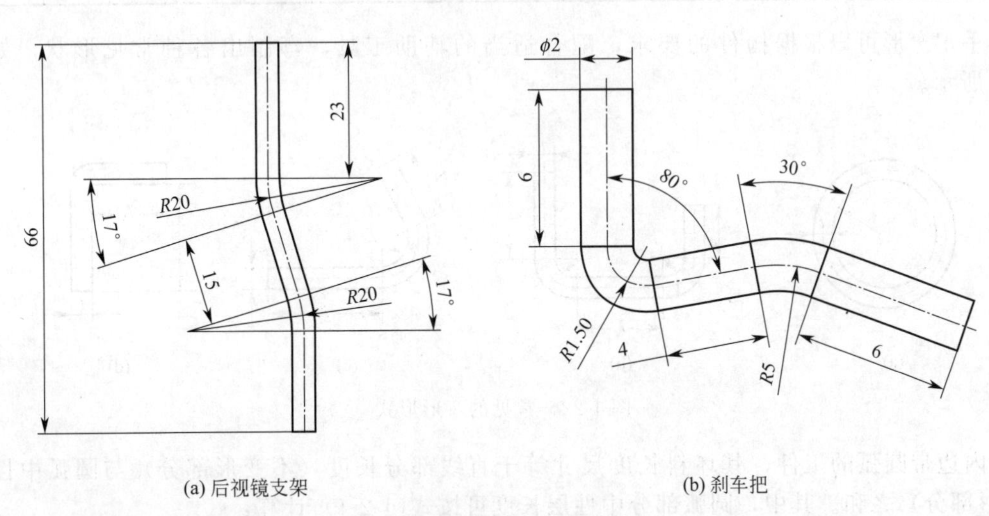

图 1-20　后视镜支架和刹车把

挡泥板支架采用材质为Q235A的直径4mm钢丝制作，属于尺寸较小、塑性较好的零件，可手工冷弯成型。冷弯作业的标准流程如下：

① 穿戴整齐的工作服、佩戴好防护帽，不得一边操作一边闲聊。没有做好着装和安全保护的人员严禁在工作期间进入工作场地，劳保鞋如有损坏及时更换。

② 完成图纸准备。根据冷作图样识别的流程，确认图纸是否最新版本，有无变更，但决不允许在图纸上乱涂乱画。

③ 物料准备。钢材、半成品等所有的材料归类，按品种、规格尺寸分别标识、堆放整齐。确认工作台稳固，照明灯具安全可靠。

④ 下料。根据图纸尺寸计算坯料长度，下料后在需要折弯处划线。

⑤ 弯折。根据设计好的工艺，完成角形弯折操作。

1. 弯形坯料长度的计算

工件弯曲后外层材料受拉伸作用而伸长，内层材料受挤压作用而缩短，只有中间一层材料长度不变，称为中性层，如图1-21(b) 所示的c层。

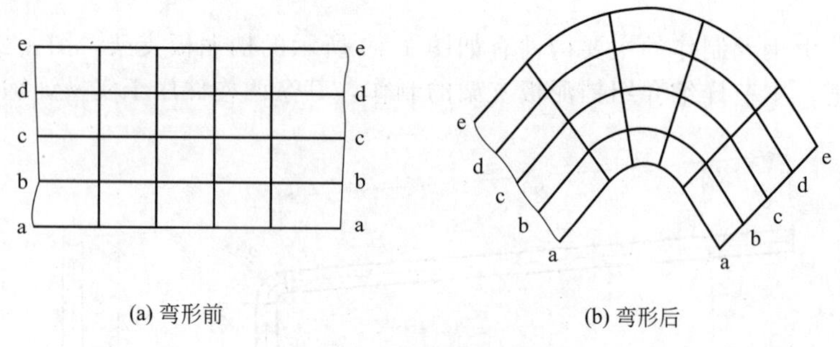

(a) 弯形前　　(b) 弯形后

图1-21　折弯变形示意图

变形后中性层所有的位置与材料厚度尺寸和弯曲内径有关，可由表1-3查得。

表1-3　弯开中性层位置系数 X_0

r/t	0.25	0.5	0.8	1	2	3	4	5	6	7	8	10	12	12	≥16
X_0	0.2	0.25	0.3	0.35	0.37	0.4	0.41	0.43	0.44	0.45	0.46	0.47	0.48	0.49	0.5

手工弯形可以根据构件的要求，配合适当的辅助工具，弯制出各种常见形状，如图1-22所示。

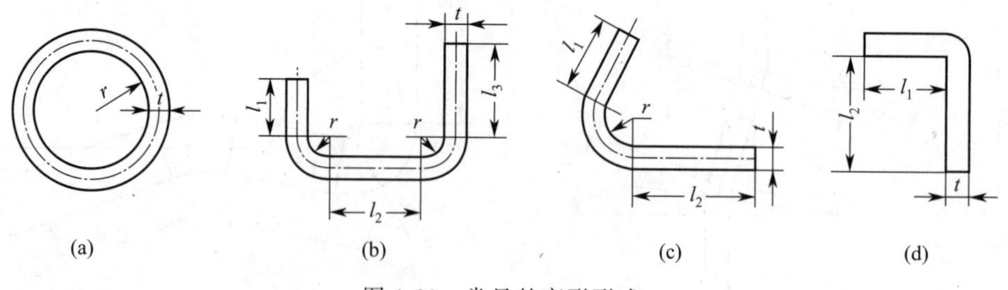

(a)　(b)　(c)　(d)

图1-22　常见的弯形形式

内边带圆弧的工件，其坯料长度尺寸等于直线部分长度（不变形部分）与圆弧中性层（弯形部分）之和。其中，圆弧部分中性层长度可按式(1-2-1) 计算：

$$A=\pi(r+X_0t)\alpha/180 \tag{1-2-1}$$

式中，A 为圆弧部分中性层长度，mm；r 为弯形半径，mm；X_0 为中性层位置系数；t 为材料厚度，mm；α 为弯形角，(°)，即弯形中心角，如图 1-23 所示。

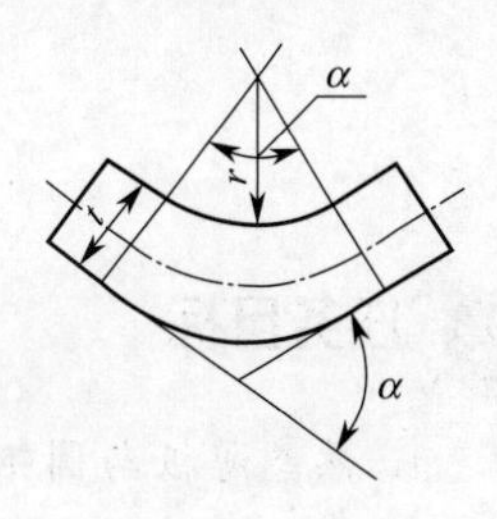

图 1-23 弯形角

2. 下料剪切

取一段直径符合图样要求的圆钢，按上述公式计算好的尺寸，并在两端留一定的磨光余量，划线或调整下料机挡板尺寸至下料长度。

对于存在弯曲或扭转的圆钢应事先调直，杆件下料尺寸公差一般取为±2mm。在正式下料前，应检查滚剪设备的运行情况，清除轨道上的杂物，保持设备的良好运行状态。

3. 折弯

按以下操作步骤完成挡泥板支架、后视镜支架和刹车把的冷弯。

① 进行细杆件手工折角弯形时，首先应在细杆件需要折弯处划出折弯线，然后将细杆件夹持在台虎钳上，使所划的弯形线与台虎钳钳口的棱角对齐，然后夹紧。弯形时，首先用木锤或锤子把杆料两端敲弯成一定的角度，以便定位，然后再一锤挨着一锤沿着折弯线顺次将杆料全部敲弯成型。

② 杆件折角弯形时，若台虎钳的夹紧力较大，可使杆料的圆角半径减小，棱线平直而明显，弯形质量好。在进行杆料手工折角弯形时，应尽量提高台虎钳的夹紧力，并保证台虎钳在弯形过程中不能有松动的现象。

4. 成型质量检查

工件弯曲成型并经过校平后，应按技术要求检查弯形件的质量。主要检查项目为平面度和角度，平面度检查时，将工件平放在测验平台上，再将钢直尺立放在工件的上表面上，目测钢直尺与杆件贴合处的间隙，以及钢直尺与检验平面的夹角。如间隙均匀，钢直尺无翘起现象，即可视为合格。角度检查主要采用样板，应自制符合图样要求的样板，以便完成工件的角度检测。

总结与练习

冷弯成型的杆件是摩托车模型制作中用量最大的一类构件，其尺寸与形状精度影响着焊接成型难度和模型的美观。制作尺寸精确、形状偏差小的冷弯件，是模型成功制作的关键。因此，选择如模块一项目二任务二练习题图所示的杆件，作为本次任务的实操对象，完成下料和冷弯成型，掌握冷弯件制作的关键操作技能。

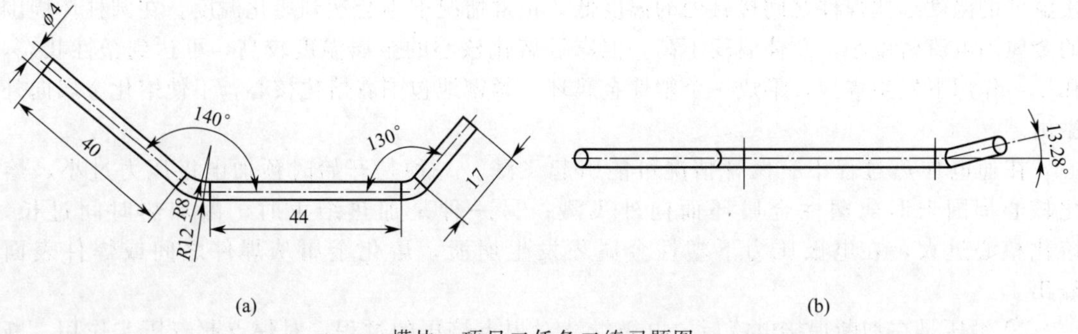

模块一项目二任务二练习题图

任务三 薄板与杆件的手工点焊

任务目标

1. 熟悉薄板与圆钢点焊工艺。
2. 完成焊前分析并确定焊接参数。
3. 完成车头组合构件的手工焊接。

相关知识

二轮摩托车模型的车头部分大多由钢丝、螺母、螺钉等杆形构件和薄板成型件组成，相互之间通过点焊连接成一体。焊点成型良好，杆件与杆件、杆件与薄板之间过渡圆滑，薄板件焊后无焊穿等焊接缺陷，是车头结构尺寸准确、外形美观的前提条件。本项任务要求学生熟悉点焊工艺，能够分析杆件和薄板件焊接需要考虑的问题，选定合理的焊接参数，制定完善的焊接工艺，完成车头组合件的焊接操作。

一、点焊工艺基础知识

点焊是一种焊点间有一定的间距，适用于可以采用搭接接头、没有密封性要求、厚度小的冲压、轧制的薄板构件和金属网、交叉钢筋结构件等制造的高速、经济的连接方法。

1. 电阻点焊概述

电阻点焊是将被焊工件压紧于两电极之间，并施以电流，利用电流流经工件接触面及邻近区域产生的电阻热效应，将其加热到熔化或塑性状态，使之形成金属结合的一种方法。过程可分为预加电极压力、通电加热和锻压等彼此相联的三个阶段。

① 预加电极压力是为了使焊件在焊接处紧密接触。若压力不足，则接触电阻过大，将导致焊件烧穿或将电极工作面烧损。因此，通电前电极压力应达到预定值，以保证电极与焊件、焊件与焊件之间的接触电阻保持稳定。

② 通电加热是为了在焊件之间形成所需的熔化核心。在预加电极压力下通电，则在两电极接触表面之间的金属圆柱体内有最大的电流密度，依靠焊件之间的接触电阻和焊件自身的电阻，将产生大量高温热量。在焊件之间电阻最大的接触面处，首先熔化形成熔化核心。电极与焊件之间的接触电阻也会产生热量，但大部分被水冷的铜合金电极带走，电极与焊件接触处的温度远比焊件之间接触处的温度低，正常情况下不会达到熔化温度。在圆柱体周围的金属因电流密度小，总体温度不高，但靠近熔化核心的金属温度较高，可达到塑性状态，在压力作用下发生焊接，形成一个塑性金属环，紧密地包围着熔化核心，不使熔化金属向外溢出。

在通电加热过程中有两种情况可能引起飞溅。一种是开始时预加电极压力过小，熔化核心周围未形成塑性金属环而向外飞溅；另一种是加热结束时，因加热时间过长，熔化核心过大，在电极压力下塑性金属环发生崩溃，熔化金属从焊件之间或焊件表面溢出。

③ 锻压是在切断焊接电流后，电极继续对焊点挤压的过程，对焊点起着压实作用。断

电后，熔化核心在封闭的金属壳内开始冷却结晶，收缩不自由。如果没有压力的作用，焊点易出现缩孔和裂纹，影响焊点强度。如果有电极挤压，产生的挤压变形使熔核收缩并变得密实。因此，电极压力必须在断电后继续维持到熔核金属全部凝固之后才能解除，锻压持续时间视焊件厚度而定。

2. 点焊方法的种类

电阻点焊方法种类很多，各有特点及适用范围。按供电方向和在一个焊接循环中所能形成焊点数来划分，大致可归纳为如下种类：

① 双面单点焊。采用两个电极从两面向焊件供电，焊接电流集中通过焊接区，可减少焊件受热体积和提高焊接质量，应优先选用，但焊件两面有印痕。

② 双面双点焊。采用两台变压器分别向焊件两侧的成对电极供电，在一个循环中同时形成两个焊点。电源在同一瞬间的极性相反，相当于双面单点焊，但比单面双点焊分流小，焊接质量高。这种焊接方法需专用焊机，适用于大型工件的大量生产。

③ 双面多点焊。可以采用一台焊接变压器从两侧供电，同时焊接两个或多个焊点。各电极并联，要求所有电流通路的阻抗必须基本相等，才能使每个焊点上电流分配均匀，且每个焊点所处的表面状态、厚度、电极压力均要求相同。也可以采用多个变压器分别从两侧供电，同时进行多点焊。若三点为一组，可以做到电网负荷均衡，没有每个电流通路阻抗必须相等的要求，但需要专用焊机，生产率高，适用于大型工件、大批量生产。

④ 单面双点焊。两个电极安放在焊件的同一侧，同时焊接两个点，背面无电极压痕，生产率高，适用于大型、难移动焊件的焊接。通常需在焊件下面放导电铜垫板，以减少流经焊件的分流。

⑤ 单面单点焊。两个电极安放在焊件同一侧，其中一个电极工作面较大，以减小其电流密度，不形成焊点。通常使用移动式点焊机，主要用于不能双面点焊的结构。

⑥ 单面多点焊。所有电极均安放在焊件一侧，可以采用一个焊接变压器供电，每一对电极轮流压住焊件完成焊点的焊接。各焊点的工艺参数不能分别调节，要求所有焊接处的厚度、表面状态、电极压力和回路阻抗基本相同，结构较简单，省变压器，但焊件易变形。也可以采用多个变压器分别同时供电，一个焊接循环同时完成多点焊。优点是每个变压器可安置距所连电极的最近处，可减小功率和尺寸；各焊点可分别调节工艺参数，全部焊点可同时焊接，生产率高；全部电极压住焊件，可减少变形；多台变压器同时通电可使三相负荷均衡。这种点焊类型应用最广。

3. 电阻点焊接头的设计

由两个或两个以上等厚度或不等厚度的工件组成的点焊接头必须采用搭接形式，设计点焊接头时应考虑下列因素：

① 接头可达性。接头可达性是指点焊电极必须能方便地抵达构件需要焊接的部位。操作人员须熟悉点焊设备的各种类型、电极和电极夹头的形状和尺寸，使安装在焊机上的电极能达到每个待焊点。

② 边距与搭接量。边距是指从熔核中心到材料边界的距离。该距离上的母材金属应能承受焊接循环中熔核内部产生的压力。若焊点太靠近边界，则边缘处母材容易过热并向外挤压，减弱对熔核的约束，还可能导致飞溅。最小边距取决于被焊金属的种类、厚度、电极面形状和焊接条件。对于屈服点高的金属、薄件或用强条件焊接时，可取较小值。搭接量是指接头重叠部分的尺寸。最小搭接量通常是最小边距的两倍，若搭接量太小，则边距必然不

足，推荐最小搭接量见表1-4。

表 1-4 点焊接头的最小搭接量 单位：mm

单排焊点			双排焊点		
结构钢	不锈钢及高温合金	轻合金	结构钢	不锈钢及高温合金	轻合金
8	6	12	16	14	22
9	7	12	18	16	22
10	8	14	20	18	24
11	9	14	22	20	26
12	10	16	24	22	30
14	12	20	28	26	34
16	14	24	32	30	40
18	16	26	36	34	46
20	18	28	40	38	48
22	20	30	42	40	50

③ 点距。点距是指相邻两焊点的中心距离。设定最小点距主要考虑分流的影响，与被焊金属的厚度、电导率、表面清洁度以及熔核直径有关。表1-5为推荐的点距最小值。

表 1-5 点焊接头的最小点距 单位：mm

被焊金属			被焊金属		
结构钢	不锈钢及高温合金	轻金属	结构钢	不锈钢及高温合金	轻金属
10	8	15	16	14	25
12	10	15	18	16	25
12	10	15	20	18	30
14	12	15	22	20	35
14	12	20	24	22	35

④ 装配间隙。点焊结构中两互相配合的被焊接件必须紧密贴合，沿接头方向上应没有间隙或只有极小的间隙。若依靠外加压力消除间隙将耗去一部分电极力，使焊接的压力降低；若装配间隙不均匀，则会造成焊接压力的波动，从而引起各焊点强度不一致；过大的间隙会引起严重飞溅。许用间隙取决于焊件刚性和厚度，刚性与厚度越大，许用间隙越小。

⑤ 厚度比。点焊两件或更多件不同厚度的同种金属时，存在一个能有效焊接的最大厚度比，这个厚度比由外侧工件的厚度决定。当点焊两种厚度的碳钢时，最大厚度比4∶1；点焊三种厚度的接头时，外侧两板的厚度比不得大于3∶1。如果厚度比大于此值，则采取改变电极形状或成分等工艺措施，以保证外侧焊件的焊透率。通常薄板的焊透率不能小于10％，厚件的焊透率应达到20％～30％。点焊三层板件时，推荐的最小点距比点焊两块较厚外侧板的点距大30％。

4. 钨极氩弧点焊

气体保护钨极电弧点焊是一种不熔化极气体保护电弧焊，在国际上通称为TIG焊，利用钨极和工件之间的电弧使金属熔化而形成焊缝。焊接过程中钨极不熔化，只起电极的作用。同时，由焊炬的喷嘴送进氩气或氦气作保护，还可根据需要另外添加金属。

钨极气体保护电弧焊由于能很好地控制热输入，是一种连接薄板金属和打底焊的最佳方法。这种方法适用于几乎所有金属的连接，尤其适用于铝、镁等能形成难熔氧化物的金属以及钛和锆等活泼金属的焊接。

钨极氩弧点焊与电阻点焊相比，具有以下优点：

① 可以从一面进行焊接，解决无法两面操作的构件的点焊问题，操作灵活、方便。

② 更易用于点焊厚度相差悬殊的工件，可以一次完成多层板材的点焊。

③ 焊点尺寸容易控制，焊点强度可以进行大范围调节。

④ 点焊时需施加的压力小，无需加压装置。

⑤ 设备费用低、耗电少、焊接质量高。

本节需完成的摩托车模型，结构焊材厚度为1～5mm，焊缝厚度为1～3mm，点焊构件焊点位置多变，无法进行两面操作。本构件属于工艺产品，生产比量小、对焊接速度要求低，但对焊接焊点尺寸、焊接强度和焊接质量要求高，故宜采用钨极氩弧点焊。

二、点焊构件图的识读

点焊构件制作的准备工作包括详细图纸的设计、图纸识读与审查、领取材料、备料、相关试验、工艺规程的编制、技术交底等工作。施工用的详图应根据结构设计文件和有关技术文件进行编制，并应经设计人员确认。本节重点学习焊接图纸识读。

焊接结构装配图具有结构比较复杂，剖面、局部放大图较多，焊缝符号多，需要作放样图等特点。焊接构件的视图表达有别于一般机械装配图和零件，可采用整体式、分件和列表等多种形式。

在制作焊接构件之前，必须仔细识读装配图，以了解焊接构件或部件的名称、性能、结构和工作原理，熟悉构件或部件的主要结构形状及相互位置、连接关系、作用和技术要求等。下面以图1-24为例，详细阐述识读焊接构件装配图的基本步骤。

1. 了解构件概况

从标题栏及明细栏，可以了解图1-24所示构件为一叉架体，由立板、平板、吊耳和圆板等四种、共六件基本零件组焊而成，组成吊装架的所有零件均为板件加工而成，所有零件材料均为Q235A。

2. 分析视图，想象整体形状

吊装架采用主视、俯视和左视三个视图表达组成该构件的结构形状和尺寸，各组成件的位置关系和位置尺寸。由主视图结合左视图可以看出吊装架各基本件的位置关系为以立板2为基准，吊耳3和圆板4叠放在立板2的前方45mm高的位置，平板1水平放置在立板2的后下方且与底面平齐。俯视图采用局部剖表达吊耳3与圆板4上的孔结构，左视图采用阶梯剖表达了立板和平板上孔的结构。

3. 确定尺寸要求

吊装架定位高度为45mm，总长为110mm，总宽为62mm。平板1为矩形，长110mm，宽22mm，并制有两孔；立板2为矩形，长110mm，宽96mm，上方左右切掉两角，并制有三孔；圆板4为外径ϕ30mm圆板，吊耳如图1-24左视图所示，吊耳与圆板叠放在一起焊接。构件焊接成型后，在图示40mm/45mm位置处加工一直径为16mm的内孔。

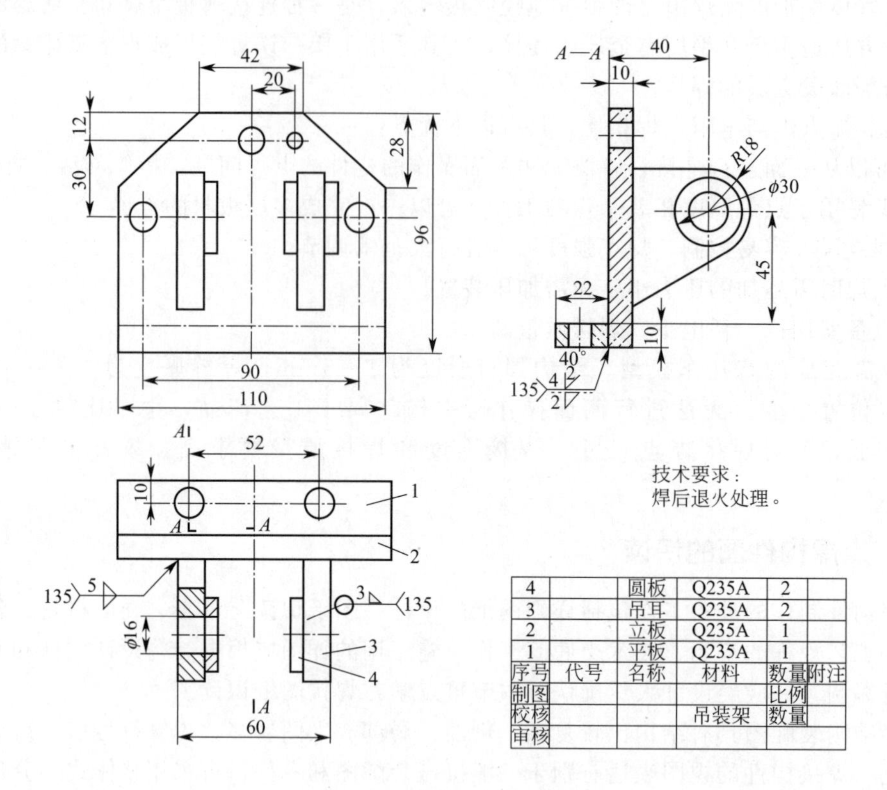

4		圆板	Q235A	2	
3		吊耳	Q235A	2	
2		立板	Q235A	1	
1		平板	Q235A	1	
序号	代号	名称	材料	数量	附注
制图				比例	
校核			吊装架	数量	
审核					

图 1-24 焊接构件装配图

4. 技术要求

焊接符号 135 4 2 2 表示立板和平板之间的正面焊缝开单边 V 形坡口，坡口角度为 40°，钝边 4mm，间隙 2mm，背面焊缝为单面角焊缝，焊角尺寸为 2mm，135 代表焊接为 CO_2 气体保护焊。

135 5 表示立板和吊耳之间的焊缝的焊角尺寸为 5mm 的双面角焊缝，焊接方法为 CO_2 气体保护焊。

其他技术条件为焊后退火处理。

三、点焊构件的工艺步骤

点焊构件的制造，除了焊接外，还需经过多道工序，才能把各种类型的钢材制成符合设计要求的结构，达到使用性能的要求。焊接结构的形式各种各样，但一般生产工艺步骤基本上是相似的，主要包括备料（包括材料矫正、放样、下料、开坡口等）、装配、焊接、矫正变形及质量检验等工序，各工序之间关系密切，切割、装配、焊接等工序对焊接质量有重大影响。

1. 备料、钢材矫正和划线

在焊接构件的生产过程中，装配时所需零件的一切工作准备统称为备料。钢材在轧制及运输、堆放过程中，会出现表面凹凸不平或弯曲、扭曲等，特别是薄钢板及截面积小的型钢。这些变形将影响后续工序的正常进行，必须对钢板或型号进行矫正。划线则是对经过表面清理的钢板或工件，在工作台上用划线工具、按图纸要求划出待加工部位的轮廓线或作出基准点和基准线。

2. 切割下料

沿着划线把钢板切割成构件制作所需外形，称为切割下料。切割下料可以采用剪切、锯割等冷加工工艺，也可以采用气割、等离子弧切割、空气碳弧切割等热加工工艺。

3. 坡口加工和工件成型

焊接接头的坡口加工，包括焊前坡口成型加工及焊缝根部的碳弧气刨清根等。对有不同角度或曲面要求的构件，选用折边、弯板、压制、线状加热等方法，使钢板产生塑性变形，制成所需的形状，这个工序称为成型加工。

4. 装配

装配一般在平台或胎架上进行，装配工序应满足以下几个方面的基本要求：

① 构件在安装定位后，不得发生移动、倾斜和扭转等现象。

② 装配结构应确保符合图纸要求，装配连接缝应满足焊接装配工艺的要求。

③ 对装配结构进行质量检验，以满足其他技术要求。

5. 焊接

中小型结构件装配后即可直接进行焊接。大型焊接结构的装焊过程一般分为部件装焊、分段装焊和总体装焊三个阶段，并应在胎架上进行，以利于工件翻转，抑制焊接变形，保证焊接质量。

6. 检验

结构件制造应必须严格遵照工艺规程生产，从备料、钢材矫正、切割下料、坡口加工，到装配、点固、焊接的每一个工序间，必须进行质量检验，检验合格才能进行下一道工序。

四、焊接工艺参数

1. 主要焊接工艺参数

① 焊接电流。焊接设备上的电流表在焊接过程中的读数，单位为安培（A）。电流值在施焊过程中会在某一范围内波动，其波动范围越小，电流值越稳定，焊接的效果越好。

电阻点凸焊设备上的电流读数，须乘100之后才是实际的焊接电流。钨极氩弧焊一般根据工件材料选择电流种类，焊接电流大小主要根据工件材料、厚度、接头形式、焊接位置等因素选择，是决定焊缝熔深最主要的参数。

钨极端部形状是一个重要工艺参数。根据所用焊接电流种类，选用不同的端部形状。尖端角度 α 的大小会影响钨极的许用电流、引弧及稳弧性能。表1-6列出了钨极不同尖端尺寸推荐的电流范围。小电流焊接时，选用小直径钨极和小的锥角，可使电弧容易引燃和稳定；在大电流焊接时，增大锥角可避免尖端过热熔化，减少损耗，并防止电弧往上扩展而影响阴极斑点的稳定性。

表1-6　钨极形状尺寸与焊接电流的关系

钨极直径/mm	尖端直径/mm	尖端角度/(°)	恒定电流/A	脉冲电流/A
1.0	0.125	12	2～15	2～25
1.0	0.25	20	5～30	5～60
1.6	0.5	25	8～50	8～100

续表

钨极直径/mm	尖端直径/mm	尖端角度/(°)	恒定电流/A	脉冲电流/A
1.6	0.8	30	10～70	10～140
2.4	0.8	35	12～90	12～180
2.4	1.1	45	15～150	15～250
3.2	1.1	60	20～200	20～300
3.2	1.5	90	25～250	25～350

② 焊接电压。在焊接过程中电压表上的读数，单位为伏特（V）。焊接是采用大电流、小电压的过程，在采用 CO_2 气体保护焊时，电压值基本上不会变化，变化很小，因为采用的平特性电源进行焊接。

③ 气体流量。在焊接过程中气体流量计上的读数，单位为 L/min。表示焊接时，保护气体的流速，每分钟气体从工作站流入焊枪的体积。在一定条件下，气体流量和喷嘴直径有一个气体保护效果最佳，有效保护区最大的最佳选择范围。气体流量过低时，气流挺度差，排除周围空气的能力弱，保护效果不佳；流量太大，容易变成紊流，使空气卷入，也会降低保护效果。在流量一定时，喷嘴直径过小，保护范围小，且因气流速度过高而形成紊流；喷嘴过大，不仅妨碍焊工观察，而且气流流速过低，挺度小，保护效果也不好。所以，气体流量和喷嘴直径要有一定配合。一般手工氩弧焊喷嘴孔径和保护气流量的选用见表 1-7。

④ 焊接速度。表示焊接时，每分钟所焊焊缝的长度，单位为 cm/min，是焊接快慢程度的体现。

⑤ 送丝速度。表示焊接时，每分钟焊丝的熔化速度，单位为 cm/min，是焊丝熔化快慢程度的体现。

表 1-7　喷嘴大小与气体流量选用表

焊接电流/A	喷嘴直径/mm	流量/($L \cdot min^{-1}$)	焊接电流/A	喷嘴直径/mm	流量/($L \cdot min^{-1}$)
10～100	4～9.5	4～5	10～100	8～9.5	6～8
101～150	4～9.5	4～7	101～150	9.5～11	7～10
151～200	6～13	6～8	151～200	11～13	7～10
201～300	8～13	8～9	201～300	13～16	8～15
301～500	13～16	9～12	301～500	16～19	8～5

⑥ 气压。在点凸焊时，气压表上的读数，单位为兆帕（MPa）。

⑦ 时间周波。每周波是 0.02s，是点凸焊工艺的重要参数。

2. 焊接工艺规程的编制

工艺规程是规定产品或零部件制造工艺过程和操作方法等的工艺文件，也就是将工艺路线中的各项内容，以工序为单位，按照一定格式编写的技术文件。在焊接结构件生产中，工艺规程由原材料经划线、下料及成型加工制成零件的工艺规程，以及由零件装配焊接形成部件或由零、部件装配焊接成产品的工艺规程两部分组成。

在编制工艺规程时，应深入研究各种典型零件与产品的规律性，寻求一种科学的解决方法，在保证质量的前提下用最经济的办法制造出零件与产品。科学的工艺规程应能在保证安全生产的条件下，采用先进的工艺技术，用最低的成本，高效率地生产出质量优良、具有竞争力的产品。

焊接工艺规程编制的主要内容包括：

① 确定产品各零部件的加工方法、相应的工艺参数和工艺措施；

② 确定产品的合理生产过程，包括各工序的工步顺序；

③ 决定每道加工工序所需用的设备、工艺装备及其型号规格，并对非标准设备提出设计要求；

④ 计算产品的工艺定额，包括金属材料、辅助材料、填充材料的消耗定额和劳动消耗定额等，进而决定各工序所需工人数及其技术等级，以及各种动力的消耗等。

焊接结构生产有工艺过程卡、工艺卡、工序卡和工艺守则等，常用的焊接工艺规程如图1-25所示。

焊接工艺规程　　编号 202005/WPS-001　　日期 2020.05

焊接方法　氩弧焊　机械化程度（手工、半自动、自动）　手工

焊接接头：　　简图：（接头形式、坡口形式与尺寸、焊层、焊道布置及顺序）

接头形式：　不开坡口搭接

衬垫（材料及规格）　/

其他　/

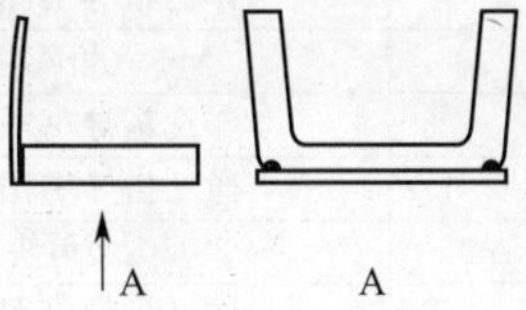

A　　A

母材：301不锈钢和304L不锈钢相连接

焊缝厚度范围：　2～3mm

焊接材料：

焊材类别	焊　丝	
焊丝标准	GB 4241—84	
填充金属尺寸	ϕ2.0mm	
焊丝型号	H0Cr19Ni9	

焊接位置：

对接焊缝的位置　平焊

气体：　气体种类　混合比

流量　（L/min）

保护气　Ar　99.6%　5

电特性

电流种类：　直流　极性：　正接

焊接电流范围（A）：　60～70　电弧电压（V）：　9～11

焊接	填充材料		焊接电流				气体时间	
方法	牌号	直径	极性	电流/A	初始电流/A	维护电流/A	提前送气/s	滞后送气/s
TIG	H0Cr19Ni9	Φ2	正接	60	35	25	2	2.5

钨极类型及直径　WL15　Φ2.4×150（175）mm　喷嘴直径（mm）　7.8

技术措施：

摆动焊或不摆动焊：　不摆动　摆动参数：　/

焊前清理和层间清理：　焊前清理油污、锈斑、焊渣，打磨干净

编制（日期）：2020.5.25　　审核（日期）：　　批准（日期）：

图1-25　氩弧焊接工艺规程

五、薄板与杆件的手工点焊操作

在完成上述手工点焊工艺基础知识的学习之后，分析图1-12所示的车头模型可以列出如表1-8所示材料表。

表 1-8 车头模型材料表

序号	名称	规格尺寸	数量	材料
1	后视镜	详见指导书图纸	2	Q235A 1mm 薄板冲压件
2	后视镜支杆	详见指导书图纸	2	Q235A ϕ2mm 钢丝折弯件
3	驾驶手把	M3 方铆钉	2	20 钢
4	刹车把	详见指导书图纸	2	Q235A ϕ2mm 钢丝折弯件
5	仪表盘	M8 法兰螺母	2	20 钢
6	前大灯	M8 法兰螺母	2	20 钢
7	前罩	详见指导书图纸	1	Q235A 1mm 薄板冲压件
8	转向灯	M6 有盖螺母	2	20 钢
9	前叉横梁	详见指导书图纸	1	Q235A ϕ5 圆钢剪切件
10	前车牌	32mm×13mm	1	Q235A 1mm 薄板剪切件
11	前挡泥板	详见指导书图纸	1	Q235A 1mm 薄板折弯件
12	前轮胎	08MB 标准链条	1	8 节，OSK428
13	前轮毂	深沟球轴承 6205	1	GCr15
14	前轮罩	详见指导书图纸	2	Q235A 1mm 薄板冲压件
15	前轮锁紧螺母	M6 六角螺母	2	20 钢
16	挡泥板支架	详见指导书图纸	1	Q235A ϕ3mm 钢丝折弯件
17	弹簧减震器	详见指导书图纸	2	1mm 碳素弹簧钢丝
18	回转轴	M6×20 六角头螺栓	1	20 钢
19	前叉立柱	详见指导书图纸	1	Q235A ϕ5 圆钢折弯件

由材料表可知，车头结构件焊接宜采用钨极氩弧焊，选定 WSM-400 氩弧焊机，使用 ER50-6 焊丝，钨极型号及规格为 WL15 ϕ2.4×150(175)mm。为保证车头焊接质量，还需要准备焊接夹具以保证焊缝成型，防止焊接变形。下面以如图 1-26 所示的前挡泥板和挡泥板支架之间的焊接为例，阐述手工点焊操作过程。

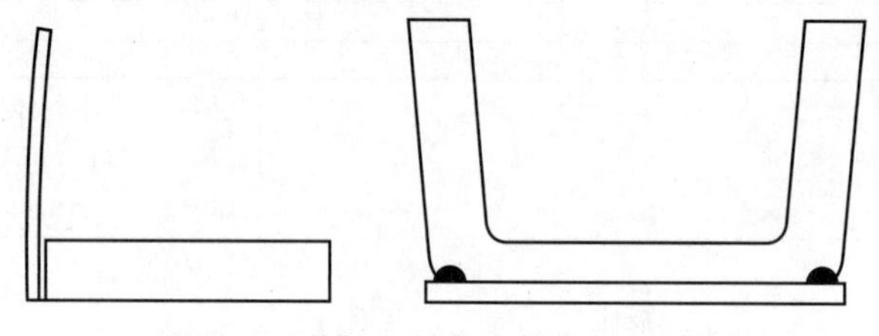

图 1-26 前挡泥板与支架点焊示意图

1. 焊前准备

① 技术准备。在进行摩托车车头模型施焊之前，应熟悉前挡泥板薄板和杆件的连接位置和结构要求，了解氩弧焊的基本焊接工艺，熟悉薄板和杆件焊接接头的工艺参数。

② 器材准备。进行焊接作业时，人员要穿戴必要的防护设施，并在焊前检查焊接电源是否接好，保证焊接过程安全可靠；检查钨极，确保钨极角度适当。若钨极端部存在问题，应按下述方式进行打磨。

本件焊接采用直流焊接，钨极尖端应打磨成 30°左右的尖锥状。在打磨开始之前，打磨人员需要戴上口罩，打磨过程中，不得用手接触钨极端部，以防造成二次污染。如果选择具有放射性钍钨材质的钨极，必须使用密封式或抽风式砂轮机打磨。在打磨过程中，应确保钨极轴向和打磨点砂轮的切线保持在一条直线上，均匀转动钨极进行打磨。采用这种打磨方式，钨极端部的打磨纹路是沿着钨极轴线方向延伸的，这种钨极焊接时可在端部产生稳定的电弧。如果采用钨极轴向和打磨点砂轮的切线垂直等其他打磨方式，钨极表面纹路比较紊乱，焊接时易产生不稳定的电弧。

③ 工件准备。氩弧焊对材料的表面质量要求很高，焊前必须严格清理，充分清除填充焊丝和杆件/薄板附近的油污、水分、灰尘和氧化膜等。否则，在焊接过程中将影响电弧的稳定性，使焊缝成型发生恶化，并可能导致气孔、夹杂、未熔合等缺陷。

2. 焊接参数选择

本件焊缝位置为平焊，为了防止焊接热输入过大，采取两端点焊的方式将杆件连接在薄板上。为了防止热影响敏化区的晶间腐蚀，应采取快速的焊接过程，以减少处于敏化加热的时间，因此采用直流焊接较为适宜。对于 TIG 焊，除焊接铝、镁及其合金外，一般均采取直流正接法进行焊接。

① 焊接电流大小的确定。前挡泥板材料厚度为 1mm，前挡泥板支架钢丝直径为 3mm，焊缝厚度为 2～3mm，应采用小电流施焊，电流选择范围为 55～65A。考虑到初学者的操作水平，选定焊接电流 60A 为宜。在确定焊接电流后，焊丝直径可根据表 1-9 选定为 2mm。

表 1-9　焊接电流和焊丝直径的关系

焊接电流/A	10～20	20～50	50～100	100～200
焊丝直径/mm	0～1.0	1～1.6	1.0～2.4	1.6～3.0

② 焊接电压（电弧电压）的确定。电弧电压主要影响焊缝的宽度，对熔深影响不大。电弧电压增加时，焊缝宽度增加，熔深稍稍减小。手工 TIG 焊时，焊接电压主要由弧长决定，电弧越长，焊接电压越高，观察熔池越清楚，加丝也比较容易（不易碰上钨极）。但如果弧长过长，在焊接中容易产生熔断、气孔等缺陷。但电弧也不能太短，电弧太短，操作人员难以看清熔池，加丝时易碰到钨极，引起短路或焊缝夹钨，产生焊接缺陷和加大钨极烧损。合适的弧长应近似等于钨极直径。

根据焊接电流和焊接电压的关系式 $U=10+0.04I$，可以计算得出焊接电压应控制在 10V 左右。

③ 选择喷嘴直径。通常根据焊接电流的大小确定钨极直径，根据钨极直径确定喷嘴孔径。焊接电流越大，选用的钨极直径越粗，喷嘴孔径越大，相应的氩气流量也越大。一般来说，喷嘴直径（D）和钨极直径（d）遵循经验公式 $D=2d+E$，修正参数 E 为 2～5mm。

④ 选定气体流量。选用氩气流量时除了参照表 1-7 推荐参数选用外，还应考虑以下因素：

a. 外界气流和焊接速度的影响。焊接速度越大，保护气体遇到的空气阻力越大，它使保护气体偏向运动的反方向；若焊接速度太快，对钨极、焊丝和熔池将失去保护作用。因此，在增加焊接速度的同时，应增加氩气流量。在有风的地方焊接时，应适当增加氩气流量，尽量在无风的地方焊接。如果必须在室外或风速大的地方焊接，应采取防风措施。

b. 焊接接头形式的影响。如采用图 1-27(a)、(b) 所示对接接头或 J 字形接头船形焊时，因这类接头具有良好的保护效果，不必采用其他工艺措施；而进行如图 1-27(c)、(d) 所示端头焊和外角焊时，因其保护效果最差，除加大氩气流量外，最好加装如图 1-27(e)、(f) 所示挡板，以提高保护效果。

本次任务的焊接操作在室内进行，保护效果较好，对氩气流量的要求较低，综合上述条件考虑，选用喷嘴直径为 7.8mm，焊接时的氩气流量为 5L/min。

⑤ 钨极伸出长度。钨极伸出长度通常是指暴露在喷嘴外面的那段钨极长度，它是为了防止喷嘴过热，导致喷嘴烧坏所必需的。严格意义上是指钨极端部到钨极卡子端部的长度，

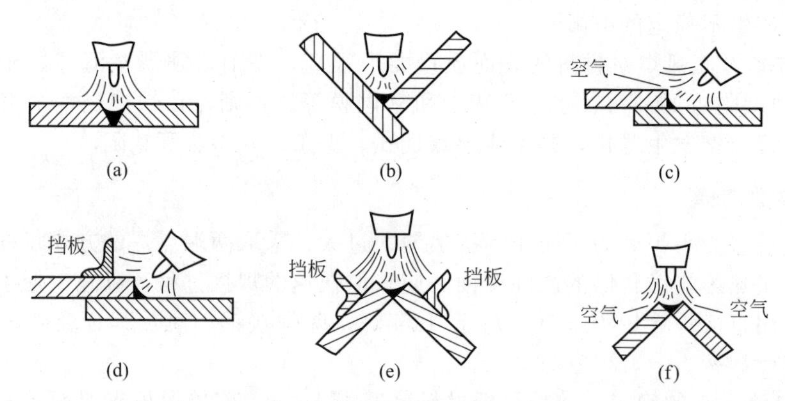

图 1-27 不同接头气体保护要求

它不仅影响保护效果，还影响钨极的最大允许电流。这段钨极在传导焊接电流时，不仅受电弧热作用，而且在电流流过时还会产生电阻热。因此，这段长度越长，相同直径的钨极的许用电流越小。

钨极伸出长度越短，喷嘴离工件越近，对钨极和熔池的保护效果越好，但妨碍观察熔池，并且容易烧坏喷嘴；钨极伸出长度越长，对钨极和熔池的保护效果越差，钨极寿命短。通常焊接对接焊缝时，钨极伸出喷嘴外 5～6mm 左右的距离；焊接 T 形焊缝时，一般将伸出长度控制在 7～8mm 左右。

在本次焊接中，点焊的位置更接近于 T 形焊缝，因此实际焊接时，将钨极的伸出长度控制在 7mm 左右。

⑥ 喷嘴与工件的距离。喷嘴与工件的距离越大，保护气体对焊缝的保护效果越差，但在手工焊时，距离太近会影响焊工视线，且一旦钨极和熔池接触短路会产生夹钨，为了方便观察熔池位置，一般喷嘴端部与工件的距离以 8～14mm 为宜。

在本次焊接中，将喷嘴端部与工件的距离控制在 10mm 左右。

⑦ 提前送气和滞后停气时间。焊接前，为了排去管道内和焊缝周围的空气，需要提前送气，以确保焊接一开始就能起到保护焊缝的作用。在焊接完毕后，为了保护最后一段焊缝，不要立刻抬起焊枪，需要再通一段时间的保护气体。

在此次焊接过程中，参照焊接人员的技术水平和焊接电流，将提前送气时间定为 2s，滞后停气时间定为 2.5s。

3. 点焊实操

在进行正式焊接操作之前，需要按照选定的焊接参数，在与焊接母材相同材质的试板上进行试焊，观察焊后焊缝的氧化情况，以鉴别焊接参数和气体保护情况是否合适，最终焊缝颜色以呈现金黄色和银白色为最佳，蓝色次之，灰色不良，黑色最差。

完成试焊之后，即可按事先制订的实施方案，在焊接工作台上焊接摩托车前挡泥板和前挡泥板连接杆。前挡泥板为薄板手工弯曲的圆弧状构件，前挡泥板支架为钢丝弯折成型的多折构件，若无专用的焊接夹具难以确保焊接过程的相对位置不移动、偏摆，因此使用 MP-203F 通用型快速焊接夹具，将前挡泥板和前挡泥板支架进行固定，如图 1-28 所示。前挡泥板支架和

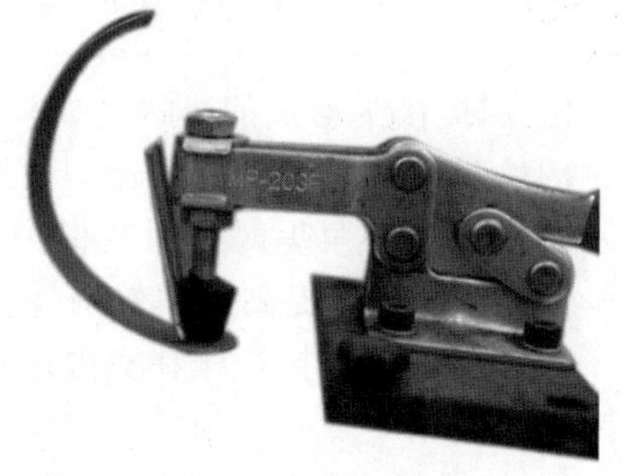

图 1-28 焊接构件的装配与夹紧

水平地面的角度模仿家用两轮摩托车设计，可在 100°～110°之间微调，本次焊接设定为 108°。夹具的夹紧后，应确保不能自主转动。

夹紧后，即可根据焊接简图，将焊枪对准焊点的位置进行施焊，如图 1-29 所示。最终完成的前挡泥板与支架组合件，如图 1-30 所示。

图 1-29　焊点位置和施焊角度

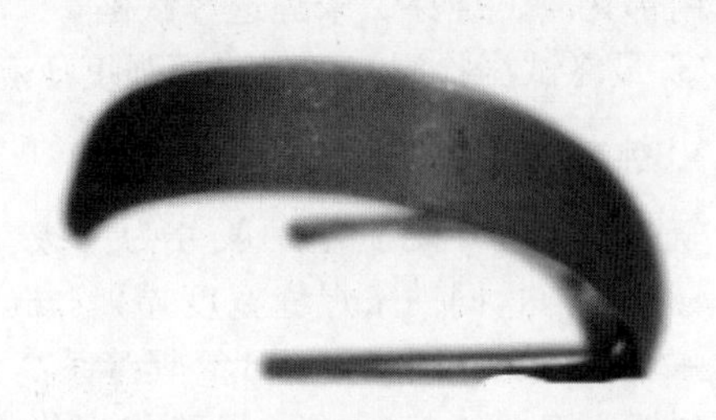

图 1-30　前挡泥板与支架组件成品

焊接完成后，应对成品进行如下检查：

① 薄板是否存在焊穿现象，杆件是否存在被熔化金属全部覆盖的情况。

② 薄板与杆件结合应紧密，使用一定力度进行拉扯试验。

③ 焊点应饱满，角焊缝处过渡圆滑，应没有明显凸起。

④ 焊点处应没有其他明显的焊接缺陷。

总结与练习

薄板焊接是焊接成型难点，摩托车模型中 0.8mm 不锈钢薄板制件的焊接对学生而言是一种挑战，但这也是模型成品是否美观的关键。为使学生的焊接技能能够胜任摩托车模型的制作，本次选择前车牌与前挡泥板的薄板角焊、前轮毂与前轮罩的标准件与薄板件周向点焊，以及前罩与前叉立柱的薄板冲压件与圆钢的侧面点焊等三种不同类型焊接作为训练课题，通过完成多种不同焊缝的焊接训练，实现本次教学目标。

任务四　构件焊接质量检查及修整

任务目标

1. 熟悉焊接构件的质量检查方法。
2. 掌握焊接构件修整的一般方法。
3. 完成车头部件的修整及质量检查。

相关知识

一、焊接构件的质量检查

焊接件是指通过焊接而成的一个不可拆卸的整体，可以是零件、组件或部件，其质量检验标准有以下三个方面：

① 外观质量检测。通常采用目测，主要检验焊接件的焊缝有无咬边、表面裂纹、表面气孔和夹渣等。

② 内部缺陷检测。通常采用射线检验（RT）、超声检测（UT）、磁粉检测（MT）和液体渗透检测（PT）等无损检测方法，检测焊接件浅表和内部以及焊接根部的气孔、内部裂纹、内部夹渣、烧穿、未焊透等缺陷。

③ 最终试压检测。一般采用强度压和严密压方法，检测焊缝有无渗漏。

1. 外观质量检测

氩弧焊焊缝外观质量一般分为三级。A 级焊缝系高为 0～1.5mm，高度差≤1.5mm，里口穿透均匀，同一条焊缝宽度差≤1mm，焊缝成型优良，波纹均匀平整，过渡光滑收弧处无弧坑，焊道直线度好。B 级焊缝系高为 0～2mm，高度差≤1.5mm，里口穿透均匀，同一条焊缝宽度差≤1.5mm，焊缝成型优良，波纹均匀平整，过渡光滑收弧处无明显起伏，收弧处弧坑不明显。C 级焊缝系高为 0～2mm，高度差≤2mm，里口穿透缺陷处理基本均匀，同一条焊缝宽度差≤2mm，焊缝成型较好，波纹基本均匀平整，过渡圆滑，收弧处弧坑不明显。每延 1m 咬边不超过 20mm，且深度≤0.3mm，焊道稍有弯曲。

手工电弧焊和 CO_2 气体保护焊的焊缝外观质量也分为三级。A 级焊缝的焊角公差±1.5mm，两直角边尺寸差≤1.5mm。起头收弧处无明显起伏，与焊道圆滑过渡，排焊每叠压层平滑过渡，无沟棱，焊缝成型美观，波纹均匀、连续。不锈钢禁止打磨，碳钢各点可修磨、无咬伤。B 级焊缝的焊角公差±2mm，两直角边尺寸差≤2mm。起头收弧处起伏≤1mm。排焊每叠压层过渡基本平滑，稍有沟棱，焊缝成型良好，波纹连续，但均匀性不显著。不锈钢禁止打磨，碳钢各点可修磨。C 级焊缝的焊角公差±2.5mm，两直角边尺寸差≤2.5mm。起头收弧处起伏≤1mm。排焊每叠压层过渡基本平滑，沟棱差≤1mm。不锈钢稍有打磨，碳钢局部修磨。每延 1m 咬边长度不超过 100mm，深度<0.3mm，可修磨过渡，焊缝成型无明显的断续痕迹、连续性均匀性稍差。

2. 内部质量检测

焊件内常见气孔、夹渣、未焊透、裂纹和未熔合等缺陷。气孔是金属中含有气体的孔洞。在常规焊接过程中产生的化学和物理反应，总会产生一定量的气体。当产生的气体过多时，就会导致“气孔”缺陷的产生。夹渣是在熔焊过程中产生的金属氧化物或非金属氧化物来不及浮出表面，停留在焊缝内部而形成的缺陷，分为非金属夹渣和金属夹渣。未焊透是指焊接时焊接接头的根部未完全熔透的现象，其类型表现按坡口形式可分为单面焊根部未焊透和双面焊未焊透两种，如图 1-31 所示。

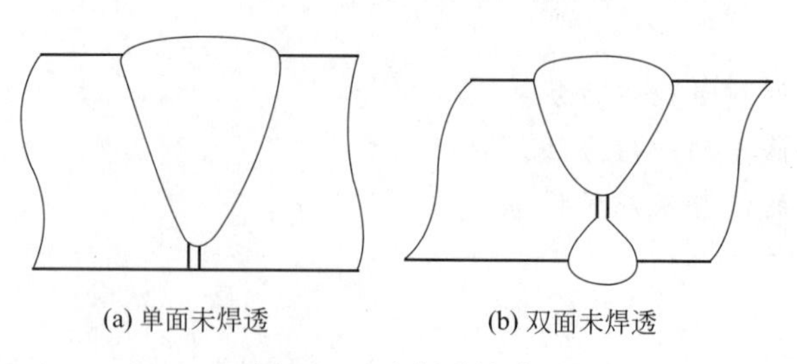

(a) 单面未焊透　　(b) 双面未焊透

图 1-31　未焊透缺陷

裂纹主要是在熔焊冷却时，因热应力和相变应力而产生的，也有在矫正或疲劳过程中产生的，是危险性最大的一种缺陷。未熔合缺陷是指焊缝金属与母材之间，或焊道金属和焊道金属之间未完全熔化结合的部分，其主要类型视其所在部位可分为侧壁未熔合（坡口未熔合）、焊道之间未熔合（层间未熔合）和单面焊根部未熔合三种，如图 1-32 所示。

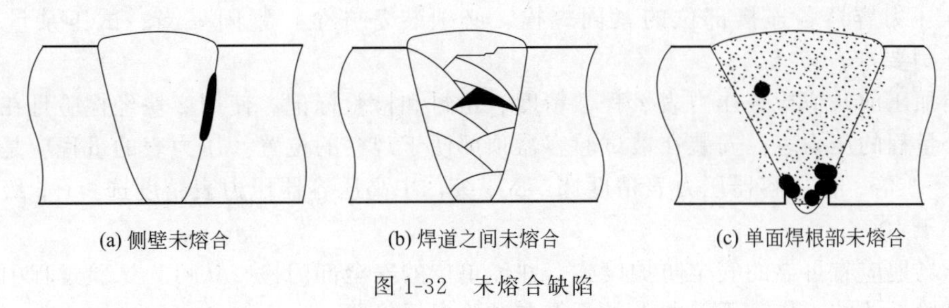

图 1-32 未熔合缺陷

上述内部焊接缺陷常用超声波或射线进行无损检测，也可以采用金相检验。超声波检测利用超声波通过金属上表面、缺陷及底面时，均有部分超声波反射回来，但因各自往返的路程不同，回到探头的时间不同，在示波器上显示的脉冲不同的原理来检测焊件内部缺陷。上表面的反射脉冲称为始脉冲，底面反射的称为底脉冲。当焊件内部存在缺陷时，会反射回称之为伤脉冲的反射脉冲。

超声波探伤仪针对不同的检测对象、目的、方法、速度等需要，其结构组成各不相同，按信号的显示方式不同，可分为 A、B、C 型三种探伤仪，但系统组成大同小异，一般系统示意图如图 1-33 所示。

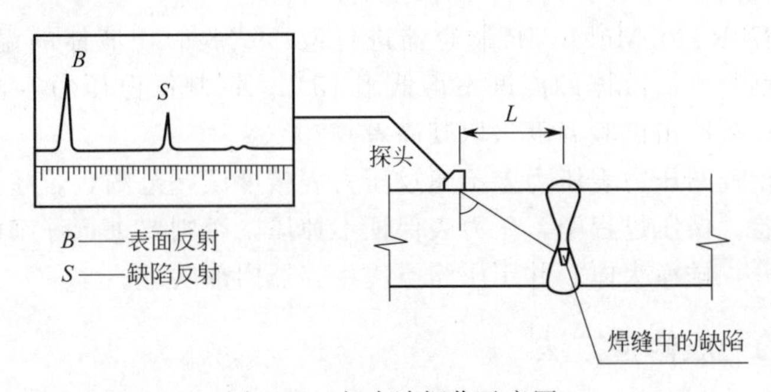

图 1-33 超声波探伤示意图

X 射线和 γ 射线均可以穿透金属等不透明物体，使某些化学元素和化合物发生荧光作用，产生胶片感光。当射线透过焊缝时，内部不同的组织结构（包括焊接缺陷）对射线吸收能力不同，金属密度越大，厚度越厚，射线被吸收的量越多。因此，当射线通过被检查的焊缝后，在有缺陷和无缺陷处的被吸收程度不同，强度衰减有明显的差异，因而胶片感光程度也不同。通过观察底片，就可以判定焊缝内部有无缺陷，以及缺陷的位置、大小、种类等。

焊缝在底片上呈较白颜色，焊接缺陷在底片上呈现不同的黑色，较黑的斑点和条纹即是缺陷。裂纹缺陷在底片上大多呈现略带曲折的波浪形黑色细条纹，有时也呈直线状，轮廓较分明，两端较尖细，中部稍宽，较少有分歧，两端黑线逐渐变浅，最后消失。

未焊透缺陷在底片上大多呈断续或连续的黑直线。不开坡口焊缝中的未焊透，宽度通常比较均匀；V 形坡口焊缝中的未焊透，在底片上的位置多是偏离焊缝中心，呈断续或连续线状，宽度不一致；X 形坡口双面焊缝中的未焊透，在底片上呈黑色较规则的线状；角焊缝、T 形接头焊缝、搭接接头焊缝中的未焊透呈断续线状。

3. 焊接件试压

焊接构件的压力试验主要针对压力容器进行。在容器制造结束投入试验前，工艺规程中各道工序应有操作、检验签字，检验资料必须齐全、正确、符合要求，并经综合检查合格，内部清理干净。容器顶部设置排气阀，容器底部设置排液阀，适当的部位设置充液阀。压力容器各连接部位的紧固螺栓，必须装备齐全，紧固妥当。试压泵量程应满足试验压力要求。

开始加压前，应检查压力表量程、精度、铅封和检验标记。使用2块经检验且在有效期内的同一量程的压力表，安装在被试验容器顶部便于观察的位置。压力表的量程应是试验压力的1.5～3倍。低压容器压力表精度选≥2.5级，中高压容器压力表精度选≥1.5级。表盘直径不小于100mm。

试压场地应有可靠的安全防护设施，并经单位的安全部门检查认可。试验过程中，不得进行与试验无关的工作，无关的人员不得在试验现场停留。

试验介质应符合图样规定。用水作介质进行压力试验时，水质应透明，不混沌，不含杂质。当奥氏体不锈钢容器进行液压试验时，应严格控制水中的氯离子含量不超过25mg/L，试验合格后，应立即将水渍去除干净。

试验时，先打开排气阀，对压力容器进行充液，有液体充分溢后将排气阀关紧。压力容器的外表面应保持干燥，当容器的壁温与液体温度接近时，才能缓慢升压至设计压力，确认无泄漏后继续升压至规定的试验压力，保压30min。然后，压力降至试验压力的80%，保持足够时间进行检查。对所有焊接接头和连接部位进行检查，无异常变形、无泄漏为合格。试验过程中不得带压紧固螺栓或向受压元件施加外力。

当Q345R、Q370R、07MnMoVR制容器进行液压试验时，液体的温度不得低于5℃，其他碳钢和低合金钢制容器液体的温度不得低于15℃。钢制低温压力容器，液体温度应高于壳体材料和焊接接头冲击试验温度（取其高者）20℃。

升压过程中，检查两压力表压力差不超过压力表精度误差范围，若超过规定，应停止试验，压力表重新校验。保压过程中，压力表保证不掉压，否则要进行仔细的检查。试压完毕后，将排液阀门打开，排净水体，并用压缩空气将容器内部吹干。

二、焊接件的一般修整方法

1. 焊接变形的种类及产生原因

焊接过程中焊件产生的变形称为焊接变形，焊接后焊件残留的变形称为焊接残余变形。焊接残余变形有纵向收缩变形、横向收缩变形、弯曲变形、角变形、波浪变形和扭曲变形6种。其中焊缝的纵向收缩变形和横向收缩变形是基本的变形形式，在不同的焊件上，由于焊缝的数量和位置分布不同，这两种变形又可表现为其他几种不同形式的变形。

（1）纵向收缩变形　焊件焊后沿平行于焊缝长度方向上产生的收缩变形称为纵向收缩变形。当焊缝位于焊件的中性轴上或数条焊缝分布在相对中性轴的对称位置上，焊后焊件将产生纵向收缩变形。焊缝的纵向收缩变形量随焊缝的长度、焊缝熔敷金属截面积的增加而增加，随焊件截面积的增加而减少，其近似值与焊缝形式相关，在焊件宽度大约为15倍板厚的中等厚度的低碳钢焊缝区域中，对接焊缝收缩量为0.15～0.3mm/m，连续角焊缝为0.2～0.4mm/m，间断角焊缝为0～0.1mm/m。

（2）横向收缩变形　焊件焊后在垂直于焊缝方向上发生的收缩变形，称为横向收缩变形，横向收缩变形量随板厚的增加而增加。低碳钢对接接头Y形和双Y形坡口横向收缩变形量按下式计算：

$$\Delta L = 0.1\delta + 0.6(0.4)$$

式中，δ 为板厚，括号内数值为双 Y 形坡口。

(3) 弯曲变形　如果焊件上的焊缝不位于焊件的中性轴上，并且相对于中性轴不对称（上下、左右），则焊后焊件将会产生弯曲变形。如果焊缝集中在中性轴下方（或下方焊缝较多）则焊件焊后将产生上拱弯曲变形；相反，如果焊缝集中在中性轴上方（或上方焊缝较多），则焊件焊后将产生下凹弯曲变形。如果焊件相对于焊件中性轴左右不对称，则焊后将产生旁弯。

(4) 角变形　焊接时由焊接区沿板材厚度方向不均匀的横向收缩而引起的回转变形称为角变形。产生角变形的原因是焊缝的截面总是上宽下窄，因而横向收缩量在焊缝的厚度方向上分布不均匀，上面大、下面小，结果就形成了焊件的平面偏转，两侧向上翘起一个角度。有色金属和薄板，由于焊接过程中熔池承托不住焊件的重量，使两侧板下垂，结果会引起相反方向的角变形。

(5) 波浪变形　焊后构件产生形似波浪的变形称为波浪变形，通常产生在薄板结构中。薄板对接焊后，存在于板中的内应力，在焊缝附近是拉应力，离开焊缝较远的两侧区域为压应力。如压应力较大，平板失去稳定就产生波浪变形。当焊件上的几条焊缝靠得很近时，由每个角焊缝所引起的角变形连贯在一起也会形成波浪变形。

(6) 扭曲变形　构件焊后两端绕中性轴相反方向扭转一角度称为扭曲变形。如果构件的角变形沿长度上分布不均匀和纵向有错边，则往往会产生扭曲变形。

2. 控制焊接变形的常用方法

(1) 合理设计装配顺序　不同的构件形式应采用不同的装配焊接方法。结构截面对称、焊缝布置对称的焊接结构，采用先装配成整体，然后再按一定的焊接顺序进行生产，使结构在整体刚性较大的情况下焊接，能有效减少弯曲变形。结构截面形状和焊缝不对称的焊接结构，可以分别装配，先焊接成部件，最后再组焊成整体。

(2) 合理安排焊接顺序

① 对称焊缝采用对称焊接。当构件具有对称布置的焊缝时，可采用对称焊接减少变形，但对称焊接不能完全消除变形。随着焊缝的增加，结构刚度逐渐增大，后焊的焊缝引起的变形比先焊的焊缝小，虽然两者方向相反，但并不能完全抵消，最后仍将保留先焊焊缝的变形方向。

② 不对称焊缝先焊焊缝少的一侧。因为先焊焊缝变形大，故焊缝少的一侧先焊时，使它产生较大的变形，然后再用另一侧多的焊缝引起的变形来加以抵消，就可以减少整个结构变形。

(3) 利用焊接方向控制变形　为控制焊接残余而采用的焊接有长焊缝同方向焊接、逆向分段退焊法和跳焊法。对于 T 形梁、工字梁等焊接结构，具有互相平行的长焊缝，施焊时应采用同方向焊接，可以有效地控制扭曲变形。对于同一条或同一直线的若干条焊缝，采用自中间向两侧分段退焊的方法，可以有效地控制残余变形。如构件上有数量较多又相互隔开的焊缝时，可采用适当的跳焊，使构件上的热量分布趋于均匀，能减少焊接残余变形。

(4) 反变形抵消残余变形　为了抵消焊接残余变形，焊前先将焊件向与焊接残余变形相反的方向进行人为的变形，这种方法称为反变形法。为了防止对接接头产生的角变形，可以预先将对接处垫高，形成反向角变形，如图 1-34(a) 所示；为了防止工字梁翼板焊后产生角变形，可以将翼板预先反向压弯，见图 1-34(b)；在薄壳结构上，有时需在壳体上焊接支承座之类的零件，焊后壳体往往发生塌陷，可在焊前将支承座周围的壳壁向外顶出，然后再进行焊接，见图 1-34(c)。

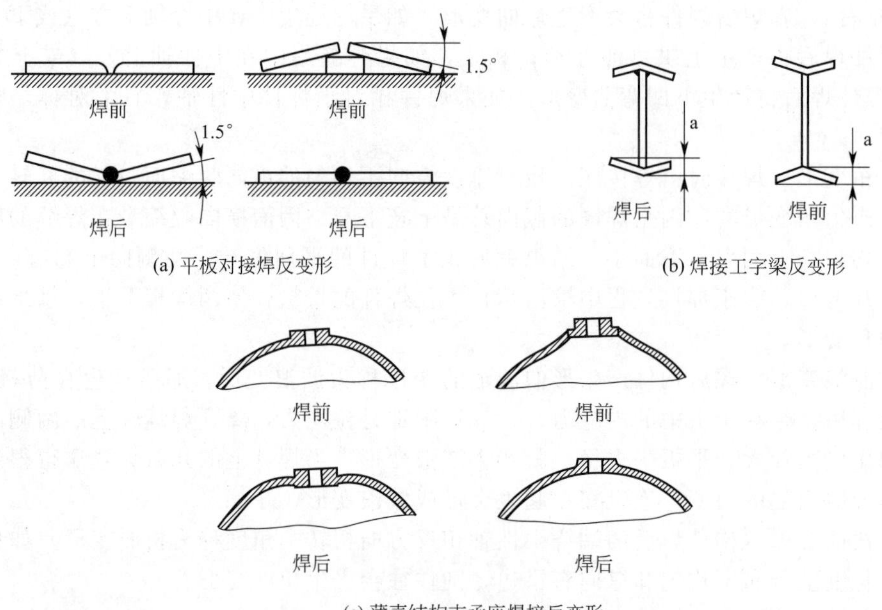

(a) 平板对接焊反变形　(b) 焊接工字梁反变形

(c) 薄壳结构支承座焊接反变形

图 1-34　反变形法消除变形

(5) 刚性固定法控制焊接变形　焊前对焊件采用外加刚性拘束，强制焊接在焊接时不能自由变形，这种防止焊接残余变形的方法称为刚性固定法。如采用压铁防止薄板焊后的波浪变形，如图 1-35 所示。

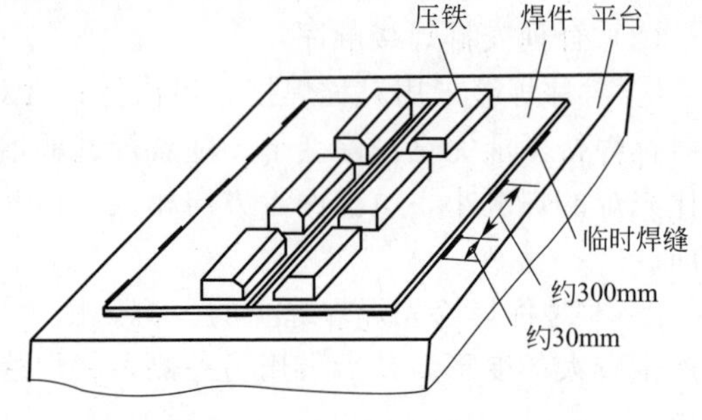

图 1-35　刚性固定法控制变形

刚性固定法简单易行，适用面广，不足之处是焊后卸掉外加刚性拘束后，焊件上仍会残留一些变形，不能完全消除，但比没有采用拘束时小得多。另外，刚性固定法将使焊接接头中产生较大的焊接应力，对于一些抗裂性较差的材料应当谨慎使用。

(6) 散热法　焊接时用强迫冷却的方法将焊接区的热量散走，减少受热面积从而达到减少变形的目的，这种方法称为散热法。常用喷水冷却、浸入水中冷却和水冷铜块冷却等方法，以减少薄板的焊接变形，但不适用于焊接淬硬性较高的材料。

(7) 自重法　利用焊件本身的质量在焊接过程中产生的变形来抵消焊接残余变形的方法称为自重法。如一焊接梁上部的焊缝明显多于下部，焊后整根梁产生下凹弯曲变形，如图 1-36(a) 所示，可在焊前将梁放在两个相距很近的支墩上，如图 1-36(b) 所示。

首先，焊接梁的下部两条直焊缝，由于梁的自重和焊缝的收缩，将使梁产生弯曲变形；然后将支墩置于两头，并使梁反身搁置，随后焊接梁的上部。由于支墩是置于梁的两头，梁的自重弯曲变形与第一次相反，而且上部焊接的收缩变形方向与下部焊缝收缩变形的方向相反，因此焊后的弯曲变形得以控制，如图 1-36(c) 所示。

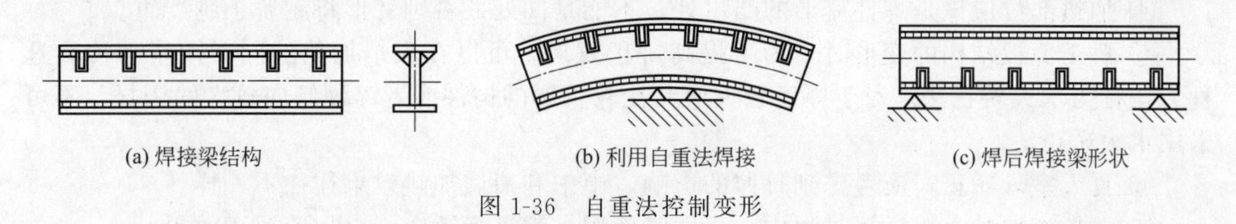

图 1-36　自重法控制变形

(8) 机械矫正法

利用手工锤击或机械压力矫正焊接残余变形的方法叫机械矫正法。手工锤击矫正薄板波浪变形的方法如图 1-37 所示。

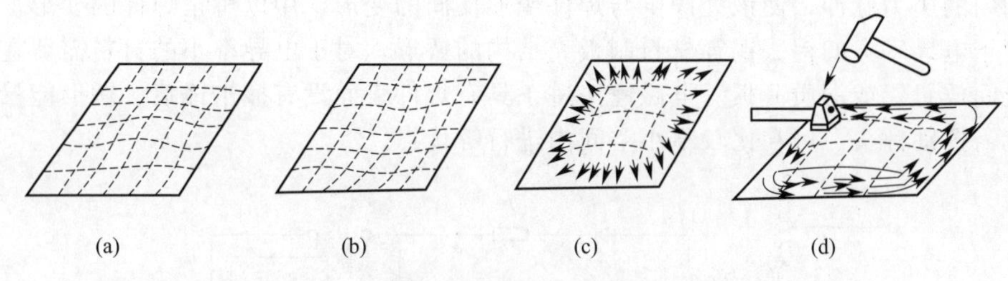

图 1-37　手工锤击矫形

图 1-37(a) 是薄板的原始变形情况，锤击时锤击部位不能是凸起的地方，这样结果只能朝反方向凸出，如图 1-37(b) 所示，为矫平还要接着锤击反面，结果不仅不能矫平，反而要增加变形。正确的方法是锤击突起部分四周的金属，使之产生塑性伸长，并沿半径方向由里向外锤击，见图 1-37(c)，也可以沿着凸起部分四周逐渐向里锤击，见图 1-37(d)。

图 1-38(a) 是利用加压机构矫正工字梁焊后的弯曲变形，图 1-38(b) 是利用圆盘形辗轮辗压薄板焊缝及其两侧，使之伸长来消除薄板焊后的残余变形。

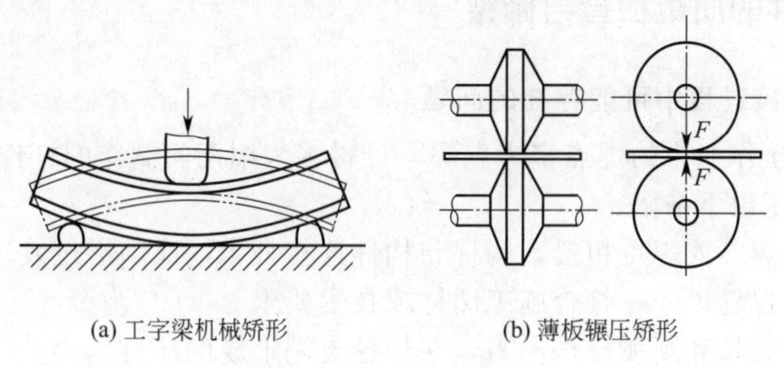

图 1-38　机械加压矫形

手工锤击矫形劳动强度大，技术难度高，但无须设备，适用于薄板的焊后矫形。机械加压矫形效率高，速度快、效果好，但需要加压机构等设备，适用于中、大型焊件焊后的矫形。

(9) 火焰矫正法　利用火焰对焊件进行局部加热时产生的塑性变形，使较长的金属在冷却后收缩，以达到矫正变形的目的，称火焰加热矫正法。火焰加热矫正法矫正焊件残余变形时要注意以下事项。

① 加热用火焰通常采用氧乙炔焰，火焰性质为中性焰。若要求加热深度较小时，可采用氧化焰。

② 对于低碳钢和低合金结构钢焊件，加热温度一般为 600～800℃，焊件呈樱红色。

③ 火焰加热的方式有点状、线状和三角形三种，其中三角形加热适用于厚度大、刚性强的焊件。

④ 加热部位应该是焊件变形的凸出处，不能是凹处，否则变形将越矫正越严重。

⑤ 矫正薄板结构的变形时，为了提高矫正效果，可以在火焰加热的同时用水包冷，这种方法称为水火矫正法。对于厚度较大而又比较重要的构件或者淬硬倾向较大的钢材，不可采用水火矫正法。

⑥ 夏天室外矫正，应考虑到日照的影响，中午和清晨加热效果往往不一样。

⑦ 薄板变形的火焰矫正过程中，可同时使用木锤进行锤击，以加速矫正效果。

(10) 电磁锤法矫正　电磁锤法又称强电磁脉冲矫正法，其矫正焊件变形的过程如下：把一个由绝缘的圆盘形线圈组成的电磁锤置于焊件待矫正处，从已充电的高压电容向其放电，于是在线圈与焊件的间隙中出现一个很强的脉冲电磁场，如图 1-39 所示。由此产生一个比较均匀的压力脉冲，使该处产生与焊件变形反向的变形，用以矫正焊件的变形。电磁锤击法适用于电导率大的铝、铜等材料制板壳结构的矫形，对于电导率小的材料需要在焊件与电磁锤之间放置铝或铜质薄板。电磁锤法矫正具有焊件表面没有撞击锤痕、矫形能量可精确控制、无需挥动锤头、可在比较窄小空间内进行等优点。

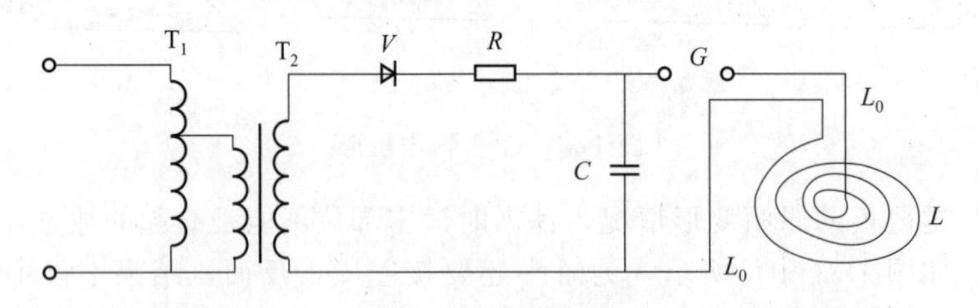

图 1-39　电磁锤法矫正

T_1—调压器；T_2—高压变压器；V—整流元件；R—限流元件；
C—储能电容器；G—隔离间隙；L—矫形线圈；L_0—传输电缆

三、车头部件的质量检查与修整

1. 车头部件焊接过程中可能存在的问题

摩托车车头焊接作业中的焊点多为点焊，母材多为细钢丝制作的杆件和薄板成型件，在焊接制造过程常发生以下缺陷：

① 外形缺陷：焊缝或焊点粗糙，构件与构件连接处未达成圆滑过渡。

② 尺寸缺陷：焊缝尺寸不符合施工图样或技术要求。

③ 弧坑：由于收弧和断弧操作不当，在焊缝末端形成的洼坑。

④ 烧穿：焊接电流过大，对焊件加热时间过多，停留时间过长，导致烧穿母材，出现孔洞。

⑤ 焊瘤：熔化金属流淌到焊缝以外的未熔化母材上，形成局部未熔合缺陷。

⑥ 焊后变形：由于杆件直径较小，板件厚度较小，当热输入过大时，容易使杆件或板件发生反方向的变形。

对于不同的焊接缺陷，一般需要根据缺陷情况，采取不同的控制、抵消或修整等方法，使焊接构件整体达到图纸设定要求。

对于飞边、毛刺、过渡不圆滑、焊瘤等外观缺陷，可采用砂轮打磨去除，并通过抛光处理进一步消除缺陷，美化外观。对于弧坑、烧穿等因焊接参数或焊接操作不当引起的缺陷，较小的可以采用机械去除后补焊，再进行打磨抛光等处理；对于较大的缺陷，则只能报废处理，重新制作。

焊后尺寸没有达到设定要求，首先要分析其产生的原因，若是焊接装配精度引起的，则需要更换合适的焊接辅助工具，必要时应制作靠模等焊接工装；若是焊接残余应力引起的，则需选择合适的焊接工艺规程，或采用适当的控制变形的焊接方法。

焊后变形对于细钢丝与薄板制作的车头模型几乎不可能完全避免，对于较小的变形，可采用上述手工锤击方法进行矫正、校平；若变形较大，可以使用刚性固定或强迫冷却等方法控制变形量。

2. 车头部件焊接缺陷的修整

（1）防止后视镜与后视镜支杆焊接烧穿　后视镜为1mm厚薄板冲压成型，后视镜支杆为2mm钢丝折弯成型，在进行焊接作业时极易烧穿，如图1-40所示。解决薄板焊接时烧穿的主要措施如下：

① 严格控制焊接接头上的热输入量，选择合适的焊接方法，以及焊接电流、电弧电压、焊接速度等工艺参数。

② 薄板焊接一般应采用较小的喷嘴，但建议尽量选用小喷嘴中尽可能大的直径，可扩大焊缝的保护面，有效且较长时间地隔绝空气，使焊缝形成较强的抗氧化能力。

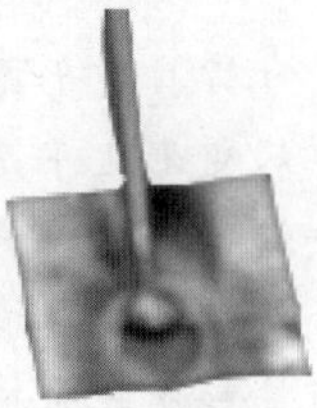

图1-40　烧穿

③ 尽量选用铈钨极棒，磨削的尖度要更尖，且使钨极棒伸出喷嘴的长度应尽量长些，使母材更快地熔化。也就是使熔化温度上升更快、温度会更集中，使需要熔化的位置尽可能快地熔化，且不会让更多的母材温度上升，减少材料内应力，发生变化的区域变小，最终也使材料的变形减少。

④ 装配尺寸力求精确，接口间隙尽量小。间隙稍大容易烧穿或形成较大的焊瘤。必须采用精装夹具，保证夹紧力平衡均匀。

（2）前叉立杆组件焊后变形处理　前叉立杆为直径5mm的细长杆，焊接时通常会存在扭曲变形现象，有时只在垂直方向上，有时只在水平面上，也可能在垂直和水平面上均有扭曲变形。详细分析可能的原因，主要有：①手工弯折成型的前叉立杆，在焊接前存在变形；②下料尺寸有误差；③装配时没有调整好位置；④没有正确计算焊接变形量等。针对手工折弯件本身存在变形，应当事先做好矫正，做好平行度和尺寸检查。对于下料尺寸误差，应当对每件尺寸进行测量，若有偏差则应进行修磨；无法修磨的则应重新下料。若装配精度不好，则应制作装配工装，以确保装配间隙。对于不同批次的材料，可以存在伸长率不同的情况，应当通过试焊确认焊接变形量，以尽可能减少焊接残余应力，从而减少焊接变形。

在实际操作过程中，这类细杆焊接件很难做到完全没有焊接变形，在采取上述措施后，还会存在的小变形，可以采用机械手段进行矫正。

（3）减震弹簧与立杆的焊瘤处理　车头模型中的减震弹簧由1mm碳素弹簧钢丝制成，与立杆点焊易产生如图1-41所示的焊瘤缺陷。焊瘤是指焊接过程中，熔化金属流淌到焊缝之外未熔化在母材上所形成的金属瘤，常伴有群孔缺陷。

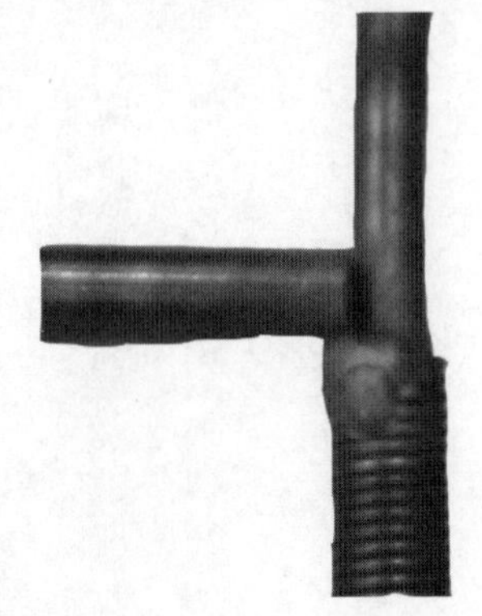
图1-41　焊瘤

焊瘤产生的主要原因有焊接电流过大，击穿焊接时电弧燃烧、加热时间过长造成熔池温度增高，熔池体积增大，液态金属因自身重力作用下坠形成焊瘤。装配间隙大、钝边薄，焊条与焊距角度不适当，焊接速度过慢也是形成焊瘤的重要原因。焊瘤不但影响焊缝表面美观，造成应力集中现象，而且在焊瘤下面，常有未焊透缺陷存在，在焊瘤附近，容易造成表面夹渣。若是管道内部的焊瘤，还会影响管内的有效截面积，甚至造成堵塞。

在焊接过程中，可以利用焊条的左右摆动与挑弧动作加以控制。在搭接或者帮条接头立焊时，焊接电流应当比平焊适当减少，焊条左右摆动时在中间部位走快些，两边稍慢些。焊接坡口立焊接头加强焊缝时，应当选用直径 3.2mm 的焊条，并且应适当减小焊接电流。上述措施都可以有效地控制焊瘤的产生。对于已经形成的焊瘤，在不影响焊接质量的前提下，可以采用手工打磨的方法加以消除。

总结与练习

焊接变形是所有焊接构件成型必须面对的问题，薄板以及刚度差零件之间的焊接成型，焊后变形几乎是无可避免的。正确地测量焊接构件的尺寸，采取恰当的方法和实施步骤对构件进行修整，是摩托车模型之类产品制作的重要方法。修整技术的理论研究进展有限，变形修整效果受环境条件的严重影响。因此，本次任务安排挡泥板与其支架焊接组件、车轮焊接组件和驾驶手把与前叉立柱焊接等三种焊接成型件的质量检查与修整实操训练，以期学生在实操中领会和掌握质量检查与修整的技术技能。

项目三　车架制作

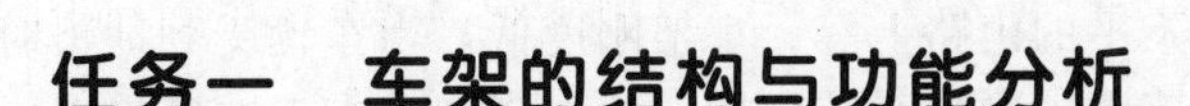

任务一　车架的结构与功能分析

任务目标

1. 了解两轮摩托车的车架结构形式。
2. 熟悉摩托车车架的功能特点。
3. 完成车架模型的结构组成与功能分析。

相关知识

摩托车车架作为摩托车总成的一部分，承受着各种各样的复杂载荷，其结构的强度、刚度和固有特性是车架的重要设计指标。摩托车车架多数采用复杂的管、板式焊接结构，是摩托车的支撑骨架，在整车中既要满足众多车体零件安装的要求，又要保证车辆行驶平稳，因此对车架的结构尺寸和形状精度要求较高。摩托车车架焊接后往往会变形，不但直接影响整车装配及整车性能，还可能降低车架结构的承载能力而引发事故，因此制造中限制和消除焊接变形非常重要。

一、摩托车车架的功能、组成与常见形式

摩托车车架用来支撑发动机、变速传动系统以及摩托车乘员，不但起到连接发动机、悬架装置、行走装置以及其他零部件的作用，还为车轮提供安装位置，更重要的还能够充分发挥每一部分各自的功能，在复杂路面行驶时，能有效地抵抗来自路面的颠簸和冲击。因此，车架是非常重要的构件，特别是要求有足够的强度和刚性。

车架作为车轮安装构件，整个车架又支撑在车轮上，摩托车的前轮作为转向轮可以左右摆动。由于车架是整个摩托车的支撑部分，因此其材料和结构必须有相当的强度和刚性，同时又要求重量轻巧，以便高速行驶，其中两轮摩托车车辆在静止状态时，必须借助于支架来保持平衡，在行驶过程中，必须靠操控来保持平衡，因此，不能以巨大的结构钢来获得车架的强度和刚性，要尽量采用重量轻、刚性好的特殊管材或板材组成车架。另外在零部件的组成方式上大都以外露的形式装配在车架上的一定空间范围内，在外观造型方面也十分考究。

摩托车的使用范围广泛，种类繁多，为了适应各种车辆的使用要求，必须设计出各种不同特性的车架。一般来说，摩托车车架的形式因发动机的大小而异，具体说是由车辆性能、

加工形式，以及使用状况的不同而定。从大的组合结构形式来看，分为两大类：

① 由多个简单件通过一定的工艺，组合成一个空间框架结构体，即空间结构型车架；

② 以一个主梁为主体骨架，加上一些辅助安装件组成的主体梁式结构车架。

1. 摩托车车架的使用特点及要求

摩托车车架外观上看比较简单，只是将几根杆件焊接在一起，但实际上其设计涉及多方面的考虑。车架如同人体骨骼，必须要有足够的强度和刚度，且在质量、造型等方面也有相应的要求。

① 车架要有足够的强度，需承受发动机、其他零部件及骑乘者的重量，限制装配件的移动，并影响其运动性能。不同使用对象的摩托车车架强度不同，例如家用车就比越野车的强度要低。

② 车架要有足够的刚度，与汽车相比，两轮摩托车具有更大范围的运动自由度，可急剧转弯、行驶在凹凸不平的山路上等。车架刚度低，当车辆受到冲击时车架容易变形，但车架刚度过大会在某种范围内影响系统弹性，从而影响骑乘者的骑乘感。

③ 车架的结构尺寸要符合设计要求，有些关键尺寸会影响摩托车运行的平稳性。

④ 在设计车架时，须考虑车辆的敏捷性，但又不宜太灵活，既要稳定又不能太沉重。例如，转向轴头涉及前叉倾角、车轮拖曳距、偏置距、两轮轴距等尺寸问题。前叉倾角大，转向时方向把手移动的角度也就小；拖曳距大，前轮回中的扭力也就越大，车辆也就越稳定。美式摩托车车型虽然较大，但由于前叉角度较大，行驶起来十分平稳。拖曳距越大转向操纵力矩越大，一般轻型摩托车的拖曳距设计为 85～120mm。摩托车在行驶中所产生的转向力、离心力及车辆的颠簸，均会促使转向轴头侧扭，为抵抗这种侧向扭力，车架常使用粗大的管梁和加强杆，从发动机两侧延伸至转向轴头位置焊接。

⑤ 车架重量要轻，材料上多采用含有钛、铬、钒等微量元素的高强度钢材。有些车辆还采用铝合金或者钛合金车架，以减轻摩托车本身的重量。

2. 摩托车车架的形式分类

目前，摩托车车架的形式主要有主梁结构式车架、菱形车架和托架式车架。主梁结构式车架又称脊梁型车架，是用 1～2 根主梁作脊骨的车架，应用较广泛；菱形车架形似钻石状，又称钻石式车架，属于空间结构形式。发动机横置在钻石形内，作为车架的一个支承点，能增强车架的强度和刚度，在道路竞赛摩托车中应用较多；托架式车架形似摇篮，又称摇篮式车架，也属空间结构形式。发动机安装在摇篮形中，发动机下面有钢管支承，能对发动机起保护作用，许多越野车型采用此类车架。

图 1-42　脊梁型车架

① 脊梁悬架式车架与摇篮式结构的车架有明显的差异，主要是发动机的安装方法不同。其不像摇篮式车架那样把发动机置于框架之内，而是把发动机下面的车架部分全部省去，从车架转向立管到车架尾部以一个较大的主体骨架形成一个如同脊梁骨一样的构件，发动机以悬架的方式安装于脊梁下部，如图 1-42 所示。

这种车架除少数车种用钢管或者用钢管和钢板混合组成车架外，基本上均是采用左右结构组合的冲压薄钢板成型。这种车架结构简单，适于大量生产。由于脊梁部位受运行中的冲击负荷较大，同时又受发动机振动的影响，容易产生应力集中的弱点。因此，此处的断面形状设计必须根据成车的载荷状况慎重考虑，特别是轮距较大的车辆，应有足够大的断面面积和理想的断面形状。此种车架在强度和刚度上受到结构的一定限制，同时成车辅助零部件的空间布置比较困难，一般多用于中小型实用摩托车。

习惯上通常将脊梁悬架式车架分为两大类，即上脊梁式车架和下脊梁式车架。上脊梁式车架就是主体脊梁位于车架上方，一般大体形状为T字形。其优点是在主脊梁前部可以设置一个较大的燃油箱，大多用于中小型实用车，如本田CRF250摩托车。下脊梁式车架与上脊梁式车架的主要区别是其脊梁前部向下弯曲形成一个适当空间，骑乘者可从座垫前面方便上下车，这类车梁适用于跨越式车架。这类结构的车辆运输货物较为方便，如铃木VanVan摩托车就是采用这种车架。

② 跨接式菱形车架的特点是省去了发动机下方的车架部分，直接利用发动机本身这一刚性体作为车架的一个组成部分，将车架连接起来。因此，在类车架未安装上发动机之前，还不能成为一个完整的车架。此种车架依靠发动机把菱形的不连续部分跨接而成，所以称其为跨接式菱形车架，如图1-43所示。由于这种车架是把发动机作为车架的一个构件，车架所承受的振动和冲击，也就是发动机体要承受的振动和冲击。因此，其缺点是发动机曲轴箱有可能变形而影响发动机性能。其优点是节省车架材料，车架重量减轻，结构简单。这种车架多用于中排量的摩托车，特别是越野车，为了能获得理想的最低离地高度，也较多地采用这种车架。在大排量的摩托车中，因发动机连接强度问题得到了解决，也逐渐采用这种车架。

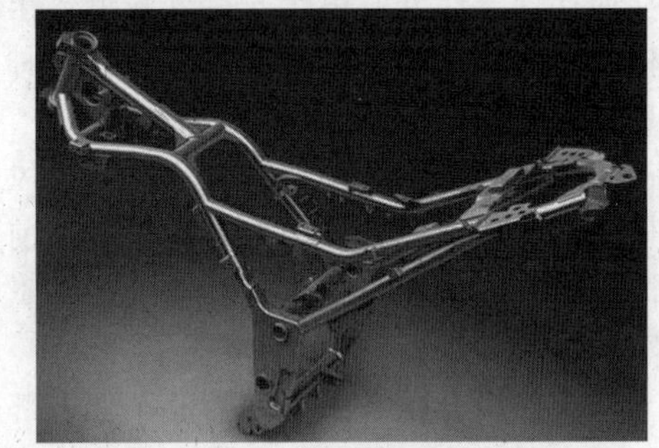

图1-43　钻石式车架

③ 摇篮式车架在大功率摩托车、高速竞赛车和越野车上被广泛地采用。其特点是摩托车发动机的安装状态犹如婴儿被放在框架的摇篮中一样。这种空间结构的车架与主体梁式结构的车架相比，在强度和刚性方面都要好得多。摇篮式车架通常分为单下管摇篮式车架、双排下管摇篮式车架和叉形下管摇篮式车架。由单根钢管构成的摇篮框架称为单下管摇篮式车架，此类车架一般都是以圆形钢管成型，但也有少数采用矩形钢管成型，如图1-44所示，如Ducati Scrambler Sixtyz摩托车就是这样的矩形单下管摇篮式车架。从车架转向立管至发动机下方由两根并排钢管配置的，称为双排下管摇篮式车架，如图1-45所示。以单根钢管与车架转向立管相接，而在发动机下方又为两根并排钢管配置的，称为叉形下管摇篮式车架。

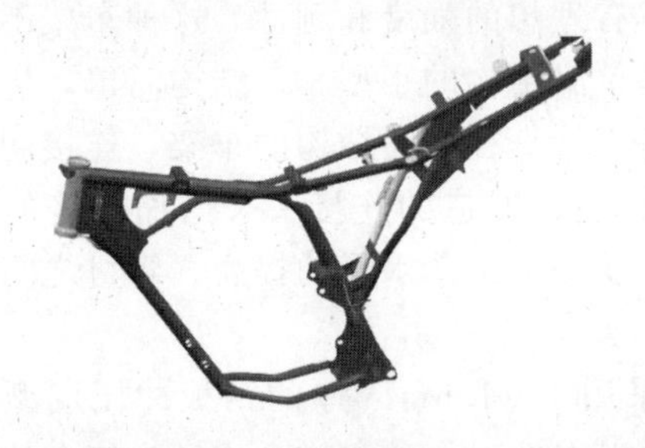

图1-44　单下管摇篮式车架

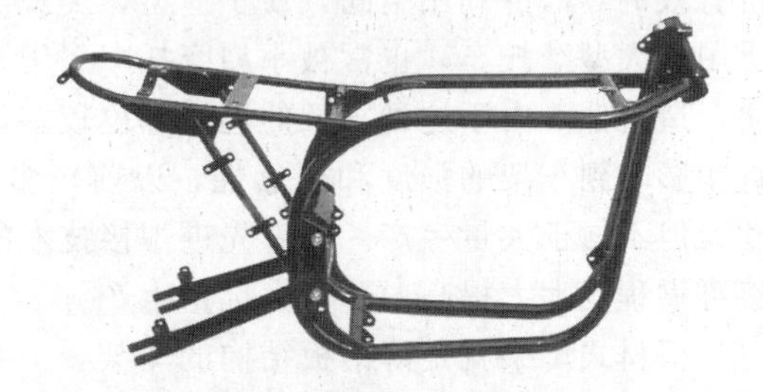

图1-45　双排下管摇篮式车架

这三类车架使用上的区别在于，由发动机的结构形式不同决定采用相应的车架，除与发动机大小和形状有关外，其中最主要的原因是为了更合理地布置发动机的排气管。例如，双气缸和四气缸发动机排气管分置两侧，一般宜采用叉形下管或单下管的车架。三气缸发动机排气管置于中间和两边，多采用双排下管车架。一般单缸发动机采用双排下管车架，但排气管侧置的单气缸发动机却采用叉形下管或单下管摇篮式车架等。摇篮式车架之所以广泛被采用，其原因是其不但有理想的强度和刚性，且造型美观，利于成车结构布置。这种车架所构成的成车，在车架的衬托下，给人结构和艺术的协调感。

④ 组合摇臂式车架结构中没有发动机的固接部位，摩托车的发动机不像脊梁式、跨接式和摇篮式车架那样直接固定在车架上，而是把发动机、后臂、驱动装置和后轮组合成一个刚性整体，在发动机曲轴箱上设置铰接支点，与车架铰接形成一个组合摇臂结构。这种形式的车架没有单独的后臂，在行驶过程中发动机相对于车架并不是静止的，而是随后减震器的振动而摇摆。此外，由于铰接处较低，车架的主梁相应较低，车架前部呈下弯状，所以这种结构的车架广泛用于小型摩托车。在这种车架形式中，根据发动机的结构特点，一般又分为跨越式和踏板式两类。

跨越式组合摇臂车架一般采用卧式风冷式发动机，此类发动机与后轮的中心距离较长，车架主梁下弯不能太低，但对骑乘者从前面上下车较为方便，称为跨越式车架。这种车架结构简单，一般采用单根粗钢管成型，重量轻，制造工艺简单。KTM Duke 390 摩托车即属这种车架。

踏板式组合摇臂式车架为使车架前部有足够的空间位置，获得一个搁脚平面，发动机均采用后置立式，后轮采用小轮。由于发动机前面有搁脚装饰板，没有良好的通风条件，冷却方式均为强制风冷。这种车架结构的车辆，由于采用小直径轮胎，装饰面积较大，便于布置整体装饰，因此，成车造型美观小巧，适于作为城市上下班用车，特别是城市女性用车。

除了上述类型车架之外，还有常见的 V 形车架、侧三轮摩托车车架和正三轮摩托车车架等。尽管三轮摩托车与两轮摩托车有某些相似之处，在我国把它也列入摩托车的管理范围内，但其使用特点与两轮摩托车有较大的差异，在此不做具体介绍。

3. 摩托车车架的材料分类

摩托车车架通常由铝、钢或者合金焊接制作而成，碳素纤维仅仅用于一些特别昂贵或者定制车架。随着摩托车技术的发展，车架材质也不断改进，结构越来越轻巧。随着摩托车工业的不断发展，人们对摩托车的要求也越来越高。作为摩托车关键部件的摩托车车架，其结构性能直接影响着摩托车的安全性和舒适性。鉴于摩托车车架材料柔性化、轻量化的趋势，目前，CFRP（碳素纤维增强塑料）已逐渐成为赛车车架主流，合金也将成为车架主要材料。

管材式车架的主要部分由钢管构成，其特点是利用小直径的钢管构成大型的车架，以获得有效的零部件利用空间，便于造型，美观实用，具有理想的强度和刚性。这种车架不但广泛用于大型摩托车，也常被小型摩托车采用，特别是单梁结构的小型车，结构简单，生产方便，造价低。由于这种车架的连接部位较多，特别是小管直径空间结构的车架，连接的形式直接影响到车架的强度和可靠性，以前较多地使用铸造、锻造的连接头来增加连接的可靠性，但不便于大量生产。随着先进焊接技术的发展以及加工工艺水平的提高，管材之间的连接可靠程度大大提高，并可大批量生产。

板材式车架就是薄钢板结构的车架，一般主体采用 1～1.6mm 厚的钢板冲压成型后焊接组合而成。这种车架大都为主体梁结构的形式，并以左右对合的方式合成。为使车架主要断面有足够的强度和刚性，应充分考虑断面形状和面积，在容易产生应力集中的地方，如车架立管、后臂中心支点、发动机安装座等处用加强板、加强肋等方法来增加强度。板材式车架主体部分一般为大断面造型，可以利用其所形成空间合理地布置零部件。从生产工艺来看，其主要的构成件是左右车架板，因此其最适合于大批量生产。

管材式车架和板材式车架各有所长，钢管和钢板合成车架是兼有两者优点的车架形式。

具体来讲，就是用冲压成型的钢板代替管材式车架中复杂的接头部分。两者在外观上不协调的地方也易用材料相互弥补。另外，为了增强管材和板材间的焊接效果，一般选择 1.6mm 以上厚度的接头钢板为好。从加工工艺来看，板材式车架可大批量生产，但整体式的大车架板模具制造困难，加工周期长，因此，采用组合车架能改善工艺性。

4. 摩托车车架的主要结构特点

一辆摩托车若没有坚固的车架作为成车基础，就是一堆松散的零部件。对摩托车车架而言，正确的结构造型比选择车架的材料更为重要。下面概略介绍车架主要结构特点。

车架转向立管是任何形式的摩托车车架必不可少的部分，其是前轮转向系统和车体部分的唯一连接点。摩托车在运行中通过车架转向立管抵抗来自凹凸路面的冲击力、制动时的惯性力、手把转动的横向载荷等，其受力状况十分复杂。为了增强此处的强度和刚性，除必须可靠焊接车架主体外，还需用加强板加固其与车架的连接。为了使车体与前轮转向系统通过立管进行有机的连接，在立管内设置了特殊的推力轴承，从而实现前轮转向系统与车体转向灵活，无上下窜动，确保了车辆的稳定性和安全性。

后臂中心转轴是后臂随同后减震器的转动中心。摩托车的后臂在静止无负荷状态时，均配置在与水平不大的夹角状态，作为链条式末级传动的车辆，驱动链条还不得与后臂干涉，特别是越野车。由于后减震器行程较长，因而后臂的转动弧度较大，车辆上下振动时，往往要与后臂中间连接杆碰撞，普遍采用尼龙套式橡胶套来减小链条与后臂中间连接杆的碰撞。

对于末级采用轴传动的车辆，还必须与传动轴的万向节部位保持一致，使发动机的输出力能有效地传递给后轮。根据此结构特点，后臂中心转轴的位置必须在决定发动机主链轮（或轴传动的传动轴位置）的同时确定。此外，根据一般骑乘姿势来看，搁脚位置应设置于后臂中心转轴附近，因而后臂中心转轴的宽度在整体布置上不能太宽，以获得尽量合理的布置形式。因此，后臂中心转轴是整个车架的设计基准。

二、摩托车模型车架的结构组成与功能

摩托车模型的主车架结构主要采用杆件，与少量板件焊接成型，如图 1-46 所示。

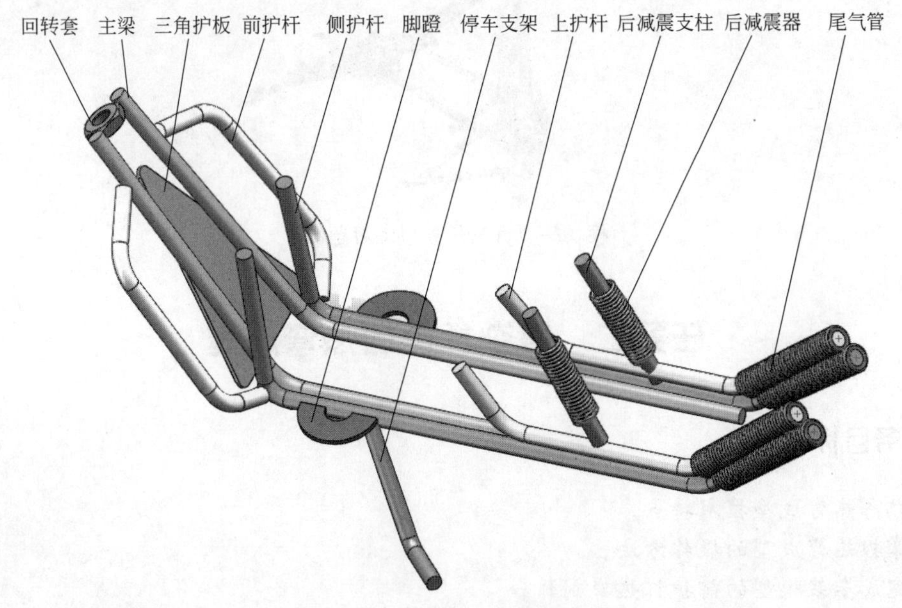

图 1-46 摩托车模型车架组成

主梁前端与代表回转套的螺母焊接成一体，回转套用于连接车头；后端与后车轮组件连接成一体；为固定车架形状尺寸、增加刚度，主梁前下方焊接有三角护板。前护栏与主梁上翘段焊接，左右各一，代表车架的护腿结构。主梁水平段外侧各焊有侧护杆一件，加强车架水平方向的刚度，以便支承发动机的重量，侧护杆垂直段也是固定车身前端的支柱。

侧护杆水平段后上方焊有上护杆，主要是为了加强后车轮支承处的刚度，同时其前上翘段也是固定车身的一个支点。上护杆中段上方焊接与后减震器支柱，左右各一，减震器支柱上焊有代表减震器的圆柱螺旋弹簧。侧护杆和上护杆的尾部上翘段均焊接有代表排气管的圆柱螺旋弹簧。

综上所述，摩托车模型车架主要由各种形状的圆钢折弯件焊接成型，类似于双摇篮式车架。前端侧护杆、上护杆与主梁围成的半包围托架用于安装发动机；后端主梁开口用于与后车轮组件焊接成一体，形成刚性较好的网架结构。

总结与练习

摩托车车架是摩托车的主体部分，不同类型摩托车的车架结构有很大的不同。摩托车模型车架相对于实用摩托车作了大量的简化，无法与实用摩托车形成对应关系。学生需要在充分了解实用摩托车车架的结构特点的基础上，弄清每个构件的功能以及受力特点，为安排合理的焊接顺序、选定最佳的工艺参数奠定理论基础。因此，本次任务为模块一项目三任务一练习题图所示的摩托车车架的结构特点与功能分析。

模块一项目三任务一练习题图

任务二　复杂杆件的热弯成型

任务目标

1. 熟悉热弯成型技术特点。
2. 掌握热弯成型的操作方法。
3. 完成车架模型的前护杆热弯制作。

相关知识

一、圆钢热弯成型技术

圆钢可以认为是一种实心的钢管，较细的圆钢可以冷弯成型，而较粗的圆钢则需要通过热压或热煨工艺弯曲成所需要的形状和尺寸。热压是通过将钢管加热后，再放到特制的模具中冲压成型的热弯工艺；热煨是将钢管通过加热煨弯，然后通过手工、顶推和旋拉等方法制成所需形状的工艺。这两种热弯成型工艺各有特点，需要根据使用环境和设计强度要求选用。热压成型的弯管的力学性能没有热煨成型的高，在电厂四大管道、化工管道、水利管道、压力管道、焦化管道、热力管道、污水处理管道、石油化工管道、医药管道等使用压力大的管道成型中主要使用热煨弯管工艺。下面详细阐述可用于手工成型的热煨弯管技术原理和弯型过程。

1. 煨管基本原理

热煨管需要将钢材加热至900～1000℃，在钢材强度降低、塑性增大的基础上，再在模具上进行弯制加工。在实际弯制过程中，需要操作人员通过观察钢管加热后的颜色判断加热温度，以便及时完成相应的操作，钢材温度与颜色的关系如表1-10所示。表中所列为白天室内观察到的颜色，若在日光下观察，则颜色相对较暗；在黑暗中观察，颜色相对较亮。当温度要求严格控制时，应采用红外线测温仪进行测量。

表1-10 钢材温度与颜色对应关系表

颜色	温度/℃	颜色	温度/℃
黑色	470	亮樱红色	800～830
暗褐色	520～580	亮红色	830～880
赤褐色	580～650	黄赤色	880～1050
暗樱红色	650～750	暗黄色	1050～1150
深樱红色	750～780	亮黄色	1150～1250
樱红色	780～800	黄白色	1250～1300

钢材加热到500～550℃时将产生蓝脆，在此温度范围内，应严禁锤打和弯曲以免断裂。碳素结构钢在温度下降到700℃之前，低合金结构钢在温度下降到800℃之前，应结束加工，在空气中缓慢冷却。

热煨弯曲过程是材料弹性变形之后再达到塑性变形的过程。拉伸和压缩使材料内部产生应力，引起一定的弹性变形，一旦外力作用撤消（或同时降温），将产生一定的回弹，回弹量一般为$0.04R$～$0.06R$，R为弯曲半径。Q235A材质的回弹为$0.05R$，Q345材质的回弹量为$0.06R$。影响回弹量的因素很多，主要有：①材料的力学性能，屈服强度越大，回弹越大；②弯曲变形程度，弯曲半径R和材料厚度T的比值越大，回弹越大；③变形区域越大，回弹越大。试制弯管时，应选择较小的回弹量进行热煨操作。完成第一件热煨制成品后，应精确测量出煨弯成型数据，重新确定最理想的回弹量。

2. 热煨弯的一般过程

（1）胎架的制备　热煨弯管的胎架应根据设计图纸确定支点矢高，支点间隔距离d一般为1000～1500mm，具体距离需要根据具体情况确定。矢高应用水准仪等测量工具测定各点的位置，其误差不超过2mm。常用胎架的结构示意图如图1-47所示。

（2）划线　在已经完成备料处理，准备进行煨弯的钢管圆周上垂直对称划出四条母线，并在长度方向上标识出烤火点范围，并保证烤火点之间距离不大于 100mm，俯视图如图 1-48 所示。

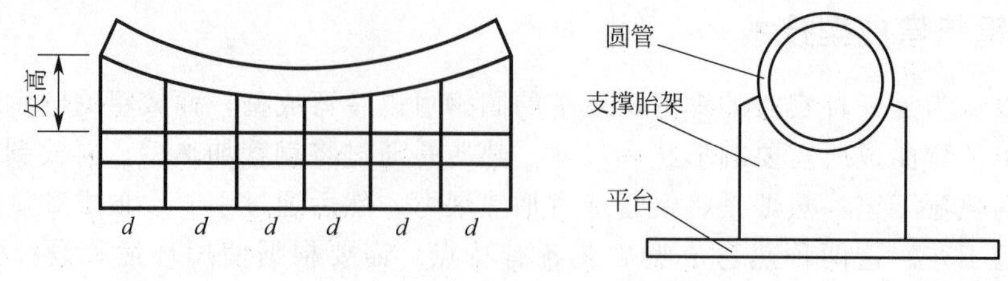

图 1-47 常用胎架结构示意图

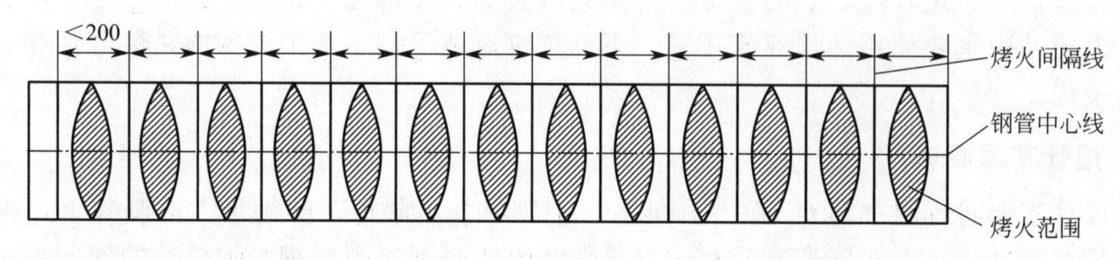

图 1-48 烤火标识示意图

（3）烤火 为保证钢管圆弧过渡均匀，烤火点圆周方向应超过钢管母线 10°～15°，如图 1-49 所示。加热时应使用两把烤枪从中间向两侧对称加热，从而保证在烤火过程中构件不会产生扭曲变形。烤火过程中，采用长度不小于 1.5m 的样板进行测量，制作测量样板时应控制其半径偏差不大于 2mm，以便保证弯制的弧度在规定值范围内。

弯制实心圆钢或管壁较厚的钢管，若出现烤火效果不明显的情况，应增加外力，其作用点如图 1-50 所示。在施加外力时，外力点不能与管壁直接接触，应使用垫铁，并保证垫铁圆管面接触密实，垫铁内径和管壁接触良好，避免局部受力产生凹坑。当各个支撑点均与管壁接触后，应停止加热。此时，外力不能立即撤除，应在钢管冷却至室温后，再撤除外力。

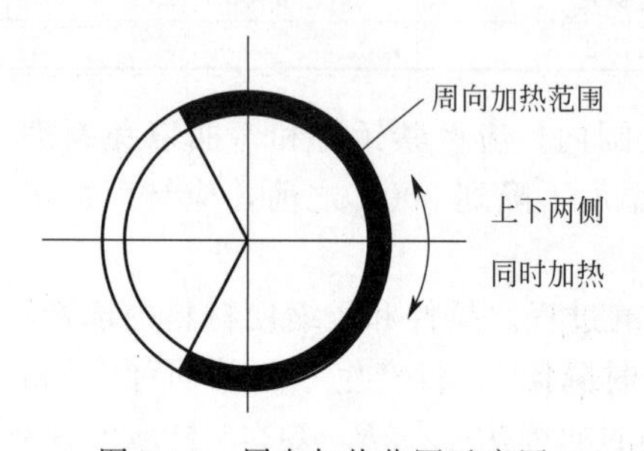

图 1-49 周向加热范围示意图

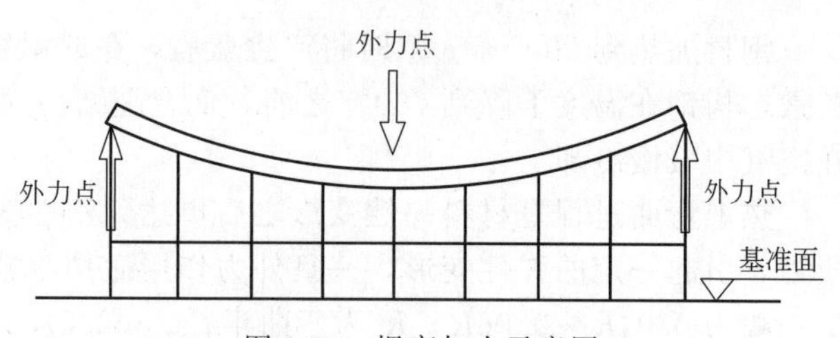

图 1-50 煨弯加力示意图

（4）后处理 钢管热煨弯制结束，各项检查合格后，端面根据设计要求进行切头，若有后续焊接需要，还应进行开坡口处理。完成处理后，按规定做好标识、半成品入库。

3. 热煨弯管的一般知识

弯管主要有各种角度的弯头、U 形管、来回弯（或称乙字弯）和弧形弯管等形式。弯管尺寸由管径、弯曲角度和弯曲半径三者确定。弯曲角度根据图纸和施工现场实际情况确定，然后制出样板，照样板煨制并按样板检查煨制管件弯曲角度是否符合要求。弯管的弯曲半径应按管径大小、设计要求及有关规定而定。

一般热煨弯管的弯曲半径应不小于管子外径的 3.5 倍；冷煨弯管的弯曲半径应不小于管

子外径的4倍；焊接弯头的弯曲半径应不小于管子外径的1.5倍；冲压弯头弯曲半径应不小于管子外径。煨制弯管一般不允许产生皱纹，如有个别起伏不平的地方，管径小于或等于125mm时，其高度不得超过4mm；管径小于或等于200mm时，其高度不得超过5mm。

二、热弯成型工艺过程

热弯成型的详细工艺流程，如图1-51所示。

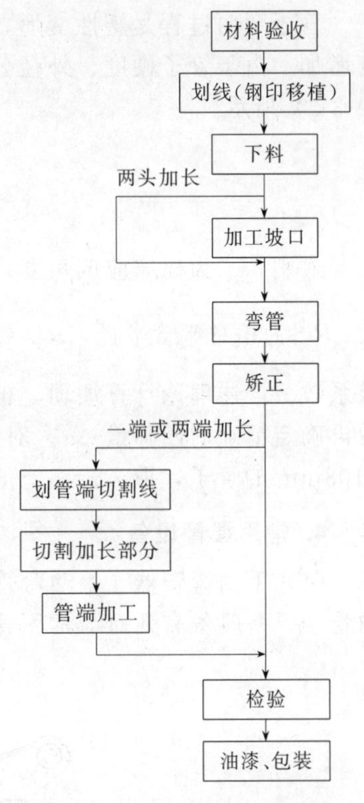

图1-51 热弯成型工艺流程

1. 弯管尺寸计算

（1）90°弯管的计算 若弯曲段起止端点分别为a、b，当弯曲角为90°时，管子弯曲段的长度为以r为半径的圆周长的1/4，其弧长ab则为$2\pi R/4=1.57R$，即弯曲段的展开长度为弯曲半径的1.57倍，如图1-52所示。对于U形弯管和任意角度弯管的计算方法与90°弯管类似，详见图1-53和图1-54。

在弯制U形、反向双弯头或方形伸缩器时，若以设计图样要求或实际测量得出的两个相邻90°弯头的中心距尺寸进行划线煨制，那么由于金属管材加热弯曲时产生了延伸的结果，弯成的两个弯头中心距将比原来的距离要大些。延伸误差可按式(1-3-1) 进行计算。

$$\Delta L=R[\tan(\alpha/2)-0.00875\alpha] \quad (1\text{-}3\text{-}1)$$

式中，ΔL为延伸长度，mm；R为弯曲半径，mm；α为第二个弯曲角的角度，(°)。

（2）任意弯管的计算 任意弯管是指任意弯曲角度和任意弯曲半径的弯管，其弯曲部分的展开长度可按式(1-3-2)计算。

$$L=\pi\alpha R/180=0.01745\alpha R \quad (1\text{-}3\text{-}2)$$

式中，L为弯曲部分的展开长度，mm；α为弯曲角度，(°)；π为圆周率；R为弯曲半径，mm。

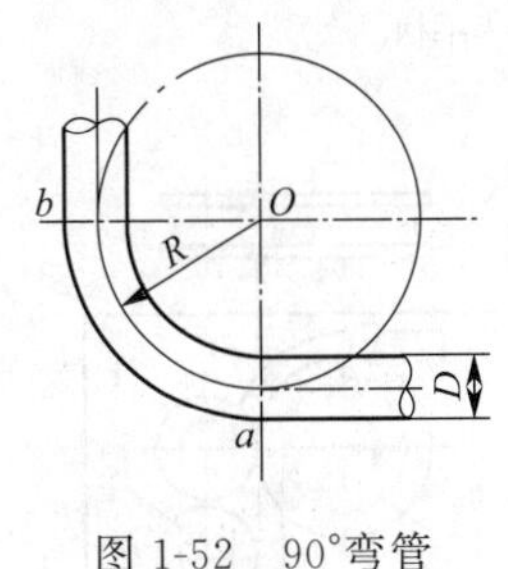

图1-52 90°弯管

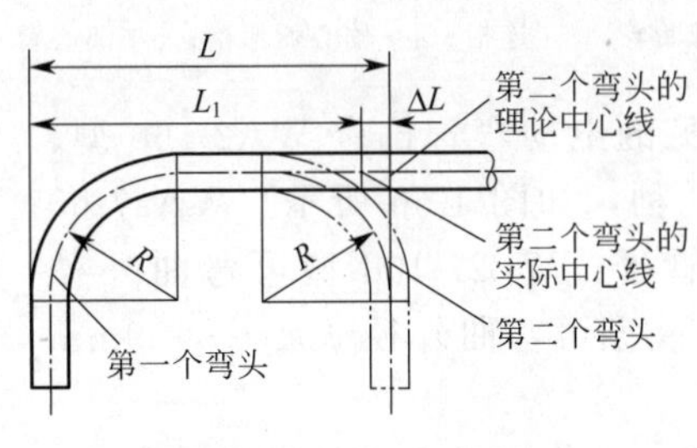

图1-53 U形弯管

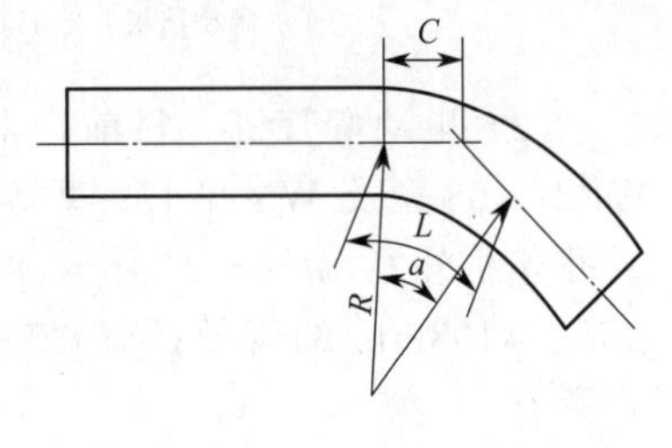

图1-54 任意角度弯管

2. 弯管下料

对于外径为$\phi32\sim\phi108$mm的管子一般采用机械切管机下料，外径为$\phi133\sim\phi219$mm需要锯床锯切。管子端面倾斜度Δf与管子外径和焊接方法相关，对于外径$\phi\leqslant108$mm的管子，采用手工焊时，自动焊时$\Delta f\leqslant0.5$。当管子外径为$\phi108\sim\phi159$mm时，$\Delta f\leqslant1.5$；管子外径大于$\phi159$mm时，$\Delta f\leqslant2$。

完成下料后应检验下料尺寸、公差、端面倾斜度、管端毛刺及标记；对不需加长且两端需倒角的弯管，在弯制前倒角；需要加长且两端需倒角的弯管，弯制后切除加长部分后再倒角。

3. 弯管回弹量计算

管子弯曲过程是塑性变形，但伴有弹性变形过程，外力除去后，管子弯曲半径增大，角度增加。由于管子硬度、外径公差及壁厚不一，难于一次调整出回弹量，理论计算公式如式（1-3-3）所示。

$$\alpha_1 = \frac{\alpha}{1-\dfrac{2m\delta_s R_x}{E}} \tag{1-3-3}$$

式中，α_1 为机床应调角度；α 为图纸要求角度；δ_s 为管子材料的屈服强度；E 为弹性模数；R_x 为相对弯管半径，$R_x=\dfrac{D_w}{R}$；$m=K_1+\dfrac{K_0}{2R_x}$；K_0 为相对强化系数；K_1 为管子截面形状系数。上述理论计算烦琐，也不可能测量每根管子的各种参数，一般先按推荐值试弯，然后再确定精确的回弹量 $\Delta\alpha$。对于外径≤ϕ76mm 的管子，取 $\Delta\alpha=2°\sim3°$；对于外径 ϕ83～ϕ108mm 的管子，取 $\Delta\alpha=4°\sim5°$；对于外径 ϕ133～ϕ159mm 的管子，取 $\Delta\alpha=4.5°\sim5.5°$。

4. 常用煨管设备

（1）手动弯管器　手动弯管器分携带式和固定式两种，可以煨制公称直径不超过 25mm 的管子，一般备有几对与常用管子外径相应的胎轮。便携式手动弯管器，如图 1-55 所示。

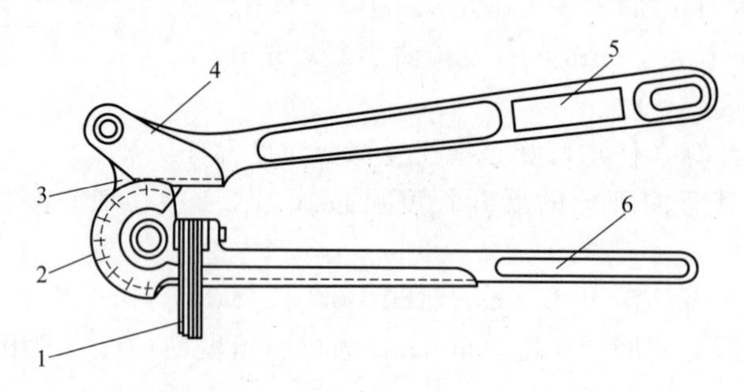

图 1-55　携带式手动弯管器

1—活动挡板；2—弯管胎轮；3—连板；4—偏心弧形槽；5—离心臂；6—手柄

（2）电动弯管机　目前，常见的电动弯管机有 WA27-60 型、WB27-108 型及 WY27-159 型等几种，如图 1-56 所示。WA27-60 型可弯曲外径 ϕ25～ϕ60mm 的管子；WB27-108 型可弯曲外径 ϕ38～ϕ108mm 的管子；WY27-159 型可弯曲外径 ϕ51～ϕ159mm 的管子。

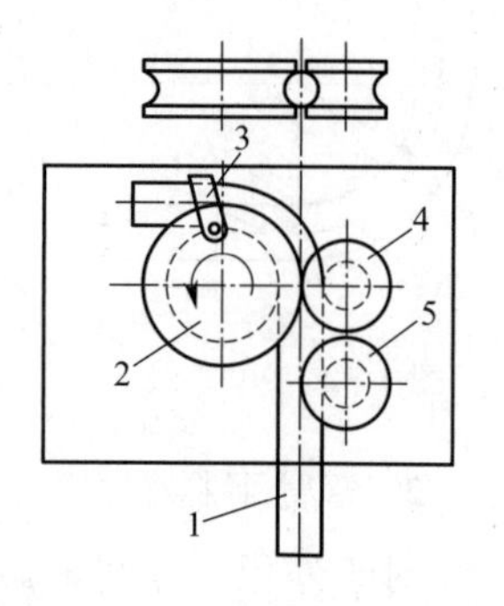

图 1-56　电动弯管机

1—管子；2—弯管模；3—U形管卡；4—导向模；5—压紧模

（3）液压弯管机　液压弯管机主要由顶胎和管托两部分组成，如图 1-56 所示。顶胎的作用和电动弯管机的弯管模作用相同，管托的作用及形状和电动弯管机上的压紧模一样。

（4）中频弯管机　中频弯管机（图 1-58）采用中频电能感应对管子进行局部环状加热，同时用机械拖动管子旋转，喷水冷却，使弯管工作连续不断地协调进行。采用这种管机，可以弯制 ϕ25×10mm 的弯头，弯曲半径为管子公称直径的 1.5 倍，比焦炭加热热煨弯管提高工效近 10 倍。

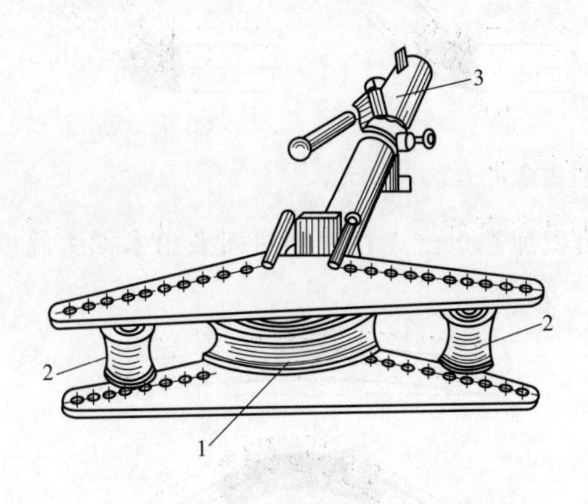

图 1-57 液压弯管机

1—顶胎；2—管托；3—液压机

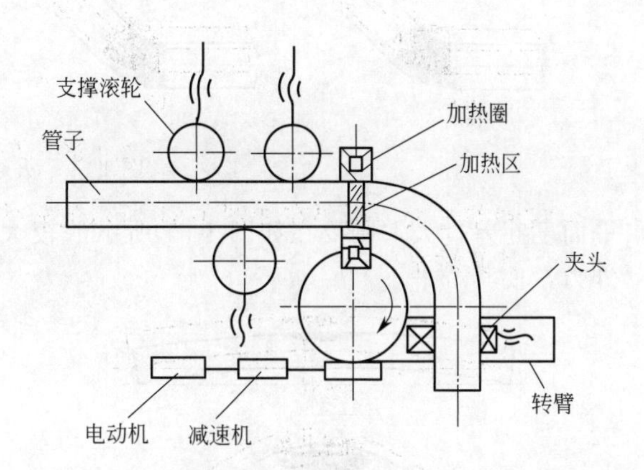

图 1-58 中频弯管机

5. 弯管质量检查

钢管弯制成型后，应进行目测检查，不得有裂纹、过烧、分层等缺陷，也不宜有皱纹。测量弯管任一截面上的最大外径与最小外径之差，钢管、铜合金管不得超过弯制前外径的 8%，铜管不得超过弯制前外径的 9%。各类金属管道的弯管，管端中心偏差值 Δ 不得超过 3mm/m，当直管长度 L 大于 3m 时，其偏差不得超过 10mm。Π 形弯管的平面度允许偏差 Δ，应符合表 1-11 要求。

表 1-11 Π 形弯管的平面度允许偏差 Δ 单位：mm

长度 L	<500	500～1000	>1000～1500	>1500
平面度 Δ	≤3	≤4	≤6	≤10

6. 弯管矫正

弯管成品若经检验发现存在由于回弹引起的角度不对、平面度超差等问题的，需要采用机械、火焰等方法进行逐根矫正。

(1) 机械矫正 对于管子直径较小，角度超差≤±1.5°，平面度超差 2～3mm，允许用机械矫正。将管子夹持在弯管模具上，人工均匀施以外力，使之达到要求。

(2) 火焰矫正 对于管子直径超过 ϕ42mm，或变形不大，角度偏差≤±1.5°，平面度超差 2.5～3.5mm，采用火焰矫正。用烘枪中性焰加热至 850～950℃，空冷，不允许用水敷冷，加热时烘枪距工件表面 40mm，移动烘枪在指定区域内烘烤，目测不超过亮樱红色，避免局部过烧。

(3) 火焰机械矫正 对于管子直径太大，变形超差太大，单纯靠火焰加热后仍然达不到要求者，可以按图 1-59(a) 在较大范围用烘枪加热后，在非加热部位施以外力缓慢使其变形至需要位置，以达到圆滑过渡，无局部凹陷。无论角度弯大或弯小，即弯钩或弯撒，都要整圈管子加热均匀，缓慢施力，见图 1-59(b)。加热范围过小，而强行将弯小角度的管子拉大，则可能造成管子外部凹陷，见图 1-59(c)；反之可能造成内部凹陷，见图 1-59(d)。

(4) 平面度火焰矫正 平面度超差不大的大管子，可以在如图 1-60 所示的管子平面度凸起部位烘枪加热，使其在空气中自然冷却收缩，不施加外力，可以达到平面度要求。如果

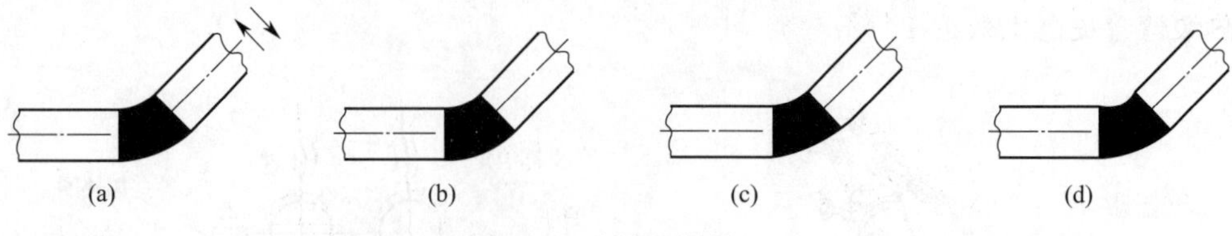

图 1-59　火焰机械矫正

平面度超差过大，则要在如图 1-61 所示的较大面积加热烘红，在非受热面上用木榔头施以外力，使其矫平。

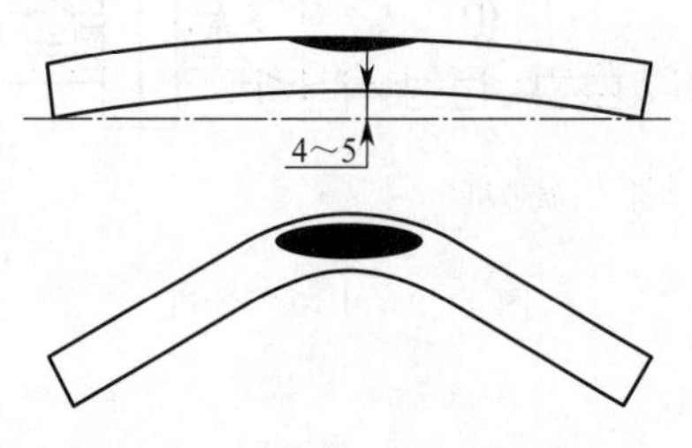

图 1-60　平面度火焰矫正（1）

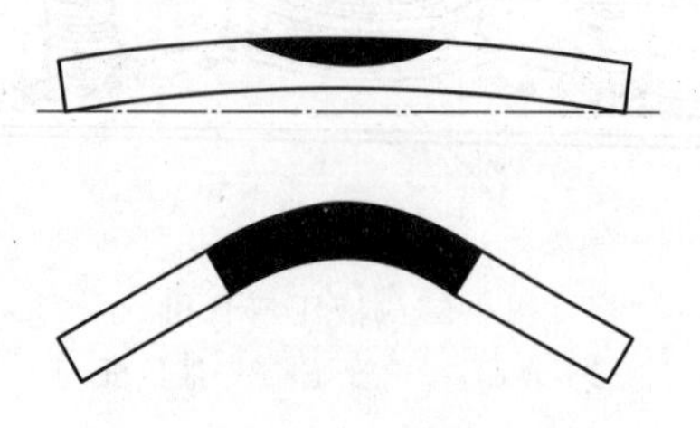

图 1-61　平面度火焰矫正（2）

三、车架前护杆的热弯成型

摩托车模型车架主要由各种圆钢折弯件组成，下面以形状比较复杂、尺寸要求比较高的前护栏为例，阐述热煨弯的详细操作过程，如图 1-62 所示。

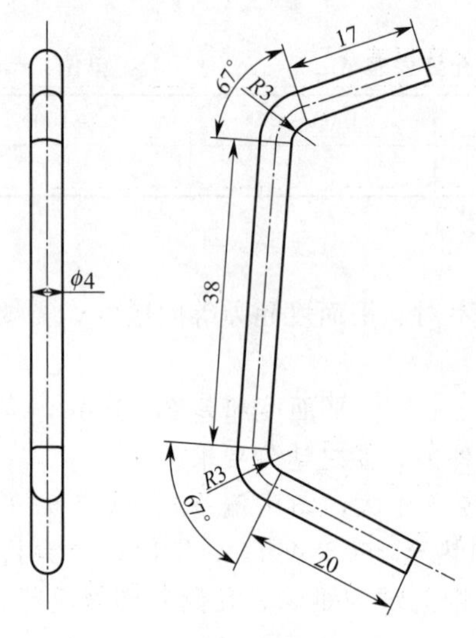

图 1-62　前护栏尺寸

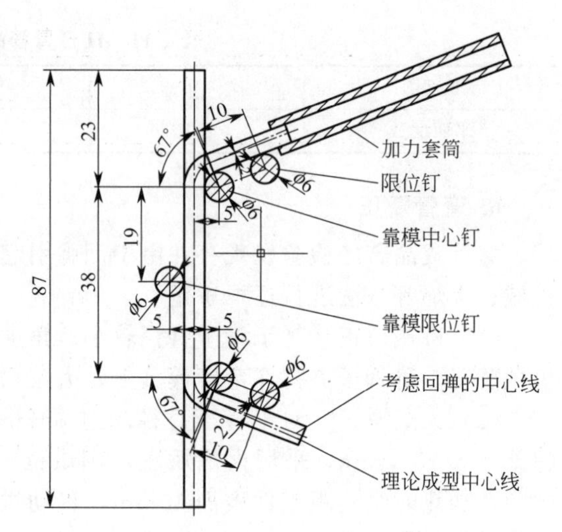

图 1-63　前护栏热煨弯示意图

1. 下料尺寸计算

从图 1-62 可知，前护栏是直径 4mm 的折弯件，理论上可以采用冷弯成型，但存在尺寸小、弯曲半径小的特点，采用冷弯成型残余应力大，车架整体焊接成型后容易产生变形，故选用热煨弯成型。

此件为做任意角度弯管，其弯曲部分的展开长度可按式（1-3-2）计算，长度为 5.846mm，考虑到热弯成型后，为便于焊接两端需要进行修磨，故取整数 6mm。因此，根据图 1-63 可知下料总长为 87mm。

2. 回弹量计算

圆钢煨弯，外力撤除后会产生一定的回弹，需要按式(1-3-3) 进行计算，但过程复杂，根据经验可以选取 2°回弹量进行试弯。

3. 靠模定位

由图 1-63 可知，前护杆的弯曲内径为 $R3$，鉴于材料直径只有 4mm，采用直径 6mm 的圆钢作为靠模中心钉已足够。根据煨弯过程中的加力和限位要求，需要在前护杆中部直段的中间位置设置一个限位钉，以承受回转力矩。同时，为方便观察弯曲成型情况，在两端倾斜段加一个成型限位钉。

图中限位钉位置为试弯时的位置，若试弯后回弹量与初估值有较大的差别，则需要重新固定两限位钉的位置。

4. 加热煨弯操作

根据理论计算，将下料完成的 ϕ4mm 圆钢，卡入靠模，各段尺寸如图 1-63 所示。此构件两端均需要进行热煨弯，采取分段成型的方法。将一用于加力的内径与圆钢相配，外径不妨碍弯曲操作的钢管作为加力杆，套入需要弯折的一端。

在需要弯曲的 67°及向两侧各扩展 10°～15°的范围内，用氧炔焰进行加热，注意按表 1-10 观察钢材加热至 900～1000℃的颜色时，考虑施力弯曲，同时观察与靠模中心钉、成型限位钉的贴合情况。当圆钢弯曲内部与中心钉完全贴合时，停止施力和加热，但保持外力，直至完全冷却。一端完成加工后，按前述方法完成另一端的热煨弯。

5. 检查与矫形

前护杆完成热煨弯成型后，首先检查表面是否存在裂纹、过烧、分层以及皱折等缺陷，再用样板测量弯曲角度是否符合图纸要求。最后放在工作台上，检查是否有扭曲等变形。如果存在平面度超差的情况，应根据变形量大小，选择合适的方法进行矫正，以完全达到设计要求。

总结与练习

对于直径比较大的杆件采用冷弯成型容易出现残余应力过大，不易达到设定形状等问题，因此，需要采用热煨弯成型。小型热煨弯构件，大多采用简单靠模、手工操作的方法，对操作者的技术熟练程度要求较高。为了巩固热弯操作技能，本次任务选定为完成如模块一项目三任务二练习题图（一）、（二）所示的车架主梁和侧护杆的热弯成型。为加强理论知识，同时要求写出详细的工艺规程。

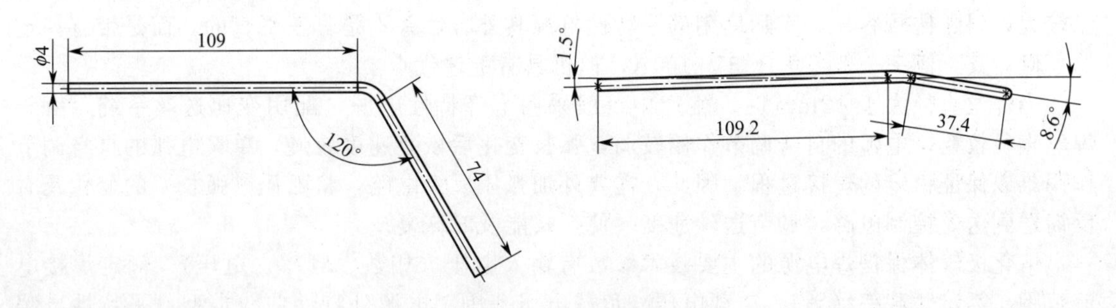

模块一项目三任务二练习题图（一）

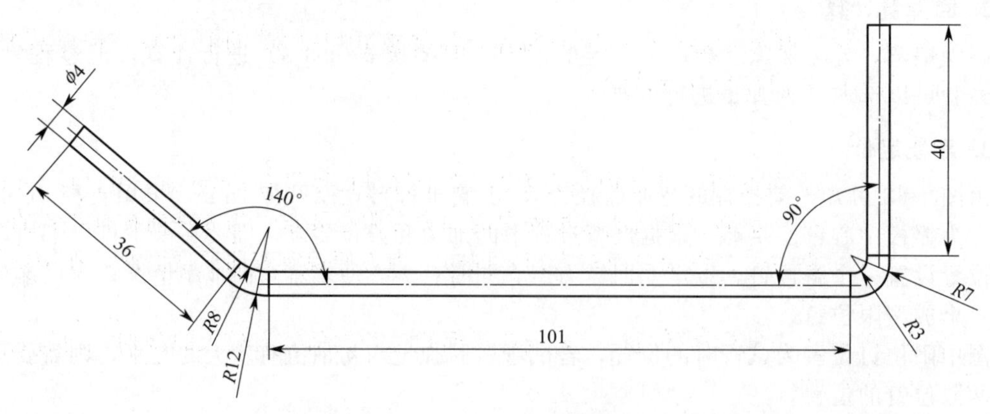

模块一项目三任务二练习题图（二）

任务三 复杂杆件的气体保护焊接

任务目标

1. 熟悉气体保护焊接工艺方法，完成复杂杆件的焊前准备。
2. 掌握气体保护焊的基本操作方法，选定正确的焊接参数。
3. 顺利阅读焊接工艺规程，完成车架复杂杆件的焊接操作。

相关知识

一、气体保护焊技术基础

气体保护焊是利用气体作为电弧介质并保护电弧和焊接区的电弧焊，称为气体保护电弧焊，简称气体保护焊。熔化极气体保护焊常用焊接电流为100～500A，电源暂载率一般在60%～100%，空载电压为55～85V。

熔化极气体保护焊的焊接电源，按外特性类型可分为平特性（恒压）、陡降特性（恒流）和缓降特性三种。当保护气体为惰性气体（如纯Ar）、富Ar和氧化性气体（如CO_2），焊丝直径小于ϕ1.6mm时，在生产中一般采用平特性电源。平特性电源配合等速送丝系统具有可通过改变电源空载电压调节电弧电压，通过改变送丝速度来调节焊接电流，焊接规范调节比较方便的特点。使用这种外特性电源，当弧长变化时可以有较强的自调节作用，短路电流较大，引弧比较容易。实际使用的平特性电源其外特性并不是真正平直的，而是带有一定的下倾，其下倾率一般不大于5V/100A，但仍具有上述优点。

当焊丝直径大于ϕ2mm时，生产中一般采用下降特性电源，配用变速送丝系统。由于焊丝直径较粗，电弧的自身调节作用较弱，弧长变化后恢复速度较慢，单靠电弧的自身调节作用难以保证稳定的焊接过程。因此，需要外加弧压反馈电路，将弧压（弧长）的变化及时反馈送到送丝控制电路，调节送丝速度，使弧长能及时恢复。

熔化极气体保护焊电源的主要技术参数有输入电压（相数、频率、电压）、额定焊接电流范围、额定暂载率（%）、空载电压、负载电压范围、电源外特性曲线类型（平特性、缓降外特性、陡降外特性）等。通常要根据焊接工艺的需要确定对焊接电源技术参数的要求，然后选用能满足要求的焊接电源。

送丝系统通常由送丝机（包括电动机、减速器、校直轮、送丝轮）、送丝软管、焊丝盘等组成。盘绕在焊丝盘上的焊丝经过校直轮和送丝轮送往焊枪。根据送丝方式的不同，送丝系统可分为推丝、拉丝、推拉丝和行星（线式）等四种类型。

熔化极气体保护焊的焊枪分为手握式半自动焊焊枪和自动焊焊枪。在焊枪内部装有紫铜或铬铜导电嘴，及一个向焊接区输送保护气体的通道和喷嘴。在焊接电流通过导电嘴等部件时产生的电阻热和电弧辐射热的共同作用下，会使焊枪发热，需要采取空气冷却、内部循环水冷却等措施冷却焊枪。对于空气冷却焊枪，CO_2 气体保护焊断续负载下一般可使用高达600A 的电流，而氩气或氦气保护焊通常只限于 200A 电流。半自动焊枪通常有鹅颈式和手枪式两种形式，鹅颈式焊枪适合于小直径焊丝，使用灵活方便，特别适合于紧凑部位、难以达到的拐角处和某些受限制区域的焊接。手枪式焊枪适合于较大直径焊丝，但对冷却效果要求较高，常采用内部循环水冷却。自动焊焊枪的基本构造与半自动焊焊枪相同，但其载流容量较大，工作时间较长，有时要采用内部循环水冷却。

供气系统与钨极氩弧焊相似，CO_2 气体通常还需要安装预热器和干燥器，以吸收气体中的水分，防止焊缝中生成气孔。对于熔化极活性气体保护焊还需要安装气体混合装置，先将气体混合均匀，然后再送入焊枪。

控制系统由焊接参数控制系统和焊接过程程序控制系统组成。焊接参数控制系统主要包括焊接电源输出调节系统、送丝速度调节系统、小车（或工作台）行走速度调节系统（自动焊）和气流量调节系统组成。它们的作用是在焊前或焊接过程中调节焊接电流或电压、送丝速度、焊接速度和气流量的大小。程序控制是自动的。半自动焊焊接启动开关装在手把上。当焊接启动开关闭合后，整个焊接过程按照设定的程序自动进行。程序控制的控制器由延时控制器、引弧控制器、熄弧控制器等组成。程序控制系统将焊接电源、送丝系统、焊枪和行走系统、供气和冷却水系统有机地组合在一起，构成一个完整的、自动控制的焊接设备系统。其作用是当焊接工艺参数受到外界干扰而发生变化时可自动调节，以保持有关焊接参数的恒定，维持正常稳定的焊接过程。

二氧化碳气体保护焊主要用于焊接低碳钢及低合金钢等黑色金属，已在钢结构加工、造船业、汽车制造、化工机械、农业机械、矿山机械等领域得到了广泛应用。

二、二氧化碳气体保护焊的基本操作

1. 焊接基本步骤及特点

① 引弧。二氧化碳气体保护焊一般采用直接短路接触法引弧。由于采用平特性的弧焊电源，其空载电压较低，造成引弧困难，引弧时焊丝与焊件不要接触太紧，如接触太紧或接触不良，会引起焊丝成段烧断。因此引弧前应调节好焊丝的伸出长度，使焊丝端头与焊件保持 2～3mm 的距离。如焊丝端部有粗大的球形头，应用钳子剪掉，因为球状端头等于加粗了焊丝的直径，并在该球状端头表面上覆盖一层氧化膜，影响引弧的质量。引弧前要选好适当的位置，起弧后要灵活掌握焊接速度，以避免焊缝起弧处出现未焊透、气孔等缺陷。

② 熄弧。在焊接结束时，如突然切断电弧，就会留下弧坑，并在弧坑处产生裂纹和气孔等缺陷。所以应在弧坑处稍作停留，然后慢慢地抬起焊枪，这样可使弧坑填满，并使熔池金属在未凝固前仍受到良好的保护。

③ 焊缝的连接。焊缝接头的连接一般采用退焊法，其操作与焊条电弧焊的方法相同。

④ 左焊法和右焊法。二氧化碳气体保护焊的操作方法，按其焊枪的移动方向，可分为

右焊法和左焊法，如图 1-64 所示。

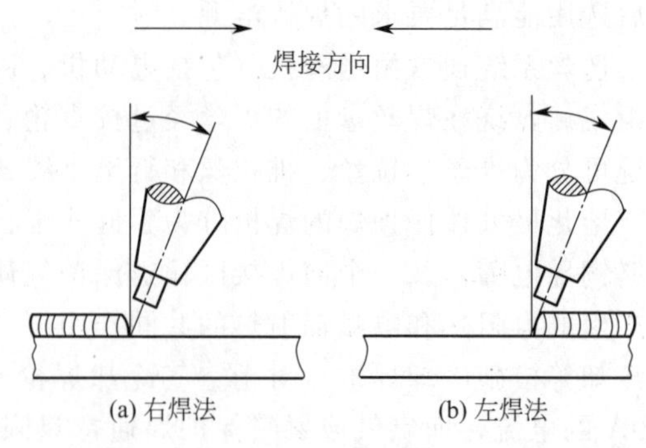

图 1-64 CO_2 气体保护焊操作方法

采用右焊法时，熔池能得到良好的保护，且加热集中，热量可以充分利用，并由于电弧的吹力作用将熔池金属推向后方，可以得到外形比较饱满的焊缝。但焊接时不便观察，不易准确掌握焊接方向，容易焊偏，尤其在焊接对接接头时。

采用左焊法时，电弧对焊件有预热作用，能得到较大的熔深，焊缝成型得到改善，左焊法虽然观察熔池有些困难，但能清楚地看到待焊接头，易掌握焊接方向，不会焊偏。二氧化碳气体保护焊一般都采用左焊法。

⑤ 运丝方式。运丝方式有直线移动法和横向摆动法。直线移动法即焊丝只做直线运动不做摆动，焊出的焊道稍窄。横向摆动运丝是在焊接过程中，以焊缝中心线为基准做两侧的横向交叉摆动。常用方式有锯齿形、月牙形、正三角形、斜圆圈形等，如图 1-65 所示。

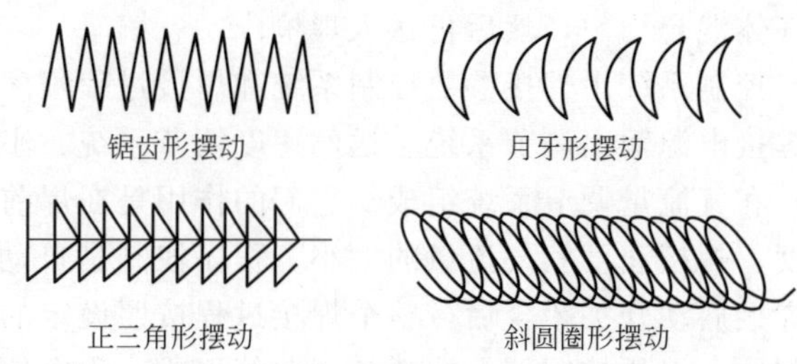

图 1-65 CO_2 气体保护焊运丝方式

横向摆动运丝时以手腕作辅助，以手臂为主进行操作；左右摆动的幅度要一样，摆动幅度不能太大。以锯齿形和月牙形摆动时，为避免焊缝中心过热，摆到中心时速度稍快，而在两侧时应稍作停顿。有时为了降低熔池温度，避免液态金属漫流，焊丝可做小幅度的前后摆动，摆动时须均匀。

直线移动方式主要应用于薄板和打底层；锯齿形摆动方式常应用于根部间隙较小的场合；月牙形摆动方式常应用于填充层以及厚板的焊接；正三角形和斜圆圈形摆动方式常应用于角接头和多层焊。

2. 常见焊接形式

① 平焊。平焊时一般采用左焊法。薄板焊接时焊枪做直线移动。中厚板 V 形坡口的打底层焊接采用直线移动方式，焊以后各层时焊枪可做适当的横向摆动，但幅度不宜过大，以免影响气体的保护效果。

② 立焊。立焊有热源自下向上进行焊接的向上立焊和热源自上向下焊接的向下立焊两种，如图 1-66 所示。

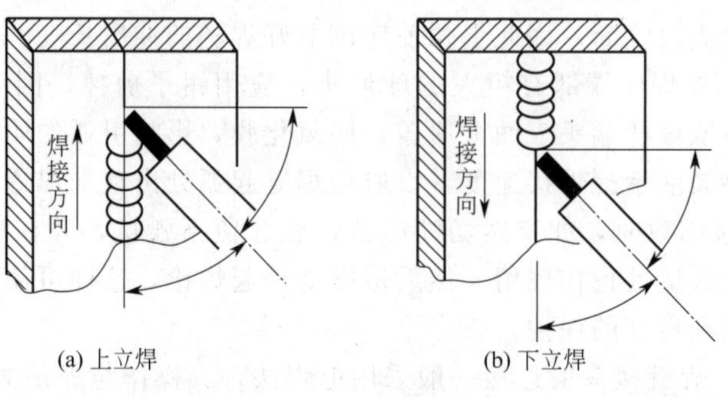

图 1-66 立焊示意图

向上立焊由于液态金属的重力作用，熔池金属下淌，加上电弧吹力的作用，熔深较大，焊道较窄，常用于中、厚板的细丝焊接。操作时如直线移动，焊缝会凸起，容易产生咬边，所以可以用小幅度的横向摆动法焊接。

向下立焊当采用细丝短路过渡焊接时，由于二氧化碳气流有承托熔池金属的作用，使它不易下坠，焊缝成型美观，但熔深较小。该方法操作简单，焊接速度快，常用于薄板的焊接。

③ 横焊。横焊时由于熔池金属受重力作用下淌，容易产生咬边、焊瘤和未焊透等缺陷，因此需采用细丝短路过渡的方式焊接，焊枪的角度如图 1-67 所示。焊枪一般采用直线移动运丝方式，为防止熔池温度过高，铁水下淌，可做小幅度的前后往复摆动。

④ 仰焊。仰焊与立焊、横焊一样存在重力作用的问题，所以采用细丝、小焊接电流及短路过渡的焊接方法。焊接时二氧化碳气体流量略大，焊枪角度如图 1-67 所示。焊接薄板时采用小幅度的往复摆动；焊接中、厚板时应做适当的横向摆动并在坡口两侧稍作停留，以防止焊缝中间凸起或熔池金属下淌。

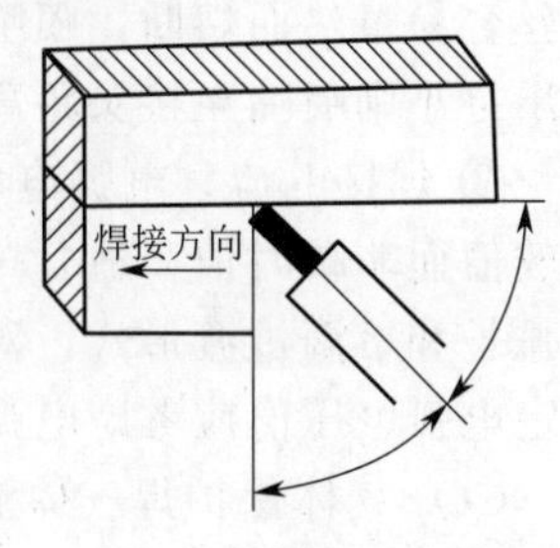

图 1-67 横焊示意图

⑤ T 形接头的焊接。焊接 T 形接头时，容易产生咬边、未焊透、焊缝下垂等现象。在操作时需根据板厚和焊脚尺寸来控制焊枪的角度。不等厚焊件的 T 形接头平角焊时，要使电弧偏向厚板，以使两板加热均匀。在等厚板上进行焊接时，一般焊枪与水平板件的夹角为 40°～50°，当焊脚尺寸不大于 5mm 时，可将焊枪直接对准夹角处；当焊脚尺寸大于 5mm 时可将焊枪移动 1～2mm，使焊枪的倾角为 10°～25°。

3. 焊接的一般过程

① 技术准备。焊工在施焊前需要进行的技术准备工作，包括熟悉产品图纸、了解产品结构、熟悉产品焊接工艺、了解产品焊接接头要求和掌握产品焊接接头的焊接参数。

② 器材准备。焊工在施焊前需要进行的器材准备工作，包括焊接设备及工装的检验调试、焊接参数调整和按焊接工艺的规定领取焊接材料。

③ 工件准备。包括坡口清理和焊接接头组件。施焊前焊工应检查坡口表面，不得有裂纹、分层、夹杂等缺陷，应清除焊接接头的内外坡口表面及坡口两侧母材表面至少 20mm 范围内的氧化物、油污、熔渣及其他有害物质。

使用卡具定位或直接在坡口内点焊的方法进行焊接接头的组对，组对时应保证在焊接过程中焊点不会开裂，并不影响底层焊缝的施焊；控制对口错边量、组对间隙及棱角度等参数不超过按相应的产品制造、验收标准的规定。

三、圆钢的 CO_2 气保焊技术特点

1. 焊接过程及参数

采用短路接触法引弧，焊前用钳子夹断焊丝，使端部呈尖状，适当提高空载电压；启动时，焊丝以慢速送丝。采用左焊法以避免喷嘴遮挡视线，使焊工能清楚地观察到接缝和坡口，避免焊偏。左焊法熔池受电弧冲刷作用较小，能得到较大熔宽，焊缝成型美观。因焊丝较细，为保证焊透及焊缝成型良好，焊接时可做适当摆动，不仅要有一定的速度、停留点及停留时间，且应根据位置的不同选择合适的摆动曲线形状。一般根部采用三角形摆动，停留点在焊缝根部，中间及盖面焊道应采用锯齿形摆动，停留点在焊缝两侧摆动频率根据焊接电流及焊道宽度决定。

细丝焊时，收尾过快易在弧坑处产生裂纹及气孔，如焊接时 CO_2 气体与送丝同时停止，易造成粘丝，故收尾时应在弧坑处稍作停留，然后缓慢抬起焊枪，使熔敷金属填满弧坑，才能熄弧并滞后停气。

焊接参数的选择对焊接质量和效率影响很大，最佳参数应能满足焊接过程稳定、飞溅最小，焊缝成型美观以及无气孔、裂纹及咬边等缺陷，对要求焊透的焊缝应能保证焊透质量要求，并应具有最高的生产效率。

① 焊丝直径对焊接过程的稳定性、金属飞溅及熔滴过渡等均有较明显的影响，应根据钢筋的规格、施焊位置及生产效率等因素来确定，焊丝直径一般为 0.8～1.6mm。

② 焊丝伸出长度 $L \approx 10d$（L 为焊丝干伸长，d 为焊丝直径，单位 mm）。伸出过长则焊丝容易过热而熔断，喷嘴至接头距离过大，影响保护效果，飞溅严重，焊接过程不稳定；伸出过小则喷嘴至接头距离变小，飞溅易堵塞喷嘴。

③ 焊接电流、电弧电压焊接时，电流表和电压表上显示数值是焊接电流和电弧电压的有效值而非瞬时值，适合一定直径焊丝的电流具有一定的调节范围。电弧电压的大小决定电弧弧长和熔滴过渡形式，对焊缝成型、飞溅、焊接缺陷以及焊缝的力学性能都有较大影响，确定电弧电压值应考虑电弧电压与焊接电流的匹配关系，才能获得稳定的焊接过程。

CO_2 气体保护焊气体流量应按焊接电流、焊丝干伸长及喷嘴直径等来选择，一般为 5～20L/min。焊接电流大，焊接速度快，焊丝伸出长度大或室外作业等情况下，气体流量应加大，以使保护气体有足够的挺度，加强保护效果，但气体流量不宜过大，以免将外界空气卷入焊接区，降低保护效果。

CO_2 焊主要采用直流反接，电弧稳定、飞溅小。焊接完毕，应清理焊缝表面及两侧的飞溅物，检查焊缝长度和外观质量，并随机取样做力学性能检测，合格后方可进入下道工序。

2. 焊接保护设备的选择

焊工用面罩有手持式和头戴式两种，手动送丝按电流选择遮光镜，如表 1-12 所示。

表 1-12 护目遮光镜选用标准表

焊接电流/A	≤30	30～75	75～200	200～400
电弧焊镜片	5～6	7～8	8～10	11～12

棉帆布焊接工作服广泛用于一般焊接、切割工作，工作服的颜色为白色。气体保护焊在紫外线作用下，会产生臭氧等气体时，应选用粗毛呢或皮革等面料制成的工作服，以防焊工在操作中被烫伤或体温升高。

禁止不戴焊接面罩、不戴有色眼镜而直接观察电弧光；尽可能减少皮肤外露，夏天禁止穿短裤和短褂从事电焊作业；有条件的可对外露的皮肤涂抹紫外线防护膏。

3. 圆钢气保焊的焊前准备

因油脂中的碳在高温条件下会进入钢内，增加焊缝对晶间腐蚀的敏感性，必须在焊前把表面油脂清洗干净；因焊接电流可能穿过毛刺与焊接部件发生短路接触，必须清除焊接部件搭接侧边上的毛刺。对于不锈钢薄板制前挡泥板，不能采用机械工具修磨或锉平，残余的细小铁屑会降低修磨区或锉平区的有效铬含量，从而引起焊接报废，只能使用不锈钢丝制作的刷子进行表面清理。

圆钢施焊前，端面应切平，并宜与轴线相垂直以避免出现端面不平，应尽量使用砂轮锯切断。切断后应用磨光机打磨，直到端面露出金属光泽；端部约 100mm 范围内的铁锈、黏附物以及油污应清除干净，若有弯折或扭曲，应矫正或切除。

4. 圆钢焊接实施方案

摩托车车架为对称结构，两侧焊接顺序相同。按车架外形大致可以为 C 形杆件与 L 形杆件的焊接、U 形杆件和 C 形钢的焊接、车座挡泥板的焊接。下面以如图 1-68 所示两杆件的焊接为例阐述圆钢焊接实施方案。

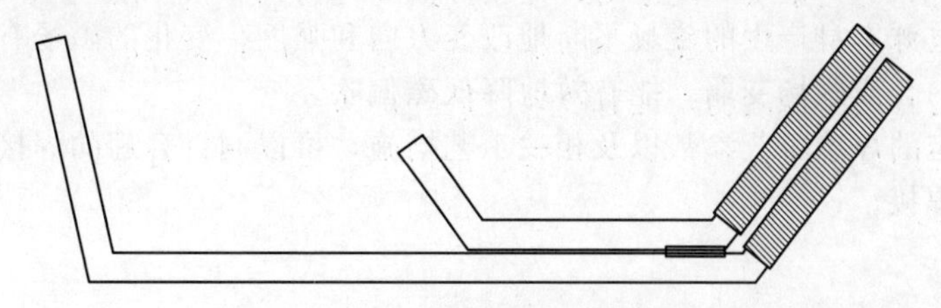

图 1-68 两圆钢的焊接示意图

① 焊接电流极性的确定。焊接过程中杆件采用磁性表座使两构件连接在一起，焊接时靠近磁性表座一端的磁场大，电弧会发生磁偏吹现象，若采用直流正接法，难以得到好的焊缝成型，因此选用交流电源，同时为了防止热影响区敏化区的晶间腐蚀，采取快速焊接以减少敏化加热的时间。

② 电流、电压大小的确定。杆件厚度为 5mm 左右，最终焊缝厚度 2～3mm，焊接长度 10mm 左右，为减小磁偏吹影响，采用小电流施焊，电流选定为 45～55A。对于初学者，可以将焊接电流定为 50A。在确定焊接电流后，焊丝直径可根据表 1-9 确定，选定焊丝直径 1.6mm。

手工焊接电压主要由弧长决定，电弧越长，焊接电压越高，可以根据焊接电流和焊接电压关系，计算得出此次焊接电压控制在 10V 左右。

③ 喷嘴与工件的距离。喷嘴与工件的距离过大，保护气体对焊缝的保护效果越差，为保证保护效果，喷嘴高度应当尽量低一些。CO_2 气体保护焊的焊丝伸出长度一般为 15～20mm，最长不能超过 25mm，电弧长度控制在 3～4mm，喷嘴到工件距离应为 20～25mm。对于本次焊接中，将喷嘴端部与工件的距离控制在 20mm 左右。

④ 提前送气和滞后停气时间。焊接前为了排去管道内和焊缝周围的空气，需要提前送气以确保焊接一开始就能起到保护焊缝的作用。在焊接完毕后，为了保护最后一段焊缝，不要立刻抬起焊枪，需要再通一段时间的保护气体。在此次焊接过程中，参照焊接人员的技术水平和焊接电流，将提前送气时间定为 2s，滞后停气时间定为 2.5s。

⑤ 磁偏吹的防治。采用反消磁法可以克服磁偏吹，即通过在焊接接头处产生与构件剩磁相反的磁场的方法来抵消焊接接头处的剩磁。具体措施为将焊接电缆线绕在接头两侧，焊接时，电流通过电缆线产生磁场感应，抵消剩磁，减少磁偏吹。

利用磁铁在两极显磁性，而在磁铁内部表现弱磁性的特性，将两个磁体的磁力线连通，使之成为一个完整的磁体，这时焊缝所处的位置相当于磁体的内部，磁性大大减弱。可将若干弧形铁块沿着被焊管件轴向均匀点焊在两端焊口上，导通磁场。焊接时，首先将未被铁块挡住的区域焊完，然后取下铁块，进行剩余区域的焊接。使用铁块进行导磁时应注意铁块应均匀分布在焊口处，确保最大限度导通磁场；铁块与被焊构件应尽量保持最大的接触面积；铁块在被焊构件两侧要点焊牢固。

无磁性的金属分子可看成无数杂乱无章的小磁针，其磁场相互抵消，对外不显磁性。当它们被规则排列时，对外则表现出一定磁性。通过加热的方法，可以使相当于小磁针的金属分子热运动加剧，破坏它们的规则排列，从而达到减弱磁性的目的。

工艺方法消磁主要是采用合适的电弧长度、焊接焊枪角度以及焊接电源的方法来减少磁偏吹。焊接前应清除被焊件周围的铁磁性材料，避免影响电弧周围磁力线分布的均匀性。焊接过程中应尽量采用短弧焊接的方法，电弧气体中存在带电粒子，焊接时电弧越长，带电粒子在磁场中运行的时间就越长，受外磁场作用的时间和偏离焊条（丝）的距离就越大。选择合适焊枪角度，将焊枪朝偏吹方向倾斜。在条件允许的情况下，采用交流电源焊接代替直流电源焊接，交流电源本身产生的磁场不断地改变方向和强度，变化的磁场有抵消构件外磁场的作用，使两者的合成磁场变弱，能有效地降低磁偏吹。

根据上述选定的焊接工艺参数以及相关工艺措施，可以制订合理的焊接工艺指导书，用于完成两构件的焊接。

总结与练习

气体保护焊接是普通碳素钢制构件的重要方法，也是机器人焊接最常用的方法。学生已掌握机器人焊接的一般方法，但摩托车模型中的圆钢的搭接焊比前修的平板直线焊缝、圆弧焊缝的操作难度大。故本次任务选定为完成如模块一项目三任务三练习题图所示的两构件气体保护焊接。同时，为了提高学生的焊接理论水平，达到理论指导实践的目标，学生应完成焊接指导书中相应的内容。

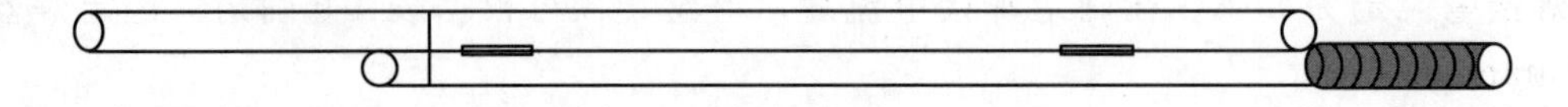

模块一项目三任务三练习题图

任务四　车架整形与尺寸检验

任务目标

1. 熟悉引起圆钢框架焊接构件变形的原因及其避免措施，制定车架整形方案。
2. 熟悉焊接构件尺寸检验的一般方法，准备尺寸检验器具。
3. 完成车架焊接构件的焊后整形及尺寸检验。

相关知识

一、圆钢薄板结构件焊接变形及预防

1. 焊接变形的主要原因

焊接是利用电弧热、物理热、化学热等热能将母材金属及焊材融化形成焊接熔池，熔池从液相非平衡凝固成固相的结晶过程，与铸造平衡凝固相比，具有以下特点。

① 焊接熔池体积小、冷却速度快，其平均冷却速度高达100℃/s，焊缝金属中极易形成气孔、裂纹、夹杂、偏析等缺陷。

② 熔池中的液态金属处于过热状态，熔池中心与边缘的液态金属温度梯度高。熔池在

运动状态下结晶，结晶前沿随热源同步移动，结晶主轴逆散热方向并向热源中心生长，到焊缝中心区停止生长，为杂质易聚集区。

③ 母材融合线上存在大量现成表面，在半融化晶粒上形核后外生长成联生结晶，表现出焊接熔池非均质形核特点。

焊接过程的上述特点使得结构件在局部受热时，因受其周围构件约束不能充分伸展，产生压应力；当其冷却时，因焊缝收缩而产生拉应力，使焊件产生弯曲变形。焊接过程结束后，焊件内部既存在着压应力又存在着拉应力，既存在着弹性变形又存在塑性变形，焊缝内部因焊缝收缩产生压应力，焊缝周边的母材金属因受拉而产生拉应力。

（1）影响焊接热变形的因素

① 焊接工艺方法。不同的焊接方法将产生不同的温度场，形成的热变形也不相同。自动焊比手工焊加热集中，受热区窄，变形较小；CO_2 气体保护焊焊丝细，电流密度大，加热集中，变形小。

② 焊接参数，即焊接电流、电弧电压和焊接速度。线能量越大，焊接变形越大。焊接变形随焊接电流和电弧电压的增大而增大，随焊接速度增大而减小。在 3 个参数中，电弧电压的作用明显，低电压高速大电流密度的自动焊变形较小。

③ 焊缝数量和断面大小。焊缝数量越多，断面尺寸越大，焊接变形越大。

④ 施工方法。连续焊、断续焊的温度场不同，产生的热变形也不同，连续焊变形较大，断续焊变形较小。

⑤ 材料的热物理性能。不同材料的热导率、比热容和热胀系数等均不相同，产生的热变形也不相同，焊接变形也不相同。

（2）影响焊接构件刚性系数的因素

① 构件的尺寸和形状。随着构件刚性的增加，焊接变形越小。

② 胎夹具的应用。采用胎夹具，增加了构件的刚性，从而减少焊接变形。

③ 装配焊接程序。装配焊接程序能引起构件在不同装配阶段刚性的变化和重心位置的改变，对控制构件的焊接变形有很大的影响。

2. 焊接变形的主要形式

任何钢结构的焊接变形可分为整体变形和局部变形。整体变形就是焊接以后整个构件的尺寸或形状发生的变化，主要有纵向和横向总尺寸缩短的收缩变形，中间拱起或下垂的弯曲变形，以及整体产生倾斜或扭转的扭曲变形等。局部变形是指焊接以后构件局部区域出现的变形，包括角变形、波浪变形和错边变形等。

3. 焊接变形的预防及控制

发生焊接变形的原因多种多样，在制订预防和控制措施时，需要根据实际情况综合考虑而定，主要从焊接方法、焊接工艺及装配工艺等角度出发，综合考虑结构特点、母材性能、填充材料和技术人员水平等因素。

薄板结构件设计除了要满足构件的强度和使用性能外，还必须满足构件制造中焊接变形最小及耗费劳动工时最低的要求。设计的板缝布置形式若对工艺性考虑不周，容易引起焊接变形。合理的焊接工艺是减少焊接变形、减少应力集中的有效方法。

（1）结构设计方面　为了控制构件焊接变形，焊接方法上可采取将构件拆分为若干小部件或构件分段，使焊接变形分散在各个部件上，便于构件变形的控制与矫正；使各部件焊缝的布置与构件分段截面中性轴对称或接近截面中性轴，避免焊接后产生扭曲和过大的弯曲变形；对每一条主要焊缝，尽可能选择小的焊脚尺寸和短的焊缝；避免焊缝过分集中和交叉布置；尽可能采用宽而长的钢板或能减少焊缝数量的结构形式；等等。

① 在结构许可的情况下尽量减少焊缝数量。焊缝数量少，需要输入的焊接热能就小，焊接变形就会减少。用钢板焊接的箱体类，若厚度在 10mm 以下，可先将钢板弯曲成一定形状然后再进行焊接，这样不但可以减少焊缝数量，使焊缝对称和外形美观，而且可以提高构件刚度，减少构件变形。

② 合理设计焊缝形式及尺寸。对接焊缝的受力状况好于角焊缝，在可能的情况下优先采用对接焊缝。焊缝尺寸越大，须填充的焊接材料就越多，焊接时输入焊件中的热量就越大，焊缝收缩时产生的内应力就越大，焊件的焊接变形就越大。因此，在满足强度要求的前提下应尽量减小焊缝尺寸。

③ 焊缝位置应尽量对称布置。在焊接过程中，焊件因局部受热和快速冷却内部产生压应力和拉应力而产生应变。当焊缝位置对称时，焊缝冷却时产生的应力和应变就可以相互抵消一部分，整体上就可以得到较小的变形。焊缝位置应尽量布置在构件刚度较大的地方，在其他条件相同的情况下，焊缝所处位置刚度越大，其焊接变形相对要小，对控制焊件的整体变形有利。

④ 焊缝位置避免集中和重叠。当焊缝相对集中和重叠时，热影响区相互影响，不仅使热影响区的母材金属因反复加热而变得晶粒粗大，力学性能下降，而且使得变形加大，影响焊件尺寸精度。因此，应将焊缝尽量错开，各条焊缝之间的距离应足够大。

(2) 焊接工艺方面

① 保证下料尺寸合理准确。下料尺寸准确与否直接关系到构件的尺寸精度，进而直接影响构件的组焊精度。下料尺寸偏短，则焊缝组焊间隙就偏大，所需填充的焊接材料就多，焊件所受的热量就越多，焊件的焊接变形就相对要大，通常焊件组对间隙要小于 3mm。对型材，若为热切割方式下料，则要求留少许余量，切割后打磨掉余量。

② 控制组合胎具尺寸精度。组合胎具的精度是保证焊接件组焊尺寸准确与否的关键，若组焊胎具的偏差过大，结构件的组焊尺寸精度的保证就无从谈起。对大型结构件，不但要控制其纵横轴向的尺寸偏差，而且要控制关键截面的对角线偏差。通常要求大型组焊件组焊胎具的线性尺寸偏差在千分之二以内。另外，亦应对组合平台的平面度加以控制，平台的平面度过大，工件压紧后会产生变形，造成工件组焊后的平面度偏差过大。通常，控制组合平台的平面度在 3mm 范围之内。

③ 选择合理的焊接方法。焊条电弧焊作为一种常用的焊接方法因其简单方便，适应性强而在生产中得到广泛的应用，但效率低。埋弧自动焊因输入电流大、熔敷效率高而在长焊缝连续焊接的大型工件中得到较多应用，但它不适应较短焊缝的焊接。CO_2气体保护焊因其电流密度大、焊丝熔率高、热影响区小、焊接变形小、厚板薄板均能焊接、焊接成本低、生产效率高等诸多优点而越来越多地在焊接领域中得到推广应用。目前所需要解决的问题是焊接飞溅大、当 CO_2气体纯度低于 99.5%时焊缝中易产生大量的气孔，这可以通过采取使用高纯度 CO_2 气体或 $Ar+CO_2$ 混合气体等措施加以解决。

④ 选择合理的焊接工艺参数和焊接顺序。当结构件焊缝尺寸较大，需填充的焊接材料较多时，输入焊接热能大，焊件的变形相对要大，且焊缝内部易产生缺陷。因此，对于焊缝尺寸较大的焊接结构件可采用适当的小直径焊条（丝）、小电流、大线速度、多层多道焊等焊接工艺来控制焊接变形。定位焊位置要选在刚性大、焊接变形小的地方，以便定位焊能定位准确；在确定焊接顺序时，对称结构要采取两边同参数同时施焊，以使焊接热变形相互抵消一部分，达到减少焊接变形的目的。

⑤ 尽可能合理运用刚性固定法、反变形法等变形预防与控制措施。在工件定位后压紧

焊接，避免在自由状态下组焊，工件在工装内始终处于最佳的焊接位置，可以得到较小的焊接变形。

二、圆钢薄板结构件的整形

圆钢薄板结构件尽管在构件设计和施工工艺上采取了控制焊接变形的各种措施，但由于焊接过程的特点和施工工艺的复杂性，产生焊接变形仍是不可避免的，对于超出设计要求的焊接变形必须进行矫正。

焊接变形与焊接残余应力密切相关，正是由于焊缝内部存在的焊接残余应力才导致了焊接变形的产生。若焊缝中存在着较大的残余应力，则在使用过程中产生应力集中现象，严重时将导致焊缝产生裂纹，造成工件的损坏，给设备造成重大的安全隐患。同时随着工件的使用，焊接残余应力不断释放，又会产生新的变形。因此，在工件组焊完以后，通常要进行消除应力处理和调矫变形，使其能够满足设计和使用要求。

1. 消除焊接应力的方法

消除焊接应力的常用方法有自然时效、振动时效和热处理去应力等几种。

① 自然时效简单易行，无需任何设备，只需适当的空地，几乎不发生费用，但自然时效周期较长，且不能完全消除残余应力，对生产周期短、交货要求急的产品不太适应。

② 振动时效因其设备简单、操作简单、生产周期短、降低应力效果好等优点得到了越来越广泛的应用。振动时效只能减小残余应力的峰值而不能消除残余应力，对减少现存变形的效果不大，但对防止以后使用中将会产生的变形能起到较好的预防作用。

③ 热处理整体消除焊接应力的效果最好，在适当的温度下停留适当时间，几乎可将焊接残余应力完全消除。对重要小型焊接件行之有效，但大型焊接件由于受加热炉尺寸的限制，通常不能整体加热消除应力。在焊件变形处进行局部加热，也能取得较好的消除焊接应力和应变的效果，但加热温度应严格按国家有关碳钢、低合金钢的标准规定的热处理温度进行。实际生产中局部加热温度较难精确控制，通常用测温计监控工件的实际受热温度。

2. 焊接变形的矫正

焊接结构件的焊接变形通常采用机械矫正和热处理矫正两种方法。具体内容在项目二任务四中已详细介绍，这里不再赘述。

三、圆钢薄板结构件的质量检查

圆钢薄板焊接结构质量包括外形尺寸是否符合设计要求，焊缝外观是否符合相关的焊接标准，以及焊缝内部是否存在缺陷。关于焊缝内部检查的方法已在前述任务中详细介绍，本次主要阐述外形尺寸检查和焊缝外观检查。

外形尺寸是任何形式焊接结构均需完成的基本检查项目。结构的外形尺寸必须符合设计图样的规定，不容许存在各种结构形状的凹陷、凸鼓、挠度超差、严重错边等畸变，否则将对结构的使用特性产生不利影响，甚至大幅降低结构使用寿命。因此，各种焊接结构的外形尺寸必须严格按图样要求进行检查。

焊缝外观直接影响产品的美观及使用要求，焊缝的外观检查通常采用目视检查，必要时可采用五倍以下放大镜检查。目视检查的项目主要是焊缝的焊缝宽度、余高、焊脚尺寸、焊缝有效厚度等外形尺寸是否符合图样或标准规定，以及焊缝的咬边、焊瘤、下凹、气孔、裂纹、烧穿、溢流、未熔合和弧坑等外表缺陷是否超过标准规定。所有检查发现的外表缺陷，必须按相应的补焊工艺规程修整及补焊，并做重复检查。焊缝的外观检查也是任何焊接结构不可缺少的检查程序，裂纹、未熔合和咬边等张开型表面缺陷容易在残余应力和工作应力的作用下扩展成危险性缺陷，必须仔细检查。

1. 外形尺寸检查

外形尺寸检查主要包括外观、几何尺寸、平面度、垂直度、对称度、同轴度、物理性能、颜色和装配性能，详细的检验标准与检验方法如表 1-13 所示。

表 1-13　外观尺寸检查标准

序号	检验项目	检验及判定标准	检验量具	检验方法	注意事项
1	外观	依图纸、标准样品检验	目测	与标准样品或图纸比对孔及焊接位置，焊接方向是否正确	注意焊接牢固性
		表面无明显毛刺、变形，无假焊、虚焊、错焊		触摸无刮手，焊接应牢固可靠，焊接时无未熔合、未焊透现象，焊接成型均匀，无砂眼、气孔	
		符合技术要求		所有焊接的焊缝必须连接到焊接件且焊缝均匀美观	
		烤漆颜色与色板、标准样板一致		目测烤漆外观，与色板、标准样板比对；目测时先近距离看，后远距离看	注意烤漆的颜色及粉体里的杂质
		表面无裂痕、变形、缺损；无露底、气泡、针孔、麻点、杂漆、起皱、流痕、划伤等		目测检验表面无外观不良	特别注意表层涂色外观
2	几何尺寸	依图纸、标准样品对焊接件的结构规格、几何尺寸、形状位置公差进行检验，应符合图纸及国家标准要求	卡尺、百分表、高度尺、角度尺、刀口、直尺、塞尺	依抽样计划表，对每批来料抽取相应数量的焊接产品，参照图纸、标准样品进行确认，用卡尺测量焊接产品的规格、结构型式尺寸，如长、宽、高和其他定形、定位关键尺寸及孔的位置尺寸，确认是否在允许范围之内，是否与样品及图纸要求尺寸一致	当检查形状复杂、尺寸较多的零件时，测量前应先列一个清单，将图纸要求的尺寸写在一边，实际测量的尺寸写在另一边，按照清单一个一个地测量。待测量完后，根据清单汇总的尺寸判断零件合格与否。这样既不会漏掉某个尺寸，又能保证检测质量
3	平面度	平面度检验符合工艺图纸及行业标准要求	检验平台、刀口、直尺、塞尺	将需要检测平面的产品放置检验平台上，将刀口形直尺与被测平面接触，用塞尺在各个方向检测其中最大缝隙的读数值，或直接把被测面放在大理石平台上，用塞尺在各个方向检测其中最大缝隙的读数值，即为平面度误差	
4	垂直度	垂直度应符合工艺图纸及行业标准要求	检验平台、刀口、直尺、塞尺、高度尺	①将被测零件的基准和宽度角尺放在检验平台上，并用塞尺检验是否接触良好（以最薄的塞尺不能插入为准）；②移动宽度角尺，对被测表面轻轻靠近，观察光隙部位的光隙大小，用塞尺检查最大和最小光隙尺寸值，并将其记录下来；③最大光隙值与最小光隙值之差即为垂直度误差	
5	对称度	对称度应小于或等于工艺图纸及行业标准要求	百分表、指示器、工装、治具、检验平台	通常是用测长仪器检验对称的两个平面或圆柱面的两边素线各自到基准平面或圆柱面的两边素线的距离之差。检验时用平板或定位块模拟基准滑块或槽面中心平面	对机架、挂接框之类重点管制

续表

<table>
<tr><th>序号</th><th>检验项目</th><th>检验及判定标准</th><th>检验量具</th><th colspan="2">检验方法</th><th>注意事项</th></tr>
<tr><td>6</td><td>同轴度</td><td>同轴度检验应小于或等于工艺图纸要求及行业标准要求</td><td>百分表、指示器、工装、治具、检验平台</td><td colspan="2">用V形架法检验零件的同轴度：将被测量零件放在V形架上；按被选定的基准轴心方法确定基准轴线的位置；测量实际被测要素各正截面轮廓的半径之差，计算轮廓中心点的坐标；根据基准轴线的位置及实际被测轴线上的各点的测得值，确定被测要素是同轴度误差</td><td></td></tr>
<tr><td rowspan="2">7</td><td rowspan="2">物理性能</td><td>焊接牢固度、强度试验符合要求</td><td>小锤</td><td colspan="2">用手扳动焊合件检验是否松动，或轻轻敲击焊合件看是否裂开</td><td>注意焊接的牢固度、强度</td></tr>
<tr><td>附着力检验符合要求</td><td>百格刀、刀片、3M胶纸</td><td colspan="2">用刀片切割漆膜1mm×1mm的方格，切25格，画完后用毛刷刷几次，再用封口胶纸粘附。从右角45°角迅速撕离，然后观察漆膜脱落现象</td><td>附着力检验标准：在切割交叉处涂层允许有少许分离，划格区域影响明显的方格比例<5%</td></tr>
<tr><td>8</td><td>颜色</td><td>样板</td><td>目测</td><td colspan="2">与样板参照对比</td><td>注意色差</td></tr>
<tr><td>9</td><td>装配性能</td><td>与相装配之零部件进行组装检验符合装配要求</td><td>目测、相互组装检验</td><td colspan="2">与相配合之零部件装配检验，间隙、过渡配合符合装配之标准要求</td><td>实配组装时注意孔距、孔位，不可有偏孔、错位等不良状态</td></tr>
<tr><td rowspan="4">10</td><td rowspan="4">焊接尺寸公差</td><td colspan="5">焊接结构的一般尺寸公差和形状公差(GB/T 4249)/mm</td></tr>
<tr><td>公差等级</td><td>2～30</td><td>>30～120</td><td>>120～400</td><td colspan="2">>400～1000</td></tr>
<tr><td>精度要求高尺寸公差</td><td rowspan="2">±1</td><td>±1</td><td>±1</td><td colspan="2">±2</td></tr>
<tr><td>一般结构尺寸公差</td><td>±3</td><td>±4</td><td colspan="2">±6</td></tr>
<tr><td colspan="3">精度要求高尺寸公差</td><td colspan="4">一般结构，如箱形结构，焊接和矫直产生的热变部位</td></tr>
<tr><td colspan="3">一般结构尺寸公差</td><td colspan="4">尺寸精度要求高、重要的焊接件部位</td></tr>
</table>

焊接结构的一般尺寸公差和形位公差（摘自 GB/T 19804—2005）如下所述。

① 长度尺寸。表1-14所列的长度尺寸未注极限偏差，适用于焊接零件和焊接件的长度尺寸，如外部尺寸、内部尺寸、台阶尺寸、宽度和中心距尺寸等，为保证总体装配焊接后的尺寸精度要求，组合件的尺寸精度一般选B级。

表1-14 长度尺寸公差 单位：mm

公差等级	公称尺寸										
	2～30	>30～120	>120～400	>400～1000	>1000～2000	>2000～4000	>4000～8000	>8000～12000	>12000～16000	>16000～20000	>20000
A	±1	±1	±1	±2	±3	±4	±5	±6	±7	±8	±9
B		±2	±2	±3	±4	±6	±8	±10	±12	±14	±16
C		±3	±4	±6	±8	±11	±14	±18	±21	±24	±27
D		±4	±7	±9	±12	±16	±21	±27	±32	±36	±40

② 角度尺寸公差。角度未注极限偏差按表1-15选用。角度偏差的公称尺寸以短边为基准边，其长度从图样标明的基准点算起。如在图样上不标注角度，而只标注长度尺寸，则允许偏差应以mm/m计，一般选B级。

表 1-15 角度尺寸公差

公差等级	公称尺寸公差/mm					
	0～400	>400～1000	>1000	0～400	>400～1000	>1000
	以角度表示的公差 $\Delta\alpha$			以长度表示的公差 t/(mm/m)		
A	±20′	±15′	±10′	±6	±4.5	±3
B	±45′	±30′	±20′	±13	±9	±6
C	±1°	±45′	±30′	±18	±13	±9
D	±1°30′	±1°15′	±1°	±26	±22	±18

焊接件的未注直线度、平面度和平行度等形位公差应符合表 1-16 的规定，一般选 E 级。

焊接件的线性公差和形位公差精度等级的匹配关系，一般根据焊接件的重要性进行选择，如表 1-17 所示。

表 1-16 直线度、平面度和平行度公差 单位：mm

公差等级	公称尺寸(对应表面的较长边)									
	>30～120	>120～400	>400～1000	>1000～2000	>2000～4000	>4000～8000	>8000～12000	>12000～16000	>16000～20000	>20000
E	±0.5	±1	±1.5	±2	±3	±4	±5	±6	±7	±8
F	±1	±1.5	±3	±4.5	±6	±8	±10	±12	±14	±16
G	±1.5	±3	±5.5	±9	±11	±16	±20	±22	±25	±25
H	±2.5	±5	±9	±14	±18	±26	±32	±36	±40	±40

表 1-17 焊接件的尺寸公差与形位公差精度等级选用表

精度等级		应用范围
线性尺寸	形位公差	
A	E	尺寸精度要求高、重要的焊接件
B	F	比较重要的结构、焊接和矫直产生的热变形小，成批生产
C	G	一般结构，如箱形结构、焊接和矫直产生的热变形大
D	H	允许偏差大的结构件

2. 焊缝质量标准

① 咬边。外露的焊缝不允许咬边，其他焊缝咬边深度 $h \leqslant 0.2+0.03t$（较薄板厚度），且最深不得超过 0.5mm，长度不超过焊缝全长的 10%。

② 表面气孔。外露的焊缝，不允许有气孔，其他焊缝 50mm 内允许有单个气孔，气孔直径 $\phi \leqslant 0.25t$（较薄板厚度），最大不得超过 1mm。

③ 表面夹渣。外露的焊缝不允许有夹渣，其他焊缝 50mm 内允许有单个夹渣，夹渣直径 $\phi \leqslant 0.25t$（较薄板厚度），最大不得超过 2mm。

④ 焊缝裂纹。表面或内部都不允许有裂纹。

⑤ 错位。对接焊缝错位量 $h \leqslant 0.3t$（较薄板厚度），最大不得超过 0.5mm。

⑥ 焊穿。不得有焊穿，焊穿部位必须补焊好；熔熬深度不得低于焊接母材的 1/5。焊接直径与电流关系为 $I=kd$，k 为经验系数，d 为焊条直径。ϕ1.6mm 时，k 取 20～25，ϕ2.0～ϕ2.5mm 时，k 取 25～30。还要根据材质的厚薄和平焊、立焊、仰焊的实际情况需要灵活调节焊接电流。不锈钢焊、铸铁焊、铝焊、二氧化碳保护焊、氩弧焊、埋弧焊等，应根据实际要求来调节电流大小、气压大小、运条速度、运条方式等等，灵活操作。

⑦ 不允许有虚焊、假焊、脱焊。

⑧ 凹陷。外露的焊缝不得有凹陷，其他焊缝凹陷量 $h \leqslant 0.2+0.03t$，最大不得超过

0.5mm，且不得超过焊缝全长的10%。

⑨ 飞溅。焊接飞溅物必须清除干净。

⑩ 弧坑。弧坑必须补焊填满。

⑪ 焊缝应均匀，呈鳞纹状，无明显凹凸，向内方向最好使用工艺焊，无需打磨。

四、摩托车后车架的整形与尺寸检查

摩托车模型的后车架焊接成型后的各尺寸如图1-69所示。

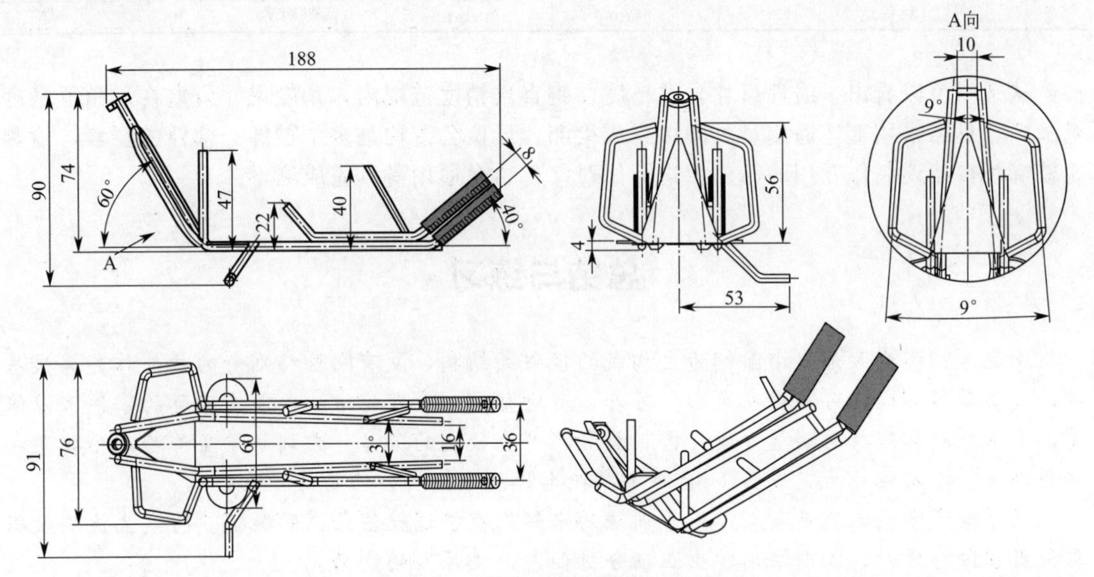

图1-69 摩托车模型后车架总图

尺寸分类主要有线性尺寸、角度尺寸和形位公差，根据摩托车模型作为一种工艺品的定位，以及外观以目测为主进行评价的特性，未注线性尺寸和角度公差均可按D级要求选用。影响模型美观的形位公差主要为平面度和对称度，根据尺寸公差与形位公差的对应关系，选用H级精度。详细数据如表1-18所示。

表1-18 摩托车模型车架组合件尺寸及公差一览表

序号	尺寸类型	尺寸名称	公称尺寸	允许公差	备注
1	线性尺寸	总长	188mm	±2mm	
2		总宽	91mm	±2mm	
3		总高	90mm	±2mm	
4		转轴高	74mm	±2mm	回转套最高点到主梁底面尺寸
5		侧护杆高	47mm	±2mm	侧护杆最高点到主梁底面尺寸
6		上护杆高	22mm	±2mm	上护杆最高点到主梁底面尺寸
7		后减震柱高	40mm	±2mm	后减震柱最高点到主梁底面尺寸
8		尾部倾斜间隔	8mm	±2mm	侧护杆与上护杆的尾部间距
9		脚蹬定位尺寸	4mm	±2mm	脚蹬上平面到主梁底面尺寸
10		前护杆定位尺寸	56mm	±2mm	前护杆最高点到主梁底面尺寸
11		脚蹬侧距	53mm	±2mm	脚蹬最外点与车架中心线的距离
12		主梁定位尺寸	10mm	±2mm	两主梁上部最小间距
13		脚蹬宽度	60mm	±2mm	两脚蹬最外侧距离
14		主梁尾部间距	16mm	±2mm	两主梁尾部最小间距
15		尾部水平间距	36mm	±2mm	两侧护杆尾部水平中心距

续表

序号	尺寸类型	尺寸名称	公称尺寸	允许公差	备注
16	角度尺寸	主梁倾角	60°	±45′	
17		尾部倾角	40°	±45′	
18		主梁上部夹角	9°	±45′	两主梁上部中心线夹角
19		主梁尾部夹角	3°	±45′	两主梁尾部中心线夹角
20		前护杆夹角	9°	±45′	两前护杆外侧中心线夹角
21	形位公差	前倾平面度	85mm×76mm	±1mm	主梁、三角护板和前护杆平面
22		水平平面度	160mm×40mm	±1.5mm	主梁、侧护杆和脚蹬平面
23		对称度	76mm	±1mm	左右两侧对称

从表中可以看出，线性尺寸公差精度在钢直尺精度范围内，角度尺寸公差在量角器精度范围内，只需采用上述通用量具即可完成检测。形位公差均是多个零件、构件的要素，检测比较麻烦，建议制作专用的靠模板进行比对，再结合通用量具完成测量。

总结与练习

摩托车模型车架是以由圆钢为主构成的框架式结构，没有刚性特别好的构件作为焊接基准，成型后各方向均可能存在变形。另外，其对称中心是理论中心，没有实际的零件可以依靠，如不能制订理想的测量方案，检测数据将产生较大的偏差。为训练学生检验这种复杂构件的水平，本次任务为完成图 1-69 所示摩托车模型车架组合件的尺寸检验。

为了检验学生的测量效果，用于训练的车架均有经过精密检测的数据。将学生检测数据与该数据进行比对，以期培训学生正确分析偏差产生原因的能力。

项目四　车座制作

任务一　车座的认知

任务目标

1. 了解两轮摩托车车座的主要结构形式。
2. 熟悉摩托车车座的功能特点。
3. 完成车座模型的结构与功能分析。

相关知识

摩托车座垫是用于支承骑乘者及乘员质量，缓和、衰减由车身传来的冲击和振动，给骑乘者和乘员提供平稳、舒适骑乘条件的重要部件。座垫水平长度占据整车长度的比例很大，座垫外观与结构成为影响摩托车外观造型设计中的重要因素，需要与覆盖件、油箱等整车外观件相协调，共同构成摩托车造型整体风格，并符合人体工程学要求。

一、摩托车车座的常见类型及结构形式

不同类型的摩托车座垫外形各不相同，但其结构组成大同小异，主要由座垫蒙皮、座垫芯、座垫底板、座垫安装结构、座垫减震结构及辅助结构组成，如图 1-70 所示。

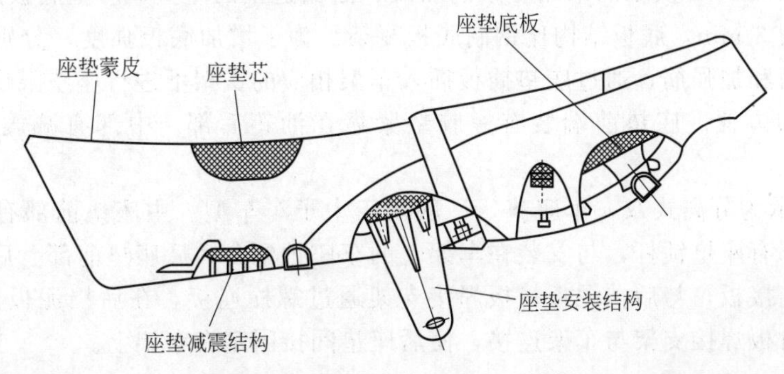

图 1-70　摩托车车座垫基本结构

座垫底板主要承担人体质量及行驶过程中受到的冲击力，常用材料为钢板或聚丙烯塑料。钢板材料强度高、使用寿命长，但成本高，质量较大；聚丙烯塑料材料成型工艺简单、

成本低、质量小、设计灵活、适于复杂造型设计，但易变形。座垫芯主要起吸收、衰减冲击和振动的作用，材质一般选用柔软、有弹性、无明显变形的海绵或泡沫塑料。座垫蒙皮将座垫底板与座垫芯固定在一起，应具有足够强度，耐磨、耐脏、易清洁、去湿、尺寸稳定和防水，常用材料为皮革或人造革。钢制座垫底板的周围一般均匀冲出三角形突起，方便在坐垫蒙皮加工时，用卡扣进行固定；塑料材质座垫底板可用门型钉均匀地将蒙皮钉在底板上。座垫减震结构安装在座垫底板下，起衰减冲击、减振作用，使车座受力均匀，减少座垫底板变形。座垫安装结构及其他零件用于座垫与车体连接、固定。

摩托车座垫主要有骑式车座垫、踏板车座垫和弯梁车座垫等，下面阐述各种常用车座垫的结构形式特点。

1. 骑式车座垫

骑式车座垫主要与油箱、侧盖和后盖配合，在保证整车外形特征风格的前提下，要控制座垫与油箱、座垫与后盖零间隙、座垫与侧盖等间隙的配合尺寸，如图 1-71 所示。

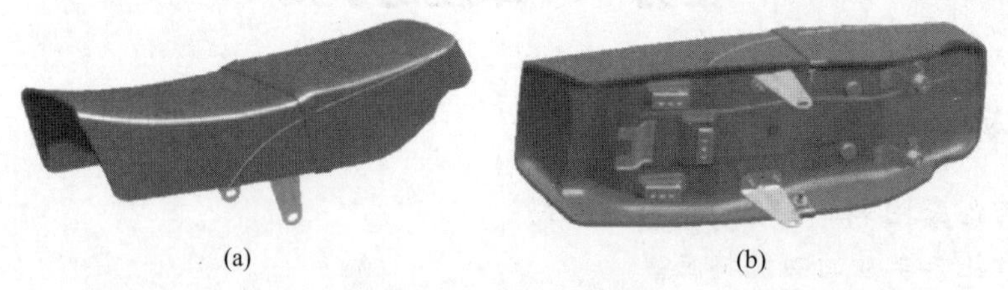

(a) (b)

图 1-71 骑式车座垫

骑式车座垫的座垫底板一般采用厚度为 1.0～1.5mm 的钢板冲压而成，底板前端焊接有座垫插板，以便嵌装在油箱后端，座垫中部通过螺栓与一对吊耳连接固定在车架上。另设有若干减震方垫和圆垫，方便车座垫直接支承在车架管和车架支架上。

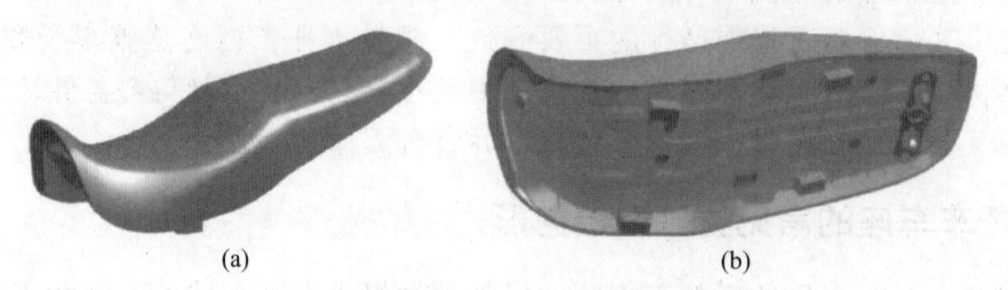

(a) (b)

图 1-72 骑式曲面车座垫

另有一种如图 1-72 所示的采用复杂的曲线、曲面造型的座垫，座垫底板选用 PP 材料注塑成型，壁厚为 3 mm，底板结构比钢制底板复杂。为了增加底板强度，分别在横向和纵向设计了多条凹槽和加强筋，通过座垫插板插入车架相应的支架下进行座垫限位，并用座垫锁固定座垫，装卸方便。座垫前端装有橡胶垫紧靠在油箱后部，中部有减震块压在车架支架上。

图 1-73 所示为分离式双人车座垫，一般用于太子车车型。主座垫前部有插板，嵌装在油箱后端，后部有座垫锁杆，与安装在车架上的车座锁配合；后座垫前部、后部分别通过螺栓连接着两块连接板，与后挡泥板衬板焊接支架通过螺栓连接，在后挡泥板上设有连接孔，通过后挡泥板衬板焊接支架与车架连接，使后座垫间接固定在车架上。

2. 弯梁式车座垫

图 1-74 所示的弯梁式车座垫下面布置有置物箱和油箱，底板在与置物箱配合处设计有防尘边，用于封闭置物箱上部空间。座垫后部布置有一对减震块，支承在油箱上面。座垫前

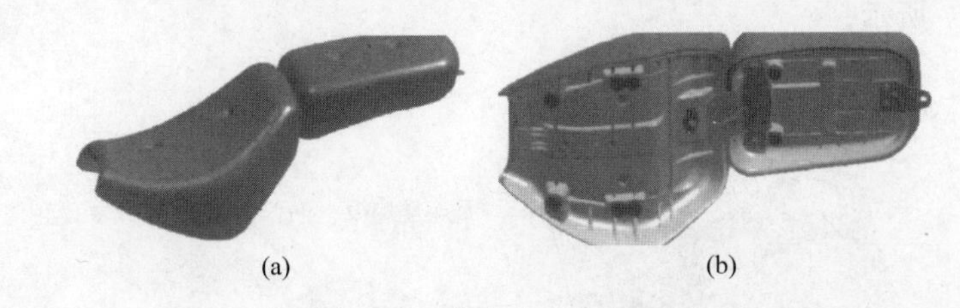

(a)　(b)

图 1-73　分离式双人车座垫

(a)　(b)

图 1-74　弯梁式车座垫

部通过螺栓连接铰链板，铰链板通过销轴与置物箱前端的铰链孔相连，座垫后部布置有座垫锁杆与固定在车架上的座垫锁配合。当座垫锁打开后，座垫可以围绕销轴翻转打开。

3. 踏板式车座垫

踏板式车座垫的置物箱空间与弯梁车相比要大些，座垫锁杆布置在燃油箱和置物箱中间位置。这类座通常需要翻开，为了美观，座垫底板加强筋都布置在底板上。与骑式车座垫相比，踏板式车座垫更长更宽，为了减小座垫变形，增加座垫强度，纵横方向上均匀布置了大量加强筋，如图 1-75 所示。

图 1-76 所示为用于大型踏板车的座垫。座垫前端设计有铰链孔，通过销轴与车架上的铰链板连接，座垫前部有一对减震垫贴靠在油箱上，后部有两对减震垫直接作用在车架上，中部有一个小靠背，在靠背底板与座垫底板间通过两个连接板用螺栓连接固定。

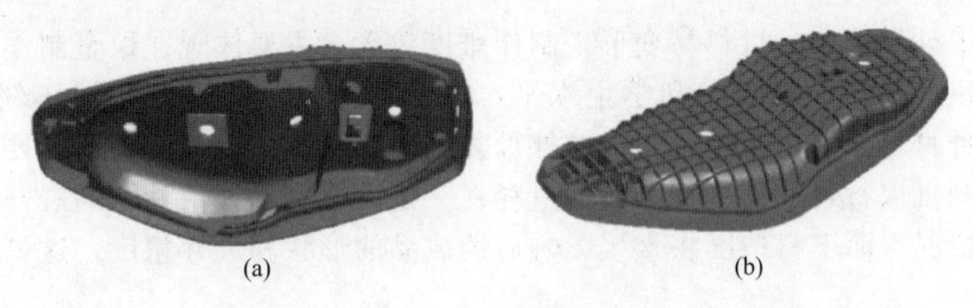

(a)　(b)

图 1-75　踏板式车座垫

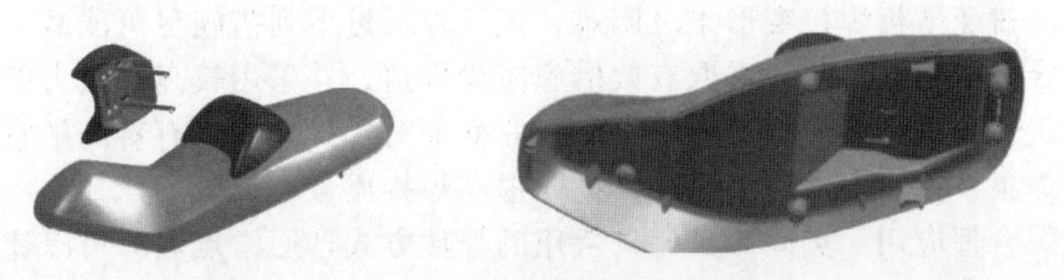

图 1-76　大型踏板式车座垫

二、摩托车模型车座结构特点及制作难点

摩托车模型车座为以分离式双人车座垫为蓝本，采用薄板冲压、折弯后点焊成型的示意

性结构，如图 1-77 所示。

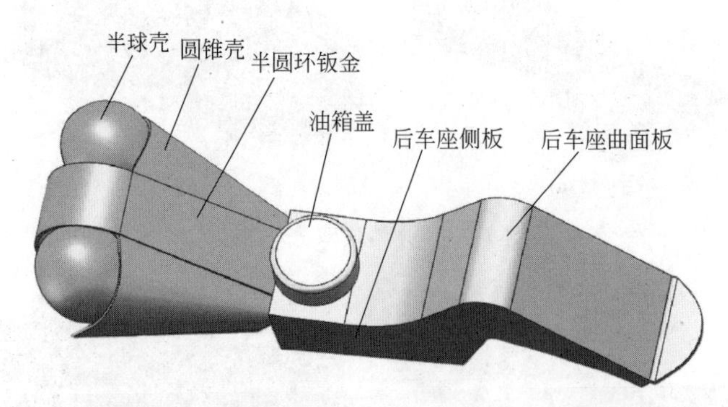

图 1-77 摩托车模型之分离式双人车座示意图

1. 摩托车模型车座结构特点

摩托车模型车座分为前车座、后车座和油箱盖三部分。前车座由冲压成型的半球壳、手工折弯成型的圆锥壳和半圆环钣金件点焊成型；后车座由切割成型的后车座侧板、靠模折弯成型的后车座曲面板点焊成型。前、后车座组合件与冲压成型的油箱盖点焊成为分离式双人车座。

模型车座使用了多种薄板冷作成型件，既有需要制作模具，在冲压设备上完成的半球壳和油箱盖；也有纯手工完成的折弯件——圆锥壳和半圆环钣金件；还有需要通过靠模辅助才能手工完成的后车座曲面板；更有切割成型的后车座侧板。

模型车座连接主要为点焊或气保焊成型，前、后车座先通过点焊组合和矫形，形成形状和尺寸精度比较高的组合，再与油箱盖点焊成一体。为保证车座整体的尺寸精度和成型美观，通常需要制作装配焊接夹具；焊后还需要进行整形，通过后期处理使车座尺寸更加精确和外形更加美观。

2. 摩托车模型车座制作难点

本车座由于外形复杂，材料易变形，制作难度较大，主要体现在钣金制作和薄板焊接两方面。模型车座可根据学校条件和学生水平，选用 0.8～1.5mm 碳钢或不锈钢薄板制作。但不论使用何种材料，由于车座各构件的外形复杂，在冲压、折弯成型前需要计算板料的展开尺寸，但不同批次材料的延展性和回弹量存在一定的差别，理论计算的展开尺寸难以确保符合实际成型情况，而下料精度将直接影响后续成品的形状和尺寸精度，这是车座制作的难点之一。

薄板焊接过程中经常在焊接区发生应力变形，而在非焊接区由于薄板承力能力差产生压曲等变形，完全避免薄板焊接变形十分困难，但可以通过下列措施尽可能减少焊接变形。

（1）选择合理的焊接工艺 采取有效措施减少焊道，并采用较高熔敷力的焊接工艺，确保焊缝焊接质量。由于薄板焊接过程中纵向挠曲变形对焊接热输入有着高敏感性，可以使用热输入较小的焊条，控制薄板焊接变形，进而提高焊接质量。

（2）点固焊合理应用 点固焊是比较常用的焊接方式，通常点固焊可以让被焊接板材形成相应的对抗变形的能力。在薄板焊接中，如果采用太小的点焊尺寸，焊接当中可能发生焊缝开裂问题；而采用较大的点焊尺寸，则可能会无法完成熔透焊道背面，对接头完整性造成影响。因此需要合理设计、准确控制点固焊尺寸。

（3）焊接全过程控制 在薄板焊接开始前，要固定焊接件，然后再焊接以加强其刚性。在具有较长焊缝和较大面积的薄板焊接中，在焊板两侧固定薄板，可有效降低焊接变形发生的概率。还可以在焊接前，使用直径不大的焊条先行点焊处理，以增加焊件刚性。

总结与练习

车座是摩托车驾驶员与乘员直接接触的部件，也是最重要的体现外观特性的部件。摩托车模型的车座为一种综合各种车座结构特点，以薄板钣金件焊接而成的构件。正确分析其结构和功能特点，才能制订合理的焊接成型规程。本次任务要求完成图1-77所示的摩托车模型车座的点固焊顺序安排，并说明理由，以验证学生的学习情况。

任务二　车座钣金件的成型

任务目标

1. 熟悉钣金件结构与成型特点。
2. 掌握钣金件手工成型工艺。
3. 完成车座钣金件的制作。

相关知识

钣金是一种针对厚度6mm及以下金属薄板进行剪、冲/切/复合、折、焊接、铆接、拼接、成型等操作的综合性冷加工工艺，成型零件各处壁厚一致，采用钣金工艺加工的产品称为钣金件。

钣金件具有重量轻、强度高、可导电、成本低、大规模量产性能好等特点，在电子、电器、通信、汽车、医疗器械等生产领域应用广泛。钣金件常用普通冷轧板、镀锌钢板、热浸镀锌钢板和不锈钢等材料制作，最主要的工艺步骤为剪、冲/切和折，即下料、冲孔、螺纹孔成型、折弯和成型。

一、钣金件成型特点

不同的钣金加工工艺，其成型特点各不相同，下面主要阐述冲孔、折弯、螺纹孔和机壳类钣金件的成型特点。

1. 钣金冲孔

两相邻孔的孔边最短距离应小于料厚的1.5倍，以避免母模崩裂。若必须小于料厚的1.5倍，则必须运用跳格方式。钣金冲孔采用圆形孔的强度最高，模具制造容易、维修方便，但开孔率较低；正方形孔开孔率最高，但存在90°角，容易发生角边磨损崩塌而需要修模；六角形的120°角边比正方形孔的角边坚固，但开孔率在边缘处比正方形孔低。

钣金在下料及冲孔时容易产生R角及毛边，在量产一段时间模具有所磨损之后，毛边更为严重，容易割伤操作者。因此，在设计、制作模具时，就必须依功能明确标示产生毛边的方向。钣金下料冲孔时，其被切削断面靠近公模冲头的1/3～2/5为平整切削面，而靠近母模3/5～2/3则是斜的扯断面。模具制作或检查尺寸时，孔径大小应以冲头为准，下料时工件的外尺寸是以母模内尺寸为准。

2. 钣金折弯

钣金折弯后，折角两侧由于挤料的关系存在金属料凸出，造成宽度比原尺寸大，其凸出大小与使用料厚有关，板料越厚凸出越大。为避免此现象发生，可事前在折弯线两侧先做半圆，半圆直径最好为料厚的1.5倍以上。

钣金折弯时，内部R角应大于或等于1/2的料厚。若不做R角，在多次冲压之后其直角会渐渐消失而自然形成R角，此后在此R角的单边或两侧的长度会有少量变化。

钣金折弯后受力容易变形，为避免变形情况发生，可在折弯处增加适量45°角的补强肋，以不干涉其他零件为原则，使其增加强度。

钣金件为狭长形时不容易保持其直度，在受力后更容易变。对于这类零件可以折一个边成L形或折两个边成⊓形，以维持其强度及直度。但L及⊓形通常无法从头连到尾，因某些因素而中断时可设计适量的凸肋以增加其强度。

平面和折弯面之间的转折最好有狭孔，或者将开孔边退到折弯之后，否则容易产生毛边。狭孔的宽度最好大于等于板厚的1.5倍，并标示R角。直角或锐角的模具公模或母模容易崩裂。

因为在金属片边缘的直角容易造成尖锐点而割伤工作人员，在母模上的直角尖端容易因应力集中而产生龟裂，公模在尖端处易崩裂，所以在金属片的板边转角处，若无特别的要求的90°角，应处理为适当的R角。

当钣金件需要打折边时，若精密度要求较高建议用双边打折，打折边高度一般应大于3mm。打折边时，边壁上的零件或内部凸出物不可离底面太近，应留有10mm以上距离。否则，凸出物下方的折角无公模冲压，其R角会比左右两旁的R角大影响外观。边壁上的开孔也不可太靠近底面，应留有3mm以上距离，否则开孔将因折弯牵扯而变形。

3. 螺纹孔成型

平面上直接冲孔或抽孔用于自攻螺钉，以三角自攻螺钉为佳不易发生滑牙，但锁附力比非三角自攻螺钉稍大。若以直径3mm螺钉锁附，孔径d应为2.4～2.5mm；若以直径4mm螺钉锁附，孔径d应为3.4～3.5mm。

平面上冲孔或抽孔，再以螺钉攻牙，常用于M3或M4螺纹。若以直径3mm螺钉锁附，孔径d在攻牙前应为2.6mm；若以直径4mm螺钉锁附，孔径d未攻牙前应为3.6mm。若板材厚度为1.0～1.2mm，建议采取抽孔，而不宜使用穿透孔。平面上冲孔再铆合现成品的固定螺帽时，铆合固定螺帽的孔径d采用厂商建议尺寸。

4. 机壳类钣金加工

在机壳类组件设计中，通常为2件组合，也有3、4件以上的组合件。常用固定方式有锁螺钉、拉钉、抽孔铆合或点焊。点焊时，应设有定位点/销或治具来确保位置的正确，而采用螺钉或拉钉时则无需定位孔定位。螺钉孔、拉钉孔的孔径为了容易装配设计孔径都稍大，因此零件间的相对位置容易产生误差，应选用间隙较小的定位凸点定位。在做T/A LOOP运算时，以公差较小的定位点做基准运算以保证精准性。

二、钣金件成型工艺过程

1. 下料

钣金件下料可分为普冲、数冲、剪床开料、激光切割、风割等方式，但近年来数冲和激光切割为主要下料形式。板材加工厚度范围：数控冲床加工的冷轧板、热轧板应小于或等于

3.0mm，铝板应小于或等于4.0mm，不锈钢应小于或等于2.0mm。冲孔的最小尺寸与孔的形状、材料的力学性能及材料厚度相关，冲圆孔时，高碳钢最小直径为板厚的1.3倍，低碳钢、黄铜为1.0倍，而铝则为0.8倍。加工矩形孔时，其短边尺寸高碳钢材料为1.0t，低碳钢、黄铜为0.7t，而铝则为0.5t。零件的冲孔边缘离外形的最小距离，随零件与孔的形状不同而不同。当冲孔边缘与零件外形边缘不平行时，该最小距离应不小于材料厚度t；平行时，应不小于1.5t。折弯件或拉深件冲孔时，其孔壁与工件直壁之间应保持一定的距离，如图1-78所示。

激光切割的板材厚度，冷轧板、热轧板小于或等于20.0mm，不锈钢小于10.0mm，其优点是可加工板材厚度大，切割工件外形速度快，加工灵活，但无法加工成型。

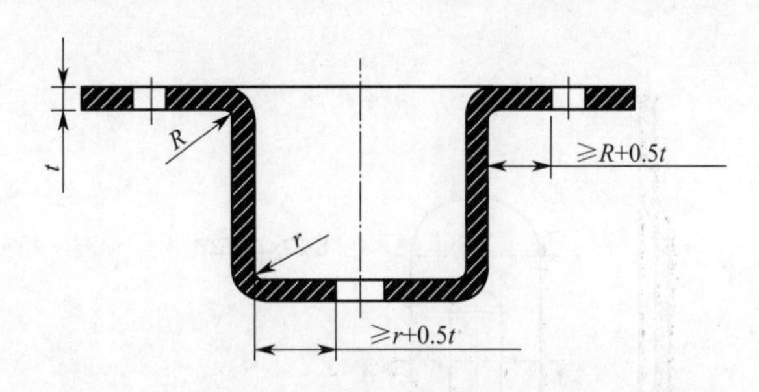

图1-78 折弯件、拉伸件孔壁与工件直壁间的距离

2. 折弯

材料弯曲的圆角区上，外层受拉伸，内层则受到压缩。当材料厚度一定时，内圆半径r越小，材料拉伸和压缩就越严重；当外层圆角的拉伸应力超过材料的极限强度时，就会产生裂缝和折断。因此，设计弯曲零件的结构时应避免过小的弯曲圆角半径。常用材料最小弯曲半径如表1-19所示。

表1-19 常用材料的最小弯曲半径

序号	材 料	最小弯曲半径
1	08、08F、10、10F、DX2、SPCC、E1-T52、0Cr18Ni9、1Cr18Ni9、1Cr18Ni9Ti	0.4t
2	15、20、Q235、Q235A、15F	0.5t
3	25、30、Q255	0.6t
4	1Cr13、H62(M、Y、Y2、冷轧)	0.8t
5	45、50	1.0t
6	55、60	1.5t
7	65Mn、60SiMn、1Cr17Ni7、1Cr17Ni7-Y、1Cr17Ni7-DY、SUS301、0Cr18Ni9	2.0t

(1)弯曲半径是指弯曲件的内侧半径，t是材料的壁厚。
(2)M为退火状态，Y为硬状态，Y2为1/2硬状态。

弯曲件的最小直边高度不宜太小，一般应大于2倍板材壁厚。如果设计需要弯曲件的直边高度$h \leqslant 2t$，则首先要加大弯边高度，弯好后再加工到需要尺寸；或者在弯曲变形区内加工浅槽后，再折弯，如图1-79所示。当弯曲件的弯边侧边带有斜角时，侧面最小高度$h=(2\sim4)t>3\text{mm}$。

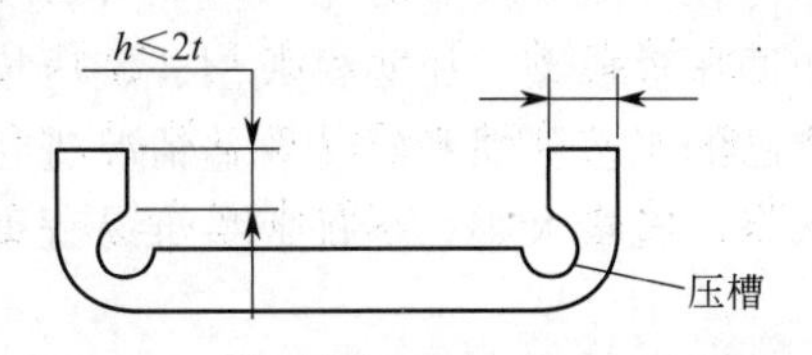

图1-79 特殊情况下的直边高度要求

弯曲件的回弹是影响成型件尺寸和形状精度的重要原因，折弯件的内圆角半径与板厚之比越大，回弹就越大。目前主要通过模具设计进行规避，或者从设计上改进某些结构，如在弯曲区压制加强筋，在提高工件刚度的同时抑制回弹，如图1-80所示。

3. 拉伸

拉伸件底部与直壁之间的圆角半径应大于板厚，即$r2 \geqslant t$，为了使拉伸进行得更顺利，

一般取 $r2=(3\sim5)t$，最大圆角半径应小于或等于板厚的 8 倍，即 $r2\leqslant 8t$，如图 1-81 所示。拉伸件凸缘与壁之间的圆角半径应大于板厚的 2 倍，即 $r1\geqslant 2t$，一般取 $r1=(5\sim10)t$，最大凸缘半径应小于或等于板厚的 8 倍，即 $r1\leqslant 8t$。

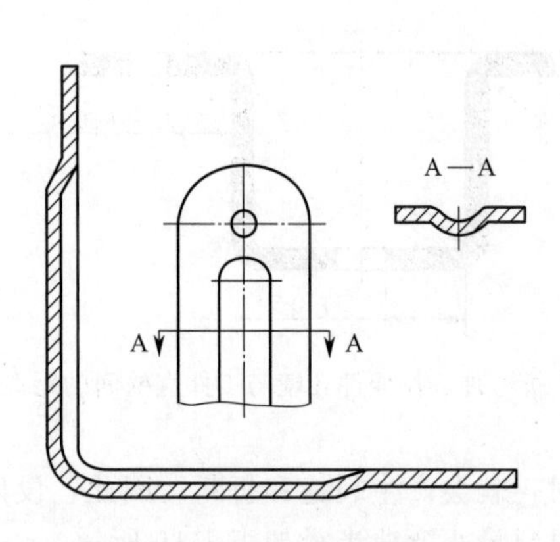

图 1-80 设计上抑制回弹的方法

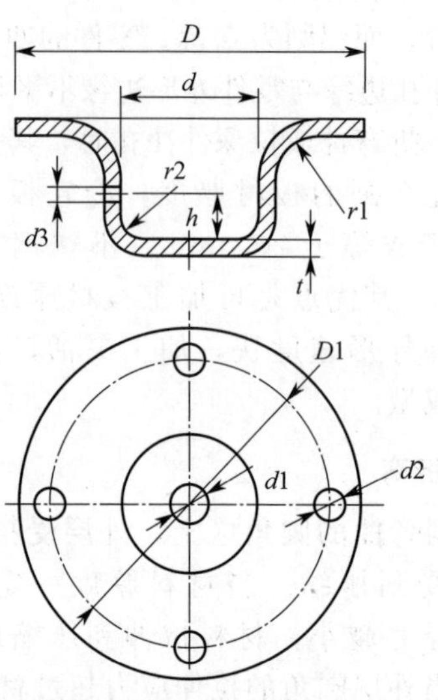

图 1-81 拉伸件圆角半径大小

圆形拉伸件的内腔直径应取 $D\geqslant d+10t$，以便在拉伸时压板压紧不致起皱。矩形拉伸件相邻两壁间的圆角半径应取大于或等于 $3t$，为了减少拉伸次数应尽可能取内角半径大于或等于 1/5 高度，以便一次拉出来。圆形无凸缘拉伸件一次成型时，其高度 H 和直径 d 之比应小于或等于 0.4。

三、车座模型的钣金件制作

车座模型中的钣金件可以分为需要模具成型的半球壳和油箱盖、靠模手工敲打成型的锥圆壳、半圆环钣金和后车座曲面板，以及切割成型的后车座侧板。手工敲打成型的制作工艺在项目二任务二中已有详细阐述，切割成型操作相对简单，因此本节以模具成型的半球壳的制作为例，阐述车座模型的钣金件制作过程。

在冲压零件中常见一些带半球形的零件，如图 1-82 所示。这类零件的成型方法较多，如冲压模成型、压延模成型、旋压模成型、模胎液压容框成型或型胎手打成型等。工厂按照自己的工艺习惯和经济效益情况进行综合分析，一般根据零件几何形状与尺寸、材料牌号与状态、批量大小、零件成型难易程度和质量要求、设备情况等因素进行合理选择。

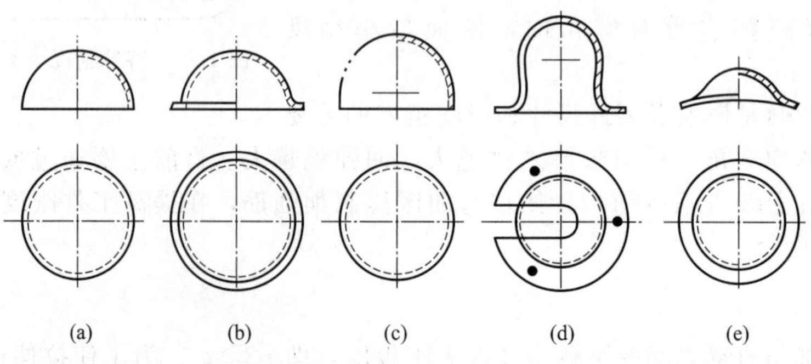

图 1-82 带半球形的典型零件

工艺方法的选择。不带法兰边的半球形零件的压延系数是个常数（M＝0.71），因而在压延过程中，毛料的相对厚度 $\delta/D\times100\%$（δ 为毛料厚度，D 为毛料直径）对工艺设计、模具结构形式和零件质量起着决定性的作用。因此，必须根据的外形和尺寸去制订合理的工艺方案。

（1）冲压模成型法　冲压模成型法是指没有刚性压边圈模具的成型方法。选择该法时，必须满足下列条件：①$\delta/D\times100\%>3$ 时，如图 1-82 所示的典型零件；②最大相对压延深度 h/d（h 为零件高度，d 为零件直径）为一次能够冲压成型的；③零件尺寸较大，只在零件局部位置压包者，其压包范围的材料拉延变薄率不超过 20%～25%（加上材料厚度负差的绝对值）。

下面以车座模型中的半球壳零件的成型为例，阐述冲压模成型过程。半球壳零件的球体半径为 13mm，零件高度为 13mm，零件材料为 Q235A，料厚为 0.8mm，如图 1-83 所示。在冲压成型时需留有压边凸缘，其直径为 ϕ36mm，总高为 13.8mm，如图 1-84 所示。零件切边前的理论计算体积为 1238.5mm^3，按照冲压成型不变薄原理，计算得到展开毛坯尺寸为 ϕ44.5mm，计算相对厚度为 $\delta/D\times100\%=1.8$，数值小于 3，并不适合采用一次冲压连续模成型法进行生产。

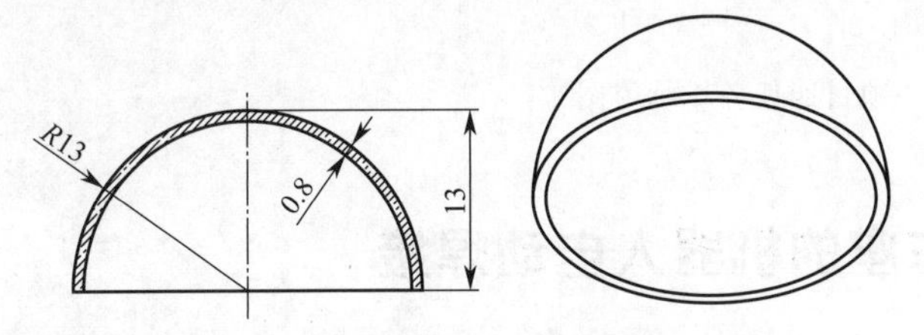

图 1-83　半球形壳体零件图

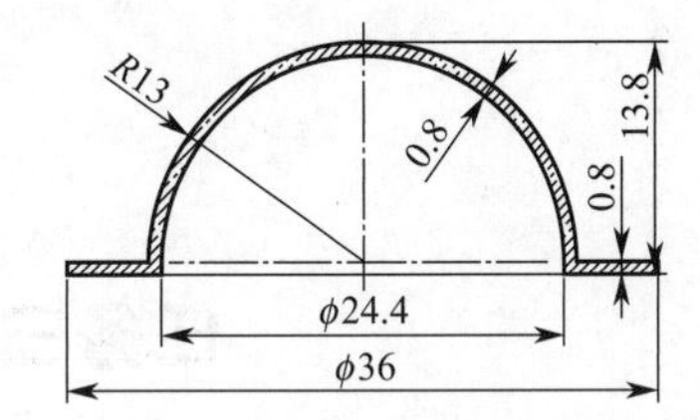

图 1-84　带压边的半球形壳体零件图

（2）压延模成型法　压延模成型法是指成型时带有刚性压边圈模具的成型方法。采用压延模成型零件较多，选择时须满足下列条件：①当 $\delta/D\times100\%>0.5$ 时；②用其他模具成型有困难者；③零件表面质量有要求者；④零件允许变薄而又有变薄率要求者。

根据上述计算 $3>\delta/D\times100\%>0.5$，不适合冲压模成型，但符合压延模成型法的要求，同时，该零件对车模的整体外观影响较大，对表面质量有较高要求，故需要采用压延模成型。

压延模成型的基本工艺过程为先下条料，因压延边最后需要切割支除，外圆直径精度要求不高，采用剪刀人工修剪成 ϕ44.5mm 即可，再在压力机用头部 S24.4 球体的公模成型，最后切割去除压力即可获得如图 1-84 所示的半球壳零件。

除上述两种比较常见的冲压和压延成型外，还可以采用旋压成型和模胎液压容框成型。

（3）普通旋压模成型法　宜用旋压模成型者，选择时须满足下列条件：①适宜较软材料的零件加工，如 LF21M、T4M、H62M 等，料厚在 2mm 以下 10～20 钢，料厚在 1.2mm 以下；②批量较小者；③零件尺寸较深，采用多道压延成本高或压延比较困难者；④采用旋压成型，应考虑零件壁厚变薄问题。工艺上通常用加厚毛料板厚的方法予以保证零件变薄率不超差，一般加厚 10%～20%左右。

（4）模胎液压容框成型或型胎手打成型法　有一些局部凸包零件，当 $h/R\leqslant0.5$，$S/S_1>2$ 时（h 为鼓包高度，S_1 为鼓包面积，可选用模胎液压容框成型或型胎手打成型，选择时应满足下列条件：①一般适用于有色金属，如 LY12M、LF21M、F2M、LF6M 等，比较薄的软钢也可用；②零件尺寸较大者；③批量小者。

总结与练习

钣金件的类型和加工工艺多种多样，对于摩托车模型这种工艺品，批量小，对钣金加工的尺寸精度和表面质量要求相对不高，故大多采用手工钣金制作。本次任务安排学生完成如模块一项目四任务二练习题图所示的油箱盖钣金件的手工加工，一方面通过实操训练可以进一步巩固学习成果，另一方面也是制作完整车模所用的基础零件。

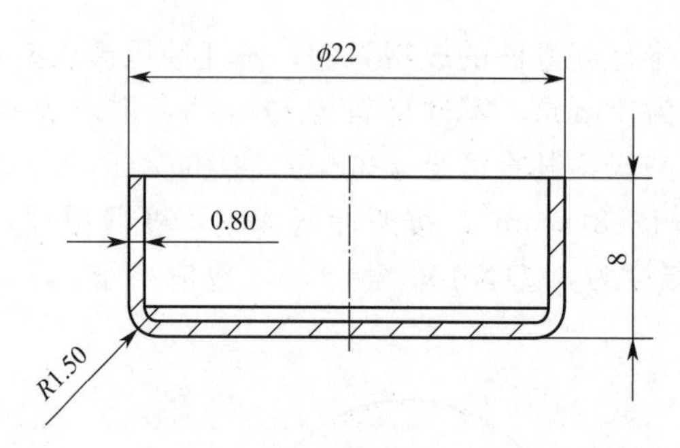

模块一项目四任务二练习图

任务三　车座的机器人自动焊接

任务目标

1. 熟悉机器人自动焊接的工艺特点。
2. 掌握机器人薄板焊接编程与操作技巧。
3. 完成车座的机器人自动焊接。

相关知识

随着数字化、自动化、机械设计技术的发展，以及对焊接质量的高度重视，自动焊接已发展成为一种先进的制造技术，自动焊接在各工业领域应用中的作用越来越大，应用范围正在迅速扩大。在现代工业生产中，焊接生产过程的机械化和自动化是焊接结构制造工业现代化发展的必然趋势，按自动化程度划分，自动焊接可分为以下三类：

① 刚性自动化焊接，也可称为初级自动化焊接。刚性自动化焊接设备大多数按照开环控制原理设计，整个焊接过程可由焊接设备自动完成，但焊接过程中的焊接参数波动不能进行闭环的反馈控制，不能随机纠正可能出现的偏差。

② 自适应控制焊接，一种自动化程度较高的焊接技术。自适应控制焊接设备配用传感器和电子检测线路，对焊缝轨迹进行自动导向和跟踪，并对主要焊接参数进行实时闭环的反馈控制，整个焊接过程将按预先设定的程序和工艺参数自动完成。

③ 智能化自动焊接。它是一种利用视觉、触觉、听觉和激光扫描器等各种高级传感元件，在计算机软件系统、数据库和专家系统的控制下，具有识别、判断、实时检测、运算、自动编程、焊接参数存储和自动生成焊接记录文件的功能。

机器人自动焊接系统是自动焊接的一种重要形式，大多数机器人焊接相当于刚性自动化焊接系统，可操作性和应变能力较差，但焊缝美观、合格率高，可降低劳动强度、节省人力成本。若能给机器人提供完善的操作平台、操作环境及焊接工件，精准地控制人、机、料、法、环中的料和环，机器人自动焊接系统可以很容易地扩展成自适应焊接系统和智能化焊接系统。

一、机器人自动焊接的工艺特点

焊接机器人在很大程度上满足了焊接自动化的要求，主要体现在以下几个方面：

① 可稳定和提高焊接质量，保证其均一性。焊接电流、电压、焊接速度和干伸长量等焊接参数对焊接结果有着决定作用，采用机器人焊接时，只要给出焊接参数和运动轨迹，机器人可精确重复动作，确保每条焊缝的焊接参数都是恒定的，焊缝质量受人为因素影响较小，降低了对工人操作技术的要求，可保证焊接质量的稳定。人工焊接时，焊接速度、干伸长量等都是变化的，很难做到质量的均一性。

② 改善劳动条件，易于安排生产计划。采用机器人焊接，工人的主要工作是装卸工件，远离焊接弧光、烟雾和飞溅等恶劣生产环境。在点焊操作中工人无需搬运笨重的焊钳，将工人从高强度的体力劳动中解放出来。由于机器人可重复性高、生产节拍固定、焊接产品周期明确，可以准确地安排生产计划，从而使企业的生产效率、资源的综合利用做到最大化。

③ 提高劳动生产率。焊接机器人的响应时间短、动作迅速，焊接速度为60～3000mm/min，远高于手工焊接。随着高速高效焊接技术的应用，采用机器人焊接的效率提高更为明显。只要保证外部水、电气等条件，机器人可24小时连续生产。

④ 缩短产品改型换代周期，减小设备投资。机器人与专机的最大区别在于可以通过修改程序以适应不同工件的生产，在产品更新换代时只需要重新根据更新产品设计相应工装夹具，机器人本体不需要做任何改动，只要更改调用相应的程序命令，就可以做到产品和设备更新。

二、薄板焊接的技术特点

为了产品的轻量化，在建筑、航空、汽车、机械、造船、高铁等众多工业领域大量使用该技术制造各类焊接构件，但目前仍然以手工焊接为主，其主要原因是薄板焊接变形这个技术难点在自动化焊接中尚未得到很好的解决。只有采取从焊接专用夹具设计、焊接工艺编制到选择合理的焊接位置和焊接参数等综合措施，才可能最大限度地减少焊接变形的发生，为后续矫正变形提供良好的基础。

1. 薄板的可焊接性

本节以车座成型材料，厚1.5mm的Q235B冷轧钢板为例，介绍这种在薄板焊接中广泛使用的材料的可焊接性。根据GB/T 1700—2006的规定，碳含量应小于等于0.20%，锰含量应小于等于0.35%，硅含量应为0.30%～0.70%，磷和硫的含量均应小于等于0.045%，按式(1-4-1) 可计算出碳当量为0.258%，小于0.4%，因此Q235B钢材焊接冷裂倾向不大，焊接性良好，只有环境温度很低的情况，才需要考虑预热。由于板厚只有1.5mm，必须严格控制热输入，防止烧穿和变形。

$$Ceq=C+\frac{Mn}{6}+\frac{Cr+Mo+V}{5}+\frac{Ni+Cu}{15} \tag{1-4-1}$$

2. 焊前准备

薄板焊接一般采用CO_2+Ar混合气保护焊，焊接电源应选用具有较强电网自动补偿能力，适用范围广的数字焊机。这种焊机采用数字电路，动特性好，引弧容易，焊接飞溅小，噪声小，适合自动化焊接作业。根据焊接经验，可按表1-20选择焊接参数。

表 1-20 Q235B 薄板焊接参数选用推荐表

位置	电流 I/A	电压 U/V	焊接速度 V/(mm/s)
水平	112	14.5	10.5
水平向下45°	119	14.2	10.5
水平向上45°	89	14.5	8.0
向下立焊	77	14.4	7.5
向上立焊	76	14.4	6.5
水平仰焊	78	14.6	7.5
45°向下仰焊	67	14.6	5.5
45°向下仰焊	65	14.2	5.0

采用直流反接方式，焊丝选用直径为1.0mm的H08MN2SIA，并在焊接前充分干燥，以防止焊接时产生较大飞溅。坡口一般采用I型，无间隙形式。

3. 变形控制技术

在焊接之前，首先将工件放到焊接工作台，使用焊接夹具对焊接件进行刚性固定，然后采用较小的线能量进行薄板焊接，避免线能量过大造成大面积变形。点固焊点的大小、数量和点与点之间的尺寸布局在焊接薄板时非常重要，应当合理安排。

三、摩托车模型车座的薄板焊接

摩托车模型车座各构件均为1.5mm薄钢板制作，按前节描述，有多条不同位置和尺寸的焊缝，本节以摩托车模型后车座焊接为例，阐述薄板的机器人自动焊接。后车座与由1件多段弧线构成的波浪状曲面顶板和2件切割成型的平面侧板焊接而成。焊缝形状复杂，若使用手工氩弧焊，对焊接操作者的技术水平要求较高，为保证焊接质量和焊接速度，使用焊接机器人进行焊接。

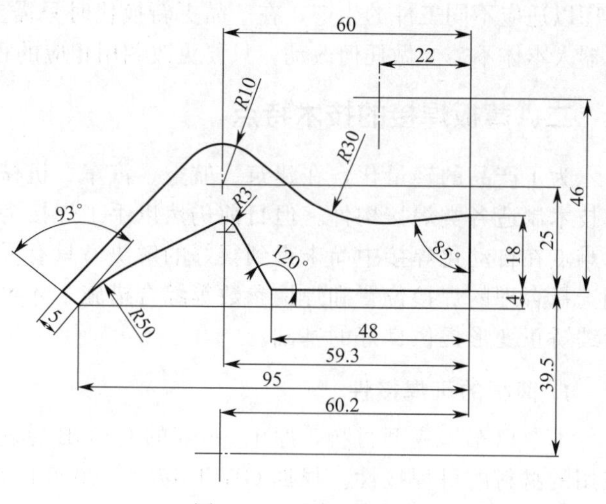

图 1-85 后车座侧板

1. 备料与下料

在摩托车后座钣金件加工完毕后，开始车座的机器人焊接前，需要准备好后车座侧板两件，后车座曲面板一件。其中两件后车座侧板尺寸如图1-85所示，材料为Q235A，厚度为0.8mm。从图样中可以看出，轮廓形状复杂，有多个圆弧及与其相切的直线段，而且上部曲线轮廓还需要与曲面板配合，手工制作已无法胜任。在批量较大的情况下可以采用模具冲裁，在批量不足的情况下，激光切割下料比较合适。

后车座曲面板为薄板折弯件，如图1-86所示。采用手工折弯和靠模弯曲成型均可以很好地满足后续焊接加工的精度要求，学生可以根据学校的设备条件选择。

进行此类薄板折弯件加工时，首先要进行毛坯展开尺寸的计算，可以参照式(1-2-1)进行手工计算，也可以利用Solidworks等钣金设计软件进行计算，展开毛坯尺寸如图1-87所示。

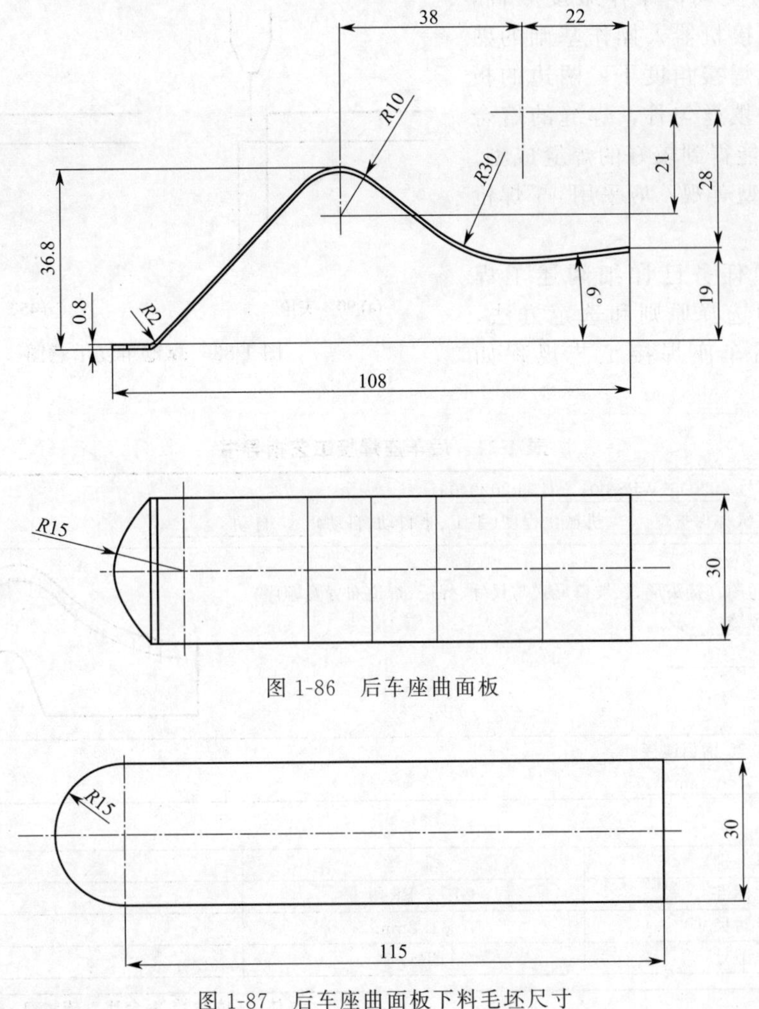

图 1-86　后车座曲面板

图 1-87　后车座曲面板下料毛坯尺寸

2. 焊接设备选择

薄板焊接可以选择激光焊、氩弧焊和二氧化碳气体保护焊，可以根据学校设备情况进行选择，此处选定弧焊电源为 NB-350 逆变焊机，焊机控制系统为 Artsen PM400，焊接机器人为 KR5 R1400 六轴焊接机器人，采用 300AMP 外置焊枪，配备 MC-30 2015E9311 型空气净化系统。

此外，由于此工件属于工艺品，为保证焊接质量，达到焊接成型美观的要求，焊接过程中采用焊接夹具来保证焊缝成型，防止焊接变形。

3. 焊接工艺选择

后车座钣金零件点固后，机器人可以采用两种焊接角度进行焊接，如图 1-88 所示。

采用图 1-88(a) 所示的 90°焊枪夹角，即要求和工作台平面垂直。焊接全程保证焊枪垂直于工作台的难度较小，操作人员只需保证在程序的编制过程中，焊枪和工件的距离不发生变化即可，该方法适用于新手焊接。但焊缝熔合情况较差，焊丝下方的板件易出现焊丝堆填过多、热输入过大、变形严重等问题，而焊丝侧面的板件缺少足够的热输入和焊丝填充，难以熔合。

采用图 1-88(b) 所示的 45°焊枪夹角，操作人员必须保证焊枪和工件的角度及距离均不得发生较大的变动，操作难度较高，适合有一定焊接机器人操作基础的熟练人员。在此焊接角度下，两边的板件受热均匀，填丝匀称，焊缝的熔合比好，最终也能得到较好的焊缝成型。为保证焊接成型美观，应采用45°焊枪角度。

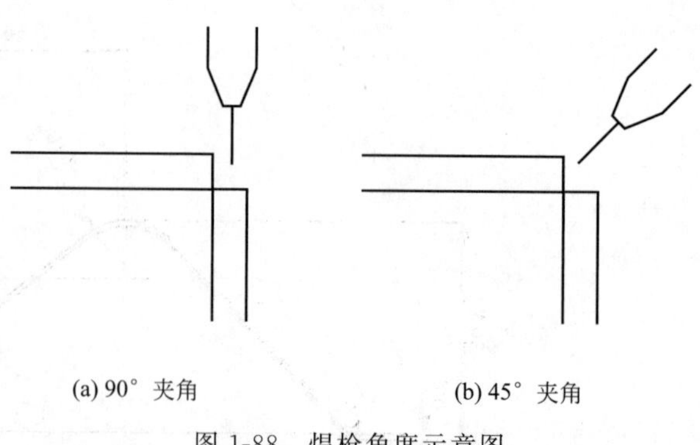

(a) 90° 夹角　　(b) 45° 夹角

图 1-88　焊枪角度示意图

前述各项任务已详细阐述了焊接工艺参数的选择原则和选定方法，不再赘述，后车座焊接工艺规程如表 1-21 所示。

表 1-21　后车座焊接工艺指导书

焊接工艺指导书编号 202005/WPS-001　日期 2020.05

焊接方法　CO_2 气体保护焊　机械化程度(手工、半自动、自动)　自动

焊接接头：　简图：(接头形式、坡口形式与尺寸、焊层、焊道布置及顺序)

接头形式：　角焊缝

衬垫(材料及规格)　/

其他　/

母材：Q235 钢和 Q235 钢相连接

焊缝厚度范围：　7～8mm

焊接材料：

焊材类别	焊　丝	
焊丝标准	GB/T ER49-1	
填充金属尺寸	ϕ1.2mm	
焊丝型号	ER49-1	

焊接位置：

对接焊缝的位置　平角焊

气体：气体种类　混合比　流量(L/min)

保护气　CO_2　99.6%　15

电特性

电流种类：　直流　极性：　反接

焊接电流范围(A)：　250～300　电弧电压(V)：　30～35

焊接方法	填充材料		焊接电流				气体时间	
	牌号	直径	极性	电流/A	初始电流/A	维护电流/A	提前送气/s	滞后送气/s
CO_2 焊	ER49-1	1.2	反接	250～300	35	25	2	2.5

钨极类型及直径　/　喷嘴直径(mm)　6.8

技术措施：

摆动焊或不摆动焊：　不摆动　摆动参数：　/

焊前清理和层间清理：　焊前清理油污、锈斑、焊渣，打磨干净

编制(日期)：2020.5.25　审核(日期)：　批准(日期)：

4. 程序编制

通过示教编程的方式对工件进行焊接，示教的标记点以及示教程序如下所示：

```
DEF 程序名称（     ）
INI
PTP HOME VEL＝50％ DEFAULT
PTP P1 VEL＝100％ PDAT1 TOOL [1]：TCP BASE [0]
ANOUT CHANNEL _ 1＝0.16
ANOUT CHANNEL _ 2＝0.15
ARCON WDAT1 LIN P2 VEL＝2 M/S CPDAT1 TOOL [1]：TCP BASE [0]
ARCSWI WDAT2 CIRC P4 P5 CPDAT2 TOOL [1]：TCP BASE [0]
ARCSWI WDAT2 CIRC P6 P7 CPDAT3 TOOL [1]：TCP BASE [0]
ARCOFF WDAT2 CIRC P9 P8 CPDAT4 TOOL [1]：TCP BASE [0]
PTP HOME VEL＝50％ DEFAULT
END
```

编程完毕后，确认无误后，按照以下步骤完成车后座组合件的焊接，并按表1-22检查焊接成型质量。

① 运行示教程序。点固完成后在后车座上进行模拟，确认程序正常，不会发生撞枪等安全事故；

② 复位程序，打开开火键，进行实际焊接；

③ 完成后车座的所有焊缝焊接之后，在夹具内进行冷却，待温度较低后将结构件取出，待其完全冷却后，进行焊接质量检查。

表1-22　焊缝成型情况检查表

序号	检查标准
1	焊接时严格按照图纸尺寸及配合要求进行焊接，工件尺寸在公差范围内，视为工件合格；达不到公差要求的，视为不合格
2	焊接后，零件外表面应无夹渣、气孔、焊瘤、凸起、凹陷等缺陷，内表面的缺陷应不明显及不影响装配
3	焊缝应牢固、均匀，不得有虚焊、裂纹、未焊透、焊穿、豁口、咬边等缺陷。焊缝长度、高度不允许超过长度、高度要求的10%
4	焊接后，其他非焊接部位不允许有被焊渣、电弧损伤现象，表面焊渣、飞溅物需清除干净

总结与练习

机器人薄板焊接，特别是CO_2气体保护薄板焊接对操作者的编程能力具有很高的要求。同时，还应具备根据零件尺寸和形状精度情况，以及当时环境温湿度选定合理的焊接参数，才能获取理想的焊接质量。本次任务选定车模中后车座与油箱盖的焊接作为考核学生的实操任务，完成工艺编制、薄板焊接编程与操作，并引导学生分析焊接参数对焊接质量的影响情况。

项目五　其他部件的制作

任务一　车轮认知

任务目标

1. 熟悉摩托车车轮的结构组成与功能。
2. 分析摩托车模型的车轮结构。
3. 理清车模的车轮部件制作难点。

相关知识

一、摩托车车轮基本知识

摩托车的前后车轮构造均比较简单，内部为车轮轴、轴承、衬套，外圈是轮胎、轮毂，连接内外圈的为辐条。前轮一般附带有车速里程表的齿轮组，以及与刹车相关的部分，如图 1-89 所示。

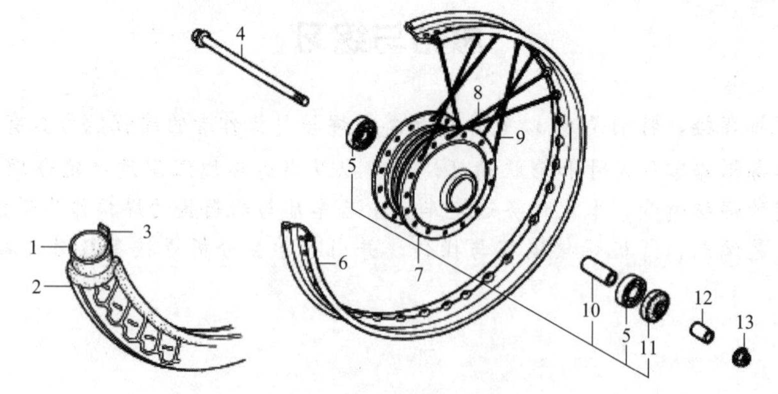

图 1-89　摩托车的车轮结构

1—内胎；2—外胎；3—气嘴；4—车轮轴；5—轴承；6—钢圈；7—轮毂；8—外倾辐条；9—内倾辐条；10—长套筒；11—齿轮组件；12—短套筒；13—锁紧螺母

摩托车轮胎大致可以分为有内胎的轮胎和无内胎的轮胎两种。有内胎轮胎将压缩空气保存在内胎内，不要求轮胎与轮毂的轮缘精密配合，普遍应用于使用钢圈与辐条的越野车和美式摩托车上。无内胎轮胎利用轮毂的轮缘与轮胎边缘的特殊构造形成精密配合，将压缩空气封闭在外胎体内。这种轮胎被异物刺伤后压缩空气不会马上消失，爆胎修理方便，无内胎轮胎逐渐在普通摩托车上普遍使用。

合格的轮胎上通常都标有规格、最大负荷、充气内压、标准轮辋及商标厂名和方向。如外胎上标有 90/90-18 51S，第一个 90 表示轮胎宽度为 90mm；“/”后的 90 表示扁平比，即高度为宽度的 90%；“-”后的 18 表示轮胎的内径为 18in，约为 45.7cm。若轮胎没标出扁平比，则说明扁平比为 100%，即宽度等于高度。摩托车轮胎的充气压力一般介于 147～343kPa，有些轮胎在规格标注后面缀以层级强度，如 2.75-17-4pr，即表示该轮胎的断面宽度为 2.75in（1in＝2.54cm），轮胎的内径为 17in，4pr 则表示该轮胎的帘布层为 4 层。

在选配轮胎时，必须保证其规格正确，即使轮胎宽度尺寸稍有区别，规格正确的就可以使用。选配宽一点的轮胎与地面的接触面大，抓地性好，可以很好地传递驱动力和制动力，使发动机性能得到更好的发挥，提高驾驶平稳性、舒适性和安全性。胎纹是决定轮胎性能的一项重要指标，同一规格的轮胎有数十种胎纹，应根据实际情况选择适当的胎纹。经常在山地或泥路、雪地、冰路等路面上行驶，应选择宽胎沟和深胎沟花纹的轮胎；经常在公路上行驶，则应选择胎沟紧密的环状、箭头状胎纹。

二、摩托车模型车轮结构及制作难点

摩托车模型简化了车胎的结构，以深沟球轴承和圆形薄板、螺母（或垫片）焊接件代表车轮部分，轴承相当于钢圈，圆形薄板相当于辐条；以标准链条围条的圆环代表轮胎，如图 1-90 所示。

从图 1-90 可以看出，车轮构件以标准件为主，自制件也是形状简单的圆形，制作的难点在于不同材质的焊接。圆形薄板一般采用低碳钢，而 08B 滚子链，国内普遍选用 40Mn、45Mn 制造，性能与 45 钢相近，属于优质中碳调质钢，强度、韧度及淬透性均比 45 钢高，调质处理可获得较好的综合力学性能，可加工性好，但焊接性较差。

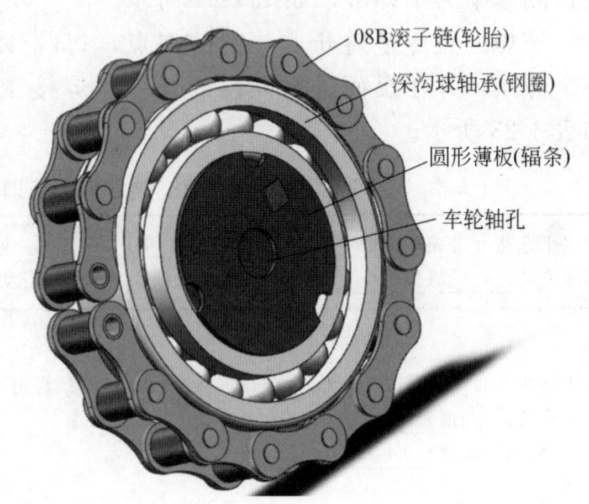

图 1-90　摩托车模型的车轮结构

深沟球轴承采用 GCR15，其碳含量为 0.95%～1.05%，硅含量为 0.15%～0.35%，锰含量为 0.35%～0.45%，硫磷含量不大于 0.025%，铬含量为 1.4%～1.65%，镍含量不大于 0.30%，铜含量不大于 0.25%，钼含量不大于 0.10%，按照国际焊接协会推荐的碳当量计算式(1-4-1)，计算时取各元素的上限，可得 GCR15 的碳当量为 1.488，为高碳钢。

08B 滚子链与深沟球轴承焊接，就是中碳钢和高碳钢的焊接，容易产生硬脆的高碳马氏体，脆硬倾向和裂纹敏感倾向大，焊接性能差。因此，焊前要求预热到 250～350℃，并在焊接过程中保持与预热一样的道间温度。焊后工件要求保温，保温温度为 650℃，并进行去应力处理。另外，GCR15 在 200～240℃时会发生第一类回火脆性，在焊接预热、焊接过程中以及焊后退火处理时，必须避免温度处于回火脆性温度区间。

由于 GCR15 和 45MN 的含碳量和含铬量相差很多，焊缝内碳与铬的含量容易形成梯度，为减少这个成分梯度，焊接材料在成分和性能上，应充当一个过渡的作用。

1. 焊接注意事项

深沟球轴承外圈与滚子链、深沟球内圈与圆形薄板均是不同材质、含碳量相差较大的焊接，焊接难度大，容易产生焊接缺陷，焊接过程中务必做好以下事项：

① 仔细清除待焊处的油污、铁锈等；

② 焊接母材应按要求进行预热；

③ 建议采用直流反接，小电流施焊或采用氩弧焊；

④ 焊缝熔深要浅，速度要快，以保证层间温度；

⑤ 焊接时要采用对称、分段焊接，以减少焊接应力集中。

2. 焊后热处理

施焊结束后，应立即将焊件送入加热炉中加热到 550～600℃左右，保证低于 45Mn 钢的调质回火温度，然后在炉中缓冷至 260℃时取出空冷。完成退火处理后，如有必要可进行探伤检查。

3. 轴承内圈与薄板的焊接

轴承内圈侧面与外径 ϕ30mm、内径 ϕ8mm、厚 1mm 的垫片的焊接，一般安排在完成滚子链和轴承外圈的焊接作业之后。首先将垫片放置在已经完成焊接的轴承端面上，因模型制作对两者的同轴度要求不高，移动至目测基本居中即可，如图 1-91 所示。

图 1-91　轴承端面垫片放置要求

施焊位置尽量避开上一次的焊点，每隔 120°再添加一个焊点，并在反面进行同样的操作，焊接工艺指导书如表 1-23 所示。

表 1-23　轴承内圈与薄板的焊接工艺指导书

焊接工艺指导书编号 202005/WPS-003 日期 2020.05

焊接方法　氩弧焊　机械化程度(手工、半自动、自动)　手工

焊接接头：　简图：(接头形式、坡口形式与尺寸、焊层、焊道布置及顺序)

接头形式：　搭接

衬垫(材料及规格)　/

其他　/

母材：45 优质碳素钢和 GCr15 合金钢

焊缝厚度范围：　小于 2mm

焊接材料：

焊材类别	焊丝	
焊丝标准	GB 4241—2017	
填充金属尺寸	ϕ2.0mm	
焊丝型号	H0Cr19Ni9	

焊接位置：	气体：　气体种类　混合比　流量(L/min)
对接焊缝的位置　平焊	保护气　Ar　99.6%　5

续表

电特性

电流种类：直流　极性：正接

焊接电流范围(A)：60～70　电弧电压(V)：9～11

焊接方法	填充材料		焊接电流				气体时间	
	牌号	直径	极性	电流/A	初始电流/A	维护电流/A	提前送气/s	滞后送气/s
TIG	H0Cr19Ni9	Φ2	正接	60	35	25	2	2.5

钨极类型及直径　WL15 ϕ2.4×150(175)mm　喷嘴直径(mm)　7.8

技术措施：

摆动焊或不摆动焊：不摆动　摆动参数：/

焊前清理和层间清理：焊前清理油污、锈斑、焊渣，打磨干净

编制(日期)：2020.5.25　审核(日期)：　批准(日期)：

总结与练习

车轮采用08B标准滚子链与深沟球轴承制作，这是两种性质相差较大的异种材料的焊接，相对于学生前修熟悉的低碳钢焊接具有很大的不同。本次任务通过完成车轮的焊接，使学生能够在实践中理解异种材料焊接的难点与特点。

任务二　油箱的钣金制作

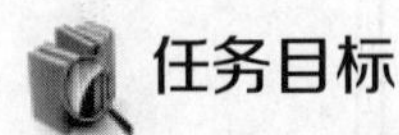

任务目标

1. 熟悉两轮摩托车油箱结构。
2. 掌握车模油箱盖拉深成型方法。
3. 完成油箱盖拉深工艺设计。

相关知识

摩托车油箱是为发动机提供燃料的重要部件，其结构通常需要根据摩托车的类型进行设计，使其能够与摩托车车架进行配合安装。由于摩托车的结构和技术特点，以及使用场合的特殊性，在行驶过程中不可避免地出现较大的振动，并传导到油箱。油箱的体积较大，重量较重，在存储燃料的情况下，过大的振动可能导致发生燃爆或泄漏，威胁驾乘者的人身安全。同时，油箱的振动会使其壳体与摩托车其他部件产生摩擦，降低油箱的使用寿命。

摩托车油箱结构通常包括油箱壳体、油箱内胆和油箱盖等部分。油箱壳体底部设有安装凹槽，并固定有缓冲连接件，与摩托车的车架连接成一体。壳体底部一般设有燃油传感器和油箱开关。为了外形美观，油箱通常与车架、车座一体化设计，外形复杂。摩托车模型为降低制作难度，简化了设计，仅用一个圆筒形拉深件代表油箱，下面阐述此件的加工制作过程。

一、圆筒形拉深件毛坯尺寸计算

1. 拉深件毛坯尺寸计算的原则

（1）面积相等原则　对于假定材料厚度拉深前后不变的不变薄拉深，拉深前后材料的体积不变，拉深毛坯的尺寸按“拉深前毛坯表面积等于拉深后零件的表面积”的原则来确定，也可按等体积或等重量原则确定。

（2）形状相似原则　拉深毛坯形状一般与拉深件的横截面形状相似，即零件的横截面为圆形、椭圆形时，其拉深前的毛坯展开形状也基本上是圆形或椭圆形。对于异形件拉深，其毛坯的周边轮廓必须采用光滑曲线连接，应无急剧的转折和尖角。

在拉深件生产总成本中，材料费用一般占到 60 %以上，毛坯形状的确定和尺寸计算是否正确，不仅直接影响生产过程，而且还具有重大经济意义。由于拉深材料厚度存在偏差，板料各向异性，模具间隙和摩擦阻力不一致，以及毛坯定位不准确等原因，拉深后零件的开口部将出现凸耳（口部不平）。为了得到开口部平齐、高度一致的拉深件，一般需在拉深后增加切边工序，将不平齐的部分切去。因此，在计算毛坯时，应在拉深件上增加切边余量，详细见表 1-24。

表 1-24　无凸缘零件切边余量 Δh　　单位：mm

拉深件高度 h	拉深相对高度 h/d 或 h/B				附图
	＞0.5～0.8	＞0.8～1.6	＞1.6～2.5	＞2.5～4	
≤10	1.0	1.2	1.5	2	
＞10～20	1.2	1.6	2	2.5	
＞20～50	2	2.5	2.5	4	
＞50～100	3	3.8	3.8	6	
＞100～150	4	5	5	8	
＞150～200	5	6.3	6.3	10	
＞200～250	6	7.5	7.5	11	
＞250	7	8.5	8.5	12	

2. 简单形状的拉深零件毛坯尺寸确定

对于简单形状的旋转体拉深零件，确定其毛坯尺寸时，一般可将拉深零件分解为若干简单的几何体，分别求出它们的表面积后再相加，并增加切边余量。由于旋转体拉深零件的毛坯为圆形，根据面积相等原则，可式(1-5-1)～(1-5-5) 计算出拉深零件的毛坯直径。

圆筒直壁部分的表面积：$A_1=\pi d(H-r)$　　(1-5-1)

圆角球台部分的表面积：$A_2=\pi[2\pi(d-2r)+8r^2]/4$　　(1-5-2)

底部表面积：$A_3=\pi[(d-2r)2]/4$　　(1-5-3)

工件总面积：$\pi D2/4=\sum A_i=A_1+A_2+A_3$　　(1-5-4)

零件毛坯直径：$D=\sqrt{\frac{\pi}{4}\sum A_i}$　　(1-5-5)

式中，D 为毛坯直径，mm；$\sum A_i$ 为拉深零件各分解部分表面积（mm^2）的代数和。

对于各种简单形状的旋转体拉深零件毛坯直径 D，可以直接按表 1-25 所列公式计算。

表 1-25　常用的旋转体拉深零件毛坯直径 D 计算公式

序号	零件形状	坯料直径 D
1	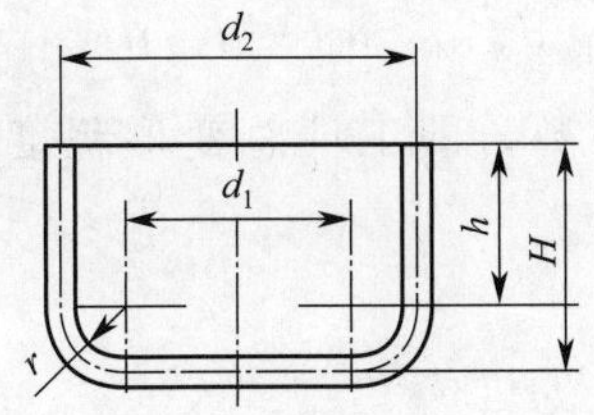	$\sqrt{d_1^2+4d_2h+6.28rd_1+8r^2}$ $\sqrt{d_2^2+2d_2H-1.72rd_2-0.56r^2}$
2	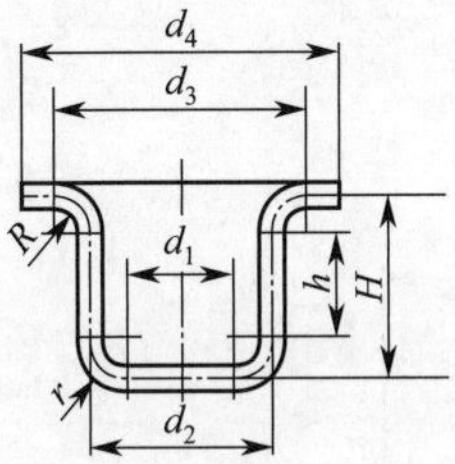	当 $r\neq R$ 时 $\sqrt{d_1^2+6.28rd_1+8r^2+4d_2h+6.28Rd_2+4.56R^2+d_4^2-d_3^2}$ 当 $r=R$ 时 $\sqrt{d_4^2+4d_2H-3.44rd_2}$
3	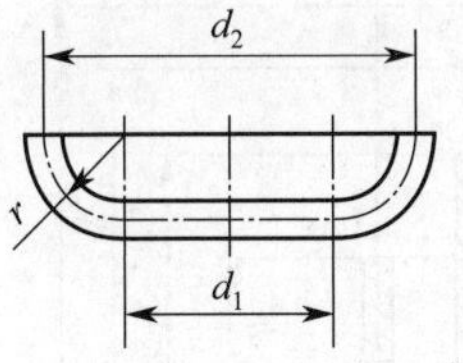	$\sqrt{d_1^2+2r(\pi d_1+4r)}$
4	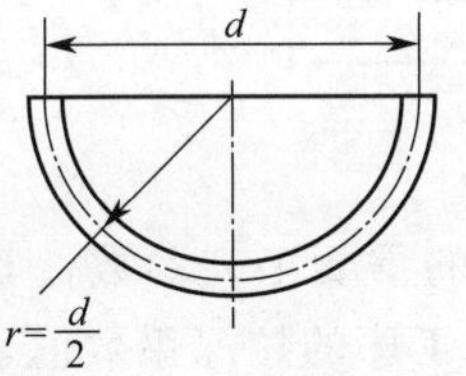	$\sqrt{2d^2}=1.414d$
5	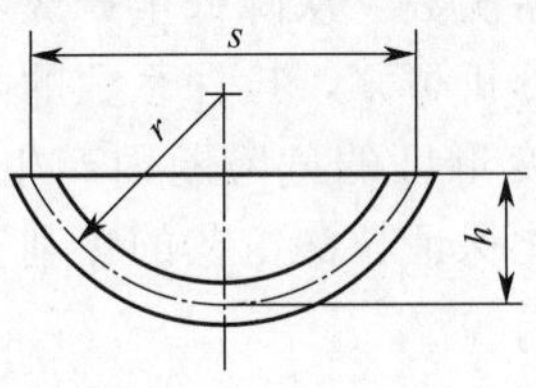	$\sqrt{8rh}$ 或 $\sqrt{s+4h}$
6	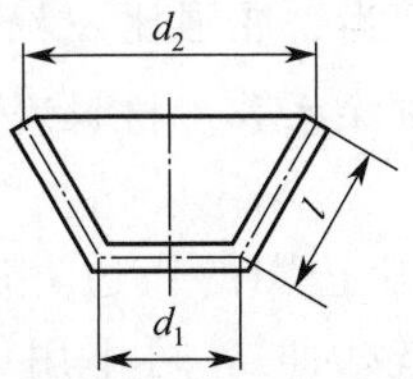	$\sqrt{d_1^2+2l(d_1+d_2)}$

二、无凸缘圆筒形件的拉深工艺计算

1. 拉深系数

拉深系数表示拉深后圆筒形件的直径与拉深前毛坯（或半成品）的直径之比。图 1-92 所示是用直径为 D 的毛坯拉成直径为 d_n、高度为 h_n 工件的工序顺序。第一次拉成 d_1 和

h_1 的尺寸，第二次半成品尺寸为 d_2 和 h_2，依此最后一次即得工件的尺寸 d_n 和 h_n。其各次拉深系数 m 按式(1-5-6) 计算。

$$m_1=d_1/D \quad m_2=d_2/d_1 \quad \cdots m_{n-1}=d_{n-1}/d_{n-2} \quad m_n=d_n/d_{n-1} \tag{1-5-6}$$

工件的直径 d_n 与毛坯直径 D 之比称为总拉深系数，即工件总变形程度系数，按式(1-5-7) 计算。

$$m_B=\frac{d_n}{D}=\frac{d_1 d_2}{D d_1}=\cdots=\frac{d_{n-1} d_n}{d_{n-2} d_{n-1}}=m_1 m_2 \cdots m_{n-1} m_n \tag{1-5-7}$$

拉深系数的倒数称为拉深比，其值 k_n 为：

$$k_n=1/m_n=d_{n-1}/d_n \tag{1-5-8}$$

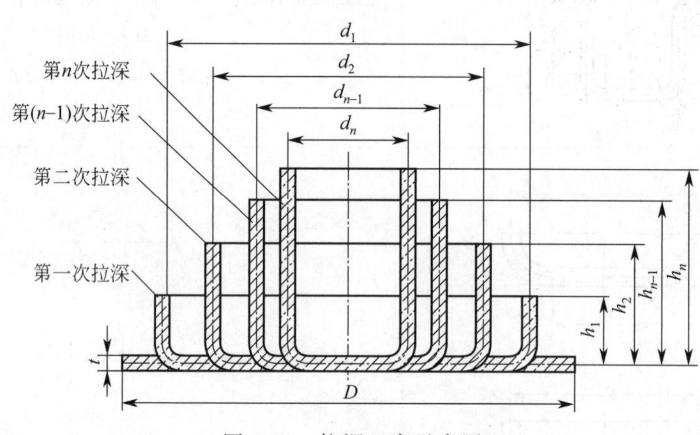

图 1-92　拉深工序示意图

拉深系数 m 是表示拉深变形过程中坯料的变形程度的重要工艺参数，其值愈小拉深时坯料的变形程度愈大。在工艺计算中，只要知道每次拉深工序的拉深系数值，就可以计算出各次拉深工序的半成品件的尺寸，并确定出该拉深件工序次数。从降低生产成本出发，希望拉深次数越少越好，即采用较小的拉深系数。根据力学分析可知，拉深系数的减少有一个限度，这个限度称为极限拉深系数，超过这一限度，会使变形区的危险断面产生破裂。因此，每次拉深应选择保证拉深件不破裂的最小拉深系数，才能保证拉深工艺的顺利实现。

2. 影响极限拉深系数的因素

（1）材料性能　材料的塑性好、组织均匀、晶粒大小适当、屈强比 σ_s/σ_b 小、塑性应变比值大时，板料的拉深成型性能好，可以采用较小的极限拉深系数。材料表面光滑，拉深时摩擦力小而容易流动，极限拉深系数可减小。

毛坯相对厚度 t/D 较小时，拉深变形区易起皱，防皱压边圈的压边力加大而引起摩擦阻力也增大，变形抗力加大，使极限拉深系数提高。t/D 较大时，可不用压边圈，变形抗力减小，有利于拉深，极限拉深系数可减少。

（2）模具结构　拉深模的凸模圆角半径 r_p 过小时，筒壁和底部的过渡区弯曲变形大，使危险断面的强度受到削弱，极限拉深系数应取较大值；凹模圆角半径 r_d 过小时，毛坯沿凹模口部滑动的阻力增加，筒壁的拉应力相应增大，极限拉深系数也应取较大值。

凹模工作表面，尤其是圆角外光滑，可以减小摩擦阻力和改善金属的流动情况，可选择较小的极限拉深系数值。模具间隙 c 较小时，材料进入间隙后的挤压力增大，摩擦力增加，拉深力大，极限拉深系数提高。

若采用如图 1-93 所示的锥形凹模时，因其支撑材料变形区的面为锥形面，防皱效果好，可以减小包角 α，从而减少材料流过凹模圆角时的摩擦阻力和弯曲变形力，因而可降低极限拉深系数。

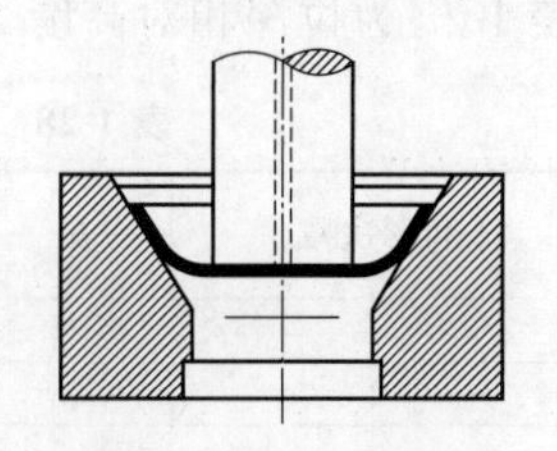

图 1-93　锥形凹模

(3) 拉深条件　拉深时若不用压边圈，变形区起皱的倾向增加，每次拉深时变形不能太大，故极限拉深系数应增大。第一次拉深时材料还没硬化，塑性好，极限拉深系数可小些。以后的拉深因材料已经硬化，塑性愈来愈低，变形越来越困难，故一道比一道的拉深系数大。拉深模润滑情况良好摩擦小，极限拉深系数可小些。但凸模不必润滑，否则会减弱凸模表面摩擦对危险断面处的有益作用。

不同形状的工件，变形时应力与应变状态不同，极限变形量也就不同，极限拉深系数不同。一般情况下拉深速度对极限拉深系数的影响不太大，但对变形速度敏感的钛合金、不锈钢和耐热钢等金属，拉深速度大时应选用较大的极限拉深系数。

在实际生产中，因采用极限值会引起危险断面区域过渡变薄而降低零件的质量，并不是所有的拉深都采用极限拉深系数。当零件质量要求较高时，必须采用大于极限值的拉深系数。

3. 拉深系数与拉深次数的关系

生产上采用的极限拉深系数是全面考虑各种具体条件后通过试验方法求得，通常第一次拉深时系数为 0.46～0.60，以后各次的拉深系数为 0.70～0.86。直壁圆筒形工件有压边圈和无压边圈时的拉深系数分别可查表 1-26 和表 1-27。

表 1-26　圆筒形件带压边圈的极限拉深系数

各次拉深系数	毛坯相对厚度 $t/D\times100$					
	2～1.5	1.5～1.0	1.0～0.6	0.6～0.3	0.3～0.15	0.15～0.08
m_1	0.48～0.50	0.50～0.53	0.53～0.55	0.55～0.58	0.58～0.60	0.60～0.63
m_2	0.73～0.75	0.75～0.76	0.76～0.78	0.78～0.79	0.79～0.80	0.80～0.82
m_3	0.76～0.78	0.78～0.79	0.79～0.80	0.80～0.81	0.81～0.82	0.82～0.84
m_4	0.78～0.80	0.80～0.81	0.81～0.82	0.82～0.8	0.83～0.85	0.85～0.86
m_5	0.80～0.82	0.82～0.84	0.84～0.85	0.85～0.86	0.86～0.87	0.87～0.88

注：1. 表中拉深系数适用于 08、10 和 15Mn 等普通碳钢及黄钢 H62。对拉深性能较差的 20、25、Q215、Q235 和硬铝等材料，应比表中数值大（1.5～2.0）%；对塑性更好的 05、08、10 等深拉钢及软铝应比表中数值小（1.5～2.0）%。

2. 表中数值适用于未经中间退火的拉深，若采用中间退火工序时，可取较表中数值小 2%～3%。

3. 表中较小值适用于大的凹模圆角半径，$r_d=(8\sim15)t$；较大值适用于小的凹模圆角半径，$r_d=(4\sim8)t$。

表 1-27　圆筒形件不用压边圈的极限拉深系数

毛坯相对厚度 $t/D\times100$	各次拉深系数					
	m_1	m_2	m_3	m_4	m_5	m_6
0.8	0.80	0.88				
1.0	0.75	0.85	0.90			
1.5	0.65	0.80	0.84	0.87	0.90	
2.0	0.60	0.75	0.80	0.84	0.87	0.90
2.5	0.55	0.75	0.80	0.84	0.87	0.90
3.0	0.53	0.75	0.80	0.84	0.8	0.90
>3.0	0.50	0.70	0.75	0.78	0.82	0.85

判断拉深件能否一次拉深成型，仅需比较所需总的拉深系数 $m_{总}$ 与第一次允许的极限拉深 m_1 的大小即可。当 $m_{总}>m_1$ 时，则该零件可一次拉深成型，否则需要多次拉深。

表 1-28 为拉深相对高度 H/d 与拉深次数的关系。

表 1-28 拉深相对高度 H/d 与拉深次数的关系（无凸缘圆筒形件）

拉深次数	毛坯相对厚度$(t/D)\times100$					
	1.5～2	1.0～1.5	0.6～1.0	0.3～0.6	0.15～0.3	0.06～0.15
1	0.94～0.77	0.84～0.65	0.77～0.57	0.62～0.65	0.52～0.45	0.46～0.38
2	1.88～1.54	1.60～1.32	1.36～1.1	1.13～0.94	0.96～0.83	0.9～0.7
3	3.5～2.7	2.8～2.2	2.3～1.8	1.9～1.5	1.6～1.3	1.3～1.1
4	5.6～4.3	4.3～3.5	3.6～2.9	2.9～2.4	2.4～2.0	2.0～1.5
5	8.9～6.6	6.6～5.1	5.2～4.1	4.1～3.3	3.3～2.7	2.7～2.0

注：本表适于 08、10 等软钢。

三、油箱盖的拉深成型工艺设计

拉深成型是一种冲压过程，用于将平板拉深、形成一个开放中空部件的加工方法。拉深作为冲压的主要工艺之一，广泛应用于制造圆柱形、长方形、梯形、球形、圆锥形、抛线形等不规则形状的薄壁冲压件，可与其他冲压工艺相结合，可以制造出更形状更复杂的零件。

拉深成型包括拉深加工、再拉深加工、反向拉深和细化拉深加工。拉深加工就是使用装置利用冲头的压力，将部分或全部平板拉入凹模型腔，使其形成具有底部的容器。平行于拉深方向的容器侧壁的加工是一种简单的拉深加工，而锥形容器，半球形容器和抛物面容器的拉伸加工则包括了展开加工。再拉深加工用于增加成型容器的深度，对一次拉深不能完成的成型产品进行加工，以增加成型容器的深度。反向拉深就是将前一步骤中的拉深工件反向拉深，使工件内侧成为外侧，并使其外径变小。减薄拉深是用冲头将成型容器挤压成比容器外径稍小的凹模腔，使容器底部的外径较小，壁厚较薄，既消除了壁厚偏差，又使容器表面容器光滑。使用冲压模具进行金属拉深时，通常采用以下几种方法：

① 面板拉深。操作面板类产品均为平板冲压件，具有表面形状复杂、拉拔变形过程复杂的特点，其成型不只是拉深，而且深拉拔和膨胀的复合成型。

② 椭圆拉深。对椭圆坯料而言，它是一种拉深变形，但变形量和变形率沿轮廓形状相应变化，曲率越大，坯料的塑性变形越大；曲率越小，坯料的塑性变形越小。

③ 台阶拉深。将初始成型的产品重新拉深以形成新的形状的加工方法。较深的部分在初始成型开始时变形，较浅的部分在初始成型后期变形，而变台阶部分的侧壁容易引起剪切应力变形。

④ 圆筒拉深。带法兰的圆柱形冲压件的拉深，法兰和底部为平面形状，圆柱体侧壁为轴对称，变形均匀分布在同一圆周上，法兰上的毛坯产生拉深变形。

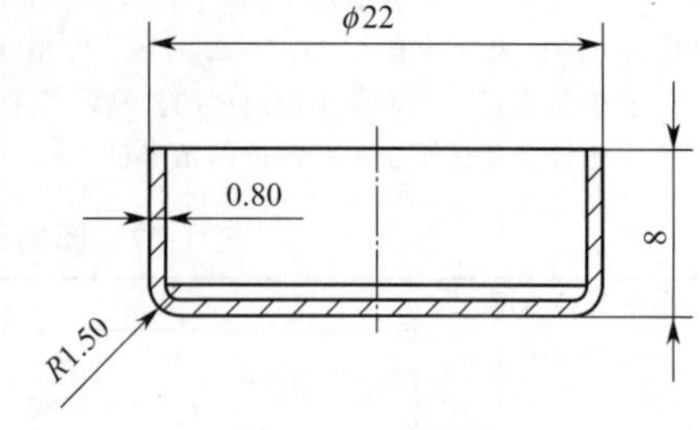

图 1-94 油箱盖

本次任务所要完成的油箱盖尺寸形状如图 1-94 所示，是一种典型的无凸缘圆筒形件，毛坯尺寸可按表 1-25 中所列的计算公式 $\sqrt{d_1^2+4d_2h+6.28rd_1+8r^2}$ 进行计算，其毛坯外径为 31.3mm。

油箱盖的材料厚度 t 为 0.8mm，毛坯外径 D 为 31.3mm，毛坯相对厚度 $(t/D)\times100$ 为 2.56，按表 1-26 可算出油箱盖的一次极限拉深系数为 0.55。根据表 1-27，总的拉深极限系数大于 0.94，即此零件只需要一次拉深即可成型。详细的凹凸模设计不是本教材的教学内容，可参见相关的拉深模设计资料进行设计。

总结与练习

无凸缘圆筒件拉深成型是拉深中比较简单的一类产品，拉深模具设计也比较简单，一般的液压机就可以完成这类产品的加工。鉴于各地学校的设备条件差异，本次任务只要求学生完成如模块一项目五任务二练习题图所示的油箱盖的毛坯外径和拉深次数计算。实际用于车模制作的零件，可以外购或由其他专业同学完成。

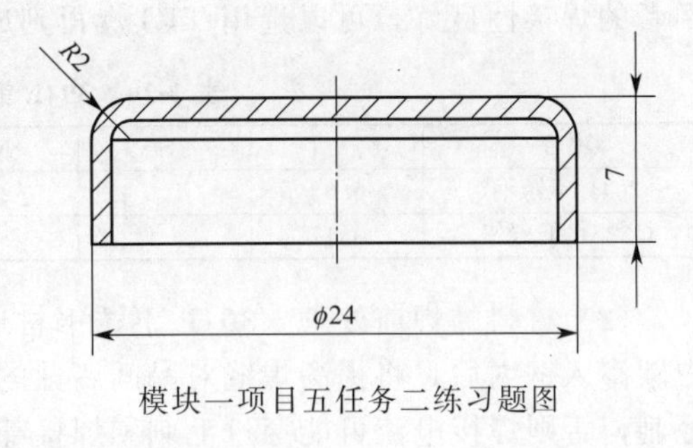

模块一项目五任务二练习题图

任务三 其他辅件的焊接成型

任务目标

1. 确定车模其他辅件的焊接参数。
2. 完成辅件焊接作业。

相关知识

在完成摩托车模型的大致结构焊接后，为了模型整体更加接近实际摩托车外观，还需要进行辅件的焊接。摩托车模型辅件大多为小零件，相互连接的焊点小，整体焊接难度不高，但其焊接质量直接影响模型的整体形象，焊接时应更具有耐心，做好焊接细节工作。

在本教材所用的摩托车模型结构中，辅件焊接主要包括车把手和刹车的焊接、仪表盘和车头的焊接、车把手和车头的焊接、反光镜自身之间及其和车头结构之间的焊接。

一、前叉立柱和驾驶手把的焊接

1. 焊前分析

前叉立柱是车头部件的核心，在两根前叉立柱与手把横梁焊接成前车把的主体后，其上还需焊接驾驶手把、刹车手把等辅件，如图 1-95 所示。前叉立柱可以选用低碳钢或不锈钢制作，为了模型美观一般采用 304L 不锈钢；驾驶手把为一钢制铆钉，材料力学性能和化学成分与 Q235A 接近。此焊接属于异种材料的焊接。

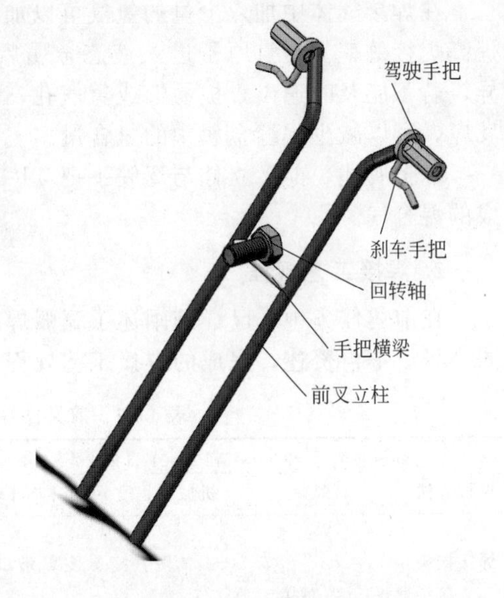

图 1-95 前车把组合件

(1) 材料的焊接性 两种材料的化学成分如表 1-29 所示。304L 的碳含量较低，焊接性较好，在焊接结束时靠近焊缝热影响区析出的碳化物已减至最少，但碳化物的析出可能导致不锈钢在某些环境中产生晶间腐蚀（焊接侵蚀）。Q235 钢的焊后接头塑性良好，冲击韧性优，焊接时一般不需要进行预热、后期热处理等工序，其焊接过程不使用特殊的工艺，具备良好的焊接性。由于碳含量比较低，且合金元素含量低，一般情况下 Q235 没有冷裂倾向。两者的焊接性良好，可以选用 TIG 焊得到成型良好的焊缝。

表 1-29　304L 钢和 Q235A 化学成分表　　单位：%

项目	C	Si	Mn	Cr	Ni	S	P
304L 不锈钢	0.03	1.0	2.0	18.0～20.0	9.0～12.0	0.03	0.045
Q235A 低碳钢	0.17	—	1.40	—	—	0.03	0.03

（2）材料的焊前处理　304L 不锈钢材质的母材表面的油或油脂必须清洗干净，否则其中碳渗入钢内后，将提高焊缝对晶间腐蚀的敏感性。同时，必须除掉焊接部件对接处的所有毛刺，否则焊接电流可能穿过毛刺和焊接部件发生短路接触。Q235A 的焊前处理要求较低，只需要去除表面铁锈，保证接口处洁净即可。

（3）保护气体的选用　以氩气为主要成分的保护气体能够起到包围焊接区域从而隔绝空气的作用，能够保证电弧稳定燃烧、熔滴过渡平稳、无飞溅。加入少量其他气体的目的是为了在不改变惰性气体电弧特性的前提下，进一步提高电弧在焊接过程中的稳定性，改善焊缝宏观形貌和微观组织。

在高温情况下，保护气中的少量二氧化碳受热分解为具有强氧化性的一氧化碳和氧原子，有利于焊缝增氧。适当的氧含量可以使填充金属中的锰元素和硅元素氧化，抑制焊缝的淬透性，促进针状铁素体的形核而提高焊接接头的韧性。摩托车前叉立柱和驾驶手把在行驶过程中承受较大的冲击力，焊接连接处应具有较好的韧性，加入 CO_2 有助于提供焊件的强韧性。但过高的氧当量会导致夹杂物形成过多，或使不锈钢中的合金元素过量烧损，焊缝力学性能变差，手把强度变低。低碳钢 Q235 侧的焊缝强度、韧性和延展性都会随着氧含量的增加而变低。

在焊接气体中加入少量的氢气可以加大焊缝的熔深，在不改变的焊接参数的情况下可以提高焊接效率。但氢原子进入液态金属后，冷却时由于其在液态和固态金属中的溶解度差异，若不能及时逸出，极易形成氢气孔，而与二氧化碳配合使用后，通过这两种气体之间的反应，可以减少焊缝金属中的氢含量。

综上所述，前叉立柱与驾驶手把 TIG 焊的保护气选用 96% Ar＋3% CO_2＋1% H_2 组成的混合气。

2. 焊接工艺规程

在前述任务中，已详细阐述了氩弧焊的焊接参数确定，本任务中的焊接参数选用原则大同小异，不再赘述，完成的焊接工艺规程，如表 1-30 所示。

表 1-30　前叉立柱和驾驶手把的焊接工艺规程

焊接工艺指导书编号 202006/WPS-001 日期 2020.06
焊接方法 氩弧焊　机械化程度（手工、半自动、自动） 手工

焊接接头：　简图：（接头形式、坡口形式与尺寸、焊层、焊道布置及顺序）
接头形式： 对接
衬垫（材料及规格） /
其他 /

母材：Q235 和 304L 不锈钢
焊缝厚度范围： 2～3mm

续表

焊接材料：

焊材类别	焊丝	
焊丝标准	GB 4241—2017	
填充金属尺寸	ϕ2.0mm	
焊丝型号	H0Cr19Ni9	

焊接位置：
对接焊缝的位置＿平焊＿

气体：　气体种类　混合比　流量(L/min)
保护气　混合气　96% Ar+3% CO_2+1% H_2　4

电特性
电流种类：＿直流＿　极性：＿正接＿
焊接电流范围(A)：＿60～70＿　电弧电压(V)：＿9～11＿

焊接方法	填充材料		焊接电流				气体时间	
	牌号	直径	极性	电流/A	初始电流/A	维护电流/A	提前送气/s	滞后送气/s
TIG	H0Cr19Ni9	Φ2	正接	60	35	25	2	2

钨极类型及直径＿WL15 ϕ2.4×150(175)mm＿　喷嘴直径(mm)＿7.8＿

技术措施：
摆动焊或不摆动焊：＿不摆动＿　摆动参数：＿/＿
焊前清理和层间清理：＿焊前清理油污、锈斑、焊渣，打磨干净＿

编制(日期)：2020.5.25	审核(日期)：	批准(日期)：

二、驾驶手把和刹车手把的焊接

驾驶手把和刹车手把均为低碳钢材料制品，刹车手把在前述的任务中已完成制作，同种材质的焊接较为简单。编制的焊接工艺规程如表 1-31 所示。

表 1-31　驾驶手把和刹车手把的焊接工艺规程

焊接工艺指导书编号 202006/WPS-001 日期 2020.06
焊接方法＿氩弧焊＿　机械化程度(手工、半自动、自动)＿手工＿

焊接接头：　简图：(接头形式、坡口形式与尺寸、焊层、焊道布置及顺序)
接头形式：＿搭接＿
衬垫(材料及规格)＿/＿
其他＿/＿

母材：Q235A 钢焊接
焊缝厚度范围：＿2～3mm＿

焊接材料：

焊材类别	焊丝	
焊丝标准	GB 4241—2017	
填充金属尺寸	ϕ2.0mm	
焊丝型号	H0Cr19Ni9	

焊接位置：
对接焊缝的位置＿平焊＿

气体：　气体种类　混合比　流量(L/min)
保护气　Ar　/　4

续表

电特性

电流种类：直流 极性：正接

焊接电流范围(A)：60～70 电弧电压(V)：9～11

焊接方法	填充材料		焊接电流				气体时间	
	牌号	直径	极性	电流/A	初始电流/A	维护电流/A	提前送气/s	滞后送气/s
TIG	H0Cr19Ni9	Φ2	正接	60	35	25	2	2

钨极类型及直径 WL15 ϕ2.4×150(175)mm 喷嘴直径(mm) 7.8

技术措施：

摆动焊或不摆动焊：不摆动 摆动参数：/

焊前清理和层间清理：焊前清理油污、锈斑、焊渣打磨干净

编制(日期)：2020.5.25 审核(日期)： 批准(日期)：

三、仪表盘和前叉立柱的焊接

仪表盘由两个M10花形螺母相互连接而成。首先，将两个螺母平放到工作台上，使其最外端的部分相切，并向切点加热填充焊丝使其连接牢固。图1-96(a)为两螺母拼装要求，图1-96(b)为成型效果，图1-96(c)为施焊手法。

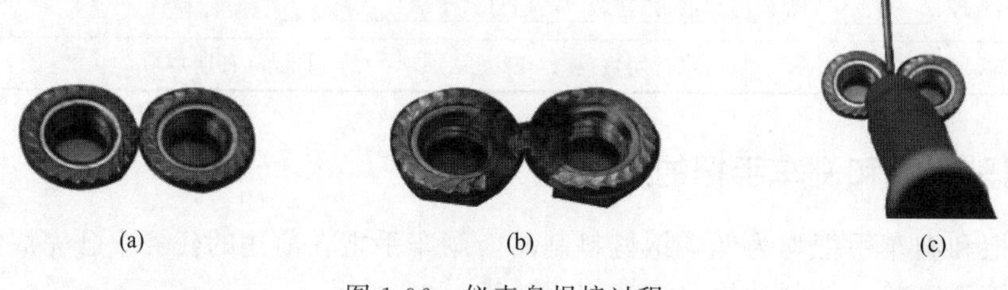

(a) (b) (c)

图1-96 仪表盘焊接过程

将焊接完毕的仪表盘成品放置到车把手之间，如图1-97(a)所示，并将连接处两端加热填充焊丝，形成牢固的接头，如图1-97(b)所示。

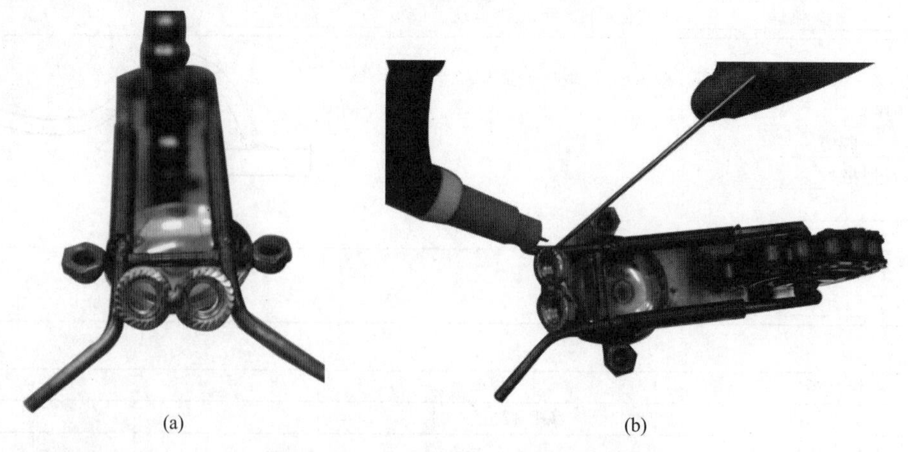

(a) (b)

图1-97 仪表盘与前叉立柱的焊接

仪表盘的焊接为两标准件的焊接，完成焊接参数选定后，编制如表1-32所示的焊接工艺规程。

四、后视镜的焊接

反光镜组件由一片圆形薄铁片和一根细钢丝杆焊接而成，其支撑杆长为30～40mm，直径2mm的Q235A钢丝手工弯曲后制成，为同材质焊接。选定合适的焊接参数，编制完成如表1-33所示的焊接工艺规程，在两端加热熔化即可分别连接薄铁片和前叉立柱，完成后视镜的焊接。

表1-32 仪表盘的焊接工艺规程

焊接工艺指导书编号 202006/WPS-001 日期 2020.06

焊接方法 氩弧焊 机械化程度(手工、半自动、自动) 手工

焊接接头： 简图：(接头形式、坡口形式与尺寸、焊层、焊道布置及顺序)

接头形式： 搭接

衬垫(材料及规格) /

其他 /

母材：M10花齿螺母互相连接

焊缝厚度范围： 2～3mm

焊接材料：

焊材类别	焊丝	
焊丝标准	GB 4241—2017	
填充金属尺寸	ϕ2.0mm	
焊丝型号	H0Cr19Ni9	

焊接位置： 气体： 气体种类 混合比 流量(L/min)

对接焊缝的位置 平焊 保护气 Ar / 4

电特性

电流种类： 直流 极性： 正接

焊接电流范围(A)： 60～70 电弧电压(V)： 9～11

焊接方法	填充材料		焊接电流				气体时间	
	牌号	直径	极性	电流/A	初始电流/A	维护电流/A	提前送气/s	滞后送气/s
TIG	H0Cr19Ni9	Φ2	正接	60	35	25	2	2

钨极类型及直径 WL15 ϕ2.4×150(175)mm 喷嘴直径(mm) 7.8

技术措施：

摆动焊或不摆动焊： 不摆动 摆动参数： /

焊前清理和层间清理： 焊前清理油污、锈斑、焊渣，打磨干净

编制(日期)：2020.5.25 审核(日期)： 批准(日期)：

表1-33 后视镜的焊接工艺规程

焊接工艺指导书编号 202006/WPS-001 日期2020.06

焊接方法 氩弧焊 机械化程度(手工、半自动、自动) 手工

焊接接头：

简图：(接头形式、坡口形式与尺寸、焊层、焊道布置及顺序)

接头形式： 搭接

衬垫(材料及规格) /

其他 /

续表

母材：焊丝、Q235钢

焊缝厚度范围： 2～3mm

焊接材料：

焊材类别	焊丝	
焊丝标准	GB 4241—2017	
填充金属尺寸	ϕ2.0mm	
焊丝型号	H0Cr19Ni9	

焊接位置：

对接焊缝的位置 平焊

气体： 气体种类 混合比 流量(L/min)

保护气 Ar / 4

电特性

电流种类： 直流 极性： 正接

焊接电流范围(A)： 60～70 电弧电压(V)： 9～11

焊接方法	填充材料		焊接电流				气体时间	
	牌号	直径	极性	电流/A	初始电流/A	维护电流/A	提前送气/s	滞后送气/s
TIG	H0Cr19Ni9	Φ2	正接	60	35	25	2	2

钨极类型及直径 WL15 ϕ2.4×150(175)mm 喷嘴直径(mm) 7.8

技术措施

摆动焊或不摆动焊： 不摆动 摆动参数： /

焊前清理和层间清理： 焊前清理油污、锈斑、焊渣打磨干净

编制(日期)：2020.5.25 审核(日期)： 批准(日期)：

总结与练习

车模辅件的结构形式和焊接种类各不相同，但均属于前述任务中涉及的类型，完成这类辅件的加工是制作完整的车模的必备条件。本次任务以完成回转轴与前叉横梁的焊接为必须在课内训练中完成的项目，其他辅助件的加工应在课外完成。

项目六　模型整体的组对与焊接

任务一　车模组对及简易工装制作

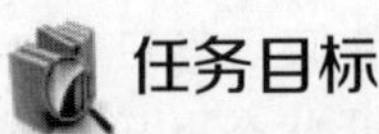

任务目标

1. 熟悉焊接装配基本要求。
2. 掌握装配组对工装的设计要点。
3. 完成摩托车模型总装设计。

相关知识

装配就是将焊前加工好的零、部件，采用适当的工艺方法，按生产图样和技术要求连接成部件或整个产品的工艺过程。装配工作量约占产品制造总工作量的30%～40%，且装配的质量和顺序将直接影响焊接工艺、产品质量和劳动生产率。提高装配工作的效率和质量，对缩短产品制造周期、降低生产成本、保证产品质量等，都具有重要的意义。

一、焊接装配的形式与要求

1. 焊接结构装配主要类型及关键步骤

按结构类型及生产批量的大小，可分为单件小批量生产和成批生产两类；按工艺过程可分为由单独的零件逐步组装成结构和由部件组装成结构两种形式。

焊接结构装配的关键步骤有定位、夹紧和测量。定位是指确定零件在空间的位置或零件间的相对位置，夹紧是借助通用或专用夹具的外力将已定位的零件加以固定的过程，而测量则是指在装配过程中，对零件间的相对位置和各部件尺寸进行一系列的技术测量，从而鉴定定位的正确性和夹紧力的效果，以便调整。

2. 装配的定位原理及定位基准

（1）定位原理　所谓定位就是利用六点定位法则限制每个零件在空间的六个自由度，使零件在空间具有确定的位置，限制这些自由度的点就是定位点。在实际装配中，既可以将定位销、定位块、挡铁等定位元件作为定位点；也可以利用装配平台或焊件表面上的平面、边棱等作为定位点；还可以设计成胎架模板形成的平面或曲面代替定位点；有时在装配平台或焊件表面划出定位线起定位点的作用。

（2）定位基准　定位基准就是焊接结构在装配过程中必须根据一些指定的点、线、面来确定零件或部件在结构中的位置，这些作为依据的点、线、面称为定位基准。装配定位基准应尽量与设计基准重合，以减少基准不重合所带来的误差，定位基准应便于装配中的零件定位与测量。

同一构件上与其他构件有连接或配合关系的各个零件，应尽量采用同一定位基准，以保证构件安装时与其他构件的正确连接和配合。应选择精度较高又不易变形的零件表面或边棱作定位基准，避免由于基准面、线的变形造成的定位误差。

3. 装配中的测量

装配中的测量应正确、合理地选择测量基准并准确地完成零件定位所需要的测量项目。在焊接结构生产中常见的测量项目有线性尺寸、平行度、垂直度、同轴度及角度等。

为衡量被测点、线、面的尺寸和位置精度而选作依据的点、线、面称为测量基准。一般情况下，多以定位基准作为测量基准。当定位基准作为测量基准不利于保证测量的精度或不便于测量操作时，应本着能使测量准确、操作方便的原则，重新选择合适的点、线、面作为测量的基准。

线性尺寸是指焊件上被测点、线、面与测量基准间的距离，主要利用刻度尺（卷尺、盘尺、直尺等）来完成，特殊场合利用激光测距仪来进行。容器里的液体在静止状态下其表面总是处于与重力作用方向相垂直的位置，这种位置称为水平。水平度就是衡量零件上被测的线（或面）是否处于水平位置，常用水平尺、软管水平仪、水准仪、经纬仪等量具或仪器来测量零件的水平度。垂直度的测量是测定焊件上线或面是否与水平面垂直，常用吊线锤或经纬仪测量。同轴度是指焊件上具有同一轴线的几个零件，装配时其轴线的重合程度，一般采用中间穿孔拉线法测量。通常利用各种角度样板来测量零件间的角度。

4. 常用装配工夹具及设备

常用的装配工具有大锤、小锤、錾子、手动砂轮、撬杠、扳手及各种划线用的工具等。常用的量具有钢卷尺、钢直尺、水平尺、90°角尺、线锤及各种检验零件定位情况的样板等。

装配夹具是指在装配中用来对零件施加外力，使其获得可靠定位的工艺装备。按夹紧力来源可分为手动工具和动力工具。手动工具包括螺旋工具、楔条和杠杆三类，螺旋工具又有弓形螺旋工具、螺旋压紧器、螺旋拉紧器和螺旋推撑器。动力工具按动力来源有气动夹具、液压夹具和磁力夹具。

螺旋工具通过丝杆与螺母间的相对运动来传递外力，以紧固零件。楔条夹具首先用锤击或用其他机械方法获得外力，利用楔条的斜面将外力转变为夹紧力，从而达到对焊件的夹紧。楔条夹具在使用中应能自锁，其自锁条件是楔条（或楔板）的楔角应小于其摩擦角，一般采用的楔角为10°～15°。

装配用设备主要有装配平台、转胎和专用胎架。装配平台或胎架应具备足够的强度和刚度，表面应光滑平整，要求水平放置，便于对工件进行装、卸、定位焊、焊接等装配操作。尺寸较大的装配胎架应安置在相当坚固的基础上，以免基础下沉导致胎具变形。

5. 装配的基本方法及过程

结构件的装配包括装配前的准备、零件的定位和装配，以及定位焊等过程。装配前准备工作有熟悉产品图样和工艺规程，装配现场和装配设备的选择，工量具的准备，零、部件的预检和除锈，以及适当划分部件。

装配前应清楚各部件之间的关系和连接方法，并根据工艺规程选择好装配基准和装配方法。选择和安置装配平台和装配胎架并对场地周围进行必要的清理。装配中常用的工、量、夹具和各种专用吊具，都必须配齐组织到场。产品装配前，对于从上道工序转来或从零件库中领取的零、部件都要进行核对和检查，同时对零、部件连接处的表面进行去毛刺、除锈等清理工作。大型复杂产品应当划分成若干部件，先完成部件的装配再进行总体装配。

零件定位常用方法有划线定位、销轴定位、挡铁定位和样板定位。划线定位是在平台上或零件上划线，按线装配零件，常用于简单的单件小批装配或总装时的部分较小的零件的装配。销轴定位是利用零件上的孔或专门用于销轴定位的工艺孔进行定位。挡铁定位是利用小块钢板或小块型钢作为挡铁，表面经机械加工提高精度，保证构件重点部位的尺寸精度，同时便于零件的装拆。利用样板来确定零件的位置、角度等的定位方法，常用于钢板之间的角度测量定位和容器上各种管口的安装定位。

按定位方式不同可以分为划线定位装配和工装定位装配；按装配地点不同可分为焊件固定式装配和焊件移动式装配。划线定位装配法利用在零件表面或装配台表面划出焊件的中心线、接合线、轮廓线等作为定位线，来确定零件间的相互位置，以定位焊固定进行装配。

样板定位装配法利用样板来确定零件的位置、角度等的定位，然后夹紧并经定位焊完成装配的装配方法，常用于钢板与钢板之间的角度装配和容器上各种管口的安装。定位元件定位装配法用一些特定的定位元件（如板块、角钢、销轴等）构成空间定位点，来确定零件位置，并用装配夹具夹紧装配。它不需要划线，装配效率高，质量好，适用于批量生产，但必须考虑装配后焊件的取出问题。

6. 定位焊

定位焊用来固定各焊接零件之间的相互位置，以保证整体结构件得到正确的几何形状和尺寸。由于定位焊缝较短，并且要求保证焊透，故应选用直径小于4mm的焊条或CO_2气体保护直径小于1.2mm的焊丝。定位焊缝有未焊透、夹渣、裂纹、气孔等焊接缺陷时，应该铲掉并重新焊接，不允许留在焊缝内。定位焊缝的引弧和熄弧处应圆滑过渡，否则，在焊正式焊缝时在该处易造成未焊透、夹渣等缺陷。定位焊缝长度一般根据板厚选取15～20mm，间距为50～300mm。

二、简易焊接工装的制作

1. 焊接工装的分类

焊接工装按用途可分为装配用工艺装备、焊接用工艺装备和装配焊接工艺装备三类。装配用工装主要任务是按产品图样和工艺上的要求，把焊件中各零件或部件的相互位置准确地固定下来，只进行定位焊，而不完成整个焊接工作。这类工装通常称为装配定位焊夹具，也叫暂焊夹具，它包括各种定位器、压夹器、推拉装置、组合夹具和装配胎架。焊接用工装专门用来焊接已点固好的工件。例如，移动焊机的龙门式、悬臂式、可伸缩悬臂式、平台式、爬行式等焊接机；移动焊工的升降台等。装配焊接工装上既能完成整个焊件的装配又能完成焊缝的焊接工作，通常是专用焊接机床或自动焊接装置，或者是装配焊接的综合机械化装置。

按应用范围可分为通用焊接工装、专用焊接工装和柔性焊接工装。通用焊接工装指已标准化且有较大适用范围的工装，无需调整或稍加调整，就能适用于不同工件的装配或焊接工作。专用焊接工装只适用于某一工件的装配或焊接，产品变换后，该工装就不再适用。柔性焊接工装指用同一工装系统装配焊接在形状与尺寸上有所变化的多种工件。

按动力源分可分为手动、气动、液压、电动、磁力、真空等焊接工艺装备；按焊接方法可为电弧焊工装、电阻焊工装、钎焊工装、特种焊工装等。

2. 焊接工装的特点

焊接工装的特点由装配焊接工艺和焊接结构决定，大致可归纳为以下几点：

① 在焊接工艺装备中进行装配和焊接的零件有多个，它们的装配和焊接按一定的顺序逐步进行，其定位和夹紧也都是单独的或是一批批联动地进行，其动作次序和功能要与制造工艺过程相符合。

② 在焊接过程中，当零件因焊接加热而伸长或因冷却而缩短时，为了减少或消除焊接变形，要求对某些零件给予反变形或作刚性固定。但是，为了减少焊接应力，又允许某些零件在某一方向是自由的。有些零件仅利用定位装置定位即可，而不夹紧。因此，在焊接工装中不是对所有的零件都作刚性的固定。

③ 由于工装往往是焊接电源二次回路的一个部分，有时为了防止焊接电流流过机件而使其烧坏，需要进行绝缘。

④ 焊接工装要与焊接方法相适应。用于熔化焊的夹具，工作时主要承受焊接应力和夹紧反力以及焊件的重力；用于压力焊的夹具主要承受顶锻力。薄板钨极氩弧焊要求在夹具上设置铜垫，埋弧焊可在夹具上设置焊剂垫；焊接钛合金、锆合金等活性材料，可以考虑背面充氩气保护；焊接高强钢为防止裂纹需要焊前预热或焊后缓冷的，可以考虑在夹具上设置加热装置；再如，为了避免直流电弧的磁偏吹现象，焊缝两侧的压块不用磁性材料制作；真空电子束焊所使用的夹具也要考虑磁性材料对电子束聚焦的影响。

⑤ 焊接件为薄板冲压件时，其刚性比较差，极易变形，如果仍然按刚体的六点定位原理定位，工件就可能因自重或夹紧力的作用，定位部位发生变形而影响定位精度。此外，薄板焊接主要产生波浪变形，为了防止变形，通常采用比较多的辅助定位点和辅助夹紧点以及过多地依赖于冲压件外形定位。

3. 焊接工装设计的基本原则

① 实用性原则。实用是指工装的使用功能，它既表现为技术性能好，能满足装配焊接工艺要求，同时也表现为整个工装系统与人体相适应，操作舒展方便，安全省力，符合人体的生理和心理特征，使人机系统的工作效能达到最佳状态。

② 经济性原则。经济性就是力求用最少的人力、物力和财力来获得最大的成效。通常重大的工艺装备设计制造必须进行经济分析。由于这些装备的设计和制造费用最后都要摊入产品制造成本，故在设计时需要进行方案比较。

③ 可靠性原则。工装在使用期内绝对安全可靠，凡是受力构件都应具有足够的强度和刚度，足以承受焊件重力和因限制焊接变形而引起的各个方向的拘束力等。另一方面，工装具有防差错功能，防止操作者出现错装、漏焊或者错焊零件等制造差错。

④ 艺术性原则。工装设计造型应美观，在满足功能使用和经济许可的条件下，使操作者在生理上、心理上感到舒展，给人以美的享受。

三、摩托车模型总装工艺分析

摩托车模型总体结构如图 1-98 所示，主要由车前、车身钣金、车架和发动机四大部件，以及前座位下圆盖和后减震器下圆盖两个连接件组成。四大部件的结构相对比较复杂，在前述各章节中已阐述了装配焊接工艺，以及整形、检查方法。车前和车架之间只有机械转动副连接，只需将螺栓拧入螺母即可，不需要进行焊接。因此，摩托车模型总装采用由部件组装成结构的焊接装配方法。

车前部件 1 与车架部件 3 之间需要保证的装配尺寸有前叉立柱与车架主梁之间的夹角 60°，此角度理论由前叉立柱与螺栓代表的回转轴的焊接保证。但在总体装配中还需保证两车轮垂直方向上的高度差 10mm，水平方向上的距离 202mm，在实际的装配中，可能存在相互干涉的问题，建议采用治具来保证。如果尺寸和角度公差超过了表 1-14 长度尺寸公差和表 1-15 角度尺寸公差规定的 D 级精度要求，即需要进行整形，以确保模型整体的精度。

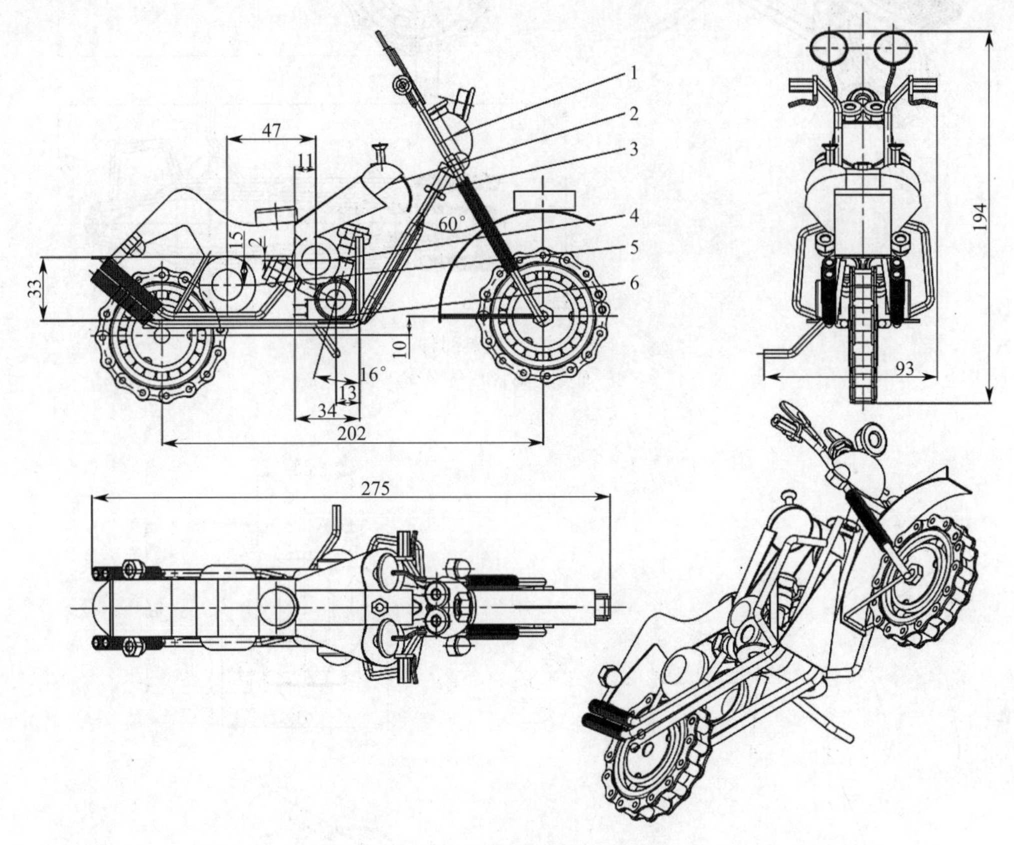

图 1-98 摩托车模型总装配图

1—车前部件；2—车身钣金部件；3—车架部件；4—前座位下圆盖；5—后减震架下圆盖；6—发动机部件

发动机部件、车身钣金部件和车架部件，以及两个圆盖通过焊接固定连接成一个整体，制作过程应当在机械连接之前完成。其中车架部件由后车架组件和后车轮组件两部分焊接而成，需要先完成如图 1-69 所示的后车架组合件，以及如图 1-90 所示的后车轮组件，然后完成车架部件，如图 1-99 所示。

在将后车轮与后车架组合件焊接成一体时，只需要控制后车轮中心与后车架主梁水平中心线的垂直尺寸 6mm，主梁端面与后车轮中心的水平尺寸 10mm。另外，还需保证车轮处于后车架组合件的对称轴上。

车身钣金部件即代表图 1-77 所示的分离式双人车座，此部件为薄板焊接件，焊接难度较大，容易产生焊穿、变形等焊接缺陷，必须制作刚性夹具，采用有效的防变形措施，才能保证图 1-100 所示的各尺寸要求。

发动机部件组成比较简单，为薄板拉深件和标准件的焊接，操作难度比钣金的焊接低，

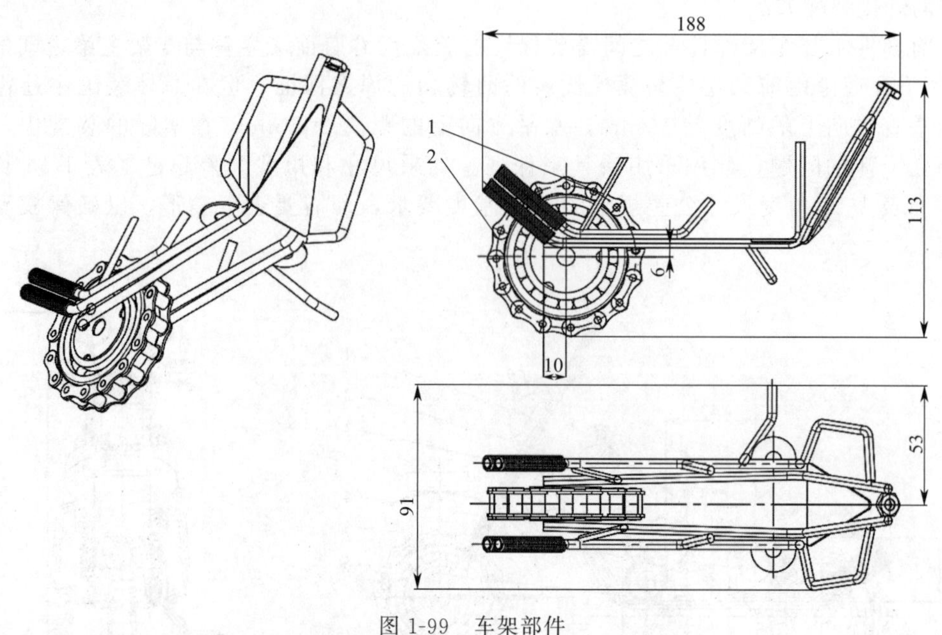

图 1-99　车架部件
1—车身支架；2—后车轮

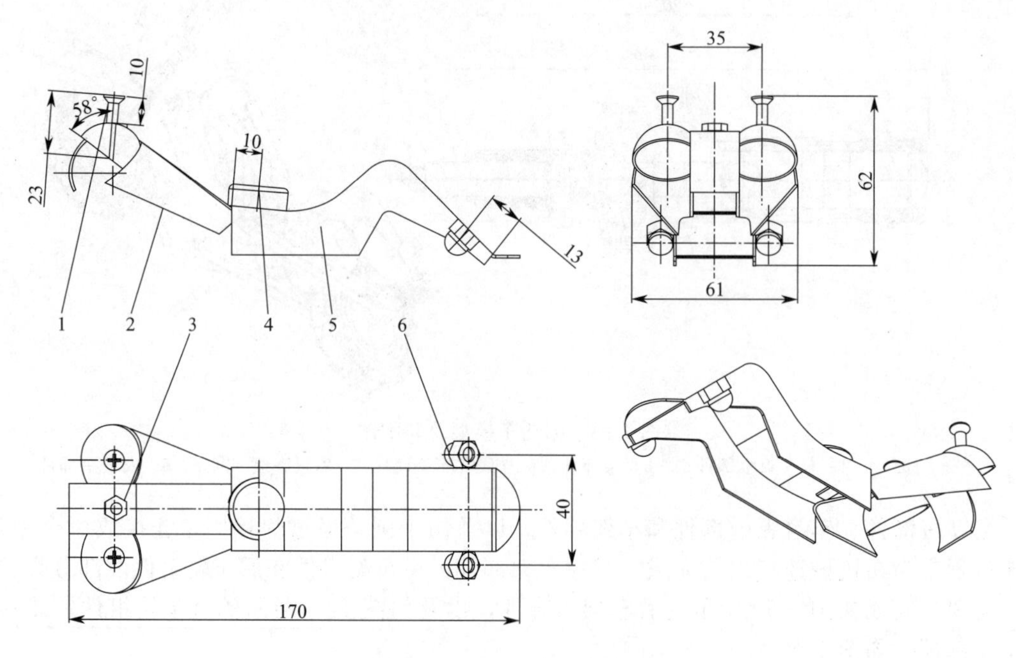

图 1-100　车架钣金部件
1—车身前螺栓 M4-10；2—钣金前组合；3—车身前顶螺母 M5；
4—油箱盖；5—后车座；6—有盖螺母 M6

而且代表发动机活塞的螺栓的刚性，位置尺寸容易保证，不易变形。建议先完成螺栓的两两固定焊接，再在简易焊接夹具上进行定位，最后将代表发动机壳体的两个拉深件与螺栓焊接成一体即可，如图 1-101 所示。

发动机部件焊接需要保证的尺寸为两个螺栓的间距 34mm，图中显示有一定的间隙。由于模型对螺栓六角头的方向没有要求，可以通过旋转使两螺栓有接触，使其点焊在一起，以便后续焊接操作。两两螺栓点焊固定后，需要控制夹角 80°，在批量生产时一般需要由夹角来保证，单件生产可以用靠模样板来保证。

上述部件完成后，需要以车架部件为基准，完成发动机部件、车身钣金部件的装配焊接。发动机的壳体中心垂直方向与后车架脚蹬片上平面的距离为 11mm，与侧护杆的垂直中心线距离为 13mm，螺栓中心线与侧护杆的垂直中心线夹角为 16°。由于后车架和发动机部件成型的刚度较好，尺寸已完成矫正，它们之间的焊接变形容易控制，无需制作专用夹具。

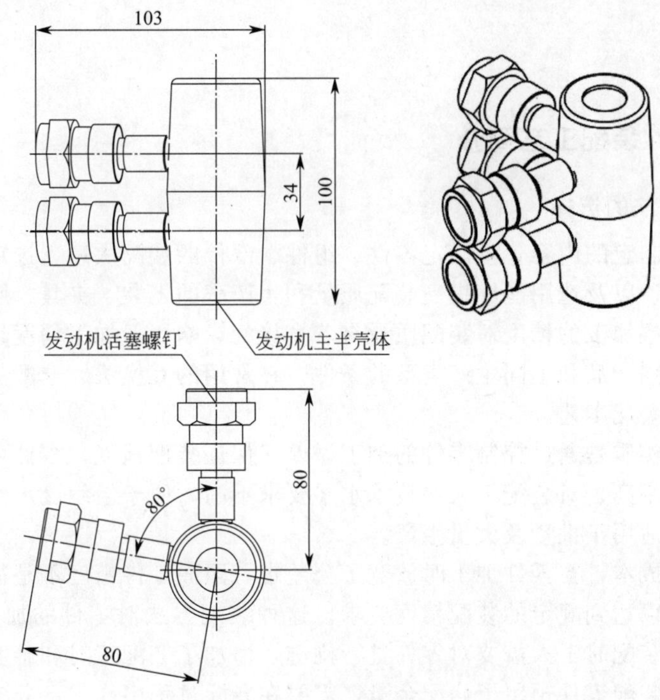

图 1-101　发动机部件

车身钣金与车架部件的焊接的操作要点与发动机部件在车架上的焊接类似，只需保证其垂直端面与侧护杆垂直中心线的距离为 34mm，水平端面与后车架脚蹬片上平面的距离为 33mm 即可。

两圆盖主要是为了加强整体的刚度，以及使模型更符合摩托车的外形，图中所示尺寸为焊接时的参考尺寸，重点是保证左右两侧对称，并保证前座位下圆盖与后车座、钣金前组合、发动机部件三者均有焊点，保证后减震器支架下圆盖与后车架的后减震器支架、上护杆，以及后车座侧板均有焊点连接。

总结与练习

摩托车模型的结构层次多，需要采用分级组装，再进行总装的装配组对方式。车模基本为对称结构，但设计基准为虚拟的中心线，无实物要素可以依靠，也就是基准不统一，必须通过工装来保证。因此，本次安排学生完成车身钣金部件的装配过程分析，并完成组装夹具的设计。

任务二　模型的装配焊接

任务目标

1. 熟悉装配组对技术要点与难点。
2. 掌握装配定位焊（点固焊）基本操作。
3. 完成摩托车模型的点固焊。

相关知识

一、焊接构件装配工艺简介

1. 装配工艺方法的选择

装配工艺过程制定的内容包括确定零件、组件、部件的装配次序，选定各装配工艺工序上采用的装配方法，以及选用能够提高装配质量和生产率的工装、夹具、胎具和工具。

零件备料及成型加工的精度对装配质量有着直接的影响，但加工精度越高，其工艺成本就越高。应根据不同产品和不同生产类型的条件，在常用的互换法、选配法、修配法等工艺方法中选择合适的装配工艺。

互换法装配的实质是通过控制零件的加工误差来保证装配精度，零件可以完全互换。装配过程简单、生产率高、对装配工人的技术水平要求不高，便于组织流水作业。但要求零件的加工精度较高，适用于批量及大量生产。

选配法为降低成本，在零件加工时放宽了公差带，因而零件精度不是很高，需挑选合适的零件进行装配，以达到规定的装配精度要求。这种装配方法对零件的加工工艺要求放宽，便于零件加工，但装配时工人需要对零件进行挑选，增加了装配工时和难度。

修配法是指待装配零件预留了修配余量，需要在装配过程中修去部分多余的材料，使装配精度满足技术要求。这种装配方法，待装配零件的制作精度可放得较宽，但增加了手工装配的工作量，装配质量取决于工人的技术水平。

在选择装配工艺方法时，应根据生产类型和产品种类等方面来考虑。一般单件、小批量生产或重型焊接结构生产，常以修配法为主，互换件的比例少，工艺灵活性大，工序较为集中，大多使用通用工艺装备。成批生产或一般焊接结构，主要采用互换法，也可采用选配法和修配法，工艺划分应以生产类型为依据，使用通用或专用工艺装备，可组织流水作业生产。

2. 装配焊接顺序的选择

焊接结构制造时，装配与焊接的关系十分密切，在实际生产中，装配与焊接往往是交替进行的。在制定装配工艺过程中，要全面分析，使拟定的装配工艺过程有利于以后各工序的操作。在确定部件或结构的装配顺序时，不能只从装配工艺的角度去考虑，必须与焊接工艺一起全面分析，选择合适的装配焊接顺序。

（1）整体装配整体焊接　将全部零件按图样要求装配起来，然后转入焊接工序，完成全部焊缝的焊接，简称为整装整焊。这种装配焊接顺序要求装配工人与焊接工人分别在自己的工位上完成，可实行流水作业，停工损失很小。装配可采用装配胎具进行，焊接可采用滚轮架、变位机等工艺装备和先进的焊接方法，有利于提高装配焊接质量。这种方法适用于结构简单、零件数量少、大批量生产条件。

（2）随时装配随时焊接　先将若干个零件组装起来，随之焊接相应的焊缝，然后再装配若干个零件，再进行焊接，直至全部零件装完并焊完，成为符合要求的构件，称之为随装随焊。这种方法要求装配工人与焊接工人在一个工位上交替作业，影响生产效率，也不利于采用先进的工艺装备和先进的工艺方法，仅适用于单件小批量和复杂结构的生产。

（3）分部件装配焊接再进行总装焊接　将整体结构分解成若干个部件，先由零件装配成部件，再由部件装配成结构件，最后把装配好的结构件总装焊成整个产品结构。这种方法适用于可分解成若干个部件的复杂结构的批量生产，可实行流水作业，几个部件可同步进行，有利于应用各种先进工艺装备、控制焊接变形和采用先进的焊接工艺方法。

3. 典型焊接结构的装配

（1）钢板的拼接　先将各板按拼接位置排列在平台上，然后对齐、压紧，为保证拼接质量，焊缝两端应设引弧板，定位焊点应离开焊缝交叉处和焊缝边缘 30～50mm，如图 1-102 所示。若某些钢板因变形在对接处出现高低不平，可用压马通过垫铁或撬棍调平后立即进行定位焊，如图 1-103 所示。

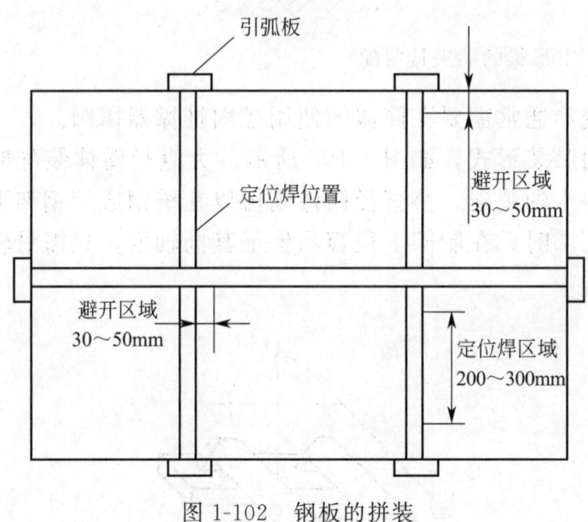

图 1-102　钢板的拼装

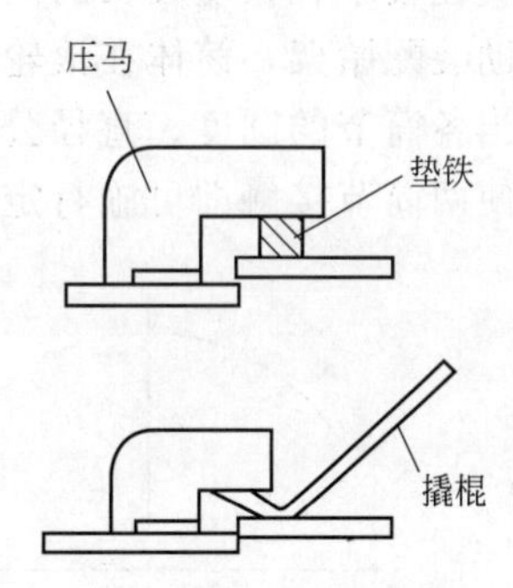

图 1-103　钢板的调平

（2）T 形梁的装配　在小批量或单件生产时，一般采用划线定位装配法，如图 1-104 所示。在底板上划出安装线，使立板的端面边线与该线对齐，再用角尺矫正垂直角度，纵向适当的位置布置若干拉肋辅助支撑。

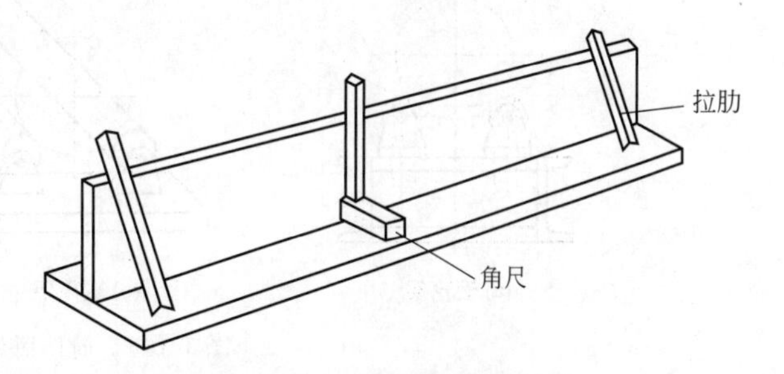

图 1-104　T 形梁的划线装配

成批量装配 T 形梁时，采用图 1-105 所示的简单胎夹具。水平板平放在胎具的主基准面上，使一个端面紧贴水平板端面限位，完成水平板的定位。立板端面与水平板相贴，平面与第二基准面紧贴，拧紧水平夹紧，完成定位；再拧动上下夹紧使立板端面紧贴水平板。

（3）圆筒节的对接装配　圆筒体是压力容器和存储罐常用的构件，在进行对接装配时要保证对接环缝和两节圆筒的同轴度误差符合技术要求。为使两节圆筒达到同轴要求，以及便于在装配过程中翻转，装配前应分别对两个圆筒体进行矫正，使其圆度符合技术要求。对于

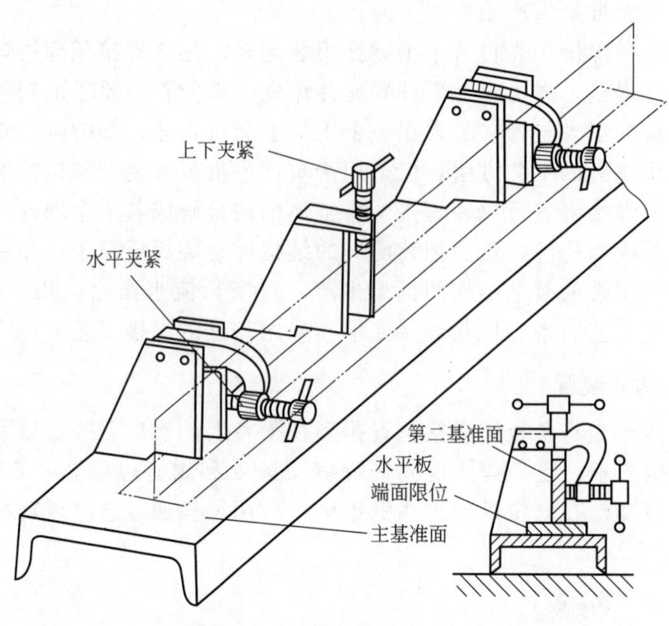

图 1-105　T 形梁的胎夹具装配

大直径的薄壁圆筒体装配，为防止筒体变形通常需要在筒体内使用径向推撑器撑圆。

直径较小、长度较长的筒体通常采用卧装形式，如图 1-106 所示。大直径筒体装配时需要借助装配胎架，筒体在滚轮架和辊筒架上的装配，小直径筒体则可以在槽钢或型钢架上进行。当各筒节的圆度、直径公差均符合要求时，在胎架上很容易保证其同轴度，只需沿轴向施力使两筒节接触即可施行定位焊。

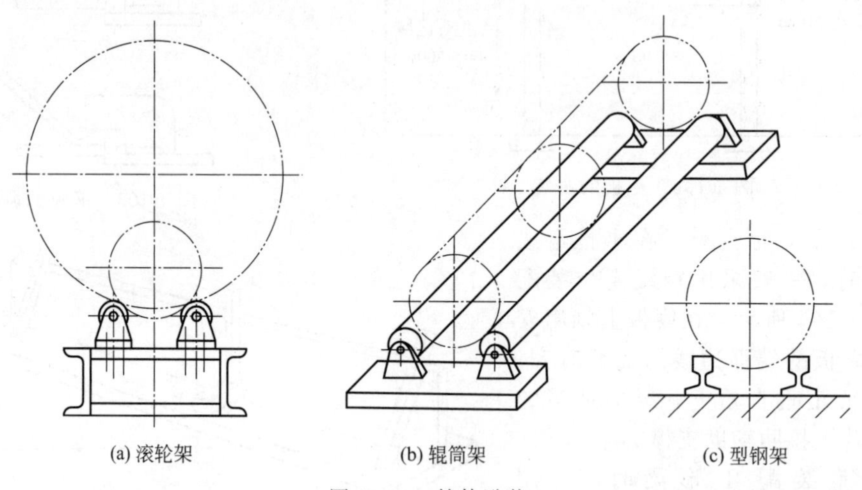

图 1-106　筒体卧装

对于直径较大、长度较短的筒体，为防止筒体因自重而产生椭圆变形，多采用立式拼装，如图 1-107 所示。利用螺旋压马使两筒体对齐，达到同轴要求，再用螺旋拉紧器使两筒体端面紧贴。

二、装配的定位焊操作

所谓定位焊（点固焊）就是在焊接在一起的构件按要求定位后，将部件固定在适当的位置，直到最终焊接完成的一种临时性固定办法。这种临时装配固定方法，如果在实施最终焊接时发现定位不准确，可以方便地拆卸、重新装配并再次点固焊（定位焊）。

通常，定位焊采用与最终焊接相同的工艺的短焊缝，在任何结构中均需要在一定距离处焊接多处定位焊，以将部件固定在一起。如果部件在夹具夹紧的情况下进行最终焊接，定位焊必须使部件保持在适当位置，并能抵抗较大的应力，以保证部件不发生影响精度的位置变化。

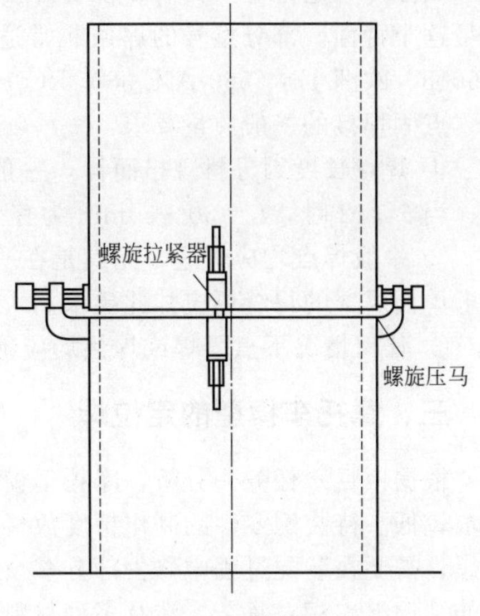

图 1-107　筒体立装

点固焊（定位焊）是真正的焊接，即使焊缝是在单独的短焊道中，它也执行以下功能：

① 将组装好的部件固定在适当的位置，并确定它们的相互位置关系正确；

② 补充固定装置的功能，或在必要时允许其拆除；

③ 控制和抵抗焊接过程中变形；

④ 保证坡口间隙；

⑤ 确保临时组件在起吊、移动、操纵或翻转时能够承受自身重量的机械强度。

在所有熔焊工艺中，点固焊（定位焊）的顺序和方向对变形控制非常重要。除了保持接头间隙外，点固焊（定位焊）缝必须抵抗横向收缩，以确保足够的焊缝熔透性。

对于长焊缝，点固焊（定位焊）应从中间开始，沿接头长度进行，两个方向交替，适当地后退或跳跃，以避免应力积聚和变形。

定位焊也可以放置在接头端部，然后在已完成的点固焊（定位焊）之间的每个产生距离的中间增加。

为什么要按这样的顺序点焊？因为如果定位焊是从一端到另一端逐渐进行的，收缩会缩小，导致另一端的间隙变小，甚至可能导致一个板与另一个板重叠。

由于奥氏体不锈钢的热膨胀较大，这些材料上点固焊（定位焊）之间的间距应比低碳钢短得多。

特殊要求点固焊（定位焊）是准备焊接管道时的必要步骤。应充分注意获得足够的对准和一致的根部间隙（接头间隙），以控制最重要根部焊道的成功。虽然这项工作可以分配给装配工，但应密切监督，以确保工人具有适当的资格。

点固焊（定位焊）的数量和尺寸取决于管径和壁厚。完全熔合的定位焊质量应与最终焊缝相同。在进行最终焊接之前，必须彻底清洁所有定位焊缝。每个定位焊的两端，引弧和收弧处（这是弱点，通常有不可接受的缺陷）必须磨平，以消除可能的缺陷，并呈现一个非常渐变的坡度，将焊缝的侧面与金属熔合。

附加注意事项：当点固焊（定位焊）用作钎焊夹具时，必须彻底清洁定位焊周围区域，以清除焊接过程中产生的氧化物。

在半自动和自动焊接中，带有定位焊的最终焊条的汇合点会影响电弧电压控制和填充焊丝的送丝，因此手动辅助对于保持质量尤为重要。点固焊（定位焊）是一个成功焊接产品的重要组成部分，无论是简单的还是复杂的。因此，正确执行该工艺并将不良定位焊的风险降至最低是非常重要的。

点固焊（定位焊）具有多位置焊接（例如立向下位置焊接）的特性，因此焊材的选择要满足这个特性。部分型号的焊条非常适合点固焊（定位焊），例如带有纤维素的焊条，美国E 6013、欧洲 EN 2560-A E 38 0 RC 11 和中国标准 E4013（J421）。

点固焊接的一般质量要求：

① 焊点长度因母材规格而异，一般要求当母材 $\delta \leqslant 10$ 时，焊点长度 $L=10\sim30$mm 为宜；当 $\delta \geqslant 12$ 时，$L=30\sim50$mm 为宜。焊点间距因母材规格及产品结构而异。

② 一般焊点均应焊透，尤其是在一侧点焊而另一侧一般不清根的焊缝、带垫板的焊缝，要求单面焊透的焊缝更应如此要求。

③ 任何情况下点固焊或焊接均应绝对禁止在基体上乱打弧。

三、摩托车模型的定位焊

根据项目六任务一分析，摩托车模型生产是一种小批量艺术品生产，对成品尺寸一致性要求较低。待装配零件的制作精度放得较宽、预留了修配余量，一般采用修配法进行装配点固焊，需要在装配过程中修去部分多余的材料，使装配精度满足技术要求。另外，摩托车模型的结构组成相对复杂，涉及多种材料、多种生产工艺，需要将整体结构分解成四大部件，先由零件装配成部件，再由部件装配成结构件，最后把装配好的结构件总装焊成整个产品结构。四大部件中有些还需要先装配成组合件，焊接成型后再与其他零件装配成部件。总之，摩托车模型是一种结构复杂、装配层次多，生产量小的焊接构件的生产，装配点固焊（定位焊）对模型最终的成型质量影响很大，需要谨慎安排点固焊工艺规程。

前述任务对车架、发动机、车身钣金的焊接都进行了比较详细的阐述，而车前部件的成型与车架部件中的后车架组件成型类似，因此，本节重点阐述摩托车模型总装配的点固焊。仔细分析如图 1-98 所示摩托车模型可知，总装时主要有发动机部件与支架的点固焊、车身钣金与支架点固焊，以及两个圆盖与支架、车身钣金的焊接。从本质上看可以分为薄板表面与圆钢外表面的搭接焊、薄板端面与薄板平面的角接焊两大类，下面详细介绍这两类焊缝点固焊的操作要领。

上述焊接中均包括有 0.8mm 薄板制作，理论上既可以采用手工电弧焊、气保焊，也可以采用氩弧焊。但手工电弧焊或气保焊需要采用直流焊机小焊条焊接，对焊接技术要求高、运条速度要比较快。对于初学者难以达到这样的要求，一般要求采用氩弧焊。

定位焊又称点固焊，在进行整条焊缝焊接之前，在接缝处点焊几处，先将被焊件的接缝和间隙固定，以保证焊接工作能够顺利进行，焊接出均匀的焊缝。同时，也能使经过焊接的焊件保持或接近施工图规定和要求的形状和尺寸。焊接定位焊时必须注意以下几点要求：

① 定位焊点质量的好坏，直接影响到整个焊缝的焊接质量。定位焊必须仔细认真操作，一切按焊接要求进行。选用与正式焊接时一样的焊丝，并充分考虑点固焊对整条焊缝的影响。

② 定位焊必须焊透，定位焊应确保焊透，焊点内不能出现未熔合、气孔、夹渣、裂纹等缺陷。

③ 定位焊的长度不宜过长，更不宜过高或过宽，低碳钢薄板焊件定位焊，焊缝长度一般为 3～5mm，焊点间隔为 20～50mm，焊缝高度应不超过设计规定的焊缝的 2/3，越小越好。

④ 定位焊应注意合理选择点固焊顺序，直缝点固焊顺序可采用依次顺序定位和两端固定定位，点固起头和结尾处应圆滑，否则，易造成未焊透现象，焊接电流比正常焊接的电流大 10%～15%。

总结与练习

装配点固焊是保证完成焊质量的重要工艺手段。点固焊既要固定好焊接构件的位置，又不能影响完成焊的施焊操作；点固焊点的大小既要能够承受一定的外力，也不能影响焊缝成型的美观。因此，对操作者的技术水平有相当高的要求，必须通过不断的实操才能掌握。本次任务安排学生完成如模块一项目六任务二练习题图所示的薄板与圆钢的氩弧定位焊操作。

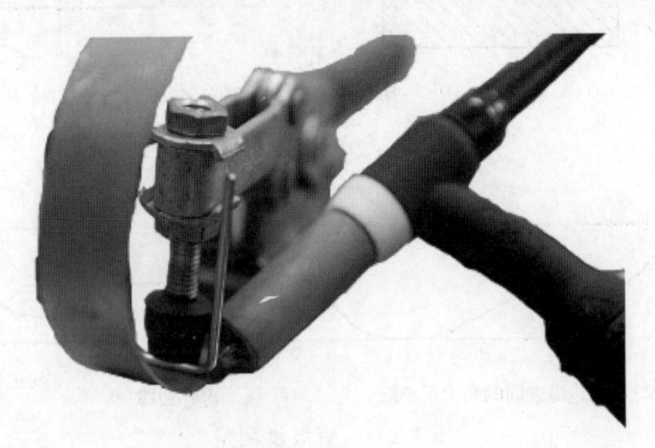

模块一项目六任务二练习题图

任务三　摩托车模型整体质量检查

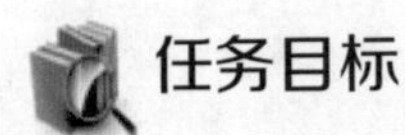

任务目标

1. 掌握焊接构件尺寸检测方法。
2. 熟悉焊缝质量检测操作过程。
3. 完成车座模型整体质量检查。

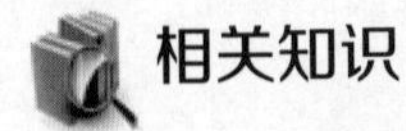

相关知识

一、焊接构件的尺寸检查

GB/T 19804—2005 规定了焊件、焊接组装件和焊接结构的线性尺寸公差、角度尺寸公差和形位公差，这些公差分四个等级，适用于普通制造精度，应根据实际需求选择适当的公差等级。线性尺寸公差见表 1-14。

角度尺寸公差应采用角度的短边作为基准边，其长度可以延长至某特定点的基准点。对于这种情况，基准点应标注在图样上，如图 1-108 所示，角度尺寸公差要求见表 1-15 所示。

直线度测量时，焊件的边缘应与直尺靠紧，使直尺与实际表面的距离降至最小；平面度测量时，焊件的实际表面应和测量面靠紧，使其间隙达到最小。采用光学仪器、水平仪、机台等工具更有效；平行度测量时，通过使用测量仪器，如光学仪、水平仪、拉线、底板、面板和机台，将测量面建立在平行于基准面并离开焊件之处。然后，测量实际表面与测量面之间的距离。直线度、平面度和平行度测量操作如图 1-109～图 1-111 所示，形位公差见表 1-17。

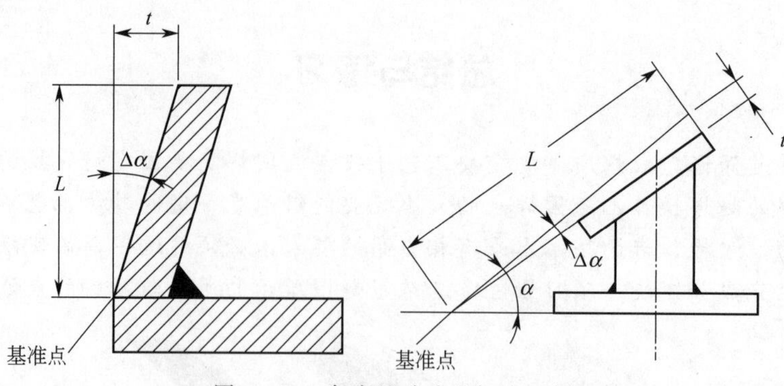

图 1-108 角度尺寸公差标注示例

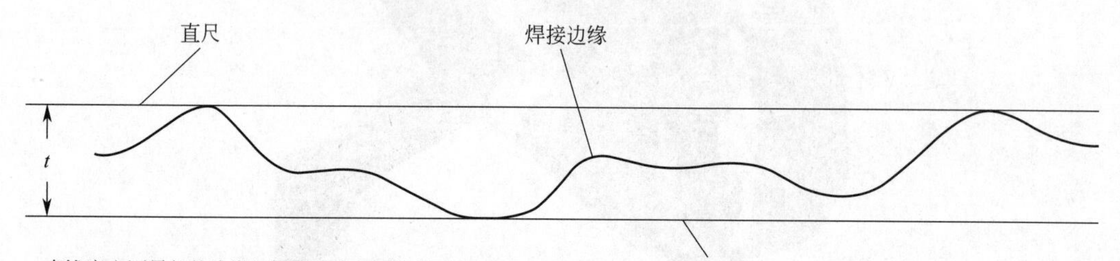

图 1-109 直线度测量

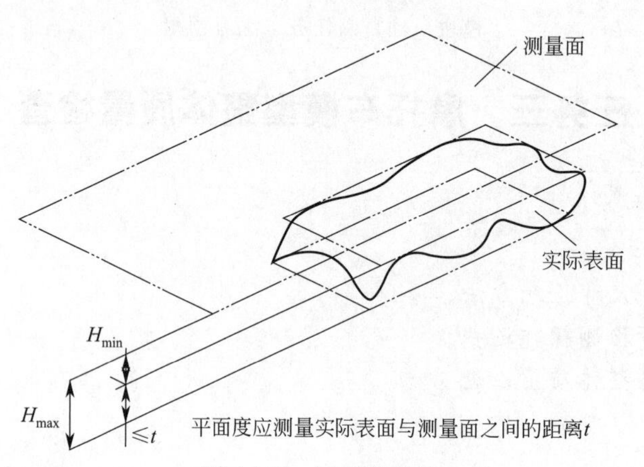

图 1-110 平面度测量

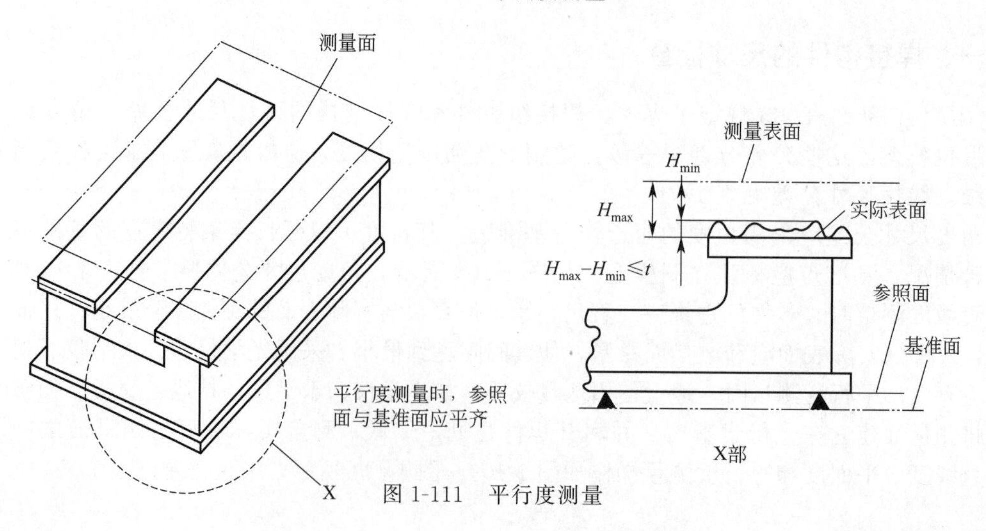

图 1-111 平行度测量

二、焊缝质量检测

1. 焊接质量检验中的常用缺陷名词

① 焊瘤：焊接过程中熔化金属流淌到焊缝之外未熔化的母材上所形成的金属瘤。

② 咬边：沿焊趾的母材部位产生的沟槽和凹陷。

③ 烧穿：在焊缝上形成的穿孔，常见于薄板焊接。

④ 未焊透：焊接时接头根部未完全熔透的现象。

⑤ 夹渣：焊后残留在金属中的熔渣，是焊缝中的常见缺陷。

⑥ 气孔：焊接时，熔池中的气体在金属凝固时未能逸出而形成的空穴。气孔是一种常见焊接缺陷，露在焊缝表面的称表面气孔，位于焊缝内部的叫作内部气孔。

⑦ 裂纹：最危险的焊接缺陷，通常发生在焊缝金属及热影响区（焊缝两侧 20mm 范围内）。

⑧ 焊接变形：焊接时局部温度过高，超过了材料允许的使用温度，焊接成型一段时间后产生的局部变形。

⑨ 焊缝尺寸不符合要求：焊缝的尺寸与设计上规定的尺寸不符，或焊缝成型不良，出现高低、宽窄不一的情况。

2. 焊缝等级分类

焊缝根据结构的重要性、荷载特性、焊缝形式、工作环境以及应力状态等情况，按下述原则选用不同的质量等级。

在需要考虑疲劳强度的构件中，凡对接焊缝均应焊透。当作用力垂直于焊缝长度方向的横向对接焊缝或 T 形对接与角接组合焊缝，受拉时选用一级，受压时选用二级；作用力平行于焊缝长度方向的纵向对接焊缝应为二级。

在不需要考虑疲劳强度的构件中，凡要求与母材等强的对接焊缝应予焊透，其质量等级当受拉时应不低于二级，受压时宜为二级。

起重量 $Q \geqslant 50t$ 吊车梁的腹板与 L 翼缘之间，以及吊车桁架上弦杆与节点板之间的 T 形接头焊缝均要求焊透。焊缝形式一般为对接与角接的组合焊缝，其质量等级不应低于二级。

不要求焊透的工字形接头采用的角焊缝，或部分焊透的对接与角接组合焊缝，以及搭接连接采用的角焊缝。直接承受动力荷载，且需要验算疲劳的结构，以及吊车起重量等于或大于 50t 吊车梁，焊缝的外观质量标准应符合二级。其他重要结构的焊缝的外观质量标准可为二级，非承力焊缝可以选用三级。

焊缝外观检查一般采用目测，裂纹检查应辅以 5 倍放大镜并在合适的光照条件下进行，必要时可采用磁粉探伤或渗透探伤，尺寸测量需要用量具、卡规。

3. CO_2 气保焊表面质量评价通用标准

CO_2 气体保护焊的表面质量评价主要是对焊缝外观的评价，主要检查焊缝是否均匀，是否存在假焊、飞溅、夹渣、裂纹、烧穿、缩孔、咬边等缺陷，以及焊缝的数量、长度及位置是否符合工艺要求，通用焊缝表面质量要求如下：

① Ⅰ、Ⅱ级焊缝必须经过探伤检验，并应符合设计要求和施工及验收规范的规定。

② Ⅰ、Ⅱ级焊缝表面不得有裂纹、焊瘤、烧穿、弧坑和未焊满等缺陷，Ⅱ级焊缝表面不得有夹渣、弧坑、裂纹、电焊擦伤等缺陷。

③ 焊缝外形应均匀，焊道与焊道、焊道与基本金属之间过渡应平滑，焊渣和飞溅物清除干净。

④ Ⅰ、Ⅱ级焊接不允许气孔存在，Ⅲ级焊缝每 50mm 长度焊缝内直径允许偏差≤0.4

倍板厚，气孔不超过 2 个，气孔间距≤6 倍孔径。

⑤ Ⅰ级焊缝不得有咬边存在；Ⅱ级焊缝的咬边深度应≤0.05t，且≤0.5mm，连续长度≤100mm，且两侧咬边总长≤10％焊缝长度；Ⅲ级焊缝咬边深度≤0.1t，且≤1mm。

4. 全焊透焊缝的内部缺陷检验要求

① 一级焊缝应进行 100％的检验，其合格等级应为现行国家标准《焊缝无损检测 超声检测 技术、检测等级和评定》（GB/T 11345—2013）B 级检验的Ⅰ级及Ⅰ级以上。

② 二级焊缝应进行抽检，抽检比例应不小于 20％，其合格等级应为现行国家标准《焊缝无损检测 超声检测 技术、检测等级和评定》（GB/T 11345—2013）B 级检验的Ⅱ级及Ⅱ级以上。

③ 全焊透的三级焊缝可不进行无损检测。

④ 射线探伤应符合现行国家标准《焊缝无损检测 射线检测》（GB/T 3323.1—2019）的规定，射线照相的质量等级应符合 AB 级的要求。一级焊缝评定合格等级应为《焊缝无损检测 射线检测》（GB/T 3323.1—2019）的Ⅰ级及Ⅰ级以上，二级焊缝评定合格等级应为《焊缝无损检测 射线检测》（GB/T 3323.1—2019）的Ⅱ级及Ⅱ级以上。

⑤ 出现以下情况之一应进行表面检测：

a. 外观检查发现裂纹时，应对该批中同类焊缝进行 100％的表面检测；

b. 外观检查怀疑有裂纹时，应对怀疑的部位进行表面探伤；

c. 设计图纸规定须进行表面探伤或检查员认为有必要进行表面探伤的。

三、摩托车模型整体质量检查

摩托车模型整体成型之后的质量检查主要有焊缝外观质量的检查和尺寸精度、形位公差的检测，不需要进行焊缝内部缺陷的检验。

1. 摩托车模型尺寸精度检查

从图 1-112 可知，摩托车模型制作完成需要检查的项目如表 1-34 所示。考虑到摩托车模型是以细圆钢和薄板为主的易变形结构，以及质量要求重点是外观美观的特点，在收紧组合件和部件制作精度要求的基础上，整体线性尺寸精度和角度尺寸放宽为 D 级，相应的形位公差等级为 H 级。

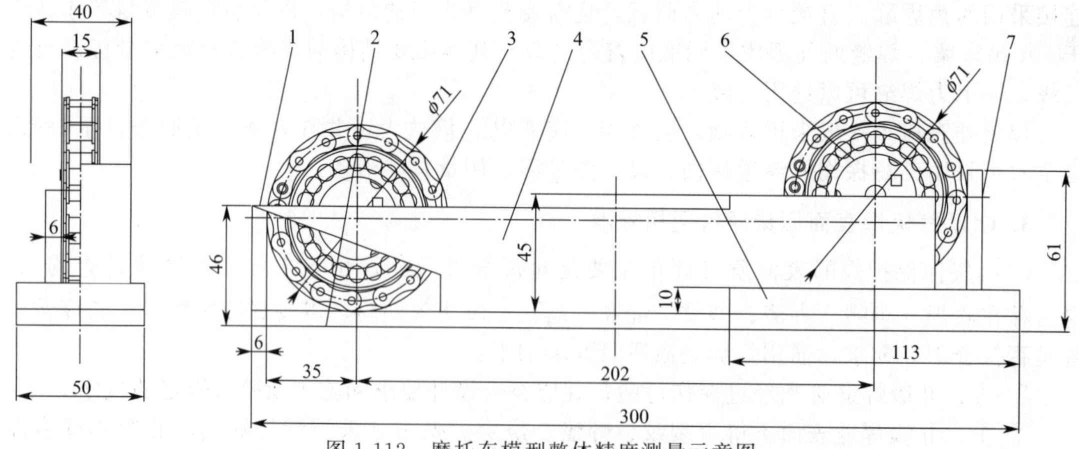

图 1-112 摩托车模型整体精度测量示意图

1—固定端部挡板；2—平台底板；3—后车轮；4—固定侧面挡板；5—垫高板；6—前车轮；7—活动端部挡板

在进行摩托车模型整体的线性尺寸精度检查和形位公差检查的基准均为前后车轮平面的中分线连线，而且前后轮还存在 10mm 的高度差，因此需要制作一个测量治具，将摩托车模型的两车轮侧面卡入，后车轮的外圆与固定端部挡板紧贴，移动活动端部挡板与前车轮外圆紧贴，即可将摩托车模型固定，如图 1-112 所示，采用游标卡尺、高度尺、角度测量器、百分表及表座完成表 1-34 中各项目的测量。

若经过测量超过了允许范围，应进行整形，必要时需要重新解体，检查组合件、部件是否存在未发现的焊接缺陷，并进行消除。

表 1-34　摩托车模型尺寸检查项目

尺寸类型	尺寸名称	公称值/mm	精度等级	允许公差/mm	备注
线性尺寸	模型总长	275	D	±7	投影尺寸
	模型总高	195	D	±7	投影尺寸
	模型总宽	93	D	±4	投影尺寸
	水平轮距	202	D	±7	测量两端部挡板外尺寸
	垂直轮距	10	D	±1	观察与垫板是否存在间隙
	车身钣金水平定位尺寸	34	D	±4	高度尺测量
	车身钣金垂直定位尺寸	33	D	±4	高度尺测量
	发动机水平定位尺寸	13	D	±1	高度尺测量
	发动机垂直定位尺寸	13	D	±1	高度尺测量
	前座位下圆盖垂直定位尺寸	2	D	±1	高度尺测量
	后减震架旁圆盖定位尺寸	15	D	±1	高度尺测量
	两圆盖中心水平距离	47	D	±4	高度尺测量
角度尺寸	车前部件与支架部件夹角	60°	D	±1°30′	量角器测量
	发动机与侧护杆垂直线夹角	16°	D	±1°30′	量角器测量
形位公差	车架对称度	76	H	±2.5	百分表测最外侧端面跳动
	发动机对称度	100	H	±2.5	百分表测最外侧端面跳动
	钣金对称度	61	H	±2.5	百分表测最外侧端面跳动
	前座位下圆盖对称度	40	H	±2.5	百分表测最外侧端面跳动
	后减震架旁圆盖对称度	44	H	±2.5	百分表测最外侧端面跳动
	停车脚水平度	53	H	±2.5	测量与底面高度差

2. 摩托车模型总装焊缝的外观检查

根据摩托车模型总装工艺，在将部件组合成模型整体的时候，仅有薄板平面与圆钢外表面的搭接焊、薄板端面与薄板平面的角接焊两大类焊缝。由于薄板的热容量小，焊接电流选择比较困难，电流选择偏大时因为焊缝散热条件差，散热较慢容易焊穿；电流选择偏小则容易产生夹渣、未焊透等焊接缺陷。摩托车模型总装的焊缝数量少，位置变化多，一般采用手工电弧焊或氩弧焊，如果焊条湿度过大，没有烘干时容易产生气孔。因此，按项目三任务四所述的焊缝外观质量检查标准，摩托车模型总装检查的重点是表面气孔、夹渣、未焊透和焊穿。

摩托车模型总装的所有焊缝均为外露焊缝，表面不得有气孔和夹渣存在，即使是朝内的焊缝，由于厚度只有 0.8mm，单条焊缝长度尺寸均不超过 5mm，因此也不允许有气孔和夹渣存在。对于未焊透的焊缝，必须重新焊接；有焊穿的部位，如果能够修补必须补焊好，无法修补的则必须更换破损的构件，重新焊接。

总结与练习

摩托车模型零件清单

本项任务是摩托车模型制作的最后一项任务，是检验学生学习成果的最后环节。因此安排学生完成摩托车模型总体质量检查，比较自己完成的作品与设计要求的差距，找出问题，提高和完善自己的技术水平。

模块二　压力容器的焊接

项目一　压力容器焊接技术入门

压力容器是指盛装气体或者液体，能够承载一定范围内压力值的密闭设备，如图 2-1 所示。随着社会的不断发展，压力容器在工业生产、日常生活、军事及科研等各领域的应用越来越广泛，在国民经济中具有重要的地位和作用。

我国《压力容器安全监察规程》根据工作压力、介质危害性及其在生产中的作用对压力容器进行分类，通常根据承受压力的高低分为低压容器、中压容器、高压容器和超高压容器。承压 0.1～1.6MPa 的称为低压（代号 L）容器，承压 1.6～10.0MPa 的称为中压（代号 M）容器，承压 10.0～100.0MPa 的称为高压（代号 H）容器，承压大于 100.0MPa 的称为超高压（代号 U）容器。本书主要阐述低压容器的焊接技术与方法。

(a)

(b)

图 2-1　常见压力容器

任务一　压力容器焊接入门

任务目标

1. 熟悉压力容器焊接的难点与要点。
2. 掌握保证压力容器焊接质量的主要方法。

相关知识

压力容器的生产一般可以分为原材料验收、划线、切割、除锈、机加工、滚制、组对、焊接（产品焊接试板）、无损检测、开孔划线、总检、热处理、压力试验和防腐等工序。本书主要阐述下料、开破口、打磨除锈、组装点固、装夹、焊接及检测等生产工序。

压力容器的焊接工艺需要根据被焊工件的材质、牌号、化学成分、焊件结构类型、焊接性能要求等确定。根据焊接构件的类型及性能要求，选择焊条电弧焊、埋弧焊、氩弧焊、熔化极气体保护焊等焊接方法，再根据焊缝特性确定焊丝型号（或牌号）、直径、电流、电压、焊接电源种类、极性接法、焊接层数、道数、检验方法等焊接工艺参数。

在压力容器的焊接，特别是自动化焊接过程中，存在多项需要加以特别重视才能获得质量合格产品的重难点。

一、提高压力容器装配精度

根据焊接工艺要求，压力容器在焊前需要进行组装点固焊。组装不规范、装配精度低，均会造成装配间隙过大，增大焊接难度。在没有借助辅助工具进行组装时，常会造成板件安装倾斜、装配间隙过大，错边，没有做好焊接反变形等问题，如图 2-2 所示。若组装顺序不合理，会增大合拢难度，或难以焊接，如图 2-3 所示。因此，合理安排组装顺序，利用辅助工具或夹具进行矫正是提高装配精度的关键。

(a)

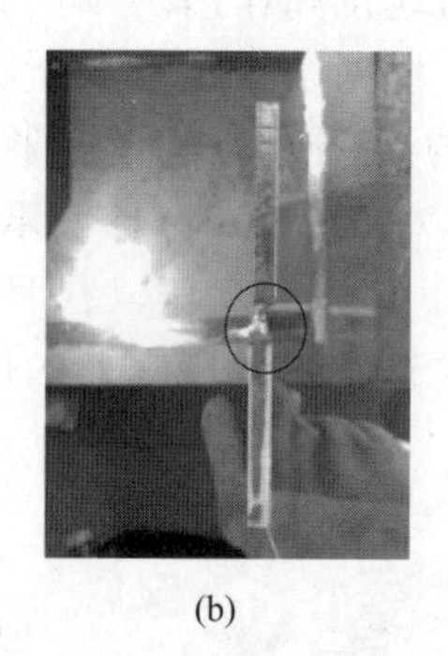
(b)

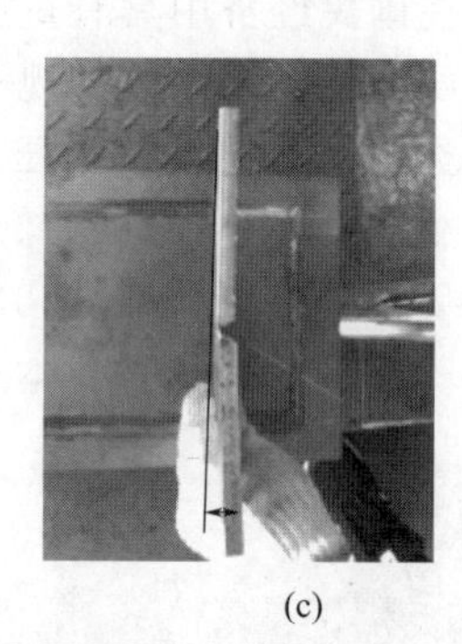
(c)

图 2-2 未借助辅助工具进行组装的常见问题

二、保证压力容器的气密性

压力容器承载具有规定压力的气体或者液体后，若焊接不当，则容易在焊缝缺陷处发生泄漏，严重的可导致爆炸。务必处理好以下几个关键部位，才能保证其良好的气密性。

图 2-3 构件合拢不正常

① 做好焊缝拐角和接头处的打磨处理，如图 2-4 所示。

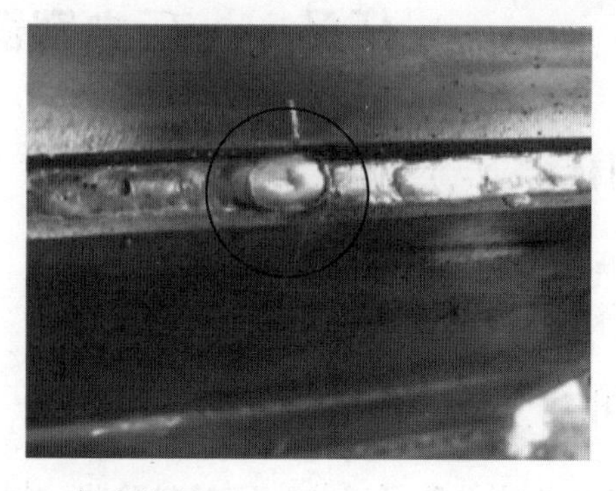

图 2-4 打磨处理

② 正确选择焊接参数，避免产生未焊透、未熔合、烧穿、焊瘤、咬边、弧坑等焊接缺陷，如图 2-5 所示。焊接参数选择方法详见本模块的项目三的任务二。

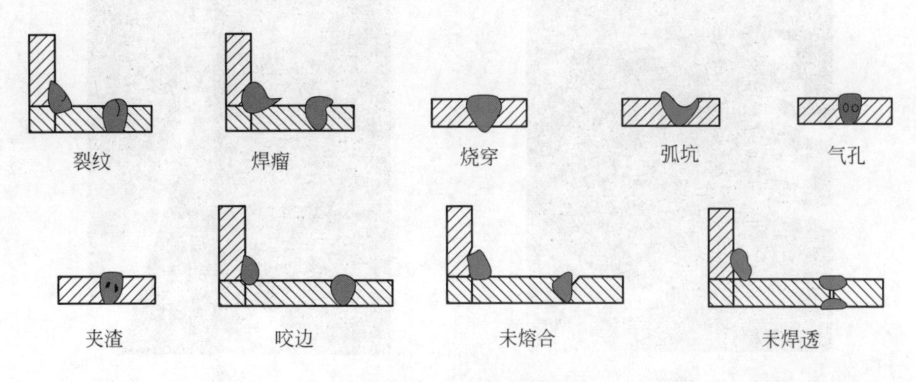

图 2-5　常见焊接缺陷

三、控制压力容器焊接应力与变形

焊接是一种局部加热的工艺过程，焊接过程中以及焊后，构件不可避免地会产生焊接应力和变形，如图 2-6 所示。因此，焊前做好反变形，焊后冷却（多层焊接及层间冷却），合理编排焊接工序（避免集中焊接），以及正确选择焊接参数是控制和减小焊接应力与变形的关键。

图 2-6　顶板变形图

四、合理安排焊接顺序，避免发生焊接障碍

压力容器通常由不同形状的构件拼接而成，在每一个需要焊接的组合部位，焊枪运行时所处的位置是不同的。如果在特殊位置不改变焊枪角度或没有配套的工装夹具，以及机器人变位器系统，就可能出现焊接障碍，从而产生焊接缺陷或焊缝成型不美观。图 2-7(a) 所示的立焊底端，以及图 2-7(b) 所示的管板焊 6 点钟方向均存在焊接障碍。

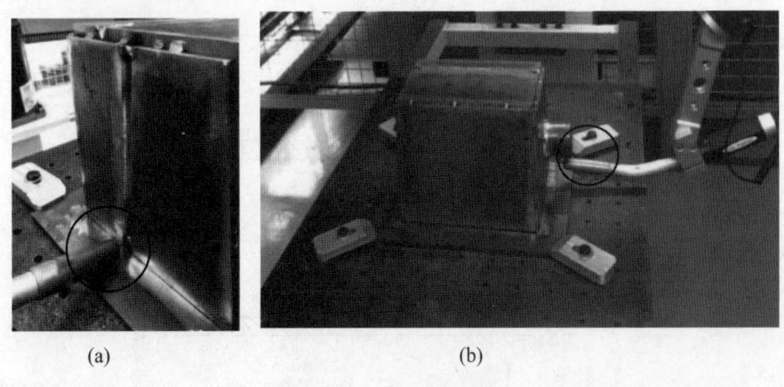

(a)　　(b)

图 2-7　焊接障碍

因此，通过改变焊枪的运行角度［图 2-8(a)］或借助变位机使工件翻转至焊枪容易焊接的位置［图 2-8(b)］可避开障碍，达到减少焊接缺陷、保证焊缝质量的目标。关于变位机

协同焊接详见本模块的项目四的任务三。

(a)

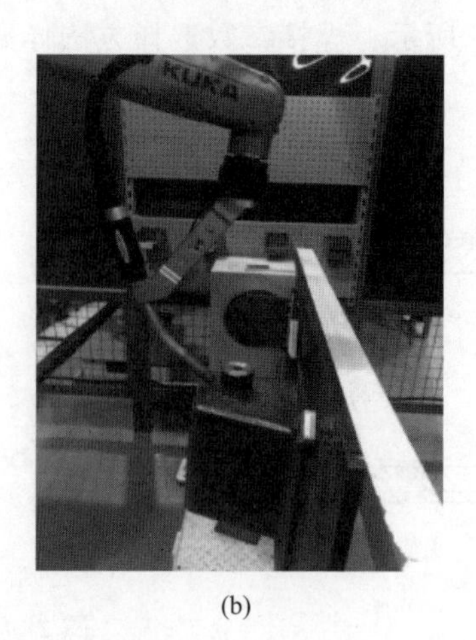

(b)

图 2-8 避开焊接障碍的方法

总结与练习

压力容器的焊接与一般工艺品的焊接有着极大的不同。在进行正式焊接之前必须进行全面的分析，找出影响焊接质量的各种因素，并采取相应的措施。本次任务要求学生完成如模块二项目一任务一练习题图所示的压力容器的分析，提出保证焊接质量应采取的各种措施。

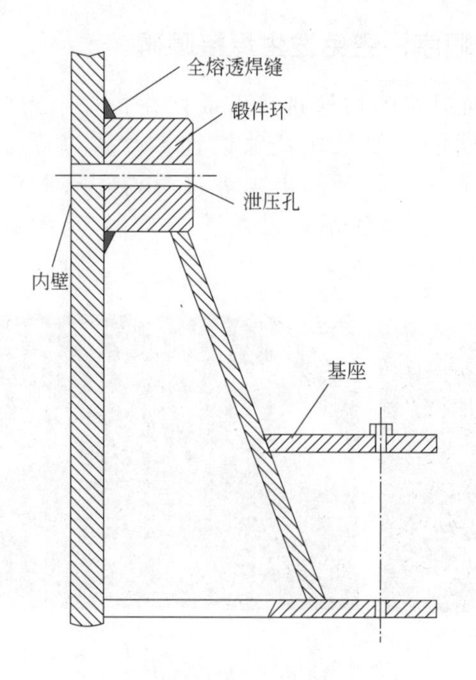

模块二项目一任务一练习题图

任务二　机器人焊接入门

任务目标

1. 熟悉机器人焊接主要类型的工作特点。
2. 熟悉机器人焊接系统的设备组成。

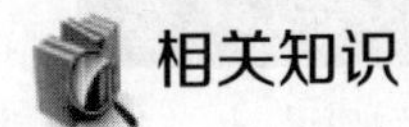

相关知识

工业小知识： 20 世纪 70 年代末，上海电焊机厂与上海电动工具研究所合作研制的直角坐标机械手，成功地应用于上海牌轿车底盘的焊接；1985 年，哈尔滨工业大学成功研制出我国第一台 HY-1 型焊接机器人。1989 年，北京机床研究所和华南理工大学联合为天津自行车二厂研制出了焊接自行车前三脚架的 TJR-G1 型弧焊机器人，为“二汽”研制出用于焊接东风牌汽车系列驾驶室及车身的点焊机器人；上海交通大学研制的“上海 1 号”“上海 2 号”示教型机器人具有弧焊和点焊的功能。2000 年成立的沈阳新松机器人自动化股份有限公司，是一家以机器人独有技术为核心的数字化智能高端装备制造上市企业，其机器人产品涵盖了工业机器人、洁净（真空）机器人、移动机器人、特种机器人及智能服务机器人等五大系列。其中，工业机器人产品填补多项国内空白，创造了中国机器人产业发展史上的多项突破；洁净（真空）机器人打破了国外技术垄断与封锁，并大量替代进口产品。

工业机器人是一种多用途的、可重复编程的自动控制操作机，具有三个或更多可编程的轴，用于工业自动化领域。为了适应不同的用途，机器人最后一个轴的机械接口，通常是一个连接法兰，或称末端执行器，可接装不同工具。

1. 焊接机器人的主要类型

焊接机器人就是在工业机器人的末轴法兰上装接有焊钳或焊（割）枪，能够进行焊接、切割或热喷涂等操作的机器人。按执行机构运动的控制机能，可分为点位型和连续轨迹型机器人；按程序输入方式可分为编程输入型和示教输入型两类机器人；按臂部的运动形式分为臂部可沿三个直角坐标移动的直角坐标型，臂部可做升降、回转和伸缩动作的圆柱坐标型，臂部能回转、俯仰和伸缩的球坐标型，以及臂部有多个转动关节的关节型的机器人；按照机器人作业中采用的焊接方法，可分为点焊机器人、弧焊机器人、激光焊机器人等类型。

各型焊接机器人的结构和功能各不相同，如图 2-9 所示。点焊机器人具有有效载荷大、工作空间大的特点，配备有专用的点焊枪，并能实现灵活准确的运动，以适应点焊作业的要求，汽车车身的自动装配生产线为其最典型的应用。

因弧焊工艺为连续作业，弧焊机器人需实现连续轨迹控制，或利用插补功能根据示教点生成连续焊接轨迹。弧焊机器人系统除机器人本体、示教器与控制柜之外，还包括焊枪、自动送丝机构、焊接电源、保护气体相关部件等，根据熔化极焊接与非熔化极焊接的区别，其送丝机构在安装位置和结构设计上也有所不同。

激光焊机器人除了较高的精度要求外，还常通过与线性轴、旋转台或其他机器人协作的方式，以实现复杂曲线焊缝或大型焊件的灵活焊接。

本书阐述的弧焊机器人包括工业机器人、防碰撞传感器、机器人控制柜和示教盒等；焊

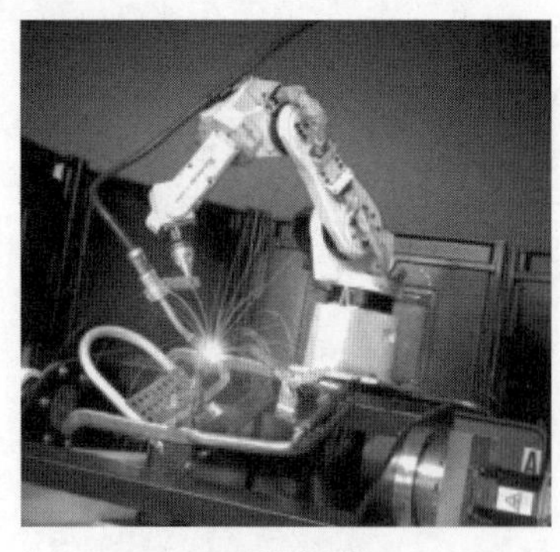

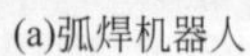

(a)弧焊机器人

(b)点焊机器人

(c)激光焊机器人

图 2-9 焊接机器人主要类型

接设备包括焊枪、焊接电源、送丝机、焊丝盘、气体供应系统；工件平台包括工作台、夹具等；工件变位装置以后简称为变位机。机器人焊接系统为方便焊枪的清洁常配置清枪器，外围设备一般包括通风除尘设备、安全保护装置及安全围栏。

2. 焊接机器人功能特点

焊接机器人通常指六自由度关节机器人，由机器人本体和控制柜两部分组成，具有通用性强、工作稳定的特点。焊接机器人配备相关的设备可组成自动化、智能化焊接生产系统，通过多关节机器人末端夹持焊枪，完成空间轨迹中的任意角度焊缝的焊接，如图 2-10 所示。使用机器人完成指定焊接任务时，只需要对它进行一次示教，机器人即可准确地再现所示教的每一步操作。

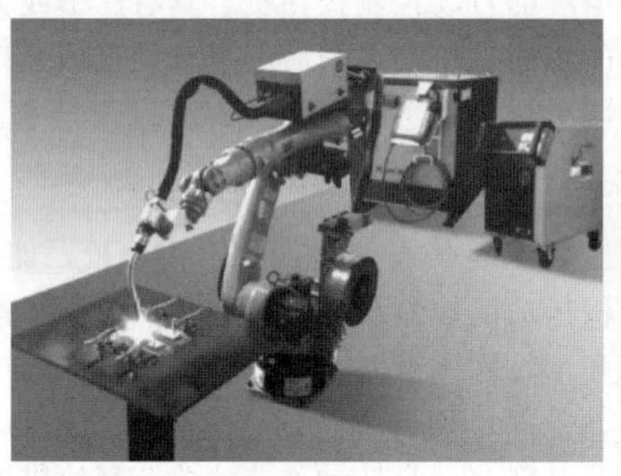

图 2-10 焊接机器人一般组成

六自由度关节型工业机器人本体由底座、大臂、小臂和手腕等部分组成，有腰部、肩部、肘部和腕部等关节，腰部左右摆动、肩部和肘部上下摆动、小臂旋转、腕部摆动和旋转等六个自由度。在焊接机器人系统中，机器人主要承担搭载焊枪、送丝机和焊丝盘，并根据焊接轨迹要求将焊丝顶端准确移动到焊缝所在的位置的任务。高效率的焊接机器人比人工焊接效率提高 1～2 倍，产品质量更高，产量得到大幅提高。

焊接机器人配有大程序容量、更多输入输出接口的控制柜，使得机器人能够满足更复杂的、更多类型工件切割和焊接的需要。控制柜上的开放的数据接口，可设置多种不同摆动功能，摆动方向、幅度、停留时间等，可配置多种工艺文件，适应多种切焊工艺的不同功能要求。通过控制柜 USB 记忆卡插口，可方便地复制备份数据。

焊接机器人还配有示教盒，其上设有调整运行模式，启动、急停按钮，可进行模式更改，并直接控制机器人再现运行，节省机器人调试时间。国内使用的彩色触摸屏中文界面，易于操作，也可通过图标提示功能实现快速操作；微调旋钮键让示教微调整更方便。

焊接机器人使用时，一般还需要配焊机焊枪和防碰撞传感，焊机的选择需要通过焊接件的材质板厚及焊接方式来进行选择，像气保焊与氩弧焊选用的焊机就是不同的，不同的板厚需要用到的焊机也不同。

总结与练习

压力容器焊接对学生而言是一类比较难的焊接任务，而采用机器人焊接系统完成压力容器的 CO_2 焊接实操大多数学校没有条件实施，为了后续任务能够顺利进行，复习和巩固前修机器人焊接技能，本次任务选定为如模块二项目一任务二练习题图所示压力容器的机器人焊接，完成机器人焊接系统的配置，并说明选择依据。

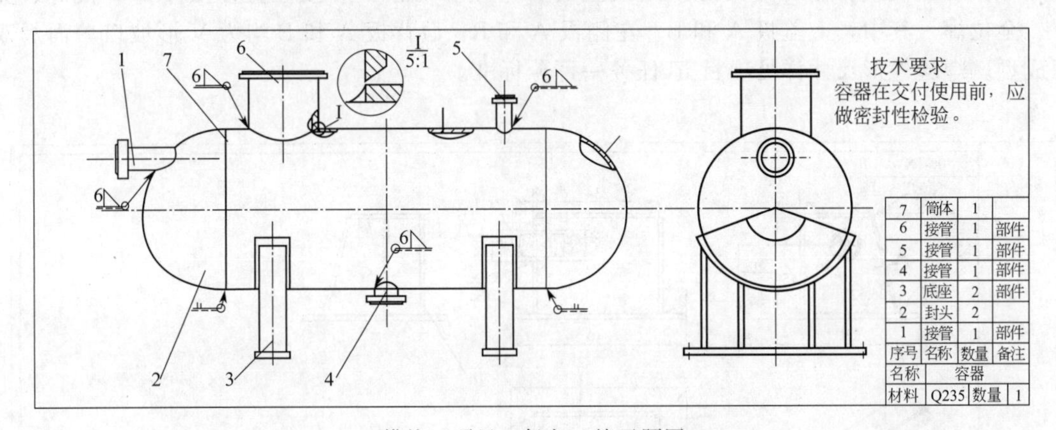

模块二项目一任务二练习题图

项目二 压力容器的焊前准备

图 2-11 为一种名为“XT”的能承受 0.8MPa 压力的小型箱式低压容器，由 10 种 Q235 钢制零件焊接而成。该容器的焊接形式主要为角接和对接，焊接位置涉及平焊、横焊、立焊、全位焊。其中，上盖板 A 和 B、左侧板 A 和 B、后背板 A 和 B 均为 V 形坡口单面焊双面成型，焊缝外形尺寸详见项目五 任务一评分标准。

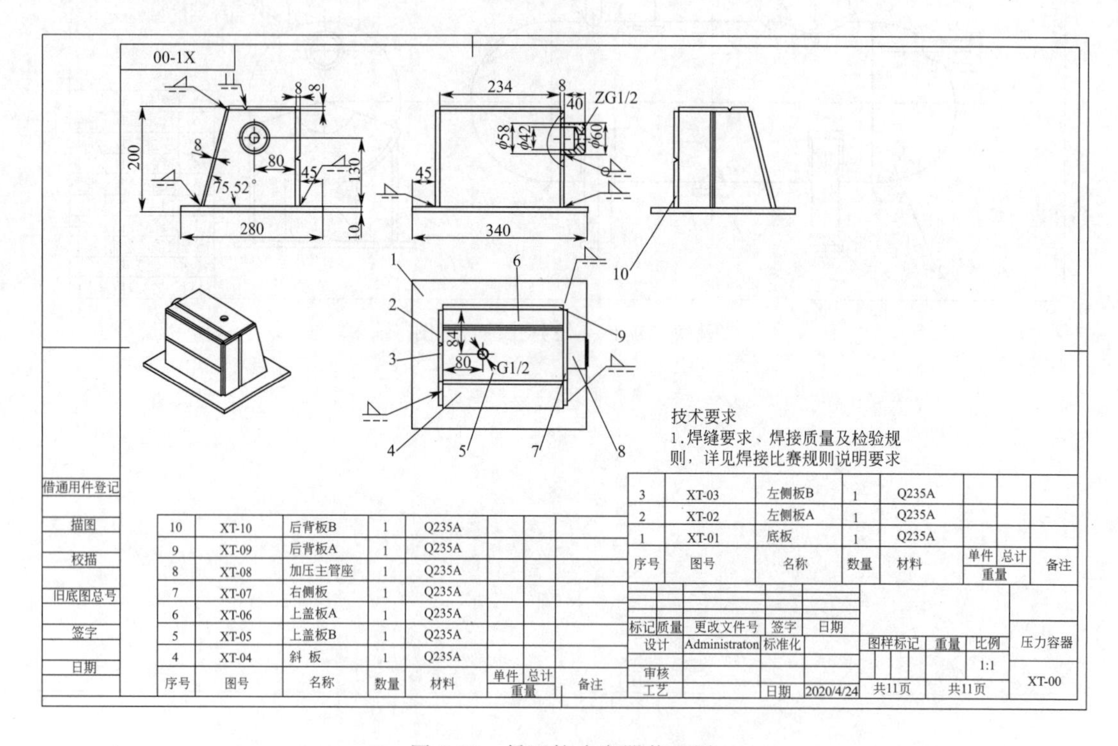

序号	图号	名称	数量	材料	单件重量	总计重量	备注
10	XT-10	后背板B	1	Q235A			
9	XT-09	后背板A	1	Q235A			
8	XT-08	加压主管座	1	Q235A			
7	XT-07	右侧板	1	Q235A			
6	XT-06	上盖板A	1	Q235A			
5	XT-05	上盖板B	1	Q235A			
4	XT-04	斜 板	1	Q235A			
3	XT-03	左侧板B	1	Q235A			
2	XT-02	左侧板A	1	Q235A			
1	XT-01	底板	1	Q235A			

标记	质量	更改文件号	签字	日期	图样标记	重量	比例	压力容器
设计	Administraton	标准化					1:1	XT-00
审核								
工艺		日期	2020/4/24		共11页	共11页		

图 2-11 低压箱式容器装配图

底板和右侧板不开坡口，剪板下料后矫平，铣四周使尺寸达到设计要求。右侧板上加工有一直径 ϕ58mm 的圆孔，直径偏差不大于 0.06mm，如图 2-12 和图 2-13 所示。

两块左侧板、上盖板、后背板和一块斜板剪板及矫平后，在铣床上完成周边及坡口加工。左侧板、上盖板和后背板均为单面焊双面成型，为保证背面焊透，下料时需考虑装配间隙（均预留 2mm），尺寸应达到图 2-14～图 2-17 所示。

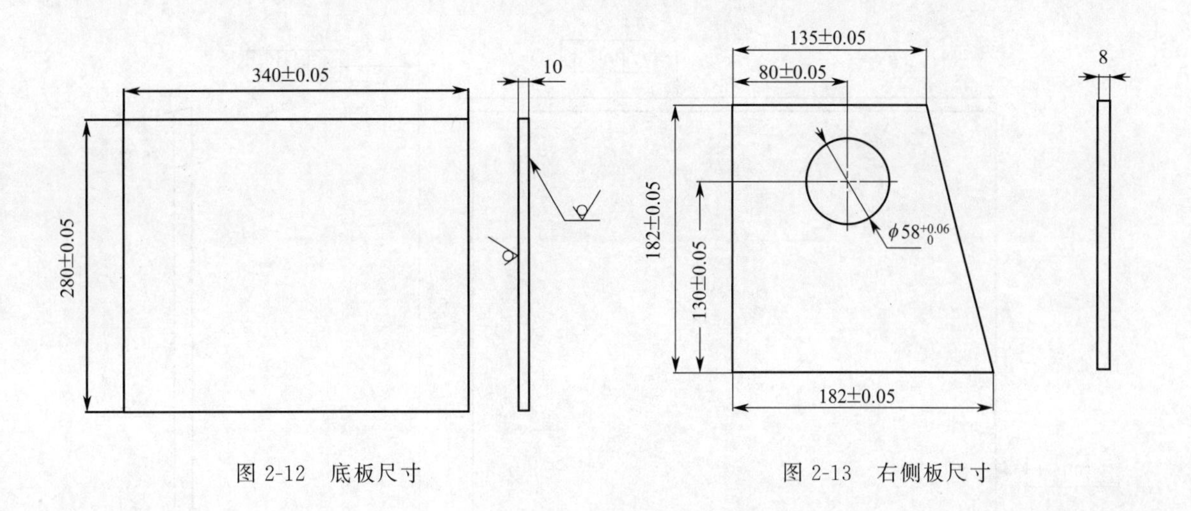

图 2-12　底板尺寸　　　图 2-13　右侧板尺寸

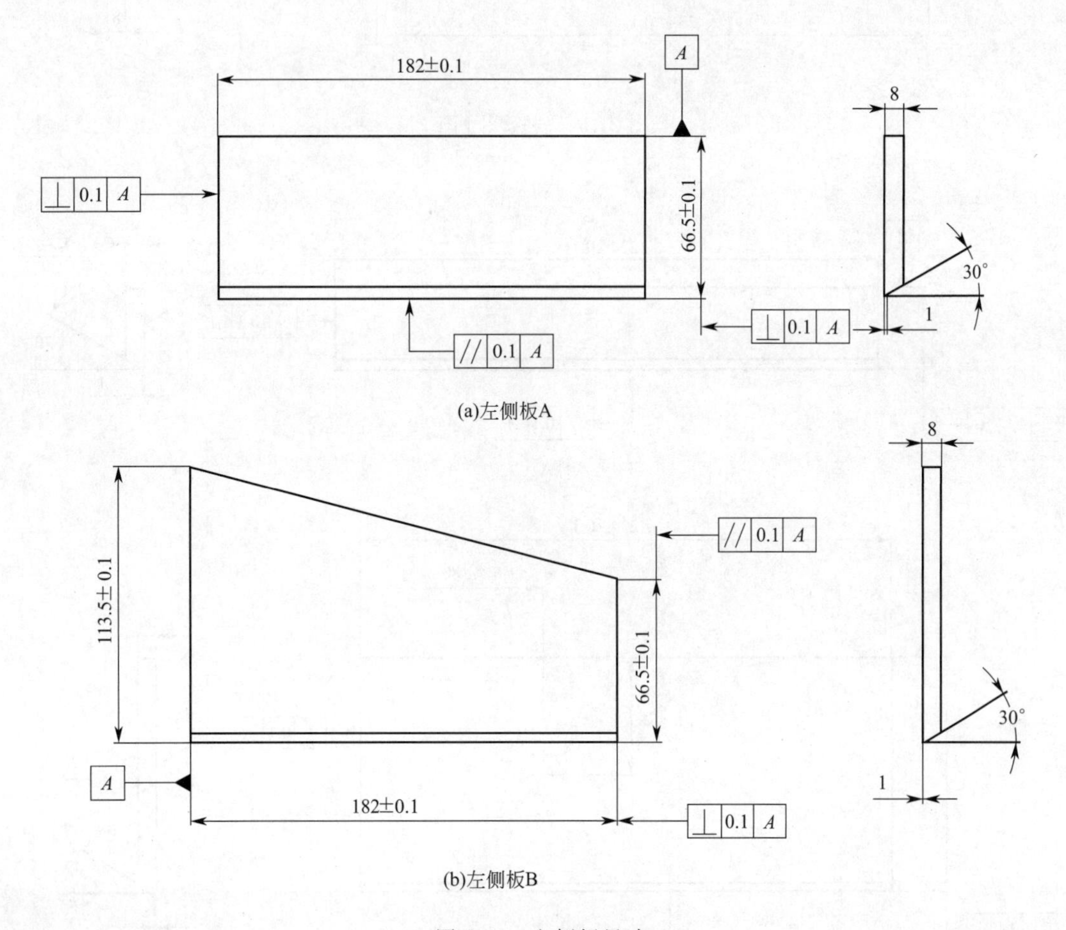

图 2-14　左侧板尺寸

加压主管座为一圆柱形加工件，采用与容器主体相同的材质，车削加工成型，如图2-18 所示。

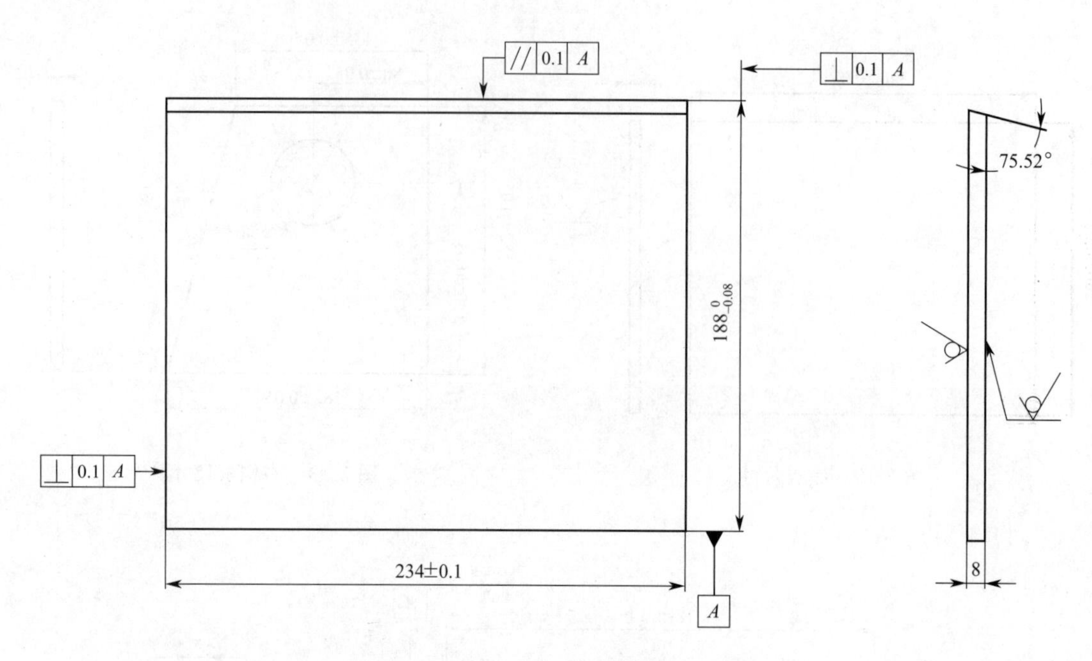

图 2-15 斜板尺寸图

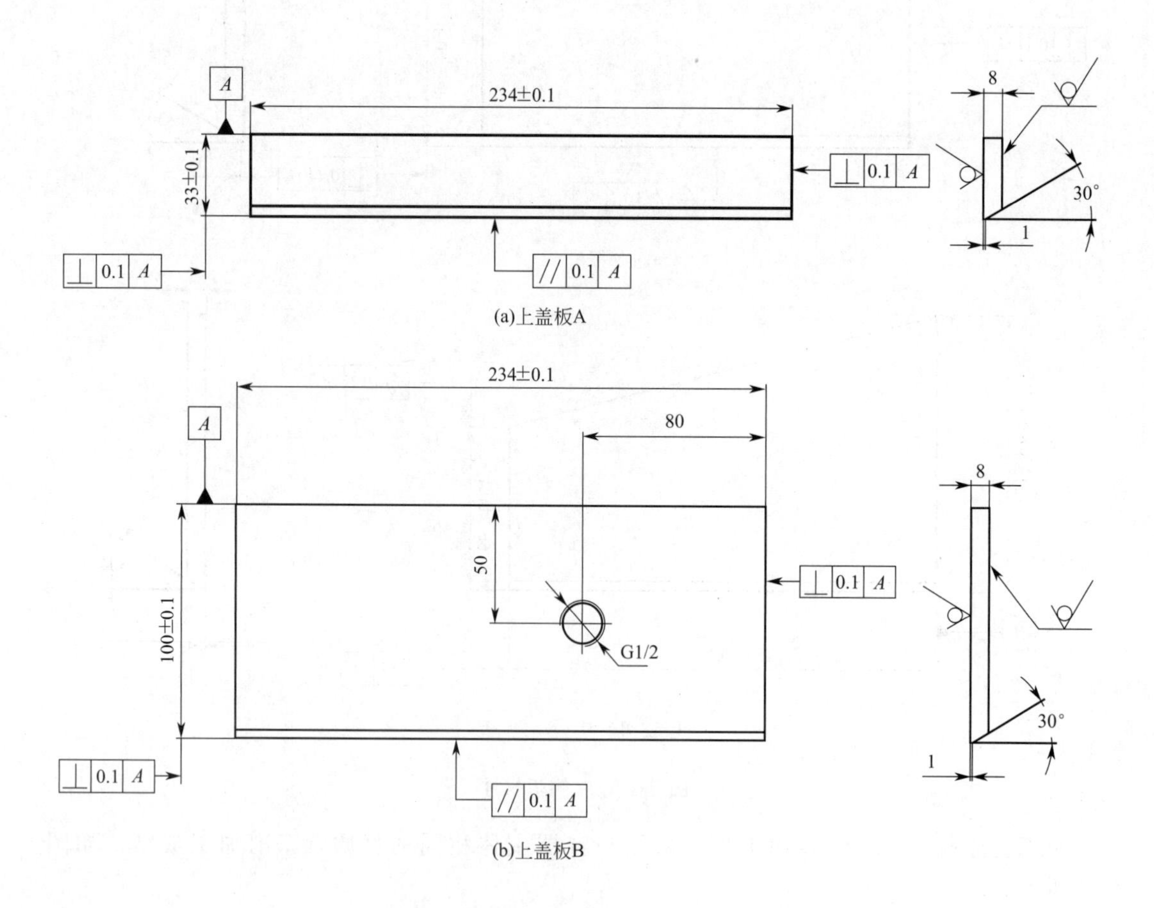

图 2-16 上盖板尺寸

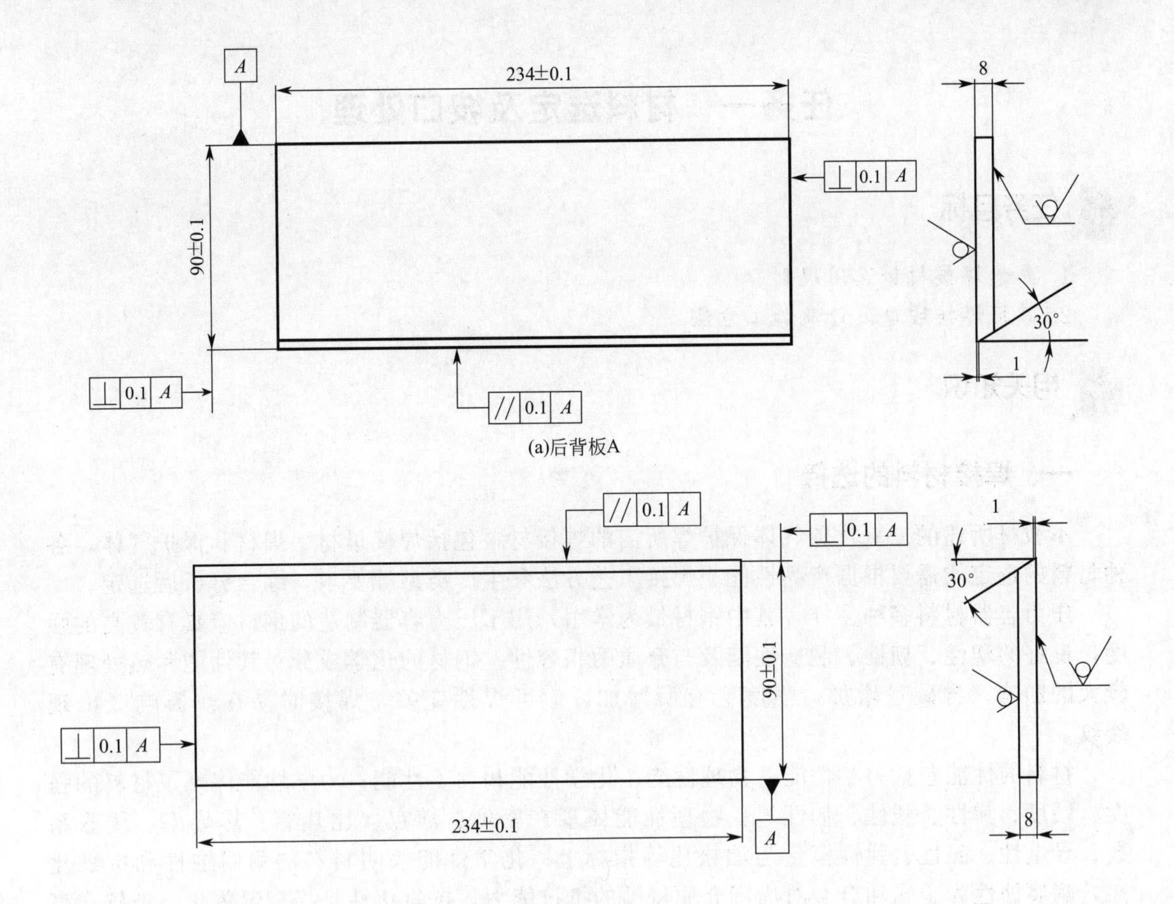

图 2-17　后背板尺寸

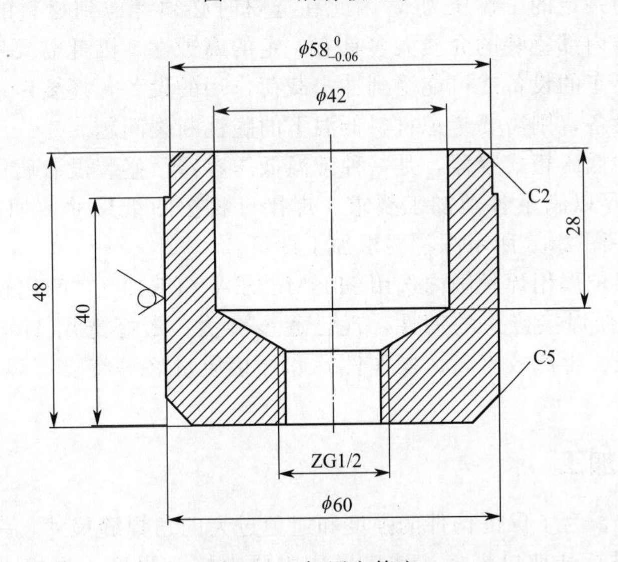

图 2-18　加压主管座

任务一　材料选定及坡口处理

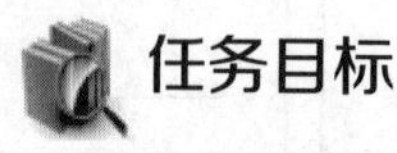

任务目标

1. 熟悉焊接材料选用规则。
2. 掌握焊接坡口设计及加工方法。

相关知识

一、焊接材料的选择

本教材所述的二氧化碳气体保护焊所需的焊接材料包括焊接母材、焊材和保护气体，各种材料的选定均需要根据产品性能、焊接工艺方法和生产类型等要求，综合分析后选定。

压力容器材料多种多样，其中钢材最为常用，用于压力容器制造的钢材应具有较高的强度，良好的塑性、韧性、制造性能及与介质的相容性。钢材的化学成分对其性能和热处理有较大的影响，含碳量增加，强度会有所增加，但可焊性变差，焊接时易在热影响区出现裂纹。

材料的性能包括力学性能、物理性能、化学性能和加工性能。力学性能体现了材料的强度、硬度、弹性、塑性、韧性等；物理性能体现在密度、熔点、比热容、热导率、线胀系数、导电性、磁性、弹性模量与泊松比等指标上；化学性能表明材料的耐腐蚀性和抗氧化性，耐腐蚀性为金属和合金对周围介质侵蚀的抵抗能力，抗氧化性是指高温氧化，抵抗在高温条件下降低表面硬度和抗疲劳强度的性能；加工工艺性能是指可铸性、可锻性、可焊性和可切削加工性。

对于高温容器，由于钢材在高温的长期作用下，材料的力学性能和金属组织都会发生明显的变化，加之承受一定的工作压力，因此在选材时必须考虑到材料的强度及高温条件下组织的稳定性。容器内部盛装的介质大多具有一定的腐蚀性，因此需要考虑材料的耐腐蚀情况。对于频繁开、停车的设备或可能受到冲击载荷作用的设备，还要考虑材料的疲劳等；而低温条件下操作的设备，则需要考虑材料低温下的脆性断裂问题。

本教材所制作的低压箱式容器，是一种常温低压容器，盛装没有腐蚀性的压缩空气，选择Q235A低碳钢就足以满足各项加工要求。焊接母材按图纸尺寸剪切或激光切割下料后，在铣床上按图2-12～图2-18所示图栏要求加工即可。

二氧化碳气体保护焊用焊丝国内选用H08Mn2SiA（ER49-1）的比较多，但这种焊丝的Mn含量过高，会降低焊接接头的韧性，现已逐步淘汰。最好选用H08MnSiA（ER50-6），这种焊丝具有成本低、生产效率高、操作性好和焊接质量好等特点。焊接保护气体CO_2的纯度要求>99.6％。

二、焊件坡口加工

焊接接头设计时，为了保证构件的强度和避免过大的角焊缝尺寸，一般中厚板的对接接头和T形接头都要进行开坡口焊接。坡口形式主要由接头强度、焊接方法、焊接效率、焊接成本等综合因素来决定。如果坡口角度、钝角尺寸、坡口表面粗糙度和平直度等坡口精度高，则焊缝质量就能保证，焊接成本也低；若坡口精度差，则易出现严重的焊接缺陷，焊接成本随之增加。生产中实用的坡口加工方法很多，下面介绍几种主要的坡口加工方法。

坡口加工方法可分为气割、等离子切割、碳弧气刨等热切割加工方法或切削、剪切、磨削等机械加工方法两大类。常用材料最佳坡口加工方法的选择如表 2-1 所示。

表 2-1　常用材料最佳坡口加工方法

材料	厚度/mm	氧气切割	等离子切割	碳弧气刨	冲剪	切削	磨削
碳钢	3～20	良好	可用	可用	最佳	最佳	良好
	20～50	最佳	可用	良好	可用	良好	可用
	>50	良好	不可用	可用	可用	可用	可用
不锈钢	<3	不可用	不可用	不可用	最佳	最佳	良好
	3～20	不可用	可用	可用	可用	良好	良好
	20～50	不可用	可用	可用	可用	可用	可用
复合板	3～20	不可用	不可用	不可用	最佳	最佳	良好
	20～50	可用	不可用	不可用	可用	良好	可用
	>50	良好	不可用	不可用	可用	良好	可用
钛及钛合金	<3	不可用	不可用	不可用	最佳	可用	最佳
	3～20	不可用	不可用	不可用	良好	良好	可用
	20～50	不可用	不可用	不可用	可用	良好	可用
铜及铜合金	3～20	不可用	不可用	可用	最佳	最佳	可用
	20～50	不可用	可用	可用	可用	良好	可用
	>50	不可用	不可用	不可用	可用	不可用	可用

1. 热切割

① 热切割坡口中最常采用的方法是氧气切割。氧气切割与机械加工切割相比具有设备简单、投资费用少、操作方便且灵活性好等一系列特点，尤其是能够切割各种含曲线形状的零件和大厚工件，切割质量良好，一直是工业生产中切割碳钢和低合金钢普遍使用的基本方法。氧气切割时，在正确掌握切割参数和操作技术的条件下，气割坡口的质量良好，可直接用于装配和焊接。

对横截面是直线形的 I、V、Y、X 形坡口，可采用单割炬或 2～3 把割炬同时加工。对 V 形坡口可用 3 把割炬一次加工成型，为限制多余的热输入量，可在板材宽度方向中心部切割。相对于切割方向左右对称加热，可保持部件的尺寸精度。对于左右非对称切割时，必须考虑由于弯曲和热成型所造成的尺寸偏差允许值。

U 形坡口用气割工艺加工比机械加工方法效率高、周期短，且不需要投资高的机床设备。U 形坡口（在板边加工时实际上是 J 形）的下部有弧段，气割时铁的氧化反应不能像一般气割那样一直垂直向下，当达到一定深度后应转向侧面方向。为此，需采用多割炬同时加工，一边使工件沿板厚方向形成温度梯度，一边通过调节切割氧压力割出圆弧段。现在国内已生产出配有 3 割炬的 U 形坡口半自动气割机，可以切割 60mm 以下钢板的 U 形坡口。另外，U 形坡口也可用普通割炬与碳弧气刨组合等方法加工。

在切割面上产生的气割凹痕，多是造成未焊透和熔合不良的原因，在焊前必须对凹痕进行修补。对焊缝质量要求高时，必须去除坡口面的氧化皮。

② 不锈钢、有色金属多采用等离子切割。不锈钢因含有较多的铬，在一般氧气切割时，切口中形成高熔点、黏性大的 Cr_2O_3 熔渣，黏附在切口面上，阻碍切割氧与铁反应，从而使气割过程中断。等离子切割是利用高温等离子电弧的热量使工件切口处的金属局部熔化，并借高速等离子的动量排除熔融金属以形成切口的一种加工方法。

等离子切割与利用铁-氧燃烧反应化学过程的氧气切割法不同，它是利用物理过程的熔割法。由于切割速度快，也可在碳钢画个图，但其切割表面粗糙度不如气割。在切割厚板时得不到直角切割面。另外，碳素钢采若用空气等离子切割，切割面上将形成白色氮化层，直接用于焊接容易产生气孔。用于焊接的空气等离子切割面在焊前须进行打磨或再加工。

③ 碳弧气刨可加工坡口，但刨削面精度不高、噪声大、污染严重。碳弧气刨主要用于去除有缺陷的焊缝的返修。

2. 机械加工

切削加工的坡口尺寸精度和坡口面的表面粗糙度都很高，没有热影响区。用切削加工坡口的缺点是加工面与刃口的冷却及润滑都必须用润滑油，坡口面的润滑油如果清除不干净，焊接时容易产生气孔、裂纹、氢脆等缺陷。

剪切加工面根据加工时的应力状态分为喇叭口、剪切面、断裂面、飞边四个部分。各部分对于板厚的关系一般是上刃和下刃间隙大，喇叭口和飞边就大，剪切面变小。采用剪切加工的坡口面由于存在喇叭口和飞边部分，坡口面、钝边不易整齐，一般经剪切后需进行切削加工。

磨削加工坡口几乎都是用手提砂轮机加工。小型磨削工具轻便、使用方便，但是工作效率低、不够安全且卫生条件差。这种加工方法依赖操作者的经验和直觉，坡口精度不易保证。风动砂轮、电动砂轮总成本低，用途广，对于厚度小于8mm的部件多采用磨削方法加工坡口，更适用于现场修磨坡口。使用这种方法时，应注意砂轮的选取，对于超低碳不锈钢以及有色金属，砂轮的砂粒会污染工件，从而造成脆化。

前述低压箱式容器所用板件采用激光或剪切下料，利用铣床按图纸设计要求加工坡口。为防止产生焊接缺陷，采用角向磨光机清理试件坡口面及坡口正反面两侧各 20mm 范围内的油污、锈蚀、水分及其他污物，直至露出金属光泽，如图 2-19 所示。

图 2-19 坡口的打磨去污

总结与练习

焊接坡口设计及加工质量对压力容器焊接质量具有重要的影响。不同的焊接位置和焊缝有不同的要求，本次任务为各学校根据设备条件，选择适当板材，完成下图所示 V 形坡口的加工。

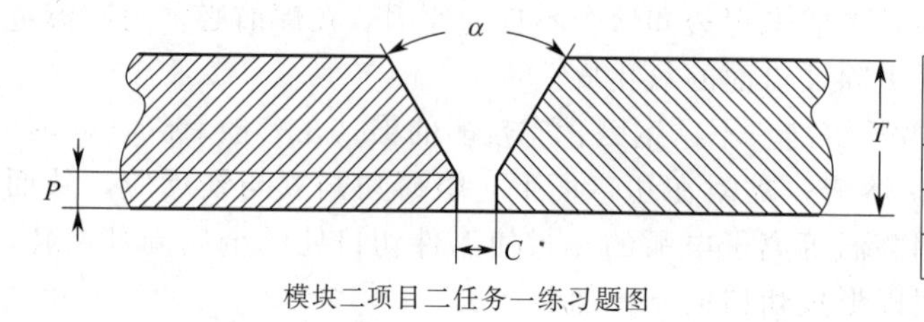

厚度 T /mm	坡口形式	间隙 C /mm	钝边 P /mm	坡口角度 α/(°)
3～8	V形	0～2	0～2	65～75
8～26	V形	0～3	0～3	55～65
26～40	V形	0～4	0～4	45～55

模块二项目二任务一练习题图

任务二　焊接工具和设备的准备

任务目标

1. 熟悉常用焊接工具和设备。

2. 完成焊接工具和设备的基本设置与调整。

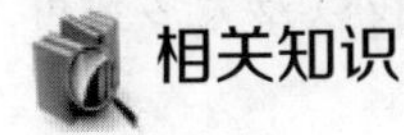

相关知识

一、气体保护焊常用设备与工具

气体保护焊是压力容器的重要焊接方法，其主要设备与工具有焊机、送丝机、焊枪、变位机和供气系统等，主要辅助工具如下。

1. 常用设备

① 焊机。焊机分为交流弧焊电源、直流弧焊电源、弧焊逆变电源三大类。交流弧焊电源（也称为交流焊机）根据输出电流波形的不同，分为交流弧焊变压器和矩形波交流弧焊电源两种。直流弧焊电源（也称为直流焊机）按结构形式和获得直流输出的原理不同，可分为直流弧焊发电机、硅二极管式弧焊整流器、磁放大器式弧焊整流器、晶闸管式弧焊整流器等。

逆变弧焊电源（也称为逆变焊机）将电网输送的交流电通过整流电路整流成直流，通过由电子开关元件组成的逆变电路将直流电变成高频交流电；再通过高频变压器将电压降低到适合焊接所需的电压，然后直接输出交流方波信号或通过整流变成直流再输出。

② 自动送丝机。这是一种自动驱动的机械化送丝装置，其主要应用于手工焊接自动送丝、氩弧焊自动送丝、等离子焊自动送丝、激光焊自动送丝和机器人焊接自动送丝。系统采用微电脑控制，步进减速电机传动，送丝精度高，可重复性好。

③ 焊枪。这是一种利用焊机的高电流、高电压产生的热量聚集在焊枪终端，熔化焊丝并渗透到需焊接的部位，冷却后将被焊接的物体牢固地连接成一体的设备。其中气保焊枪主要分为松下、OTC、宾彩尔、TBI 四大系列，氩弧焊枪主要分为气电一体、气电分体、水冷三大系列。

④ 变位机。变位机是专用焊接辅助设备，一般与操作机、焊机配套使用，组成自动焊接中心，也可用于手工作业时的工件变位。焊接变位机一般由工作台回转机构和翻转机构组成，通过工作台的升降、翻转和回转，使固定在工作台上的工件达到所需的焊接装配角度，工作台回转为变频无级调速，可得到满意的焊接速度。

2. 供气系统

供气系统的作用是将保存在钢瓶中呈液态的二氧化碳在需用时变成有一定流量的气态二氧化碳，主要由二氧化碳气瓶、预热器、干燥器、减压器、流量计及电磁气阀等组成。

二氧化碳气瓶用于贮存液态二氧化碳，满瓶时压强为 5.0～7.0MPa。当液态二氧化碳挥发成气态时将吸收大量热量，从而使气体温度下降，为防止气体中的水分在气瓶出口结冰，需要在供气系统中加入预热器，在减压前要将二氧化碳气体进行加热。干燥器用于吸收二氧化碳气体中的水分；减压器用于将高压的二氧化碳气体变为低压的气体，并保持气体压力的稳定性；流量计用于测量和控制气体的流量；电磁阀是控制气体的装置。

供气系统的控制分为三步：第一步是提前流送1～2s以排除引弧区周围的空气，保证引弧质量，然后引弧；第二步是保证在焊接过程中的气流均匀；第三步是在收弧时滞后2～3s断气，继续保护弧坑区的熔化金属凝固和冷却。

3. 辅助工具

① 面罩。面罩是保护操作者的眼睛和面部不受电弧直接辐射与飞溅物伤害的防护罩，操作者通过面罩上的黑玻璃能清楚地观察焊接熔池。焊接面罩上有一放置滤光片的窗口，其标准尺寸为51mm×130mm。滤光片应能吸收由电弧发射的红外线、紫外线以及大多数可见光线。

② 接地夹钳和挡板。接地夹钳是将焊接导线或接地电缆接到工件上的一种夹持装置。接地夹钳必须能形成牢固的连接，又能快速方便地夹到工件上。低负载持续率时一般使用弹簧夹钳，使用大电流时则需要螺栓夹钳，以使夹钳不过热并形成良好的连接。挡板用于将焊接区与外界隔离开，防止焊接弧光影响他人工作，避免火花飞溅引起火灾。在室外工作时，设置挡板还可防止风吹而引起的偏弧。

③ 防护手套和防护服。为了防止焊接时被弧光和飞溅物伤害，操作者必须戴皮革防护手套，穿防护裙或工作服。为防护操作者的踝关节和脚不受熔渣和飞溅物的烧伤，建议穿平脚裤、带护脚套或穿防护皮鞋；操作者在敲焊渣时应戴平光眼镜。

④ 其他辅助工具。清理焊接工件上的熔渣、锈蚀和氧化物时常用尖形锤、钳工手锤、扁錾，用以开小坡口及清除焊瘤等缺陷。在排烟情况不好的场所焊接时，应配备烟雾吸尘器或排风扇等辅助器具。此外，应配备钢丝钳、螺丝刀、扳手、试电笔等，供操作者维护焊接设备和排除一般故障用。

4. 焊接工量具

为了检验焊后质量或对焊接缺陷、焊接变形进行处理，还需要准备磁力表座、角向磨光机、压板、螺栓、尖嘴钳、斜口钳、圆锉、敲渣锤、橡胶榔头、钢丝刷、石笔、游标卡尺、焊缝万用量规、数显深度尺、直角尺等工量具。

二、常用焊接设备的基本调试

本节以由KR5 R1400型六轴焊接机器人、Artsen PM400数字焊机、300AMP外置焊枪为主要设备的机器人焊接系统的调试为例，讲解常用二氧化碳气体保护焊设备调试的基本过程。

1. 场地与器具检查

首先进行工位规范、用电安全状况以及作业安全标志的检查。接着检查工位周边配备的工量具是否齐全，摆放是否符合规范要求；检查进场操作人员防护用品是否穿戴齐整、规范。若存在不规范、不安全事项应立即改正，在完成改正之前不得进行下一步操作。

2. 外围设备启动

外围设备启动之前，首先应检验空气开关的保护装置是否有效，若已失效应立即维修更换。启动总电源时，因焊接系统的总功能较大，常用闸刀开关，应侧身推拉接合总电源开关。然后依次完成工位电源、机器人配备设备电源以及供气系统的预热电源。

3. 机器人启动

确认焊接机器人控制柜开关处于关闭（OFF）状态后，将电源旋钮开关拨至接通（ON）挡，等待示教器自检程序开启。若在示教器自检过程中出现报警，应立即按下急停按钮，并同时将控制柜开关拨至 OFF 挡。对机器人控制柜及周边电器进行检查，若未发现问题，可试着重启控制柜；若再次出现报警，则需联系专业维修人员进行处理。

4. 焊接系统一般功能的检查

机器人启动完成后，首先检查示教器急停按钮状况，拧动急停按钮可解除机器人锁止状态。确认机器人急停功能有效后，拧动钥匙开关，选择手动模式。进行下列功能检查：

① 点击示教器触摸屏，根据操作水平选择合适的手动运行速度。手握上电键，结合单轴键或 6D 鼠标手动运行机器人，检验各轴运行状态。

② 开启 CO_2 气瓶瓶阀，调节气体流量为 15～20L/min；按焊机面板上的气体检测键，检查机器人焊枪端部有无气体送出。

③ 检查机器人送丝机构压紧程度及送丝轮凹槽磨损情况，必要时更换送丝轮。检查示教器送丝、退丝按键状况。

④ 调试焊接电源面板，设置焊材类型、焊接控制、焊接方法等焊接工艺参数。

总结与练习

CO_2 气体保护机器人焊接系统中气体流量、焊接参数和送丝速度对焊缝成型质量的影响很大，不同的焊接机器人、不同的焊接电源适用的参数各不相同。各学校应根据焊接机器人系统的配置情况，安排学生完成气体流量、焊接参数和送丝速度的设置，并操作机器人进行单步移动。

任务三　焊接机器人系统的基本操作

任务目标

1. 熟悉 KUKA 工业机器人示教器操作。
2. 完成 KUKA 焊接机器人系统的基本操作。

相关知识

KUKA 机器人的运行需通过示教器进行控制，可完成采用手动操纵、程序编写、参数配置等手段控制机器人的行走轨迹、旋转度数、速度变量及各种姿势动作。详细操作方法参见《焊接机器人系统操作、编程与维护》第二章第 4 节。

一、示教器的结构及面板功能简介

KUKA 机器人示教器由触摸屏、菜单键、八个移动键、操作工艺按键、程序运行按键、键盘按钮、钥匙开关、急停按钮、6D 鼠标、连接器等组成，如图 2-20 所示。

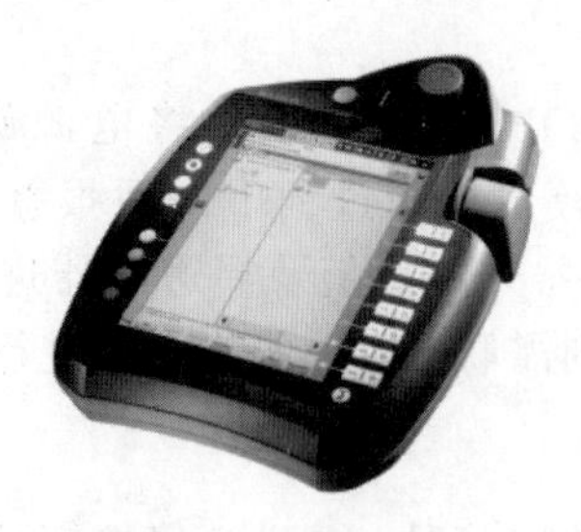
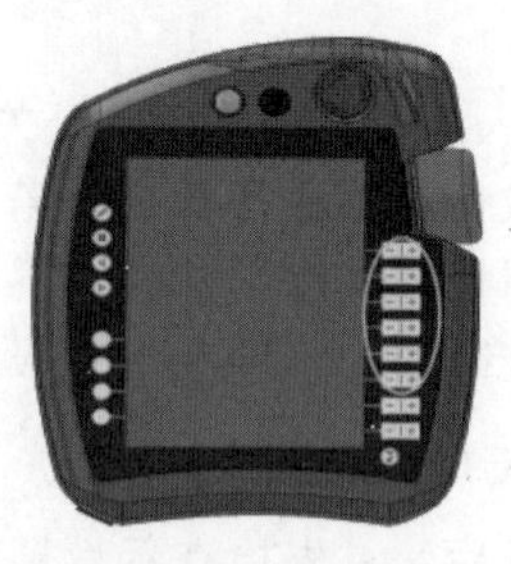

图 2-20　KUKA 机器人示教器

示教器开启后的界面状态，如图 2-21 所示，可显示运行模式、工具编号、坐标系、程序编辑管理、IPO 模式、程序运行方式、手动与自动倍率等工作状态。

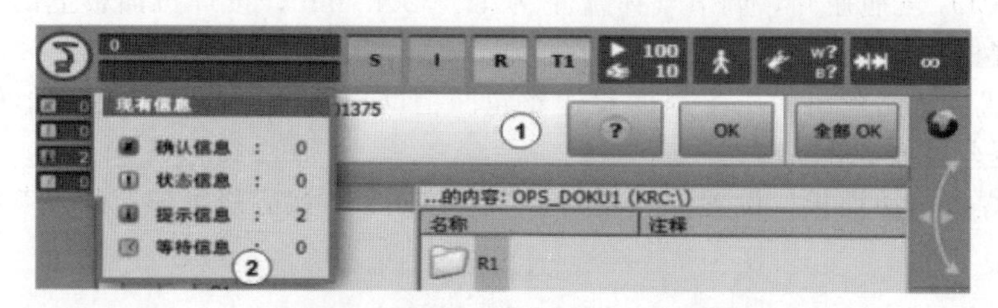

图 2-21　起始界面显示的工作状态

二、焊接机器人的手动移动操作

在选定坐标系的情况下，机器人手动移动操作可使用移动键或 6D 鼠标进行操控；仅在 T1 运行模式下才能进行，速度可通过手动倍率调试。

1. 方法一：移动键操控

按下图 2-22 所示的各轴“+”（正向）或“−”（负向）移动键，即可使该轴朝正向或负向移动，也可使该轴顺时针或逆时针转动。如点击 A1 轴对应的“−”键就可使 A1 朝负向移动一步；连续按下“−”键，则使 A1 轴连续向负方向移动。

2. 方法二：6D 鼠标操控

操纵 6D 鼠标将机器人朝所需方向移动或转动，如图 2-23 所示。如拧动 6D 鼠标绕图中 Y 轴按图示方向转动，则机器人 Y 方向朝正向移动，B 轴逆时针旋转。

图 2-22　移动键

图 2-23　6D 鼠标

三、检验机器人焊枪 TCP

TCP 是 Tool Central Point 的简称，即工具中心点。工具对焊接机器人而言就是焊枪，中心点就是伸出的焊丝的尖端。若以 TCP 为原点建立一个空间直角坐标系，并用这个坐标系中的坐标进行示教时，可以很容易并精准地找到焊枪应到达的位置点，大大降低了示教难度。

由于焊接过程中受到各种力及外界条件的影响，TCP 经常会发现偏移，因此需要在进行一个新的焊接任务时，需要检验机器人的 TCP，也就是所谓的 TCP 校验。焊接机器人的 TCP 校验有多种方法，详细可以参见机器人操作说明书。大致步骤为将焊丝尖端对准辅助校正器尖端，移动或转动焊枪，在变换多个不同位置的同时观察焊丝尖端是否与校正器尖端保持同心，若偏离中心，则需要重新校正 TCP，如图 2-24 所示。

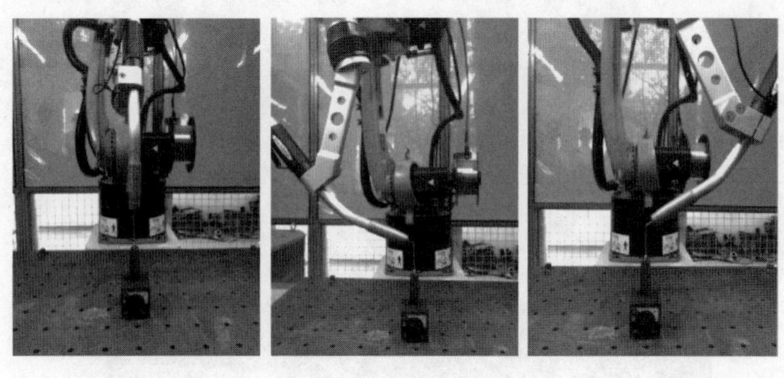

图 2-24　TCP 校验

四、KUKA 机器人程序编制与运行

① KUKA 机器人程序创建。可在示教器的导航器页面中 R1 下的子文件夹“Program”（程序）中创建，也可建立新的文件夹，并将程序存放在该文件夹中。程序名称的首字应以字母标示，并可对程序进行注释，如图 2-25 所示。

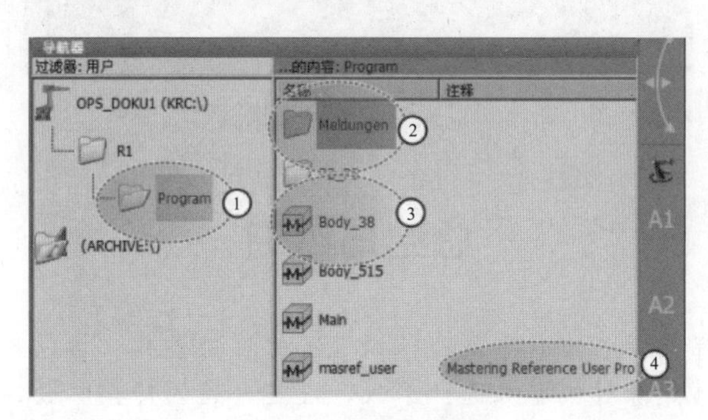

图 2-25　程序的创建

② KUKA 机器人编程。机器人操作者可以采用在线或离线的方法，使用 KUKA 专用的机器人编程语言完成程序的编写，机器人即可在程序的控制下进行预设的保证运动过程，并自动循环。图 2-26 所示即是采用示教法在线编程完成的一段焊接程序。

③ 机器人程序启动。在完成机器人焊接程序在手动或自动模式状态下运行调试，即可进行焊缝焊接。在机器人初次焊接过程中，操作者应在保证安全的条件下，就近观察焊接过程和焊接成型情况，如图 2-27 所示。

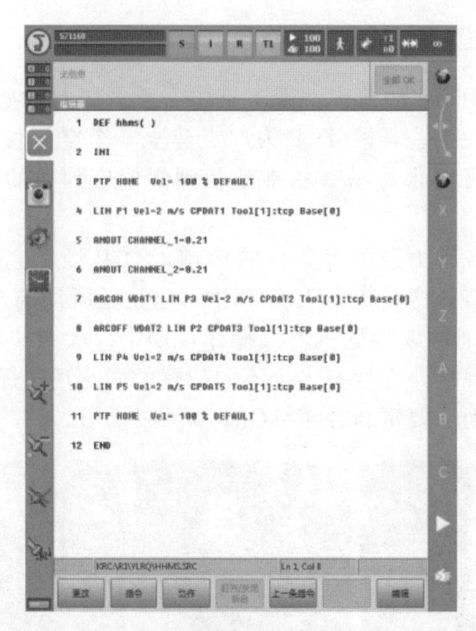

图 2-26 机器人焊接程序示例

图 2-27 机器人焊接程序初次运行与观察

总结与练习

机器人焊接是在焊接程序的引导下，根据设定的焊接参数、沿设定轨迹的运行，完成焊缝的焊接，因此，能够熟练对机器人进行示教，设定合适的焊接参数，是操作机器人进行焊接操作的前提条件。本次任务学生应完成焊接编程的熟悉，各学校应根据本校焊接机器人设备配置条件，完成一段直线焊缝程序的编写，并进行试运行。

项目三　各类焊缝的焊接机器人工作站系统焊接

任务一　压力容器焊缝特性认知

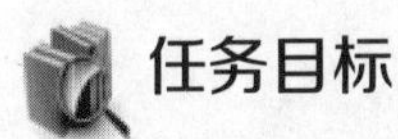

任务目标

1. 熟悉压力容器焊缝分类定义及性能特点。
2. 掌握压力容器各类焊缝的焊接操作要点。

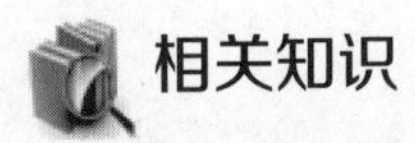

相关知识

一、压力容器的焊缝分类定义

压力容器根据焊接要求，将焊缝分为A、B、C和D四类。A类焊缝是压力容器中受力最大的接头，一般要求采用双面焊或保证全焊透的单面焊。B类焊缝的工作应力一般为A类的一半，除可采用双面焊的对接焊缝以外，也可采用带衬垫的单面焊。C类接头的受力较小，在中低压焊缝中通常采用角焊缝连接；高压容器、盛有剧毒介质的容器和低温容器则采用全焊透的接头。D类焊缝是接管与容器的交叉焊缝，受力条件较差，且存在较高的应力集中。在厚壁容器中，这种交叉焊缝的拘束度相当大，残余应力亦较大，易产生裂纹等缺陷，这类容器的D类焊缝应采取全焊透的焊接接头；低压容器的D类焊缝采用局部焊透的单面或双面角焊。各类焊缝在压力容器的具体应用如下：

① 容器圆筒部分的纵向接头（多层包扎容器的层板层纵向接头除外）、球形封头与圆筒连接的环向接头、各类凸形封头中的所有拼焊接头，以及嵌入式接管与壳体对接连接的接头，均属A类焊接接头。

② 壳体部分的环向焊缝接头、锥形封头小端与接管连接的接头、长颈法兰与接管连接的接头均属B类焊接接头，但设计图样中已规定为A、C、D类的焊接接头除外。

③ 平盖、管板与圆筒非对接连接的接头，法兰与壳体、接管连接的接头，内封头与圆筒的搭接接头，以及多层包扎容器层板层纵向接头均属C类焊接接头。

④ 接管、人孔、凸缘、补强圈等与壳体连接的接头均属D类焊接接头，但设计图样中已规定为A、B类的焊接接头除外。

二、常用焊缝形式的性能特点

压力容器焊缝焊接类型很多，前述 XT 低压箱式容器的焊缝主要有 V 形坡口对接平焊、V 形坡口对接立焊、V 形坡口对接横焊、立角焊、平角焊、T 形角焊、管板焊。接头形式和焊接位置不同，其焊缝特性不同，焊接影像也不同。

1. 压力容器顶板 V 形坡口对接平焊

V 形坡口对接平焊位于容器顶部水平位置，打底层和盖面层均采用摆焊。焊接方向（以箱体斜面为正面，目视正面）可以是左焊法，也可以是右焊法，纵向与横向的焊枪夹角均为 90°，如图 2-28 所示。平焊的熔滴可依靠自重垂落至熔池，熔池结晶位置处于水平状态，结晶条件良好，焊缝成型美观。

(a) 纵向90°夹角

(b) 横向90°夹角

图 2-28　V 形坡口对接平焊

2. 压力容器 V 形坡口对接立焊

V 形坡口对接立焊位于压力容器左侧板位置，打底层和盖面层均采用摆焊。焊接方向可以选择立向上焊，也可以是立向下焊，焊枪与工件横向夹角和纵向夹角均应 90°，如图 2-29(a)、(b) 所示。为防止焊枪碰撞，焊至底部时应调整焊枪夹角，使焊枪与底板成约 30° 夹角，如图 2-29(c) 所示。立焊时熔池金属与熔渣因自重下坠，容易分离，熔池温度过高时，熔池金属易下淌形成焊瘤、咬边、夹渣等缺陷，结晶条件比平焊差。

(a) 横向夹角90°

(b) 纵向夹角90°

(c) 与底板夹角约30°

图 2-29　V 形坡口对接立焊

3. 压力容器 V 形坡口对接横焊

V 形坡口对接横焊位于压力容器后背板位置，打底层一道，盖面层两道，均采用无摆焊。焊接方向可以是左焊法，也可以是右焊法，焊枪与工件纵向夹角为 70°～80°，如图 2-30（a）所示；横向夹角应为 90°，如图 2-30(b) 所示。横焊与立焊类似，熔化金属与熔渣易分离，但因自重易下坠于坡口上，容易在上侧产生咬边缺陷，下侧形成泪滴形焊瘤或未焊透缺陷。此外，多层多道焊时，要特别注意控制焊道间的重叠距离，先焊下焊道，依次焊上焊道，每道叠焊，应在前一道焊缝的 1/3 处，以防止产生焊沟凹凸不平，如图 2-30(c) 所示。

(a) 纵向夹角70°～80°

(b) 横向夹角90°

(c) 焊道1/3处

图 2-30　V 形坡口对接横焊

4. 压力容器立角焊与平角焊

① 立角焊的 4 条焊缝与平角焊的 1 条四边形焊缝位于压力容器各板衔接处，分两层焊接，打底层采用无摆动焊接，盖面层采用摆焊。立角焊焊接方向由上往下焊接，平角焊焊接方向可以顺时针方向焊接，也可以逆时针方向焊接。立角焊焊枪与焊缝位置横向夹角为 135°，如图 2-31(a) 所示，纵向夹角为 90°，如图 2-31(b) 所示。为防止焊枪碰撞，焊至底部适当调整焊枪夹角，如图 2-31(c) 所示，与底板约成 30°夹角。

(a) 横向夹角135°

(b) 纵向夹角90°

(c) 与底板夹角约30°

图 2-31　立角焊的焊枪运行夹角

② 平角焊焊枪与工件横向夹角为 90°，如图 2-32(a) 所示，纵向夹角为 45°，如图 2-32（b）所示。

③ 为保证转角焊缝质量，转角处纵向夹角适当调整，焊枪逆时针逐次增加适当角度，如图 2-33 所示。

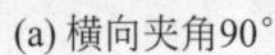
(a) 横向夹角90°　　(b) 纵向夹角45°

图 2-32　平角焊长焊缝的焊枪运行夹角

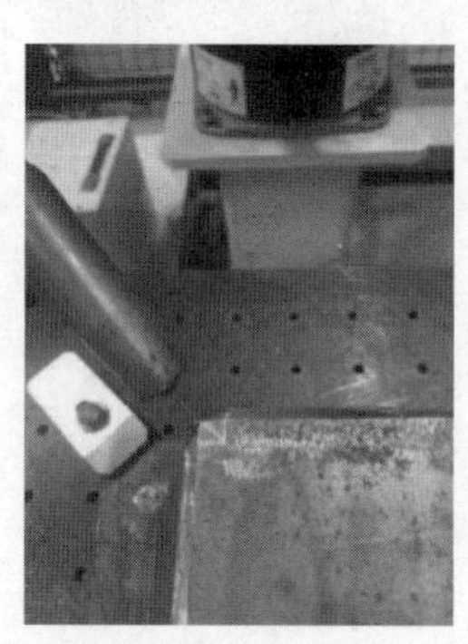

(a) 逐次增加适当角度1　　(b) 横向夹角135°　　(c) 逐次增加适当角度2

图 2-33　平角焊转角处的焊枪运行夹角

5. T 形角焊

T 形角焊位于容器底板与四周立板交接处，采用无摆焊焊接。焊接方向可以顺时针方向焊接，也可以逆时针方向焊接。焊枪运行夹角同平角焊，即与工件横向夹角为 90°，如图 2-34(a) 所示，纵向夹角为 45°，如图 2-34(b) 所示。转角处纵向夹角适当调整，焊枪逆时针逐次增加适当角度，如图 2-35 所示。为了增大熔深，焊接电流和电

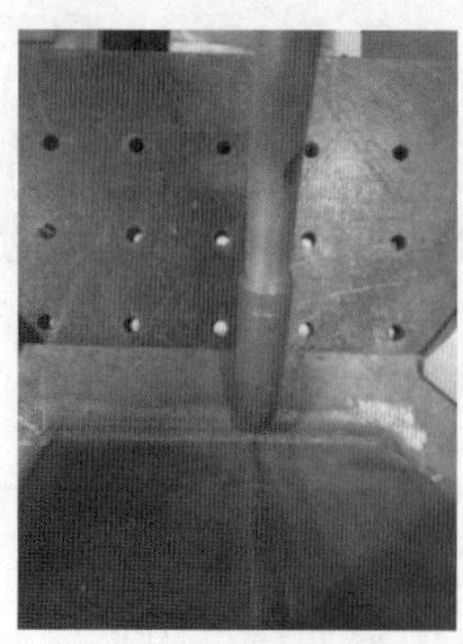

(a) 横向夹角90°　　(b) 纵向夹角45°

图 2-34　T 形焊长焊缝的焊枪运行夹角

压比平角焊大。

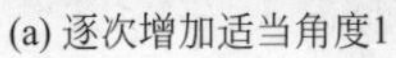

(a) 逐次增加适当角度1　　(b) 横向夹角135°　　(c) 逐次增加适当角度2

图 2-35　T 形焊转角处的焊枪运行夹角

6. 管板焊

以箱体斜面为正面，目视正面管板焊位于容器右侧位置，采用无摆动焊接。管板焊接需要协同变位机翻转 90°，然后进行轨迹编辑，焊接方向可以顺时针方向焊接，也可以逆时针方向焊接。焊枪运行夹角同平角焊，与工件横向夹角为 90°，如图 2-36(a) 所示，纵向夹角为 45°，如图 2-36(b) 所示，360°圆周分成四等份，焊枪每转 90°所处夹角同上。

(a)　　(b)

图 2-36　管板焊的焊枪运行夹角

总结与练习

能够正确认识压力容器各焊缝形式和类型，以及受力特点，选定合理的焊接方式、焊接顺序与工艺参数，是保证压力容器焊缝成型质量的根本。本次任务安排学生完成模块二项目三任务一练习题图所示压力容器的焊缝分析，指出焊缝形式、焊缝类型，以及焊接时应注意的操作事项。

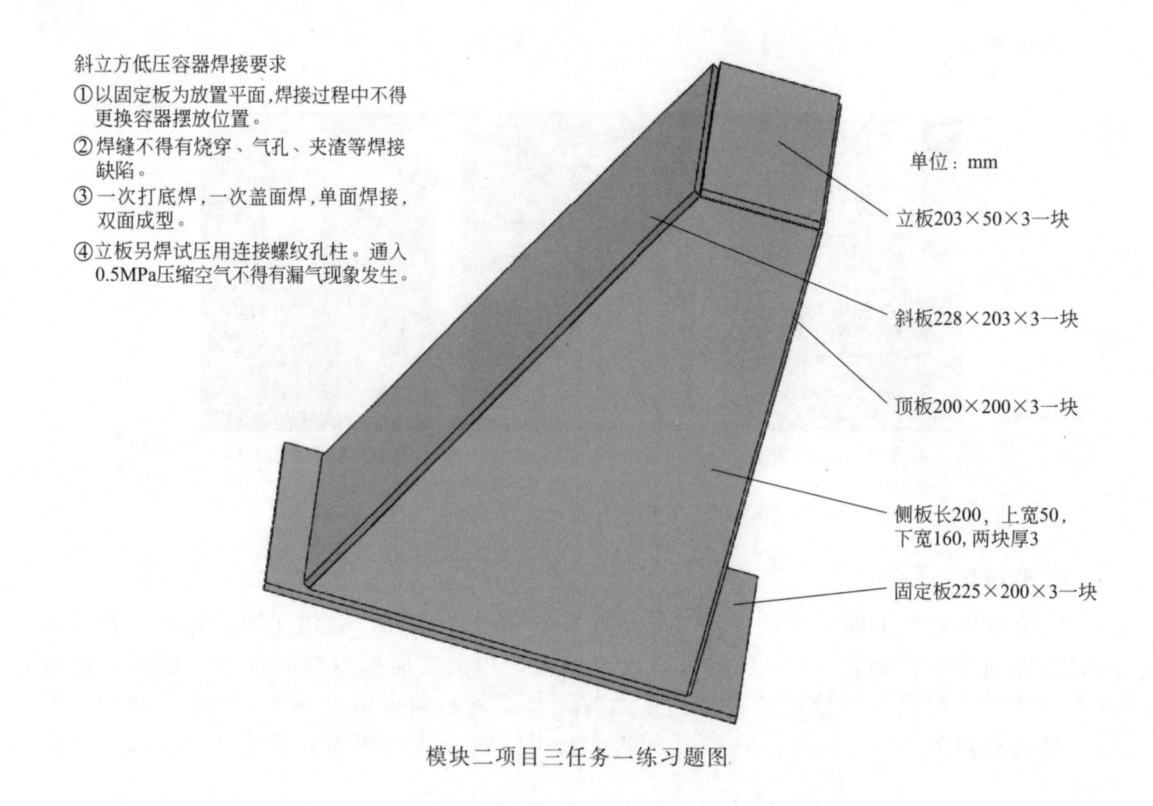

模块二项目三任务一练习题图

任务二　常用焊缝形式的焊接参数选择

任务目标

1. 熟悉压力容器常用焊缝形式的焊接特性。
2. 掌握各类焊缝形式的焊接参数选用方法。
3. 完成低压容器焊接参数的选定。

相关知识

一、焊接参数

压力容器焊的焊接方法有很多，本书以低压箱式容器XT的CO_2气体保护焊为例，阐述焊丝直径、焊接电流、电弧电压、焊接速度、焊丝伸出长度、CO_2气体流量、装配间隙、坡口尺寸等主要焊接参数的选用原则。

① 焊丝直径。CO_2气体保护焊常用焊丝直径为0.5mm、0.6mm、0.8mm、1.0mm、1.2mm、1.4mm、1.6mm、2.0mm、2.4mm等，综合考虑上述容器的焊件材料、焊接施工条件、制造成本、工作效率等条件，焊丝选定为H08Mn2SiA，直径ϕ1.2mm。

② 焊接电流。电流的大小应根据焊件厚度、焊丝直径、焊接位置、熔滴过渡形式等选定。一般情况下，CO_2气体保护焊的电流大小与送丝速度相关，电流过大时可能会造成因焊丝没及时送达焊接部位而过早熔断，造成焊接不连续，焊点不平滑，出现断点焊接，如图2-37(a)所示；电流过小时，电流熔断焊丝的时间比送丝时间长，焊丝送达焊接部位后不

能及时熔断，造成粘连，飞溅过大，如图 2-37(b) 所示。与 XT 类似的低压容器焊接电流的选择范围为 100～160A。详细选用方法见任务二第三条。

(a) 电流过大

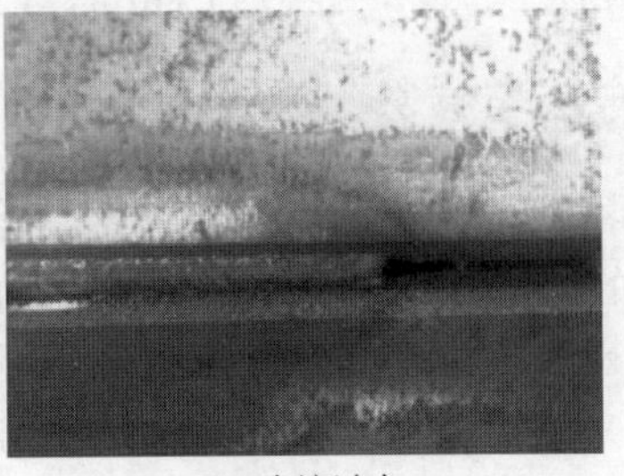
(b) 电流过小

图 2-37 电流对焊接成型的影响

③ 电弧电压。电压必须与焊接电流配合恰当，否则会影响焊缝成型及焊接过程的稳定性。电弧电压随着电流的增大而增大，短路过渡焊接时，常用电弧电压为 16～24V；细滴过渡时，对于直径 1.2～3.0mm 的焊丝，电弧电压可在 25～36V 范围内选取。在实际生产中，常用经验公式确定电弧电压，当焊接电流小于 250A 时，电弧电压按 $V=0.04\times I+(16\pm 1.5)$ 计算；当焊接电流大于 250A 时，电弧电压按 $V=0.04\times I+(20\pm 2.0)$ 计算。根据上述原则，低压箱式容器 XT 的焊接电流范围为 18～21V。

④ 焊接速度。在一定的焊丝直径、焊接电流和电弧电压条件下，随着焊速增加，焊缝宽度与焊缝厚度减小。焊速过快，不仅气体保护效果变差，可能出现气孔，而且还易产生咬边及未熔合等缺欠；焊速过慢，焊缝宽度就会明显增加，熔池热量集中，容易发生烧穿等缺陷，通常 CO_2 半自动的焊接速度在 0.05～0.15m/min。

⑤ 焊丝伸出长度。焊丝伸出长度取决于焊丝直径，一般应大于焊丝直径的 10 倍但不超过 15 倍。伸出长度过大，焊丝容易成段熔断，飞溅严重，气体保护效果差；伸出长度过小，不但易造成飞溅物堵塞喷嘴，影响保护效果，还会妨碍焊工视线。

⑥ CO_2 气体流量。流量应根据焊接电流、焊接速度、焊丝伸出长度、喷嘴直径等选择。气体流量应随焊接电流的增大、焊接速度的增加和焊丝伸出长度的增加而加大。过大或过小的气体流量都会影响气体保护效果，气体流量太大，由于气体在高温下的氧化作用，会加剧合金元素的烧损，减弱硅、锰元素的脱氧还原作用，在焊缝表面出现较多的二氧化硅和氧化锰的渣层，使焊缝容易产生气孔等缺陷。气体流量太小，则气体流层的挺度不强，对熔池和熔滴的保护效果不好，也容易使焊缝产生气孔等缺陷，如图 2-38 所示。通常在细丝（0.6～1.2mm）CO_2 焊时，流量为 8～15L/min；粗丝 CO_2 焊时，流量为 15～25L/min。

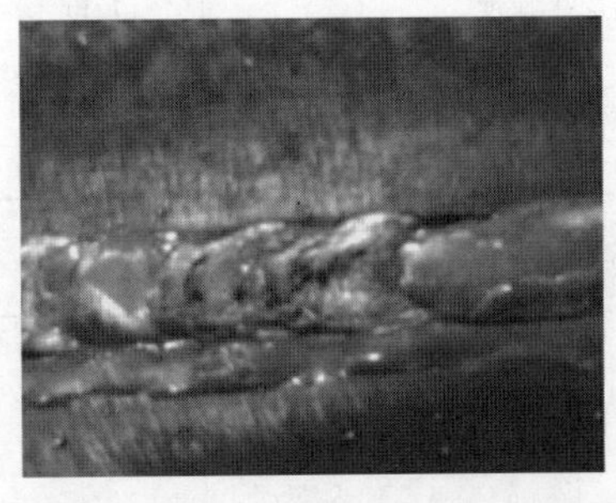

图 2-38 保护气体流量过小对焊缝的影响

⑦ 装配间隙和坡口尺寸。由于 CO_2 焊焊丝较细，电流密度大，电弧穿透力强，电弧热量集中，一般厚度小的焊件不开坡口也可焊透。对于必须开坡口的焊件，如单面焊双面成型的板件一般坡口角度为 60°，钝边约 1mm，根部组对间隙预留 1～2mm。

二、摆动方法与参数

为了控制焊缝的宽度和良好的焊缝成型，CO_2 气体保护焊的焊枪应作横向摆动。KUKA 机器人常用的摆动方式有直线形（无摆动）、螺旋摆动、梯形摆动、三角形摆动、不对称梯形等，可在示教器中选择，如图 2-39 所示。

长度（螺距）表示相邻两个齿对应点之间的轴向距离，偏转（摆幅）表示焊缝中心点到坡口面的单边摆动距离，机器人移动速度以 m/min 计算，如图 2-40 所示。

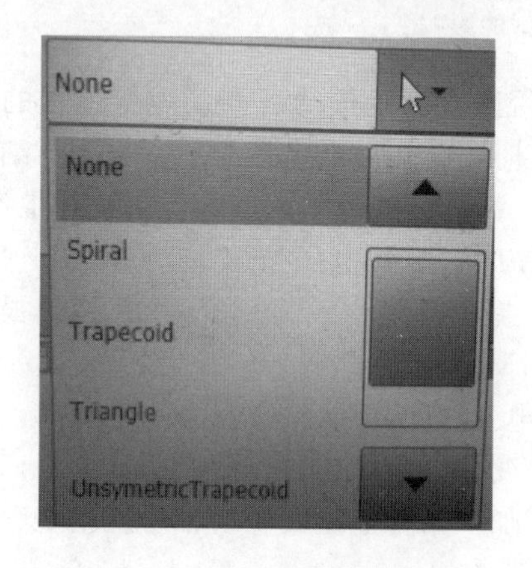

图 2-39 KUKA 机器人常用摆动方式的选择

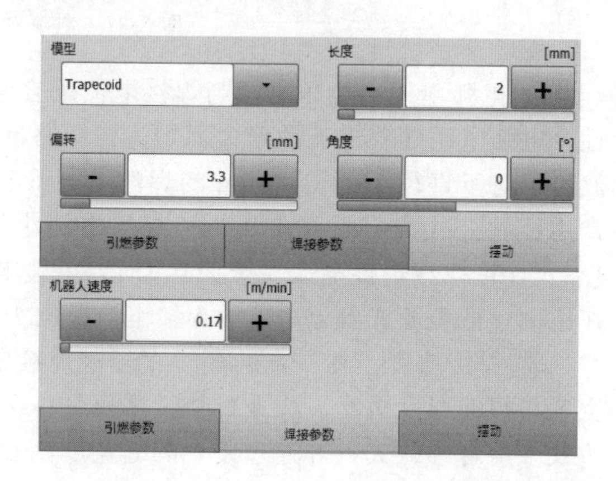

图 2-40 KUKA 机器人摆动参数设置

三、低压箱式容器 XT 的焊接参数设置

根据上述焊接参数的选用原则，XT 容器焊接的各步参数如表 2-2～表 2-9 所示。

表 2-2 组对焊机点固焊（CO_2 气体）焊接参数

焊接层次	焊丝直径/mm	焊接电流/A	电弧电压/V	焊接速度/(m/min)	摆动方式
盖面层(1)	1.2	130～160	18.5～20.5	0.1～0.15	无摆动

表 2-3 压力容器上盖板 V 形坡口对接平焊（CO_2 气体）焊接参数

焊接层次	焊丝直径/mm	焊接电流/A	电弧电压/V	焊接速度/(m/min)	摆动方式	长度/mm	偏转/mm
打底层(1)	1.2	100～120	18～19	0.1～0.15	梯形摆动	1.8～2.2	2～2.5
盖面层(2)		100～120	18～19	0.08～0.12	梯形摆动	1.8～2.2	3～3.5

表 2-4 压力容器左侧板 V 形坡口对接立焊（CO_2 气体）焊接参数

焊接层次	焊丝直径/mm	焊接电流/A	电弧电压/V	焊接速度/(m/min)	摆动方式	长度/mm	偏转/mm
打底层(1)	1.2	100～120	18～19	0.1～0.15	梯形摆动	1.8～2.2	1.8～2.2
盖面层(2)		100～120	18～19	0.1～0.15	梯形摆动	1.8～2.2	3～3.5

表 2-5 压力容器背面板 V 形坡口对接横焊（CO_2 气体）焊接参数

焊接层次	焊丝直径/mm	焊接电流/A	电弧电压/V	焊接速度/(m/min)	摆动方式
打底层(1)	1.2	100～120	18～19	0.1～0.15	无摆动
盖面层两道(2)		100～120	18～19	0.18～0.22	无摆动

表 2-6 压力容器侧板立角焊（CO_2 气体）焊接参数

焊接层次	焊丝直径/mm	焊接电流/A	电弧电压/V	焊接速度/(m/min)	摆动方式	长度/mm	偏转/mm
打底层(1)	1.2	100～120	18～19	0.15～0.18	无摆动	无	无
盖面层(2)		100～120	18～19	0.1～0.15	梯形摆动	1.8～2.2	3～3.5

表 2-7 压力容器上盖板平角焊（CO_2 气体）焊接参数

焊接层次	焊丝直径/mm	焊接电流/A	电弧电压/V	焊接速度/(m/min)	摆动方式	长度/mm	偏转/mm
打底层(1)	1.2	100～120	18～19	0.12～0.18	无摆动	无	无
盖面层(2)		100～120	18～19	0.1～0.15	梯形摆动	1.8～2.2	3.5～4

表 2-8 压力容器底板 T 形角焊（CO_2 气体）焊接参数

焊接层次	焊丝直径/mm	焊接电流/A	电弧电压/V	焊接速度/(m/min)	摆动方式
盖面层(1)	1.2	120～150	18.5～20	0.1～0.15	无摆动

表 2-9 压力容器侧面管板焊（CO_2 气体）焊接参数

焊接层次	焊丝直径/mm	焊接电流/A	电弧电压/V	焊接速度/(m/min)	摆动方式
盖面层(1)	1.2	120～150	18～19	0.13～0.18	无摆动

总结与练习

压力容器的焊缝形式多种多类，不同类型的焊缝需要设定不同的焊接参数，使用不同的焊接方法，还要合理安排各焊缝的焊接顺序，才能实现焊缝外形美观，实现质量满足压力容器承压需要的制作目标。对学生而言，需要通过不断的实践，才能体会压力容器焊接的内涵。因此，本次任务安排学生完成如模块二项目三任务二练习题图所示的承压箱体的各类焊缝的焊接参数选用，并说明选用的依据。

模块二项目三任务二练习题图

任务三 压力容器典型焊缝的工艺规程编制

任务目标

1. 熟悉压力容器机器人焊接装配的要求。
2. 掌握多种形式焊缝的焊接工艺编制方法。
3. 完成 XT 低压容器的机器人焊接编程与试运行。

相关知识

一、压力容器的装配与定位焊

1. V形坡口对接平焊定位焊

将修磨完毕的构件按装配要求进行组装固定，如图2-41所示。始焊端装配间隙应控制在1.8mm左右，终焊端装配间隙约为2.2mm，错边量≤0.5mm，如图2-42所示。为控制焊接变形，对接焊缝应预置反变形，反变形角度应为1°～3°，如图2-43所示。一般应采用与完成焊接相同型号的焊丝，在距离试件两端20mm以内的坡口面内进行定位焊，焊缝长度控制在10～15mm以内，XT容器上盖板点固焊成型效果，如图2-44所示。

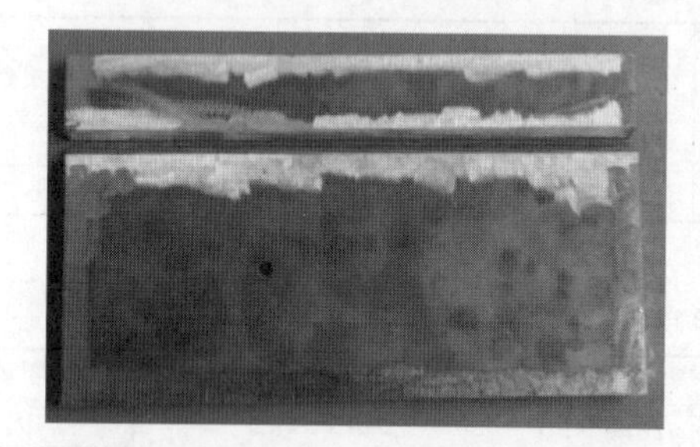

图2-41 上盖板组对固定布置

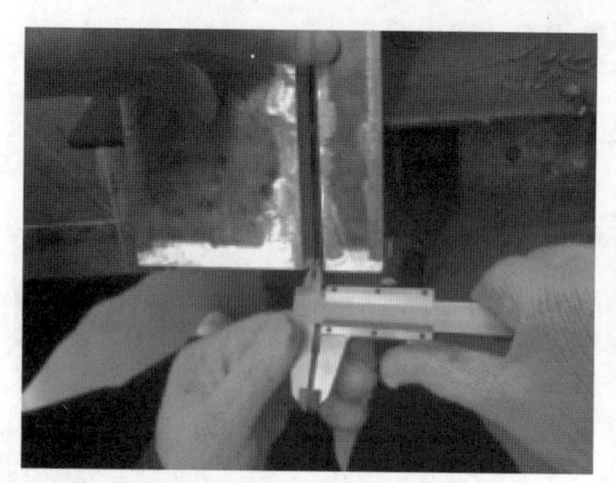

(a) 焊接始端间隙≤1.8mm

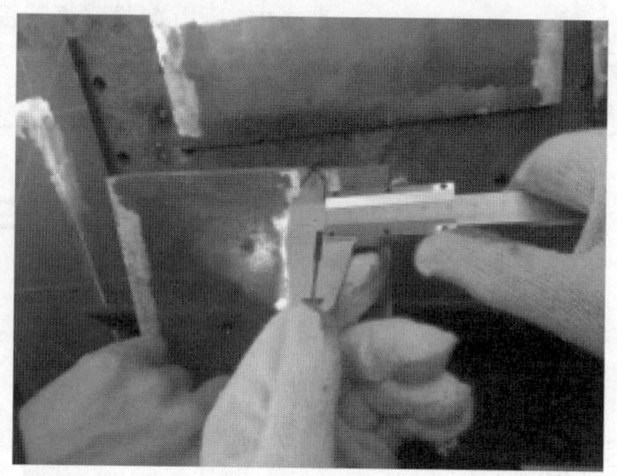

(b) 焊接终端间隙≤2.4mm

图2-42 焊接间隙要求

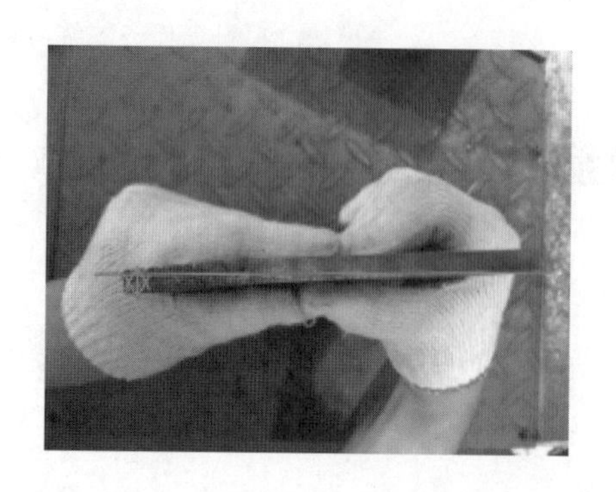

图2-43 对接焊缝预置反变形

(a) 定位(点固)焊操作

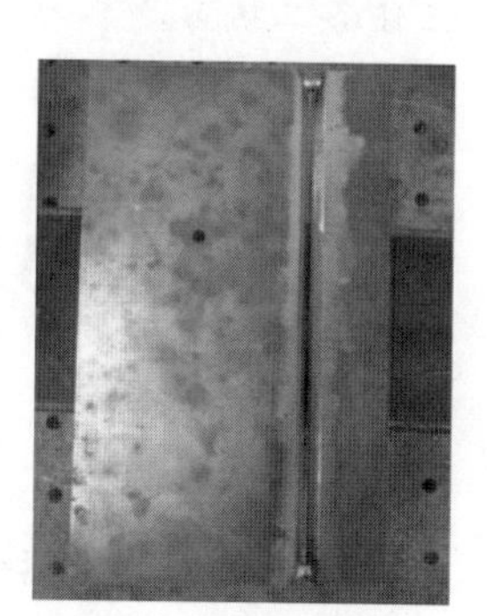

(b) 定位焊成型效果

图2-44 平焊定位焊操作及成型效果

2. V 形坡口对接立焊定位焊

立焊组装的焊前处理、固定要求、定位焊点布置、点焊工艺及反变形要求与对接平焊要求相同，始焊端装配间隙约 1.5mm，终焊端装配间隙约 2.0mm，错边量≤0.5mm。XT 容器左侧板的组对及焊后成型效果，如图 2-45 所示。

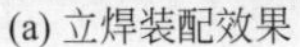

(a) 立焊装配效果

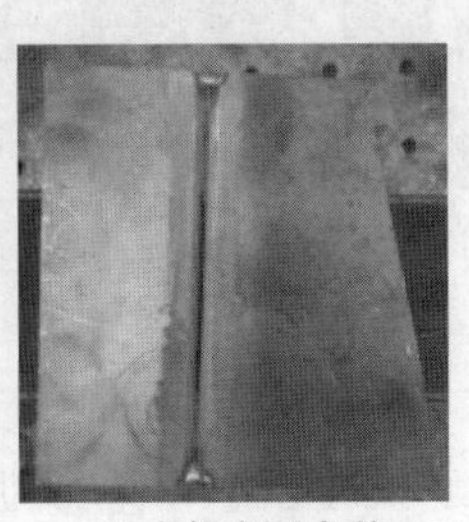

(b) 立焊点固成型

图 2-45　立焊装配与点固成型效果

(a) 横焊装配效果

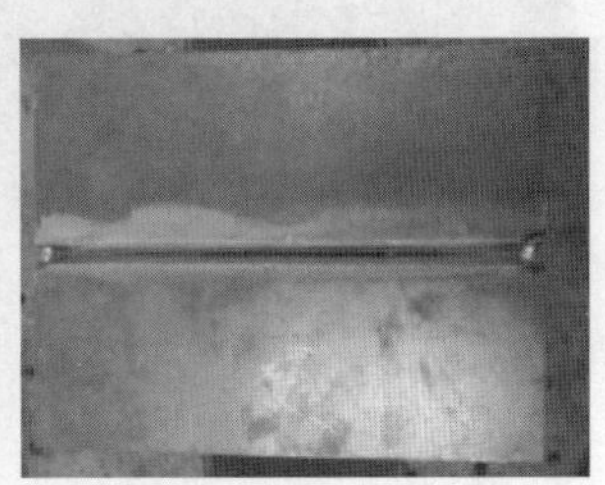

(b) 横焊点固成型效果

图 2-46　横焊装配与点固成型效果

3. V 形坡口对接横焊定位焊

横焊组装的焊前处理、固定要求、定位焊点布置、点焊工艺与对接平焊要求相同，始焊端装配间隙约 1.6mm，终焊端装配间隙约 2.2mm，错边量≤0.5mm。因为横焊为多层多道焊，焊接变形比平焊大，预置反变形量加大为 3°～5°。XT 容器的后背板采用横焊，组对及焊后成型效果如图 2-46 所示。

4. 管板角焊缝定位焊

将修磨完毕的圆管与侧板按装配要求进行组装固定，采用与焊接试件相同型号的焊丝，定位焊的焊缝长度控制在 10～15mm 以内。管板组对及焊后成型效果，如图 2-47 所示。

(a) 管板组对

(b) 定位焊成型

图 2-47　管板焊接装配与点固成型效果

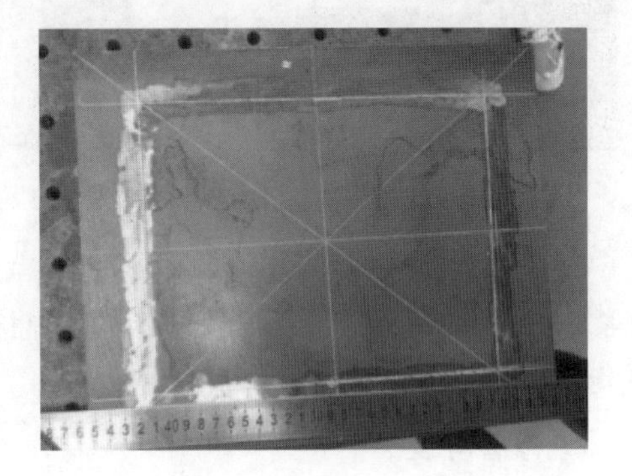

图 2-48　底板划线与打磨

5. 组装拼接焊

在上述拼接件完成焊接后，需要按下列步骤进行组装和点固定位。

① 按图 2-11 所示图纸要求，在底板上划线。焊缝所在位置还需用磨光机等工具进行打磨，去除表面氧化层和油渍，以及其他污染物，如图 2-48 所示。

② 磁力表的磁力吸附面与底板紧贴，使与吸附面垂直的一面对齐一条周边划线。然后，将需要与底板焊接的构件端面紧贴底面，平面与磁力表座面紧贴，并目视观察确认符合装配要求。最后按上述定位焊要求，完成点固焊接。可依次完成后背板、左右侧板的装配定位焊，如图 2-49 中(a)～(c) 所示。

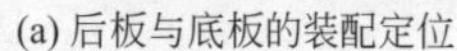

(a) 后板与底板的装配定位

(b) 左侧板与底板的装配定位

(c) 右侧板与底板的装配定位

图 2-49 后板、左右侧板的装配与点固

③ 斜板的安装。将斜板稍卡进左右侧板之间，左手扶住斜板，右手握橡胶榔头，轻轻击打斜板，使之逐步到达安装位置，如图 2-50 所示。

④ 间隙调整与定位加固。在完成上述构件的初步点固之后，用钢板尺、直角尺测量成型尺寸，并用橡胶榔头敲击修正。达到图纸要求后，在接头处增加若干焊点，使装配体更加坚固，如图 2-51 所示。

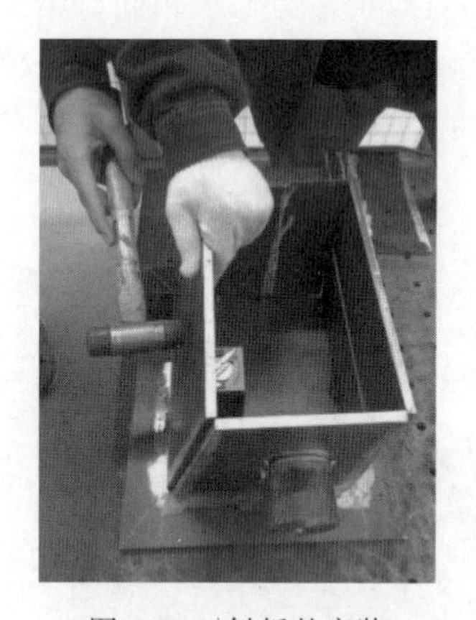

图 2-50 斜板的安装

图 2-51 间隙调整与加固

图 2-52 XT 容器装配效果

⑤ 完成间隙调整，并进行加固定位焊之后，将上盖板置于上部，保证其平面与各板端面紧贴，调整合适位置，然后进行定位焊接。至此，XT 容器的装配定位完成，成型效果如图 2-52 所示。

6. 修磨与装夹

为获得成型良好的焊缝，避免产生各种焊接缺陷，需用磨光机将组装过程中产生的点固接头，修磨打薄，如图 2-53 所示。再将容器组装件放置在机器人焊接工作台，用压板压紧，如图 2-54 所示。

二、XT 容器的焊接编程与操作

1. 打底层焊接程序编写

（1）上盖板 V 形坡口对接平焊打底层摆焊程序编写与焊接 XT 容器的 V 形坡口对接平焊，打底层可采用右焊法，焊枪从左往右，焊接过程无障碍，无需改变焊枪姿态。KUKA 机器人的焊接程序如图 2-55 所示。

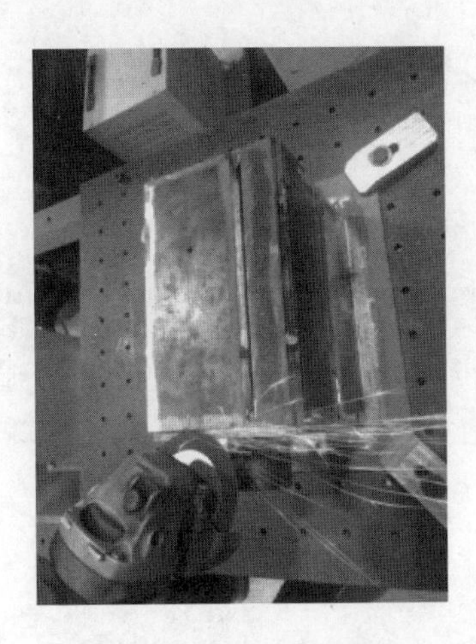

图 2-53　定位焊点修磨

图 2-54　组装件在机器人工作台上的装夹

（2）左侧板 V 形坡口对接立焊打底层摆焊程序编写与焊接　XT 容器的 V 形坡口对接立焊打底层可采用向下焊，焊枪从上往下焊接，焊至底端为避免枪头碰撞底板，需要改变焊枪姿态。焊接姿态变化详见项目三任务四，焊接程序如图 2-56 所示。

```
1  DEF phd( )
2  INI
3  PTP HOME  Vel= 100 % DEFAULT
4  LIN P1 Vel=2 m/s CPDAT1 Tool[1]:tcp Base[0]
5  ANOUT CHANNEL_1=0.21
6  ANOUT CHANNEL_2=0.2
7  ARCON WDAT1 LIN P2 Vel=2 m/s CPDAT2 Tool[1]:tcp Base[0]
8  ARCOFF WDAT2 LIN P3 CPDAT3 Tool[1]:tcp Base[0]
9  LIN P4 Vel=2 m/s CPDAT4 Tool[1]:tcp Base[0]
10 PTP HOME  Vel= 100 % DEFAULT
11 END
```

图 2-55　上盖板 V 形坡口对接平焊打底层摆动焊接程序

```
1  DEF lhd( )
2  INI
3  PTP HOME Vel=100 % DEFAULT
4  LIN P1 Vel=2 m/s CPDAT1 Tool[1]:tcp Base[0]
5  ANOUT CHANNEL_1=0.22
6  ANOUT CHANNEL_1=0.21
7  ARCON WDAT1 LIN P2 Vel=2 m/s CPDAT2 Tool[1]:tcp Base[0]
8  ARCSWI WDAT4 LIN P5 CPDAT6 Tool[1]:tcp Base[0]
9  ARCOFF WDAT3 LIN P4 CPDAT4 Tool[1]:tcp Base[0]
10 LIN P6 Vel=2 m/s CPDAT5 Tool[1]:tcp Base[0]
11 PTP HOME  Vel= 100 % DEFAULT
12 END
```

图 2-56　左侧板 V 形坡口对接立焊打底层摆动焊接程序

（3）背面板 V 形坡口对接横焊打底层摆焊程序编写与焊接　XT 容器的 V 形坡口对接横焊打底层焊接，一般采用右焊法，焊枪从左往右焊接过程无障碍，无需改变焊枪姿态，KUKA 机器人的焊接程序如图 2-57 所示。

（4）立角焊打底层无摆焊程序编写与焊接　XT 容器的立角焊包括两处 90°立角焊缝和两处 75°斜立角焊缝，均采用无摆动焊接。90°立角焊打底层可采用向下焊，焊枪从上往下焊接，焊至底端为避免枪头碰撞底板，需要改变焊枪姿态。75°立角焊打底层可采用向下焊，由于焊缝为斜焊缝，焊枪从上往下焊接需要不断改变焊枪姿态，且焊至底端为避免枪头碰撞底板也要注意改变姿态。KUKA 机器人的焊接程序如图 2-58 所示。

（5）上盖板四边平角焊打底层无摆焊程序编写与焊接　XT 容器的上盖板四边平角焊打底层可采用顺时针焊法，焊枪至各拐角处需改变不同姿态，姿态变化详见项目三任务四，焊接程序如图 2-59 所示。

```
1  DEF hhd( )
2  INI
3  PTP HOME  Vel= 100 % DEFAULT
4  LIN P1 Vel=2 m/s CPDAT1 Tool[1]:tcp Base[0]
5  LIN P6 Vel=2 m/s CPDAT5 Tool[1]:tcp Base[0]
6  ANOUT CHANNEL_1=0.21
7  ANOUT CHANNEL_2=0.21
8  ARCON WDAT3 PTP P7 Vel=100 % PDAT2 Tool[1]:tcp Base[0]
9  ARCOFF WDAT4 LIN P8 CPDAT6 Tool[1]:tcp Base[0]
10 LIN P9 Vel=2 m/s CPDAT7 Tool[1]:tcp Base[0]
11 LIN P10 Vel=2 m/s CPDAT8 Tool[1]:tcp Base[0]
12 PTP HOME  Vel= 100 % DEFAULT
13 END
```

图 2-57　背面板 V 形坡口对接横焊打底层摆动焊接程序

```
1  DEF 1h90d_01( )
2  INI
3  PTP HOME  Vel= 100 % DEFAULT
4  LIN P1 Vel=2 m/s CPDAT1 Tool[1]:tcp Base[0]
5  ANOUT CHANNEL_1=0.21
6  ANOUT CHANNEL_2=0.21
7  ARCON WDAT1 LIN P3 Vel=2 m/s CPDAT2 Tool[1]:tcp Base[0]
8  ARCSWI WDAT4 LIN P7 CPDAT6 Tool[1]:tcp Base[0]
9  ARCOFF WDAT3 LIN P5 CPDAT4 Tool[1]:tcp Base[0]
10 LIN P6 Vel=2 m/s CPDAT5 Tool[1]:tcp Base[0]
11 PTP HOME  Vel= 100 % DEFAULT
12 END
```

```
1  DEF 1h75d_01( )
2  INI
3  PTP HOME  Vel= 100 % DEFAULT
4  LIN P1 Vel=2 m/s CPDAT1 Tool[1]:tcp Base[0]
5  ANOUT CHANNEL_1=0.21
6  ANOUT CHANNEL_2=0.21
7  ARCON WDAT1 LIN P2 Vel=2 m/s CPDAT2 Tool[1]:tcp Base[0]
8  ARCOFF WDAT2 LIN P3 CPDAT3 Tool[1]:tcp Base[0]
9  LIN P4 Vel=2 m/s CPDAT4 Tool[1]:tcp Base[0]
10 PTP HOME  Vel= 100 % DEFAULT
11 END
```

图 2-58 立角焊打底层无摆动焊接程序

```
1  DEF sbjd( )
2  INI
3  PTP HOME  Vel= 100 % DEFAULT
4  LIN P1 Vel=2 m/s CPDAT1 Tool[1]:tcp Base[0]
5  ANOUT CHANNEL_1=0.21
6  ANOUT CHANNEL_2=0.21
7  ARCON WDAT1 LIN P2 Vel=2 m/s CPDAT2 Tool[1]:tcp
   Base[0]
8  ARCSWI WDAT2 LIN P3 CPDAT3 Tool[1]:tcp Base[0]
9  ARCSWI WDAT3 LIN P4 CPDAT4 Tool[1]:tcp Base[0]
10 ARCSWI WDAT4 LIN P5 CPDAT5 Tool[1]:tcp Base[0]
11 ARCSWI WDAT5 LIN P6 CPDAT6 Tool[1]:tcp Base[0]
12 ARCSWI WDAT6 LIN P8 CPDAT7 Tool[1]:tcp Base[0]
13 ARCSWI WDAT7 LIN P9 CPDAT8 Tool[1]:tcp Base[0]
14 ARCSWI WDAT8 LIN P10 CPDAT9 Tool[1]:tcp Base[0]
15 ARCSWI WDAT9 LIN P11 CPDAT10 Tool[1]:tcp Base[0]
```

```
15 ARCSWI WDAT9 LIN P11 CPDAT10 Tool[1]:tcp Base[0]
16 ARCSWI WDAT10 LIN P12 CPDAT11 Tool[1]:tcp Base[0]
17 ARCSWI WDAT11 LIN P13 CPDAT12 Tool[1]:tcp Base[0]
18 ARCSWI WDAT12 LIN P14 CPDAT13 Tool[1]:tcp Base[0]
19 ARCSWI WDAT14 LIN P16 CPDAT15 Tool[1]:tcp Base[0]
20 ARCOFF WDAT16 LIN P19 CPDAT18 Tool[1]:tcp Base[0]
21 LIN P18 Vel=2 m/s CPDAT17 Tool[1]:tcp Base[0]
22 PTP HOME  Vel= 100 % DEFAULT
23 END
```

图 2-59 四边平角焊打底层无摆动焊接程序

2. 打底层焊后冷却、修磨

为降低焊接温度，打底层焊后需冷却，将焊枪处于安全位置，焊件冷却一定时间后，在焊缝各接头处进行打磨，详见项目三任务四。

3. 盖面层焊接程序编写与焊接

① 上盖板 V 形坡口对接平焊盖面层焊接工艺与打底层相同，摆焊程序和成型效果如图 2-60 所示。

```
1  DEF phm( )
2  INI
3  ANOUT CHANNEL_2=0.22
4  ANOUT CHANNEL_1=0.21
5  PTP HOME Vel=100 % DEFAULT
6  LIN P1 Vel=2 m/s CPDAT1 Tool[1]:tcp Base[0]
7  ARCON WDAT1 LIN P2 Vel=2 m/s CPDAT2 Tool[1]:tcp Base[0]
8  ARCOFF WDAT2 LIN P3 CPDAT3 Tool[1]:tcp Base[0]
9  LIN P4 Vel=2 m/s CPDAT4 Tool[1]:tcp Base[0]
10 PTP HOME  Vel= 100 % DEFAULT
11 END
```

图 2-60 上盖板 V 形坡口对接平焊盖面层摆焊程序及成型

② 左侧板 V 形坡口对接立焊盖面层焊接工艺与打底层相同，摆焊程序与成型效果如图 2-61 所示。

```
1  DEF lhm( )
2  INI
3  PTP HOME Vel=100 % DEFAULT
4  LIN P1 Vel=2 m/s CPDAT1 Tool[1]:tcp Base[0]
5  ANOUT CHANNEL_1=0.21
6  ANOUT CHANNEL_2=0.21
7  ARCON WDAT1 LIN P2 Vel=2 m/s CPDAT2 Tool[1]:tcp Base[0]
8  ARCSWI WDAT3 LIN P5 CPDAT5 Tool[1]:tcp Base[0]
9  ARCOFF WDAT2 LIN P3 CPDAT3 Tool[1]:tcp Base[0]
10 LIN P4 Vel=2 m/s CPDAT4 Tool[1]:tcp Base[0]
11 PTP HOME  Vel= 100 % DEFAULT
12 END
```

图 2-61　左侧板 V 形坡口对接立焊盖面层摆焊程序及成型

③ 后背板 V 形坡口对接横焊盖面层第一道焊接工艺与打底层相同，多层多道焊要注意控制焊道间的重叠距离，以防止产生焊沟凹凸不平，无摆焊程序与成型效果如图 2-62 所示。

```
1  DEF hhmx( )
2  INI
3  PTP HOME  Vel= 100 % DEFAULT
4  LIN P2 Vel=2 m/s CPDAT2 Tool[1]:tcp Base[0]
5  ANOUT CHANNEL_1=0.21
6  ANOUT CHANNEL_2=0.21
7  ARCON WDAT1 LIN P1 Vel=2 m/s CPDAT1 Tool[1]:tcp Base[0]
8  ARCOFF WDAT2 LIN P3 CPDAT3 Tool[1]:tcp Base[0]
9  LIN P4 Vel=2 m/s CPDAT4 Tool[1]:tcp Base[0]
10 LIN P5 Vel=2 m/s CPDAT5 Tool[1]:tcp Base[0]
11 PTP HOME  Vel= 100 % DEFAULT
12 END
```

图 2-62　后背板 V 形坡口对接横焊盖面层第一道无摆焊程序及成型

④ 后背板 V 形坡口对接横焊盖面层第二道与第一道焊缝的焊接工艺相同，无摆焊程序与成型效果如图 2-63 所示。

```
1  DEF hhms( )
2  INI
3  PTP HOME  Vel= 100 % DEFAULT
4  LIN P1 Vel=2 m/s CPDAT1 Tool[1]:tcp Base[0]
5  ANOUT CHANNEL_1=0.21
6  ANOUT CHANNEL_2=0.21
7  ARCON WDAT1 LIN P3 Vel=2 m/s CPDAT2 Tool[1]:tcp Base[0]
8  ARCOFF WDAT2 LIN P2 CPDAT3 Tool[1]:tcp Base[0]
9  LIN P4 Vel=2 m/s CPDAT4 Tool[1]:tcp Base[0]
10 LIN P5 Vel=2 m/s CPDAT5 Tool[1]:tcp Base[0]
11 PTP HOME  Vel= 100 % DEFAULT
12 END
```

图 2-63　后背板 V 形坡口对接横焊盖面层第二道无摆焊程序及成型

⑤ 两处 90°立角焊的盖面层摆焊与焊接与打底层相同，摆焊程序与成型效果如图 2-64 所示。

⑥ 两处 75°立角焊的盖面层摆焊的焊接与打底层相同，摆焊程序与成型效果如图 2-65 所示。

⑦ 上盖板四边平角焊盖面层摆焊的焊接与打底层相同，摆焊程序如图 2-66 所示。

```
1  DEF lh90m_01( )
2  INI
3  PTP HOME  Vel= 100 % DEFAULT
4  LIN P1 Vel=2 m/s CPDAT1 Tool[1]:tcp Base[0]
5  ANOUT CHANNEL_1=0.21
6  ANOUT CHANNEL_2=0.21
7  ARCON WDAT1 LIN P2 Vel=2 m/s CPDAT2 Tool[1]:tcp Base[0]
8  ARCSWI WDAT2 LIN P3 CPDAT3 Tool[1]:tcp Base[0]
9  ARCOFF WDAT3 LIN P5 CPDAT4 Tool[1]:tcp Base[0]
10 LIN P4 Vel=2 m/s CPDAT5 Tool[1]:tcp Base[0]
11 PTP HOME  Vel= 100 % DEFAULT
12 END
```

图 2-64 90°立角焊盖面层摆焊程序及焊后成型

```
1  DEF lh75m_01( )
2  INI
3  PTP HOME  Vel= 100 % DEFAULT
4  LIN P1 Vel=2 m/s CPDAT1 Tool[1]:tcp Base[0]
5  ANOUT CHANNEL_1=0.21
6  ANOUT CHANNEL_2=0.21
7  ARCON WDAT1 LIN P2 Vel=2 m/s CPDAT2 Tool[1]:tcp Base[0]
8  ARCSWI WDAT3 LIN P5 CPDAT5 Tool[1]:tcp Base[0]
9  ARCOFF WDAT2 LIN P3 CPDAT3 Tool[1]:tcp Base[0]
10 LIN P4 Vel=2 m/s CPDAT4 Tool[1]:tcp Base[0]
11 PTP HOME  Vel= 100 % DEFAULT
12 END
```

图 2-65 75°立角焊盖面层摆焊程序及焊后成型

```
1  DEF sbjm( )
2  INI
3  PTP HOME  Vel= 100 % DEFAULT
4  LIN P1 Vel=2 m/s CPDAT1 Tool[1]:tcp Base[0]
5  ANOUT CHANNEL_1=0.2
6  ANOUT CHANNEL_2=0.21
7  ARCON WDAT1 LIN P2 Vel=2 m/s CPDAT2 Tool[1]:tcp
   Base[0]
8  ARCSWI WDAT2 LIN P3 CPDAT3 Tool[1]:tcp Base[0]
9  ARCSWI WDAT3 LIN P4 CPDAT4 Tool[1]:tcp Base[0]
10 ARCSWI WDAT4 LIN P5 CPDAT5 Tool[1]:tcp Base[0]
11 ARCSWI WDAT5 LIN P6 CPDAT6 Tool[1]:tcp Base[0]
12 ARCSWI WDAT6 LIN P8 CPDAT7 Tool[1]:tcp Base[0]
13 ARCSWI WDAT7 LIN P9 CPDAT8 Tool[1]:tcp Base[0]
14 ARCSWI WDAT8 LIN P10 CPDAT9 Tool[1]:tcp Base[0]
15 ARCSWI WDAT9 LIN P11 CPDAT10 Tool[1]:tcp Base[0]
16 ARCSWI WDAT10 LIN P12 CPDAT11 Tool[1]:tcp Base[0]
17 ARCSWI WDAT11 LIN P13 CPDAT12 Tool[1]:tcp Base[0]
18 ARCSWI WDAT12 LIN P14 CPDAT13 Tool[1]:tcp Base[0]
19 ARCSWI WDAT14 LIN P16 CPDAT15 Tool[1]:tcp Base[0]
20 ARCOFF WDAT16 LIN P19 CPDAT18 Tool[1]:tcp Base[0]
21 LIN P18 Vel=2 m/s CPDAT17 Tool[1]:tcp Base[0]
22 PTP HOME  Vel= 100 % DEFAULT
23 END
```

图 2-66 上盖板四边平角焊盖面层摆焊程序

⑧ 底板四边 T 形角焊盖面层无摆焊焊接的焊接方法同上盖板四边平角焊打底层焊接，焊接参数不同，无摆焊程序与成型效果如图 2-67 和图 2-68 所示。

```
1  DEF xbj( )
2  INI
3  PTP HOME Vel=100 % DEFAULT
4  LIN P1 Vel=2 m/s CPDAT1 Tool[1]:tcp Base[0]
5  LIN P2 Vel=2 m/s CPDAT2 Tool[1]:tcp Base[0]
6  ANOUT CHANNEL_1=0.26
7  ANOUT CHANNEL_2=0.23
8  ARCON WDAT1 LIN P3 Vel=2 m/s CPDAT3 Tool[1]:tcp
   Base[0]
9  ARCSWI WDAT2 LIN P4 CPDAT4 Tool[1]:tcp Base[0]
10 ARCSWI WDAT3 LIN P5 CPDAT5 Tool[1]:tcp Base[0]
11 ARCSWI WDAT4 LIN P6 CPDAT6 Tool[1]:tcp Base[0]
12 ARCSWI WDAT5 LIN P7 CPDAT7 Tool[1]:tcp Base[0]
13 ARCSWI WDAT6 LIN P8 CPDAT8 Tool[1]:tcp Base[0]
14 ARCSWI WDAT7 LIN P9 CPDAT9 Tool[1]:tcp Base[0]
15 ARCSWI WDAT8 LIN P10 CPDAT10 Tool[1]:tcp Base[0]
16 ARCSWI WDAT9 LIN P11 CPDAT11 Tool[1]:tcp Base[0]
17 ARCSWI WDAT10 LIN P12 CPDAT12 Tool[1]:tcp Base[0]
18 ARCSWI WDAT11 LIN P13 CPDAT13 Tool[1]:tcp Base[0]
19 ARCSWI WDAT12 LIN P14 CPDAT14 Tool[1]:tcp Base[0]
20 ARCSWI WDAT13 LIN P15 CPDAT15 Tool[1]:tcp Base[0]
21 ARCOFF WDAT14 LIN P16 CPDAT16 Tool[1]:tcp Base[0]
22 LIN P17 Vel=2 m/s CPDAT17 Tool[1]:tcp Base[0]
23 PTP HOME  Vel= 100 % DEFAULT
24 END
```

图 2-67 底板四边 T 形角焊盖面层无摆焊程序

图 2-68　底板四边 T 形角焊盖面层焊后成型

⑨ 侧面管板盖面层焊接，由变位机翻转 90°协作进行，焊枪可采用顺时针方向焊接，焊接程序及焊后成型效果如图 2-69 所示。

```
1  DEF gb( )
2  INI
3  PTP HOME  Vel= 100 % DEFAULT
4  PTP P1 Vel=100 % PDAT1 Tool[1]:11 Base[0]
5  PTP P2 Vel=100 % PDAT2 Tool[1]:11 Base[19]:E1 20
6  LIN P3 Vel=2 m/s CPDAT1 Tool[1]:11 Base[0]
7  ANOUT CHANNEL_1=0.21
8  ANOUT CHANNEL_2=0.21
9  ARCON WDAT1 PTP P4 Vel=100 % PDAT3 Tool[1]:11
   Base[0]
10 ARCSWI WDAT2 CIRC P5 P6 CPDAT2 Tool[1]:11 Base[0]
11 ARCSWI WDAT3 CIRC P7 P8 CPDAT3 Tool[1]:11 Base[0]
12 ARCSWI WDAT4 CIRC P9 P10 CPDAT4 Tool[1]:11 Base[0]
13 ARCOFF WDAT5 LIN P11 CPDAT5 Tool[1]:11 Base[0]
14 LIN P12 Vel=2 m/s CPDAT6 Tool[1]:11 Base[0]
15 PTP P13 Vel=100 % PDAT4 Tool[1]:11 Base[19]:E1 20
16 PTP HOME  Vel= 100 % DEFAULT
17 END
```

图 2-69　管板盖面层摆焊程序及焊后成型

总结与练习

压力容器的焊接与使用的机器人、焊接设备等密切相关，与当地的气候环境条件也有很大的关系。根据焊接手册或机器人焊接说明书中提供的焊接工艺参数和焊接方式，并不是总能完成高质量的焊缝。各学校需要根据设备条件，训练学生根据手册、说明书选用焊接参数，并通过实践摸索获得最佳焊接参数。因此，本次任务安排学生完成模块二项目三任务二练习题图所示容器的各焊缝的机器人焊接工艺规程及程序编写，为下一任务的实际操作做好准备。

任务四　机器人焊接工作站系统的编程与操作

任务目标

1. 熟悉机器人工作站系统的操作要领。
2. 完成机器人工作站系统焊接编程与操作。

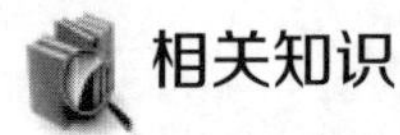

相关知识

初学者在熟悉打底层、盖面层的焊接程序分别编写、单段焊接，并掌握打底层焊接出现焊缝偏移时用盖面层的点位及摆动幅度对其进行修正的焊接技术后，应当熟悉打底层、盖面层的焊接程序一次编写、调试的焊接工艺过程。

一、机器人工作站系统的焊接工艺过程

1. 焊接准备

机器人工作站系统的组成形式多种多样，基本形式如图 2-70 所示。首先，应检查焊接机器人实操场地用气、用电安全状况，再依次启动总控电源、工位电源、机器人控制柜和焊机电源。待示教器自检程序完成后，松开示教器急停旋钮，拧动钥匙，选择手动（T1）模式以解除机器人锁止状态，如图 2-71 所示。

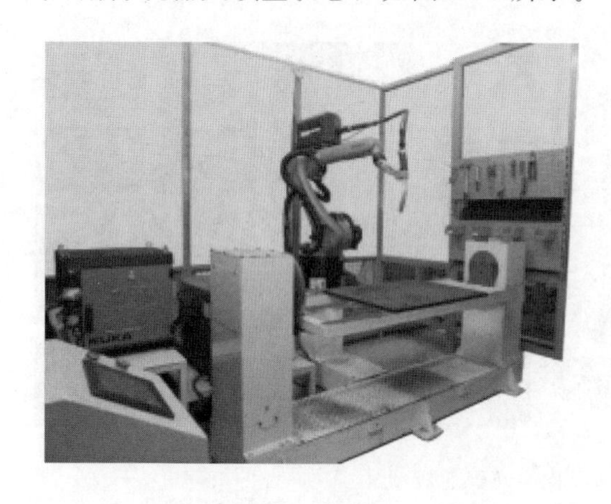

图 2-70　机器人工作站系统一般组成

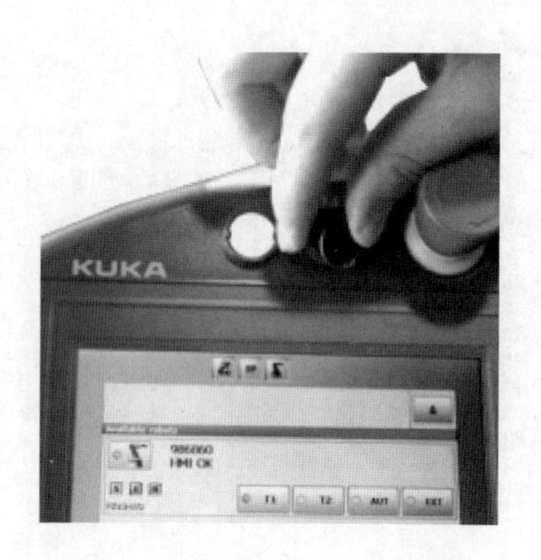

图 2-71　选定机器人手动运行模式

2. 焊接参数设置

机器人工作站系统除了机器人之外，还包括供气系统、焊接电源等，下面介绍比较完整的焊接参数设置过程及要求。

① 打开气瓶瓶阀，根据焊接任务要求，将供气流量选定为 15～20L/min，如图 2-72 所示。

② 手工或用清枪站剪去焊丝前端污损部位，保留干伸长度 10～12mm，如图 2-73 所示。

图 2-72　调节供气流量

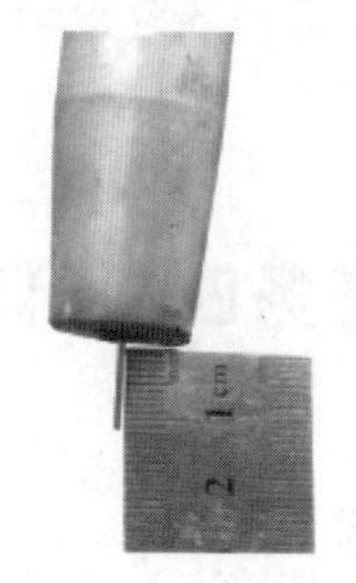

图 2-73　修剪焊丝伸长量

③ 在焊接电源控制面板上完成气体流量设定、焊丝直径选定、焊材类型、焊接控制和

焊接方法的设置。按下焊接电源控制面板上气体检测按钮气体检测，检查机器人焊枪端部有无气体送出；按下焊丝直径按钮焊丝直径，将指示灯移至“1.2mm”处，完成焊丝直径选择；按下焊材类型按钮焊材类型，并将指示灯移至“实芯碳钢”处，完成焊材设定；按下焊接控制按钮焊接控制，将指示灯移至“2 步”处，设定为 2 步法焊接；按下焊接方法按钮焊接方法，将指示灯移至“直流”处，选定焊接方法为直流焊接。焊接参数设置如图 2-74 所示。

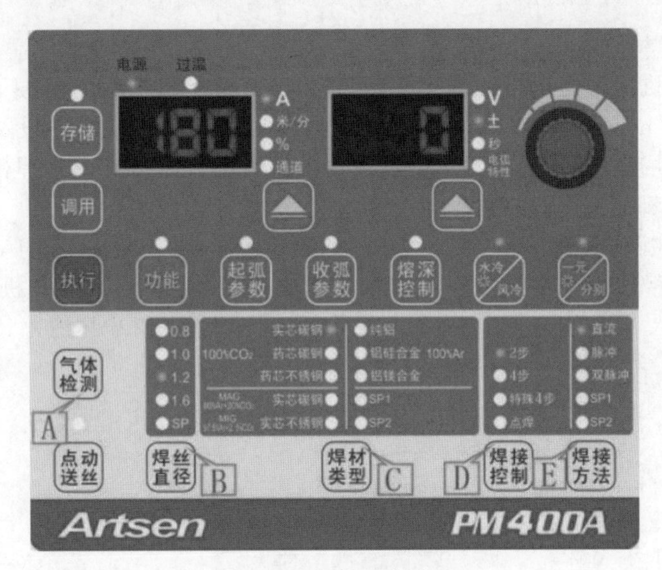

图 2-74 焊接参数设置

3. 打底层焊接

① 编写程序。首先，在示教器面板中点击新建程序文件夹→新建程序模块（输入程序名 phd），如图 2-75(a) 所示。

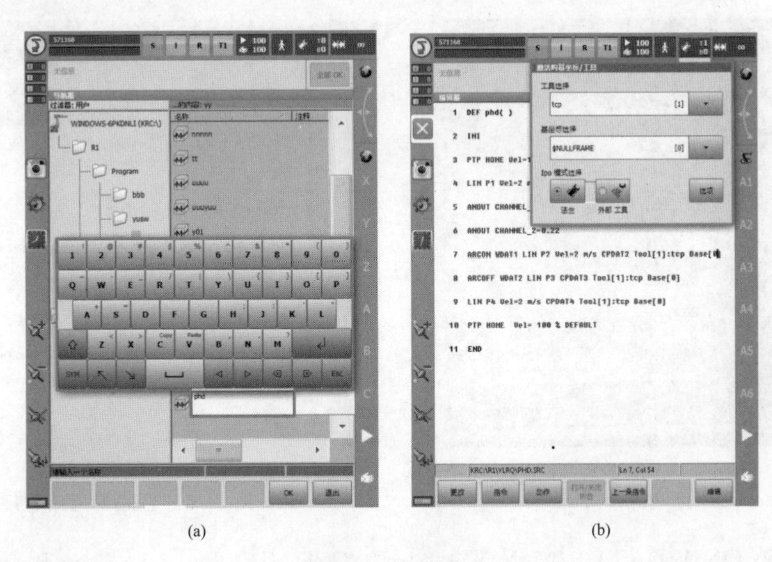

(a) (b)

图 2-75 创建程序

打开新建的程序模块（phd）进行编辑，在程序编辑前进行坐标和 TCP 工具选择。

然后，点击示教器面板右上方坐标系及工具选项，选择 KUKA 机器人默认基坐标，选择 Tcp1 号工具（T1 已校正），如图 2-75(b) 所示。此时，示教器将出现如下默认程序语句：

```
DEF phd ( )                          //程序名称
INI                                  //系统初始化程序
PTP HOME Vel=100 % DEFAULT           //安全位置 home 开始点
PTP HOME Vel=100 % DEFAULT           //安全位置 home 结束点
END                                  //程序结束
```

其中 home 为机器人的初始位置（设计原点），其位于机器人不易被干涉的位置。如果在编程过程中发现 home 点与工件位置发生干涉，可以将 home 点重新设置。

② 设置安全过渡点位置。在到达始焊点之前，调整焊枪姿态并将焊枪移至接近始焊点位置，采集此点，即为安全过渡点。

③ 设置焊接电流和电弧电压。在下列程序的第 5 行输入“ANOUT CHANNEL _ 1=0.21”，即设定焊接电流约为 115A（输入参数与电流、电压的对应关系参见 KUKA 机器人操作说明书）；在程序的第 6 行输入“ANOUT CHANNEL _ 2=0.2”，即设定电弧电压约为 18V。

```
1  DEF phd(  )
2  INI
3  PTP HOME  Vel=100 % DEFAULT
4  LIN P1 Vel=2 m/s CPDAT1 Tool[1]:tcp Base[0]
5  ANOUT CHANNEL_1=0.21
6  ANOUT CHANNEL_2=0.2
7  PTP HOME Vel=100 % DEFAULT
8  END
```

④ 设置始焊点位置。将焊枪移至直线始焊点位置，如图 2-76 所示。点击“指令”键，从该栏中点击“ArcTech”，选择“ARC 开”，打开如图 2-77 所示对话框。

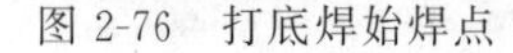
图 2-76 打底焊始焊点

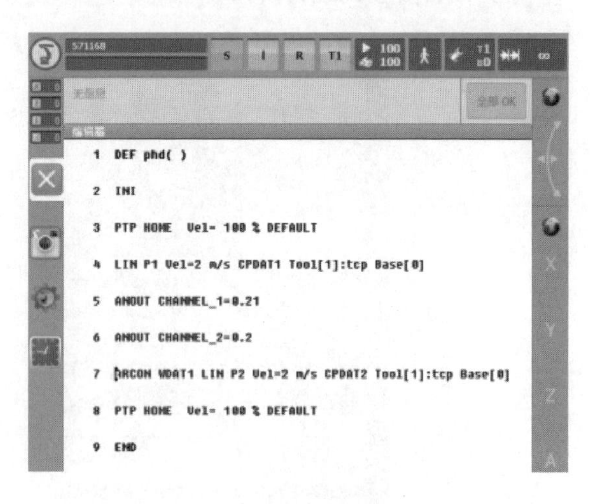

图 2-77 打底焊起始程序段

选中“ARCON WDAT1 LIN P2 Vel=2m/s CPDAT2 Tool [1]：tcp Base [0] ”程序段，点击“WDAT1”展开对话框后，从“焊接参数”项中调整机器人焊接速度为 0.1m/min，如图 2-78(a) 所示；从“摆动”项中选择“Trapezoid（梯形）”，并调整长度（螺距）

为2mm，偏转（单边宽度）2.3mm，角度为0°（该角度设置根据焊枪运行角度来调整），如图2-78(b)所示。

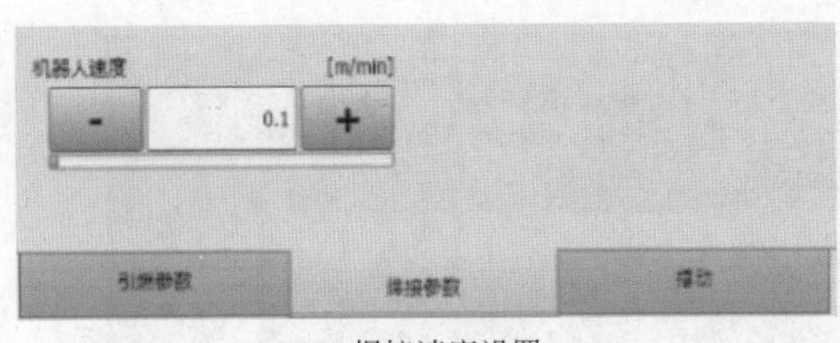

(a)焊接速度设置

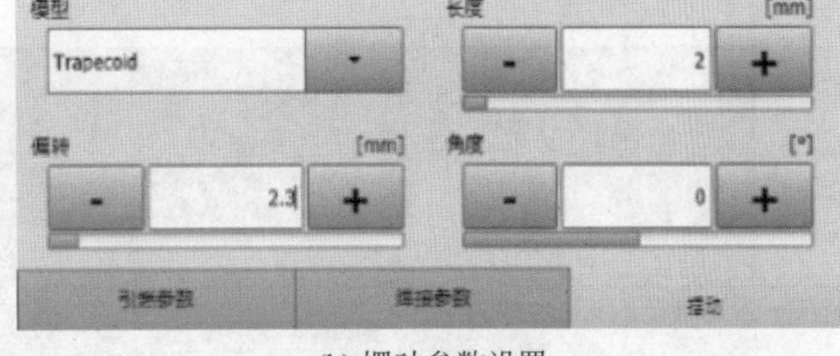

(b)摆动参数设置

图2-78　焊接速度与摆动参数设置

⑤ 设置终焊点位置。将焊枪移动至终焊点位置，在图2-77所示程序段第7行后面，插入“8 ARCOFF WDAT2 LIN P3 CPDAT3 Tool1 [1]：tcp Base [0]”程序行，即完成终焊点设置，并熄弧。

⑥ 设置安全过渡点位置。焊枪离开工件一定距离并调整好姿态，输入程序行“9 LIN P4 Vel = 2m/s CPDAT4 Tool [1]：tcp Base [0]”，即完成安全过渡点的设置。

⑦ 返回安全位置。将焊枪返回至前述设置安全位置home点，输入程序行“10 PTP HOME Vel = 100% DEFAULT”，再选中“PTP HOME Vel=100%”程序段，点击界面下方的“更改”键，点击“确定参数”，再点击“指令OK”，即完成返回安全位置的设置。

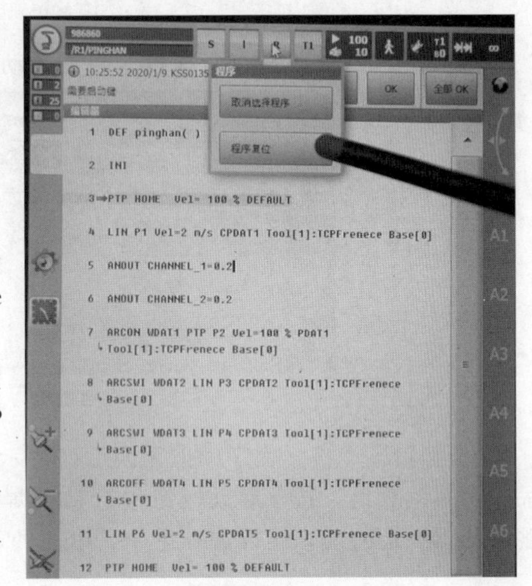

图2-79　程序复位

⑧ 程序复位。点击“界面”上方“R”键，选择程序复位，如图2-79所示。

⑨ 模拟运行。首先，模拟运行前需要检查是否处于关闭动火状态，如图2-80所示。

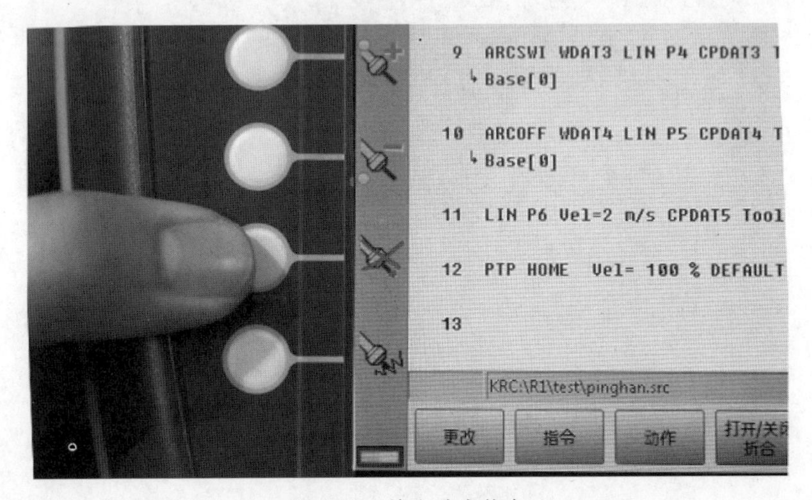

图2-80　检查动火状态

⑩ 设置运行方式。若设置运行方式为“动作”，程序运行过程中在每个点上暂停，包括在辅助点和样条段点上暂停。若设置运行方式为“Go”，则程序不停顿地运行，直至程序结尾，如图 2-81 所示。

图 2-81 设置运行方式

然后按图 2-82 设置运行速度，再在手动（T1）模式下，按下启动键即可模拟运行程序。

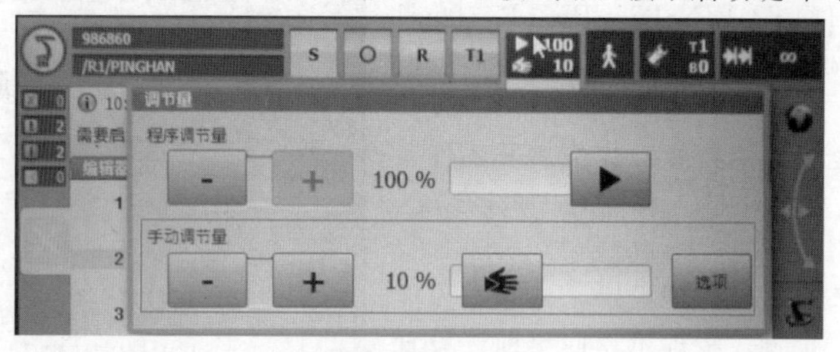

图 2-82 设置运行速度

⑪ 打底层焊接。程序模拟无误后，将示教器调至自动模式，按要求穿戴必要的劳保用品，开启动火键，按下启动按钮进行动火焊接，并观察机器人运行情况，如图 2-83 所示。观察机器人运行时，建议握在手中，以便处理紧急情况。

图 2-83 打底层焊接运行

4. 盖面层焊接

盖面层示教编程与打底层编程类似，焊接电流、电弧电压、焊接速度和摆动项等工艺参数，需要根据实际略作调整，具体程序如下：

```
1  DEF phd(  )
2  INI
3  PTP HOME Vel=100 % DEFAULT
4  LIN P1 Vel=2 m/s CPDAT1 Tool[1]:tcp Base[0]
5  ANOUT CHANNEL_1=0.21
6  ANOUT CHANNEL_2=0.2
7  ARCON WDAT1 LIN P2 Vel=2 m/s CPDAT2 Tool[1]:tep Base[0]
8  ARCOFF WDAT2 LIN P3 CPDAT3 Tool[1]:tcp Base[0]
9  LIN P4 Vel=2 m/s CPDAT4 Tool[1]:tep Base[0]
10  PIP HOME Vel=100 % DEFAULT
11  END
```

对于XT容器选用与打底层一样的焊接电流115A，电弧电压18V，焊接速度0.1m/min。“摆动”项中调整为“Trapezoid（梯形）”，长度（层间距）调整为2mm，偏转（单边宽度）设为3.2 mm，角度为0°。

盖面层的具体操作同打底层焊接一样，焊接完成后的盖面焊缝如图2-84所示。

二、焊接工艺参数的设置与调试

其他焊缝的焊接过程与上盖板V形坡口对接平焊大同小异，以下重点阐述编程步骤和焊接运行轨迹，焊前准备、参数调试及程序模拟等基本操作不再赘述。

图2-84　盖面层成型效果

1. 压力容器V形坡口对接立焊

（1）打底层编程（lhd）　主要焊接参数中的焊接电流设定为110A，电弧电压设定为18V，焊接速度设定为0.11m/min。焊接摆动形式选择Trapezoid（梯形），长度（层间距）调整为2mm，偏转（单边宽度）设定为2mm，挥动角度为0°，如图2-85所示。

焊枪运行轨迹由上向下移动，焊枪纵向和横向均垂直于板件并始终行走于焊缝中心线上。为防止焊枪碰撞，焊至底部适当调整焊枪夹角，使之与底板成约30°夹角，如图2-86所示。

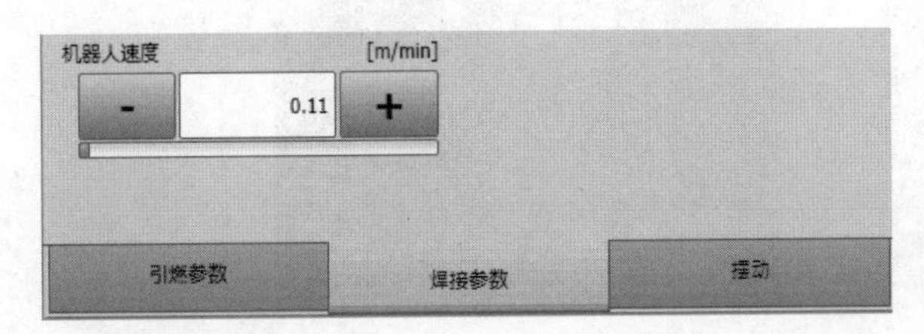

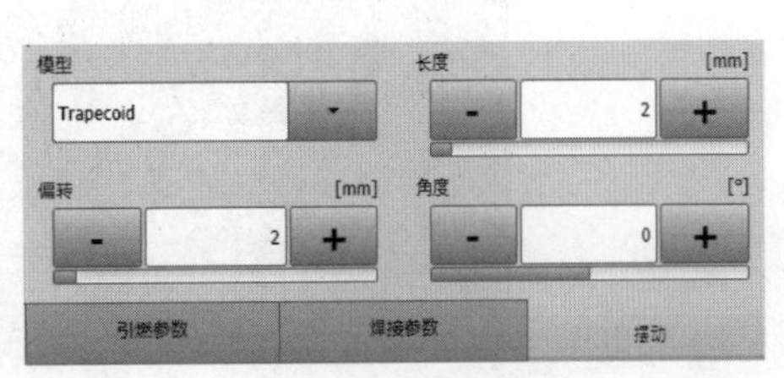

图2-85　对接立焊参数设置

（2）盖面层编程（lhm）　主要焊接参数中的焊接电流设为110A，电弧电压设定为18V，焊接速度0.13m/min。焊接摆动形式选择为Trapezoid（梯形），长度（层间距）调整

图 2-86　底部焊枪夹角调整

为 2mm，偏转（单边宽度）3.2mm，角度设为 0°。焊枪运行轨迹同打底层。

2. 压力容器 V 形坡口对接横焊

（1）打底层编程（hhd）　主要焊接参数中的焊接电流设定为 110A，电弧电压设为 18V，焊接速度设为 0.13m/min，采用无摆动焊接，在图 2-87 中选择“None”。

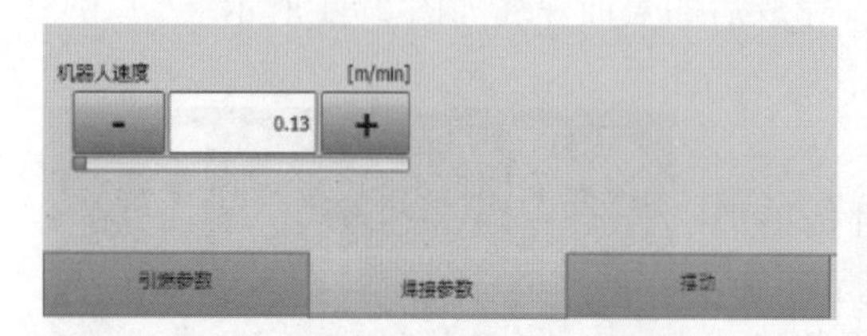

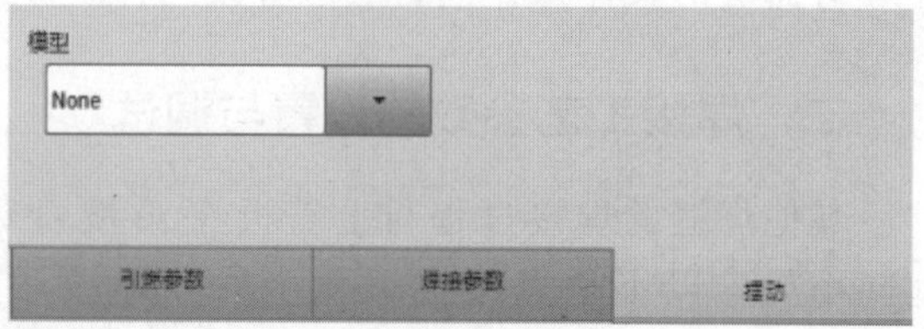

图 2-87　对接横焊参数设置

焊枪运行轨迹由左向右行走，焊枪焊丝与板件倾斜 70°～80°，并始终行走于焊缝中心线位置，如图 2-88 所示。

图 2-88　对接横焊打底层焊枪夹角调整

（2）盖面层编程（hhmx、hhms）　盖面层与打底层的示教编程区别在于盖面层需分两道焊接，电流选定为 115A，电弧电压设定为 18.3V，焊接速度为 0.2m/min，盖面层采用无摆动焊接。焊枪角度及运行轨迹的第一道由左向右行走，焊枪焊丝与板件倾斜 70°～80°，并行走于打底焊缝下焊趾与坡面的交接线；第二道由右向左行走，焊枪焊丝与背板倾斜 70°～80°，并行走于打底焊缝上焊趾与坡面的交接线，如图 2-89 所示。

图 2-89　对接横焊盖面层焊枪夹角调整

3. 压力容器立角焊

（1）打底层编程（lh75d-01）（lh75d-02）　75°立角焊选用焊接电流 110A，电弧电压 18V，焊接速度 0.17m/min，采用无摆动焊接。焊枪运行轨迹由上向下移动，焊枪纵向和横向分别是 90°和 135°，如图 2-90(a)和图 2-90(b) 所示，并始终行走于焊缝中心线上。为防止焊枪碰撞，焊至底部适当调整焊枪夹角，与底板成约 30°夹角，如图 2-90(c) 所示。

(a)

(b)
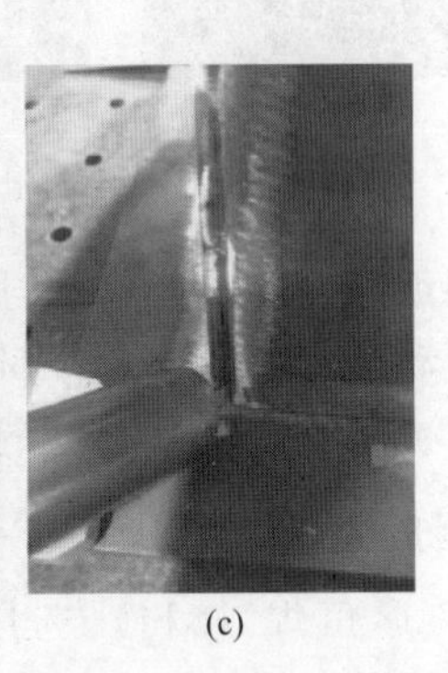
(c)

图 2-90　75°立角焊打底层焊枪夹角调整

90°立角焊（lh90d-01）（lh90d-02）的参数及焊枪运行轨迹同 75°立角焊打底层焊接相同。

（2）盖面层编程（lh75m-01）（lh75m-02）75°立角焊选用盖面层焊接电流为 110A，电弧电压 18V，焊接速度 0.13m/min。摆动焊形式选择 Trapezoid（梯形），长度（层间距）调整为 2mm，偏转（单边宽度）3.3mm，角度为 0°。焊枪运行轨迹同打底层。

90°立角焊盖面层编程（lh90m-01）（lh90m-02）参数及焊枪运行轨迹同 75°立角焊焊接盖面层。

4. 压力容器上盖板四边平角焊

（1）打底层编程（sbjd）　四边平角焊选用焊接电流设定为 110A，电弧电压设定为 18V，焊接速度 0.17m/min，采用无摆动焊接。焊枪运行轨迹的焊接方向可以顺时针方向焊接，也可以逆时针方向焊接。焊枪运行夹角与工件横向夹角为 90°，如图 2-91（a）所示。纵向夹角为 45°，如图 2-91(b) 所示。转角处纵向夹角适当调整，如图 2-92(a)～图 2-92(c) 所示，焊枪逆时针逐次增加适当角度。

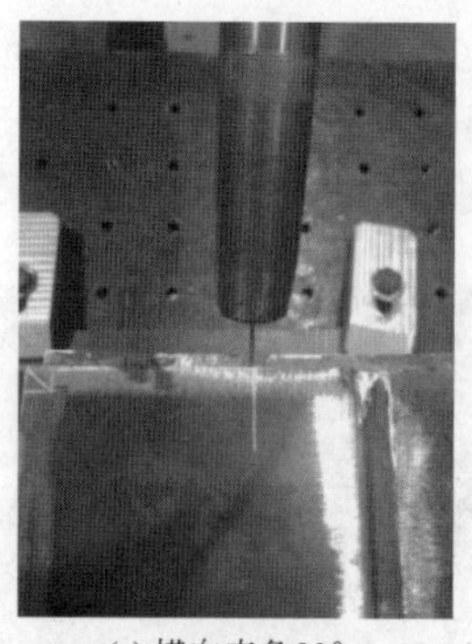

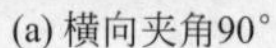

(a) 横向夹角90°

(b) 纵向夹角45°

图 2-91 四边平角焊打底层纵横向焊枪夹角调整

(a)

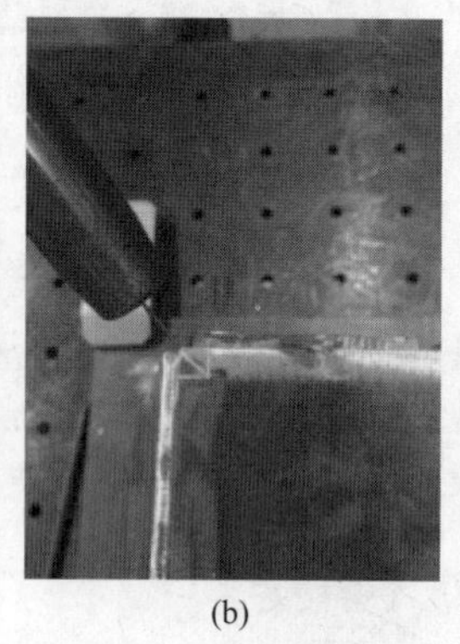

(b)

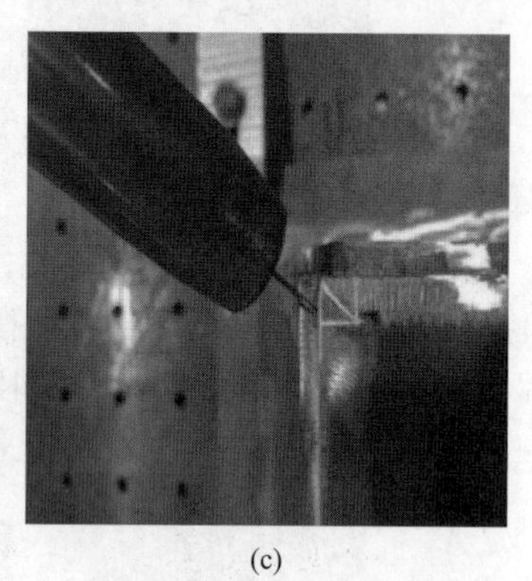

(c)

图 2-92 四边平角焊打底层尖角处焊枪夹角调整

(2) 盖面层编程（sbjm） 盖面层选用焊接电流为110A，电弧电压为18V，焊接速度为0.12m/min。摆动形式选择 Trapezoid（梯形），长度（层间距）调整为2mm，偏转（单边宽度）4.2mm，角度为0°，焊枪运行轨迹同打底层。

5. 压力容器底板四边 T 形角焊

底板四边 T 形角焊（xbj）选用焊接电流为135A，电弧电压为19V，焊接速度为0.15m/min，采用无摆动焊接，焊枪运行轨迹同上盖板四边平角焊打底层。

6. 压力容器管板焊焊接

因管板焊缝所处位置空间狭小，焊枪无法进入，需借助变位器翻转工作台，编程及焊接详见项目四任务三机器人与焊接变位机协同焊接的编程与实操。

总结与练习

在完成各焊缝的焊接程序编写与试运行之后，理论上即可得到理想的焊缝。但在实际运行过程中，由于存在供气、送丝及外界不可预测因素的种种影响，以及示教形成的运行轨迹与实际焊缝位置存在偏差，构件受热之后发生变形等情况，存在产生各种焊接缺陷的可能。只有通过不断的实操训练，才能真正体现机器人焊接工作站系统的操作要领。因此，本次任务安排学生完成 XT 低压箱式容器的指定焊缝的焊接。具体焊缝需根据学生的实际操作水平选定，学时安排和设备情况由教师选定。

机器人与焊接变位机的协同焊接

任务一　典型焊接变位机的认知

任务目标

1. 熟悉典型焊接变位机的工作原理。
2. 掌握变位机选择原则。
3. 完成 XT 低压箱体容器焊接变位机的选择。

相关知识

一、焊接变位机的工作原理与功用

焊接变位机是一种实现焊接自动化的重要辅助设备，适用于复杂的空间曲线焊缝的焊接，通过焊接变位机的变位功能，使得待焊工件获得理想的焊接位置并保证平稳的焊接速度，也是实现焊接智能化最有效的设备之一。

在实际生产中，采用先进的焊接工艺方法和自动化焊接机，只能缩短基础的焊接时间，这种方法缩短的时间只占焊接工作总时间的 25%～30%，而其他工序的时间（如组对、装配、翻转、工件移动、焊机移动等等）还占 70%～75%。并且在此过程中，受到工件结构的影响，焊接过程中待焊工件需要进行多次的翻转和移动，最终的焊接效果并不能完全满足焊接工艺的要求。因此，若要实现焊接机械化，主要靠使用焊接变位机来实现。

据调查统计，在焊接过程中辅助焊接工序占用的时间占总焊接工序的时间，焊条电弧焊为 50%、CO_2 气体保护焊为 70%、埋弧焊为 80%。采用对待焊工件增加焊接变位机的方法，在削减辅助焊接工序占用的时间的同时提高焊接效率、降低生产成本、改善工人的劳动条件并保证产品焊接质量。

焊接变位机尤其适用于回转工作的焊接变位，可使工件实现 360°回转或 120°翻转，以便与操作机、焊机配套使用，组成自动焊接中心，也可用于手工作业时的工件变位。工作台的回转通常采用变频器无级调速，调速精度高，遥控操作器可实现工作台的远程操作，也可与操作机、焊接机控制系统相连，实现联动操作。

二、典型焊接变位机的结构类型

由于焊接变位机拥有对待焊工件回转焊接变位，使得待焊工件获得理想的焊接位置并保证焊接过程中平稳的焊接速度的特点，在现代焊接工业中得到了广泛的应用。焊接变位机的结构也在不断地更新换代，现在已经从传统的单自由度小容量的焊接变位机演变到双自由度、多自由度大容量的焊接变位机，从辅助通用设备的焊接到辅助专用设备的转变。

焊接变位机分为焊件变位机、焊机变位机和焊工变位机等几种，每种类型又按其结构特点或作用分成若干种类。按驱动方式可分为回转驱动和倾斜驱动两类。回转驱动应实现无级调速，并可逆转；在回转速度范围内，承受最大载荷时转速波动不超过 5%。倾斜驱动运动应平稳，在最大负荷下不抖动，整机不得倾覆。倾斜机构要具有自锁功能，在最大负荷下不滑动，安全可靠。最大负荷超过 25kg 的变位机应具有动力驱动功能，并设有限位装置和角度指示标志以控制倾斜角度。

根据结构形式可分为侧倾式变位机、头尾回转式变位机、头尾升降回转式变位机、头尾可倾斜式变位机以及双回转变位机等。通过工作台的升降、回转、翻转使工件处于最佳焊接或装配位置，可与焊接操作机等配套组成自动焊接专机，还可作为机器人周边设备与机器人配套实现焊接自动化，同时可根据用户不同类型的工件及工艺要求，配以各种特殊变位机。

1. 双立柱单回转式变位机

适合用装载机后车架、压路机机架等工程机械的长方形结构件的焊接，其主要特点是立柱的一端电机驱动工作装置沿一个回转方向运转，另一端随主动端从动。两侧立柱可设计成可升降式，以适应不同规格产品。这种变位机的缺点是只能在一个圆周方向回转，选择时要注意焊缝形式是否适合。

2. U 形双座式头尾双回转变位机

这种变位机在双立柱单回转变位机的基础上，被焊结构件在另外一个空间又增加了一个旋转自由度，如图 2-93 所示。变位机焊接空间大，工件可被旋转到需要的位置。可根据各厂的工艺情况在装载机、挖掘机、压路机等结构件焊接时应用。

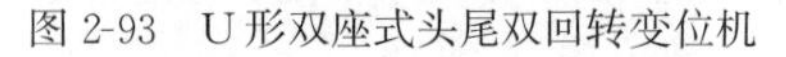

图 2-93 U 形双座式头尾双回转变位机　图 2-94 L 形双回转变位机　图 2-95 座式通用变位机

3. L 形双回转变位机

这种变位机有两个方向的回转自由度，且两个方向都可以±360°任意回转，与其他变位机相比，开放性好，容易操作，L 形变位机已在装载机前车架焊接中成功使用，如图 2-94 所示。

4. C 形双回转变位机

C 形回转形式与 L 形机相同，只是为了方便夹具体的设计，根据结构件的外形，变位机的工作装置稍作变动，适用于装载机的铲斗、挖掘机的挖斗等焊接。

5. 座式通用变位机

这种变位机的工作台有一个整体翻转的自由度，可以将工作翻转至理想的焊接位置进行焊接，另外，工作台还有一个旋转的自由度，如图 2-95 所示。该种变位机适合工程机械的小型焊接件及一些管类、轴类、盘类等中小型复杂结构的焊接。

三、焊接变位机的选用原则

焊接变位机选型应遵循工件适用、方便焊接和容易操作三原则。

① 工件适用原则。结构件之间外形差别很大，焊接时变位需求也有所不同，因此应根据焊接结构件的结构特点和焊接要求，选择适用的焊接变位机。

② 方便焊接原则。根据手工焊接作业状况，所选的焊接变位机要能把被焊工件的任意一条焊缝转到平焊或船焊位置，以避免立焊和仰焊，保证焊接质量。

③ 容易操作原则。应选择安全可靠、开敞性好、操作高度低、结构紧凑的焊接变位机，以便于工人操作和焊接变位机摆放。若焊接结构件变位机的焊接操作高度较高，工人可通过垫高的方式进行焊接，也可通过配装液压升降台进行高度位置调节。

四、XT 低压箱式容器的变位机选用

XT 低压箱式容器如图 2-96 所示，从图中可以看出焊缝类型复杂，既有水平焊缝、横焊缝，也有立焊缝和斜焊缝，还有管板焊缝。为了使焊缝位置均呈回转至水平状态，需要完成 X 和 Y 两个方向的 $\pm 90°$ 翻转，即要求变位机具有两个方向的回转自由度。

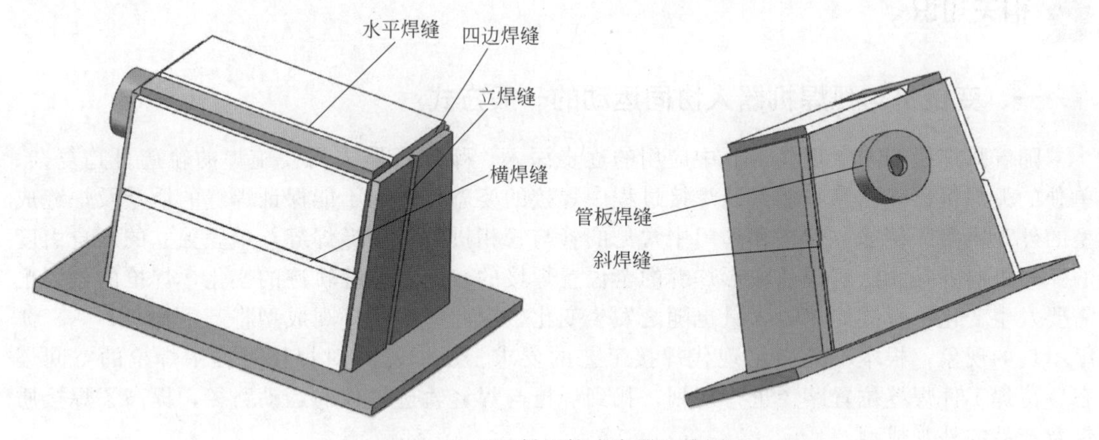

图 2-96 XT 低压箱式容器三维图

根据上述分工，图 2-94 所示的 L 形双回转变位机和图 2-97 所示两轴变位机均可满足回

图 2-97 两轴变位机

转自由度要求。变位机回转盘的直径能够将底板可靠地固定在其安装平面上。根据底板尺寸，应当选用回转盘直径大于450mm以上的两轴变位机。

总结与练习

焊接变位机是焊接生产线上用于完成复杂焊缝焊接的必备辅助设备，种类繁多，适用范围各不相同。另外，变位机是否具有和焊接机器人协同运动的功能，其价格差异巨大。为选定配备在大批量生产线上的变位机，需要充分了解焊缝特性，才能选定使用性价比最高的产品。为了获得初步的实践操作能力，本次任务安排学生在完成模块二项目三任务二练习题图所示的异形容器焊缝特性分析的基础上，完成变位机的选用。

任务二　变位机与弧焊机器人的协同运动控制

任务目标

1. 熟悉变位机与弧焊机器人协同运动控制原理。
2. 掌握变位机与弧焊机器人协同运动控制常用方法。

相关知识

一、变位机与弧焊机器人协同运动的一般方式

随着弧焊机器人在现代工业中应用的逐步深入，弧焊机器人需要施焊的轨迹日趋复杂，单独的弧焊机器人已经不能保证焊接过程中焊接的姿态，进而不能保证焊缝的质量及焊缝成型的外观质量。例如，管道和阀门中常见的管与管相贯的马鞍形焊缝，单凭独立的六自由度的弧焊机器人是无法实现马鞍形焊缝的全位置焊接的。随着焊缝轨迹的变化，焊枪的位姿也需要发生变化，焊缝的热输入量也随之发生变化，因此焊缝的外观成型将产生宽窄不一、薄厚不均的现象，根本不能满足现代焊接工艺的要求。所以需要对焊接过程中焊枪的空间姿态、待焊工件焊缝位置路径进行规划，找到焊枪与焊缝轨迹最佳的运动路径，提高了焊接质量及产品的外观成型。

焊接机器人与变位机的路径规划是仿真动态焊接过程中焊接机器人与变位机协调运动的关系，经过路径规划分析得到焊接过程中焊枪空间姿态及变位机旋转平台的位姿信息。

针对由六自由度焊接机器人和二自由度变位机组成的焊接机器人工作站，依据焊缝的轨迹特点，在保证焊接过程中焊接能量最小、焊接位置最好、焊接过程平稳的原则，可采用以下三种协同运动方式。

① 变位机与焊接机器人异步运动形式。异步运动形式主要应用于简单的直线焊缝轨迹焊接，依据能量最小原则，变位机在焊缝焊接过程中不转动，依靠焊接机器人的各关节自由度调节焊枪运动轨迹并保证焊枪焊接过程中焊接姿态。

② 变位机与焊接机器人同步运动形式。同步运动形式主要应用于平面曲线焊缝轨迹焊接，变位机主要提供一个旋转自由度，焊接机器人各关节自由度调节焊枪运动轨迹并保证焊

枪焊接过程中焊接姿态。

③ 变位机与焊接机器人协同运动形式。协同运动形式主要应用于空间曲线焊缝轨迹焊接，变位机做两个方向的旋转运动，焊接机器人各关节自由度调节焊枪运动轨迹并保证焊枪焊接过程中焊接姿态。

二、变位机与弧焊机器人协同运动控制

1. 变位机与焊接机器人的耦合分析

变位机与焊接机器人的耦合是指变位机与焊接机器人之间相互作用并且彼此影响，实现焊缝最优的焊接过程。如果焊接全程熔池始终保持为水平或者船形姿态，此时得到焊缝表面光滑，外形美观，焊接质量最好。然而，对于一些机构复杂的空间曲线的焊缝，在焊接过程的某个时间里，只有一小段在焊接过程中焊缝处于理想状态而不是全程保持最优焊态，所以需要对变位机与焊接机器人进行耦合分析。

机器人与变位机的耦合分析主要是通过控制机器人最末端关节焊枪坐标系，根据一定的焊接工艺要求，与焊缝离散点坐标系进行耦合，从而使焊接过程中的待焊点依次更替并调整得到焊枪最佳焊接位姿，并保证焊枪以一定的焊接速度施焊当前待焊点。变位机耦合分析是实现焊接机器人连续焊接前提，保证在焊接过程中不断地将待焊位置焊缝依次调到焊接的理想位置，同时配合焊接机器人的各关节协同运动，保证焊枪与焊缝间距和焊枪空间位姿。实际焊接中，焊枪与焊缝的关系不仅受到焊枪与焊缝的角度影响，还受到焊枪与焊缝的位置约束和相对运动的制约。

2. 变位机与焊接机器人的解耦分析

变位机和焊接机器人的解耦分析是指使用数学方法将变位机运动形式与焊接机器人运动形式分离出来并进行各自处理。通常情况下，变位机与焊接机器人的解耦忽略对分析结果影响较小的运动因素，只进行主要因素的运动分析。本文在研究变位机与焊接机器人控制系统中，主要对变位机控制系统与焊接机器人控制系统运动轨迹分析，忽略变位机变位过程产生的振动以及焊枪焊接过程中相对焊缝中心运动位移的偏差造成的影响。

一般情况下，变位机与焊接机器人的解耦在具体作业时，要求变位机对待焊工件的夹紧及定位并能够实时动态调整待焊工件位置姿态，保证焊接过程中焊缝以适当的运行速度，平稳变换到施焊的最佳位置。而对焊接机器人的要求是不断地调整各关节的转角，保证机器人末端关节焊枪的空间姿态，实现焊枪对焊缝的实时跟踪。

3. 变位机与焊接机器人运动规划

针对结构复杂工件的实际焊接操作，必然存在大量的空间焊缝，针对每一条焊缝都需要进行焊枪姿态和焊接参数的设定，并再现示教编程，需要占用大量生产时间，必然降低生产效率。离线编程技术即可解决以上的问题。离线编程技术首先需要建立用户坐标系确定焊点位置和位置关系，通过协调控制算法实现变位机与焊接机器人协同运动。

对于一般结构件，焊缝类型多样位置多样，对于每一条焊缝都采用变位机与焊接机器人协同运动，将会降低机器人工作站焊接效率，因此需要通过焊缝的空间轨迹规划焊接机器人与变位机的运动类型。依照焊缝类型和轨迹将变位机与焊接机器人运动关系分为三类：第一类是异步运动关系；第二类是同步运动关系；第三类是协同运动关系。对于变位机与焊接机器人异步运动关系，变位机相当于零自由度工作平台，待焊工件焊接过程中位置不发生变

化，焊接机器人沿着控制系统提供的轨迹进行施焊，此类运动形式主要应用于焊接直线形焊缝。而对于变位机与焊接机器人的同步运动关系，变位机相当于拥有一个自由度的工作平台，待焊工件焊接过程中焊缝沿着规定路线进行转动，焊接机器人沿着控制系统提供的轨迹进行施焊，此类运动形式主要应用于焊接焊缝平面直线或曲线焊缝。然而对于变位机与焊接机器人的协同运动关系，焊接机器人与变位机和自由度之间存在很强的协同运动关系，变位机运动轨迹受到焊接机器人运动轨迹的约束，焊接机器人的运动轨迹也受到变位机的运动轨迹约束，此类运动形式可以焊接简单的焊接结构，也可以焊接空间曲线焊缝轨迹结构的焊缝。

4. 焊件变位机与焊接机器人之间的非同步协调和同步协调的区别

焊件变位机与焊接机器人之间的运动配合，分非同步协调和同步协调两种。这两种协调运动，对焊件变位机的精度要求是不同的，非同步协调要求焊件变位机的到位精度高；同步协调除要求到位精度高外，还要求高的轨迹精度和运动精度。这就是机器人用焊件变位机与普通焊件变位机的主要区别。

非同步协调是机器人施焊时，焊件变位机不运动，待机器人施焊终了时，焊件变位机才根据指令动作，将焊件再调整到某一位置，进行下一条焊缝的焊接。如此周而复始，直到将焊件上的焊缝全部焊完。同步协调不仅具有非同步协调的功能，而且在机器人施焊时，焊件变位机可根据相应指令，带着焊件协调运动，从而将待焊的空间曲线焊缝连续不断地置于水平或船形位置上，以利于焊接。由于在大多数焊接结构上都是空间直线焊缝和平面曲线焊缝，而且非同步协调运动的控制系统相对简单，所以焊件变位机与机器人的运动配合，以非同步协调运动的居多。而焊件变位机的工作台，多是与做回转和倾斜运动的转角误差有关，而且与焊缝微段的回转半径和倾斜半径成正比。焊缝距回转、倾斜越远，在同一转角误差情况下产生的弧线误差就越大。

总结与练习

焊接机器人与变位机的协同运动控制是机器人焊接的高阶技能，对于学生的理论知识水平和实践操作能力均有很高的要求。鉴于技师学院学生的总体水平尚不能达到普遍应用的水平，大多数学校只配备没有协同功能的变位机，而只有少数学校配备具有协同控制功能的焊接变位机。但机器人与变位机协同运动是使复杂空间曲线焊缝获得完美质量的重要方法，是机器人焊接技术的发展方向。因此，本次任务安排学生比较XT低压箱式容器采用非协同运动和协同运动的焊接的优缺点。

任务三　协同焊接的编程与操作

任务目标

1. 熟悉变位机焊接编程特点。
2. 掌握协同焊接编程基本方法。
3. 完成协同焊接设置操作。

相关知识

对于不同的工业机器人，进行变位机协同焊接编程与设置的操作过程与方法各不相同，下面以学校装备比较多的 ABB、KUKA 和 FANUC 机器人为例，介绍变位机协同焊接编程。

一、 ABB 机器人变位机焊接编程

① 在程序数据中，分别建立焊接参数 weld1 和起弧收弧参数 seam1，如图 2-98、图 2-99 所示。

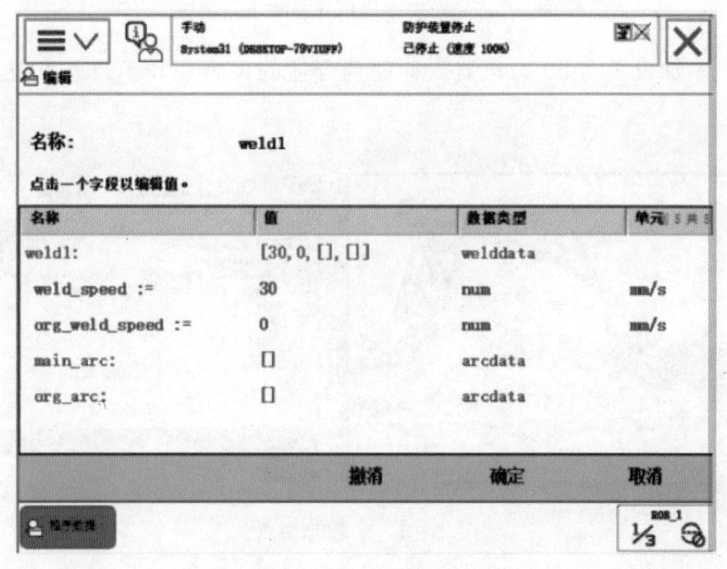

图 2-98 焊接参数 weld

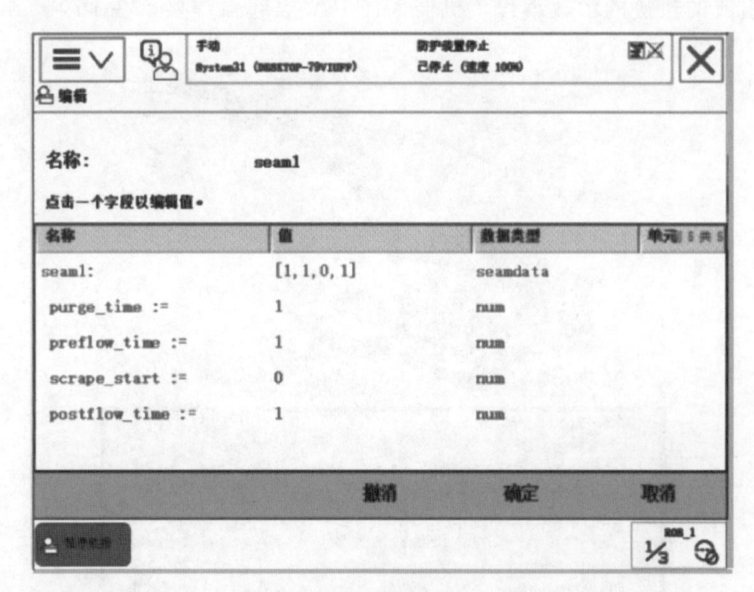

图 2-99 起弧收弧参数 seam

② 激活变位机并示教机器人 home 点，操作过程如图 2-100 所示。

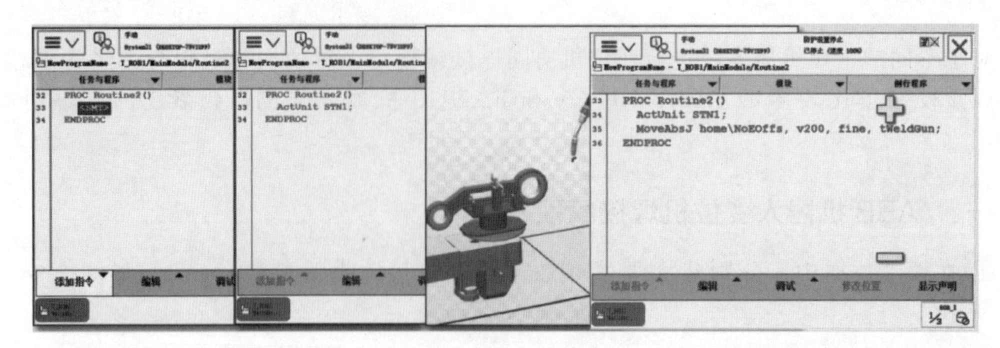

图 2-100　激活变位机并设置 home 点

③ 将变位机 1 轴设置为 90°，机器人移动到合适的位置，并示教此点位置，如图 2-101 所示。

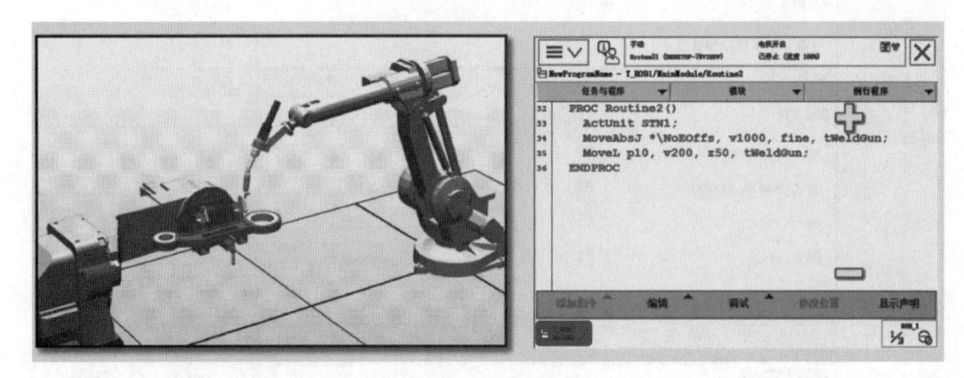

图 2-101　示教起始点

④ 对工件焊接轨迹点进行规划，并按照规划的轨迹示教编程。图 2-102 为一段线性轨迹和两段圆弧组成的轨迹的示教编程，机器人在 P20 点起弧焊接，在 P70 点结束焊接。

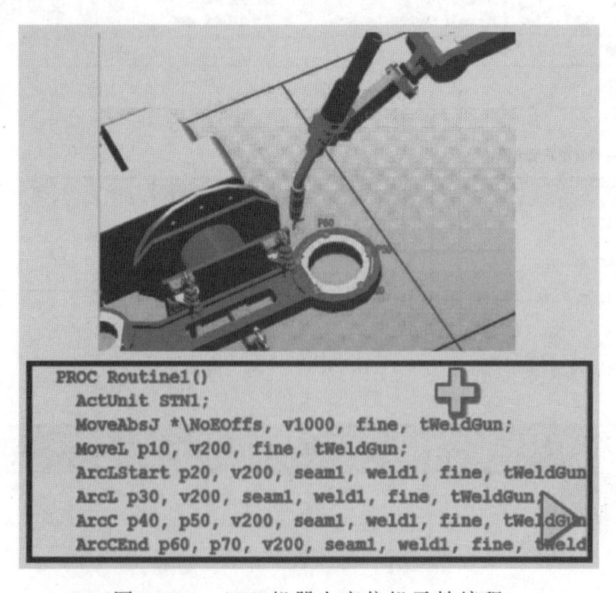

图 2-102　ABB 机器人变位机示教编程

二、KUKA 机器人与变位机非协同焊接编程与操作

以 XT 低压箱式容器的管板焊接为例，介绍机器人与变位机非协同焊接编程与焊接步骤。

① 将焊枪处于安全位置，控制变位器翻转 90°，如图 2-103 所示。当管板面处于水平位置时，示教并记录该运行轨迹至程序，如图 2-104 所示。

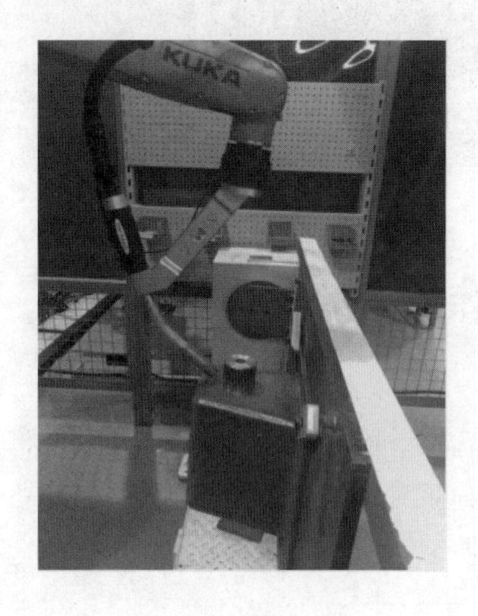

图 2-103　变位机调整

```
1  DEF gb( )
2  INI
3⇒ PTP HOME  Vel= 100 % DEFAULT
4  PTP P1 Vel=100 % PDAT1 Tool[1]:11 Base[0]
5  PTP P2 Vel=100 % PDAT2 Tool[1]:11 Base[19]:E1 20
6  LIN P3 Vel=2 m/s CPDAT1 Tool[1]:11 Base[0]
7  ANOUT CHANNEL_1=0.21
8  ANOUT CHANNEL_2=0.21
9  ARCON WDAT1 PTP P4 Vel=100 % PDAT3 Tool[1]:11
 ↳ Base[0]
10 ARCSWI WDAT2 CIRC P5 P6 CPDAT2 Tool[1]:11 Base[0]
11 ARCSWI WDAT3 CIRC P7 P8 CPDAT3 Tool[1]:11 Base[0]
12 ARCSWI WDAT4 CIRC P9 P10 CPDAT4 Tool[1]:11 Base[0]
13 ARCOFF WDAT5 LIN P11 CPDAT5 Tool[1]:11 Base[0]
14 LIN P12 Vel=2 m/s CPDAT6 Tool[1]:11 Base[0]
15 PTP P13 Vel=100 % PDAT4 Tool[1]:11 Base[19]:E1 20
16 PTP HOME  Vel= 100 % DEFAULT
17 END
```

图 2-104　变位机非协同焊接程序

② 采用无摆动焊接，设定焊接电流为 110A，电弧电压为 18V，焊接速度为 0.17m/min。

③ 焊枪运行方向可以顺时针焊接，也可以逆时针焊接。焊枪运行方向与工件横向夹角为 90°、纵向夹角为 45°，如图 2-105 所示。360°整圆分成四等份，焊枪每转 90°所处夹角同上，如图 2-106 所示。

(a) 横向夹角为90°

(b) 纵向夹角为45°

图 2-105　焊枪运行夹角

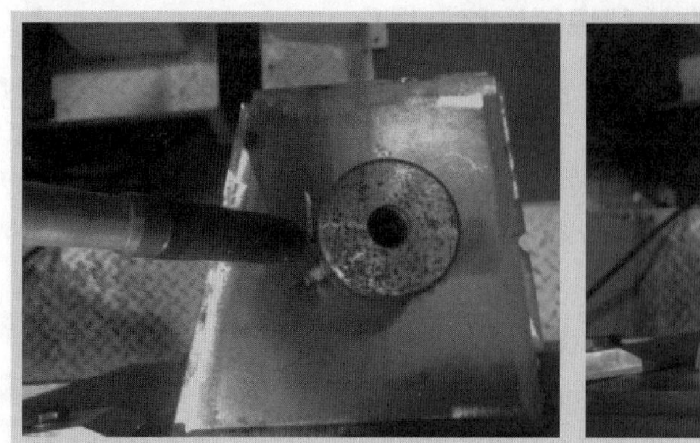

图 2-106 圆弧等分

三、FANUC 机器人与变位机协同焊接编程与操作

1. 项目创建

启动 FANUC ROBOGUIDE 软件，在打开的工作单元创建向导（Workcell Creation Wizard）界面中，移动光标至“1：Process Selection”，在右侧对话框中，选定焊接 WeldPRO（弧焊单元），如图 2-107 所示，并点击“Next”按键进入下一步。

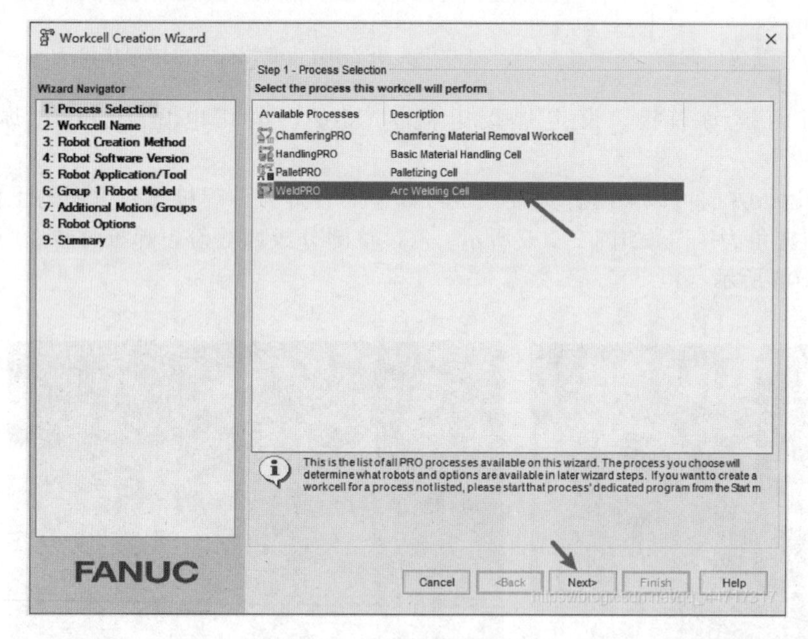

图 2-107 选定焊接 WeldPRO

光标移动至“2：Workcell Name”，在右侧的 Name 输入框中，输入一个新工作单元的名称“test03”，如图 2-108 所示，并点击“Next”按键进入下一步。在输入新工作单元名称时，应确认这是一个新的名字，否则其文本将以红色显示，且不能进行下一步操作。

确认光标移动至“3：Robot Creation Method”，在右侧选项中选择合适的机器人创建方法。创建机器人的创建方法有“在 WeldPRO 默认配置中创建”“在最后使用的 WeldPRO 配置中创建 ”和“从备份文件中创建”3 种方法，机器人的配置将根据选定的 WeldPRO 标

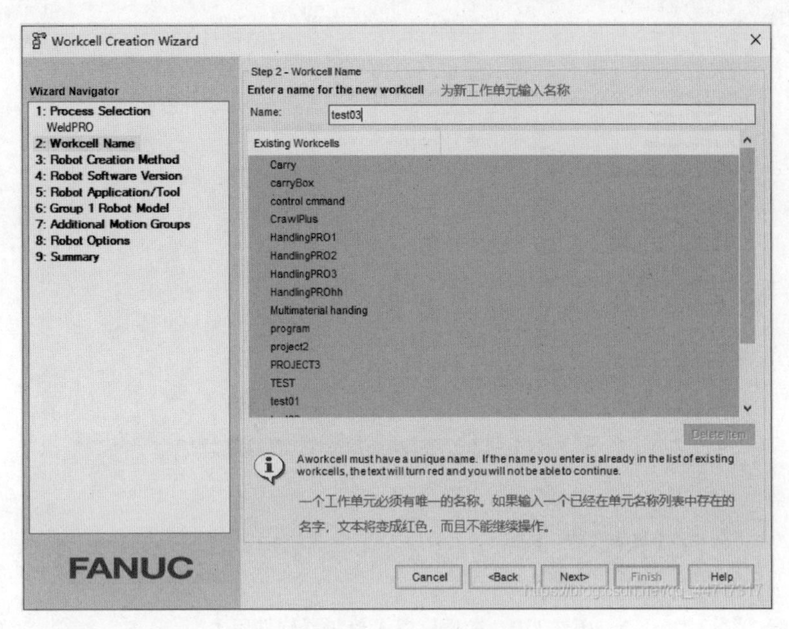

图 2-108　输入工作单元名称

准进行初始化，如图 2-109 所示，点击“Next”按键可进入下一步。

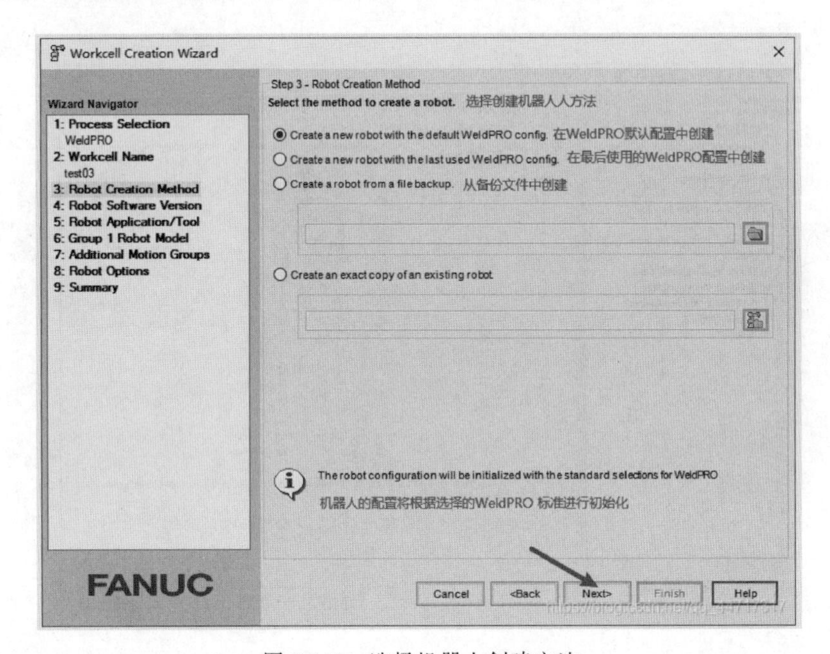

图 2-109　选择机器人创建方法

在完成机器人创建方法选择之后，确认光标移动至“4：Robot Software Version”，在右侧的显示栏中选定控制器软件版本。有多个虚拟机器人控制器版本可供选择，用户可以根据需要从上述列表中选定一种，此处选定 V8.30-R-30iB 版本，如图 2-109 所示。

点击“Next”按键，使光标移动至“5：Robot Application/Tool”，在右侧显示栏中选中“ArcTool(H541)”选择弧焊工具，并选定默认起始点（Default Eoat）。列

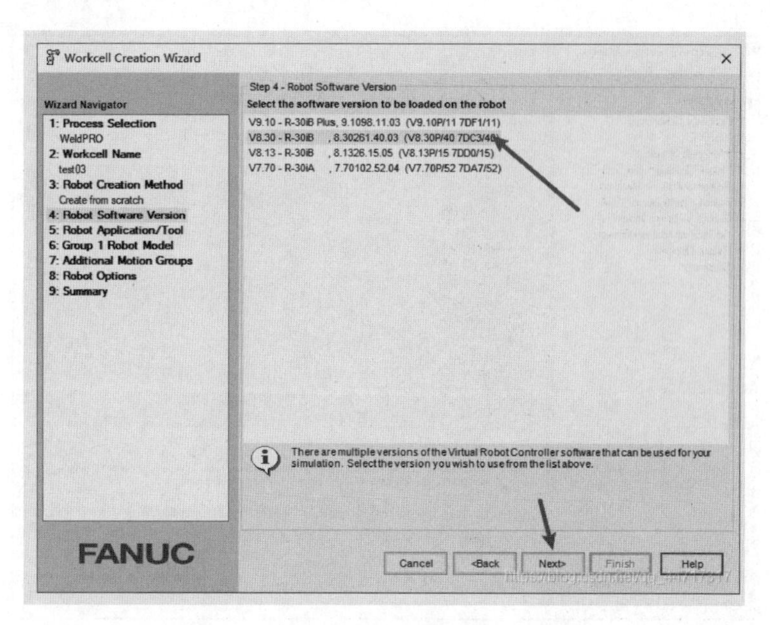

图 2-110 选择机器人控制器软件版本

表中显示的应用或工具对应于选定的焊接工艺和控制器版本都是有效的，如图 2-111 所示。

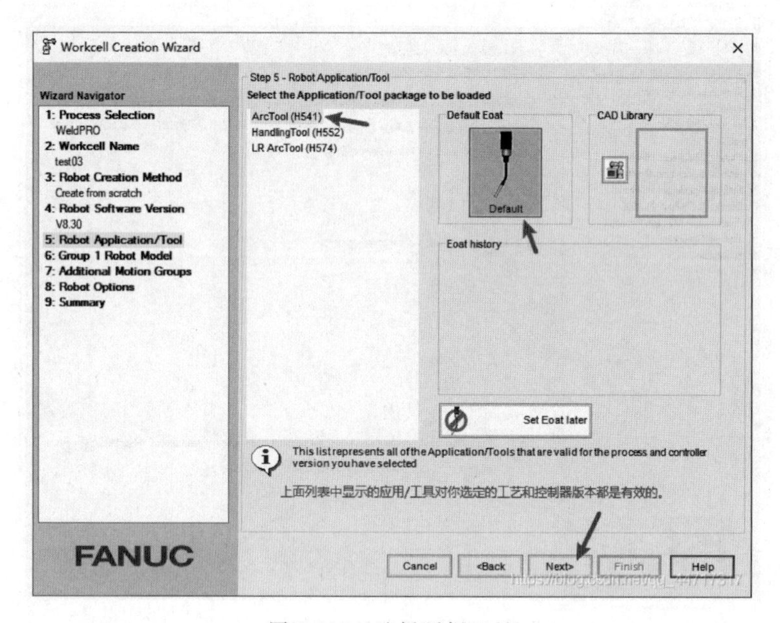

图 2-111 选择弧焊工具

点击“Next”按钮，在显示栏中选定定制号（Order Num）H863，对应的机器人型号为 FANUC M-10iA，如图 2-112 所示。

点击“Next”按钮，进入“7：Additional Motion Groups”添加运动组选项，在右侧对话框中，选定双轴的变位器［2-Axes Servo Positioner(500kg)］作为一个新的组 GROUP2，如图 2-113 所示。

点击“Next”按钮，进入“8：Robot Options”机器人软件选项，按下“Languages”

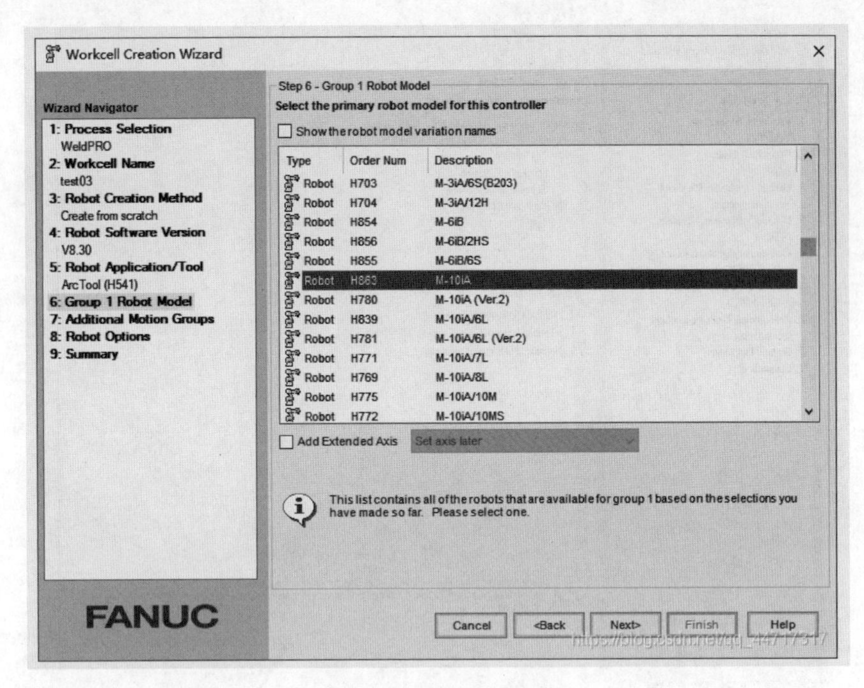

图 2-112 选择弧焊工具

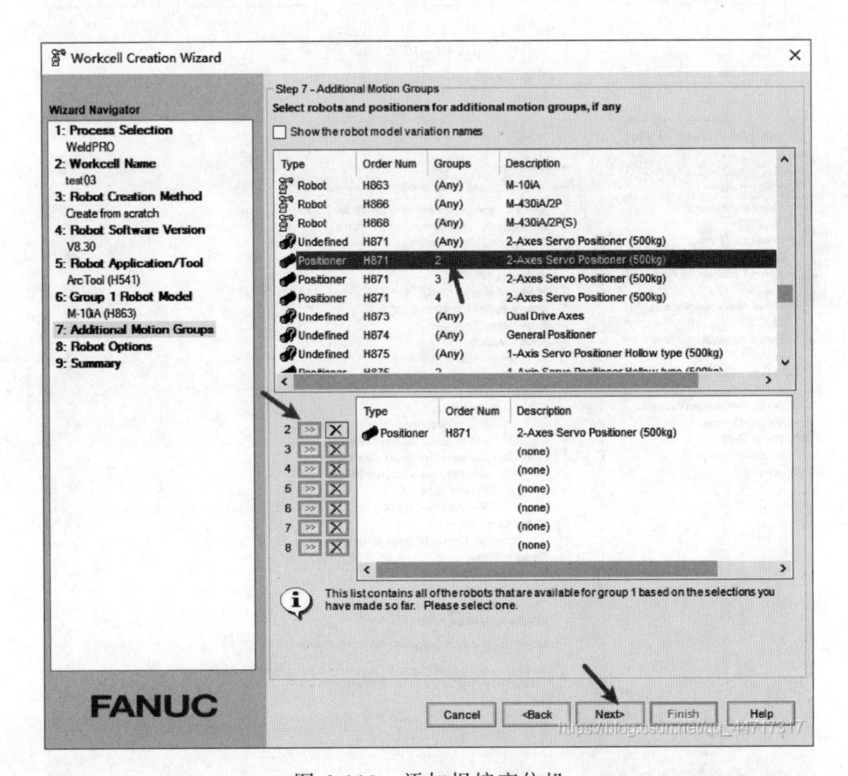

图 2-113 添加焊接变位机

语言选项，选定语言“Chinese Dictionary”汉语，如图 2-114 所示。

点击“Next”按钮，进入“9：Summary”，在右侧显示设定的摘要，如图 2-115 所示。点击“Finish”按钮，即完成工作单元的创建。

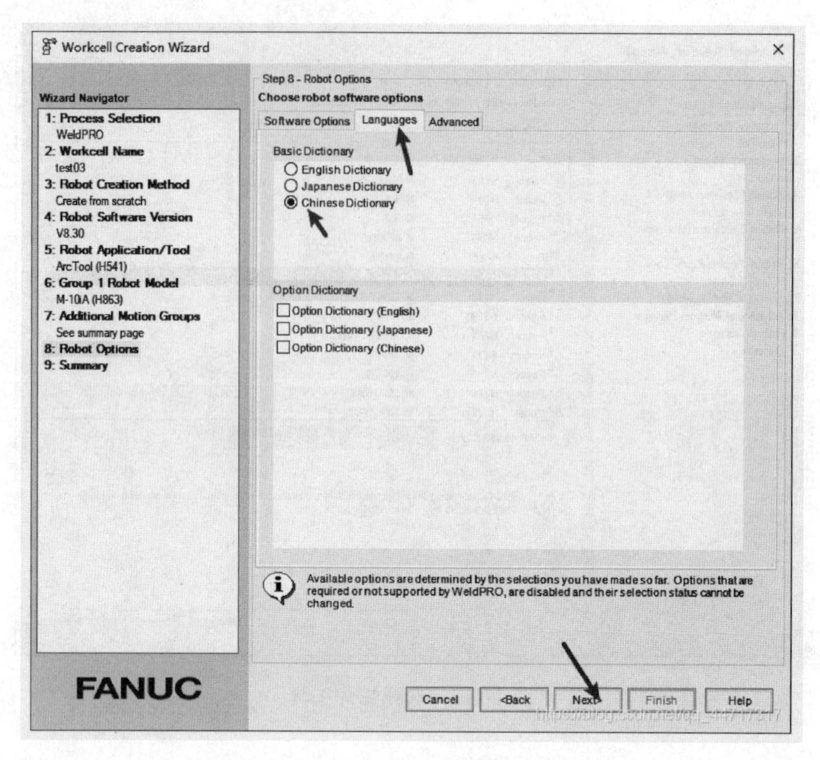

图 2-114 选定语言

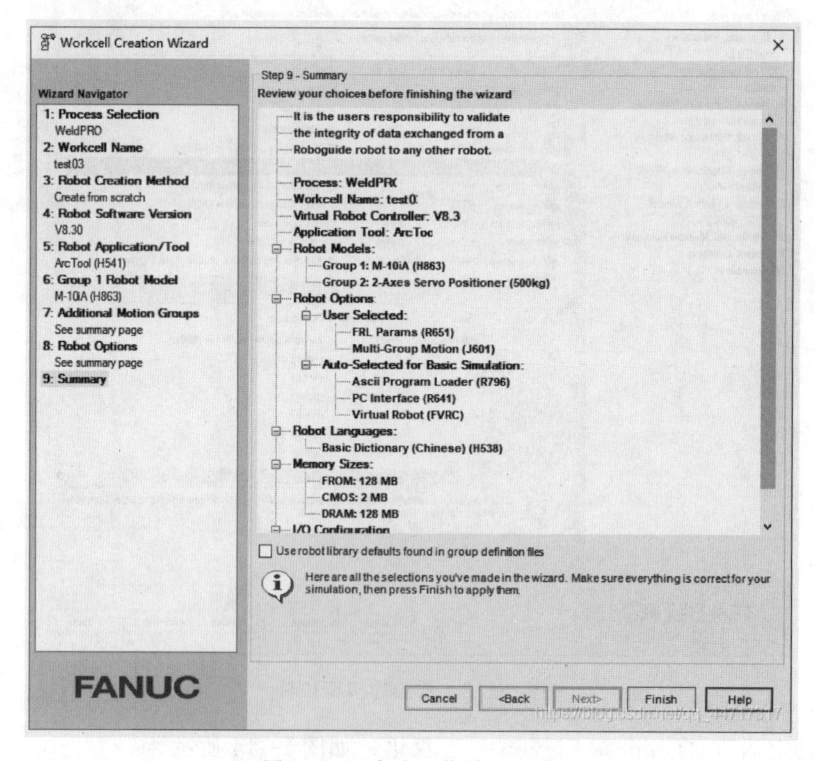

图 2-115 完成工作单元创建

2. 参数设定

① 在图 2-116 所示的机器人型号设定命令行中，选定机器人型号 2，M-10iA(10kg)。

② 在图 2-117 所示的电缆类型设定命令行中，选定 J5/J6 轴的运转参数。

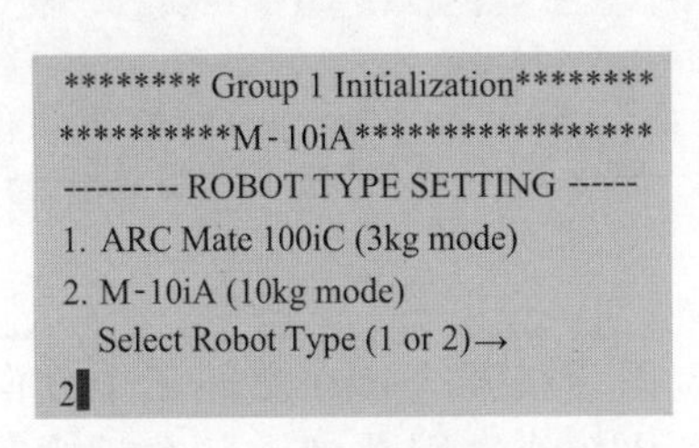

图 2-116 输入机器人型号

************ Group 1 Initialization**********
**************M-10iA**** ****************
----- CABLE DRESS-OUT TYPE SETTING-----
1. Cable integrated J3 arm
(J5: -140....140. J6: -270.....270[deg]
2. Conventional dress-out
(J5: -190....190. J6: -360.....360[deg]
3. No dust M/H conduit
(J5: -120....120. J6: -270.....270[deg]
Select cable dress-out type (1-3) → 1

图 2-117 输入 J5/J6 运转参数

③ 在图 2-118 所示的 J1 轴运动范围设定命令行中，选定 1，设定 J1 轴参数。

④ 设定负载大小为 200kg，在命令行中输入 200，如图 2-119 所示。

******** Group 1 Initialization********
**********M-10iA*****************
--------- JI MOTION RANGE SETTING------
1. -170 .. 170[deg]
2. -180 .. 180[deg]
Select J1 range (1 or 2)→
1

图 2-118 输入 J1 运动范围

************** Group 2 Initialization********
**********ARC Positioner *****************
---------- Payload setting ------
Enter Payload (0.........500[kg])? 200

图 2-119 输入负载值

⑤ 设定抱闸 1 和抱闸 2 的编号为 2 和 3，在命令行中分别输入 2、3，如图 2-120 所示。

⑥ 变位机辅助轴设定，选择在板 1 上的辅助轴 3，如图 2-121 所示；该辅助轴的起始范围可在 37～59 中选择任一数值，此处输入 39，如图 2-122 所示。

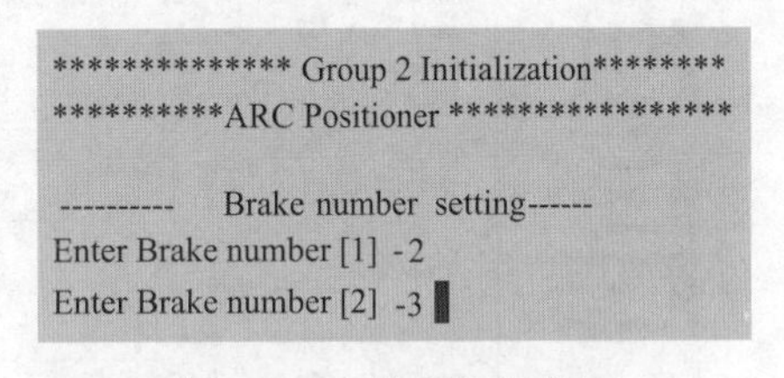

图 2-120 输入抱闸编号

********** Group 2 Initialization******
******ARC Positioner ***************
--- FSSB configuration setting---
1:FSSB line 1 (main axis card)
2:FSSB line 2 (main axis card)
3:FSSB line 3 (auxiliary axis board 1)
5:FSSB line 5 (auxiliary axis board 2)
Select FSSB line > 3

图 2-121 设定辅助轴控制板卡号

********** Group 2 Initialization******
******ARC Positioner ***************
---FSSB configuration setting---
1:FSSB line 1 (main axis card)
2:FSSB line 2 (main axis card)
3:FSSB line 3 (auxiliary axis board 1)
5:FSSB line 5 (auxiliary axis board 2)
Select FSSB line >3
Enter hardware start axis
(Valid range 37-59)39

图 2-122 输入辅助轴起始号

⑦ 设定伺服放大器编号为 2，在命令行中输入，如图 2-123 所示。

⑧ 设定伺服放大器类型，此处设为 AD6B-6160 Beta 系列，在命令行中输入 2，如图

2-124 所示。

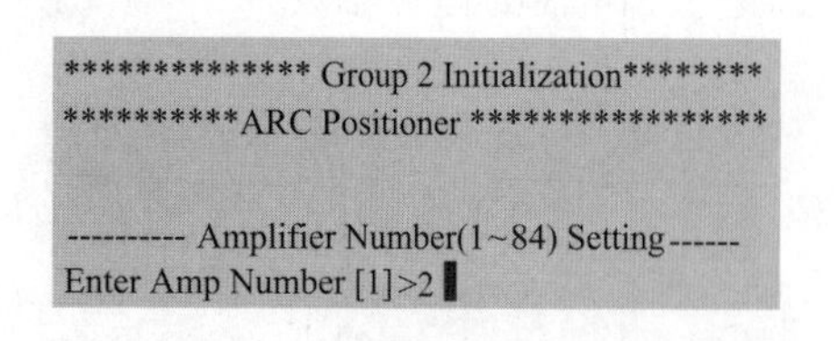

图 2-123　输入伺服放大器编号

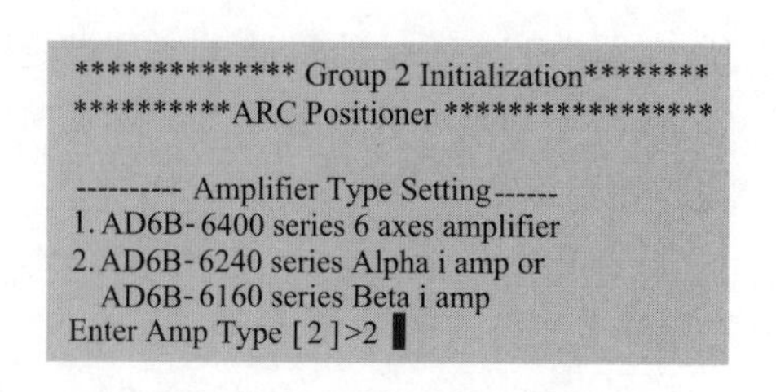

图 2-124　设定伺服放大器类型

3. 搭建仿真环境

在软件界面上观察机器人与变位机的相对位置，固定机器人，在空间三个方向上移动变位机至合适的位置。由于选用的变位器的装载盘比较小，因此加入一个过渡零件以增加接触面积，在图 2-125 所示对话框中输入名称 Part1，输入零件的质量和 $X/Y/Z$ 方向的尺寸。

点击"Apply"按钮，回到设计树，选取"G:2,J:2-2Axes Servo Positioner J2"，打开如图 2-126 所示的对话框。按下"Parts"选项卡，勾选"Part1"，点击"Apply"按钮，将其加载到变位机上。

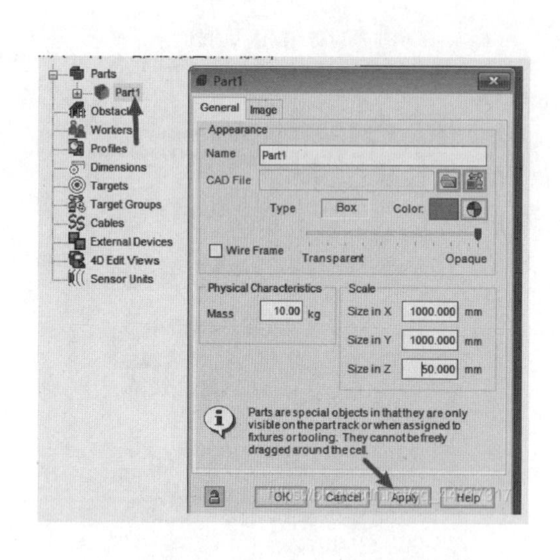

图 2-125　创建过渡零件 Part1

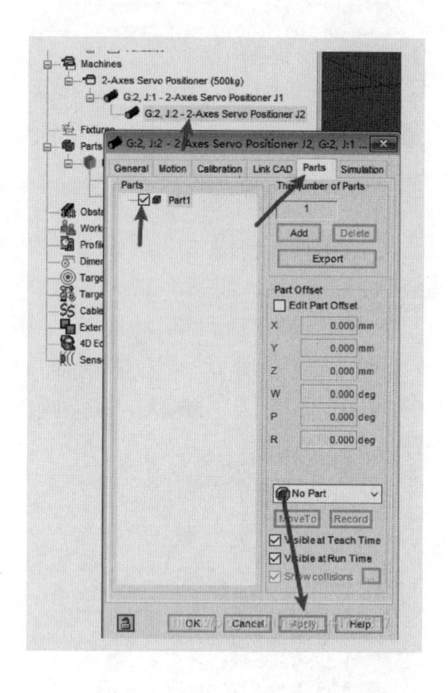

图 2-126　将过渡零件 Part1 加载到变位机上

点击"OK"按钮回到设计树，选取"Parts"，打开"Image Librarian"对话框，选取 H_Steel 为焊接工件，如图 2-127 所示。设置工件"H_Steel"的质量和尺寸，如图 2-128 所示。

点击"OK"按钮，回到设计树，选取"G：2，J：2-2Axes Servo Positioner J2"，打开如图 2-129 所示的对话框。按下"Parts"选项卡，勾选"H_Steel"，点击"Apply"按钮，

将其加载到变位机上，并调整位置直至合适。

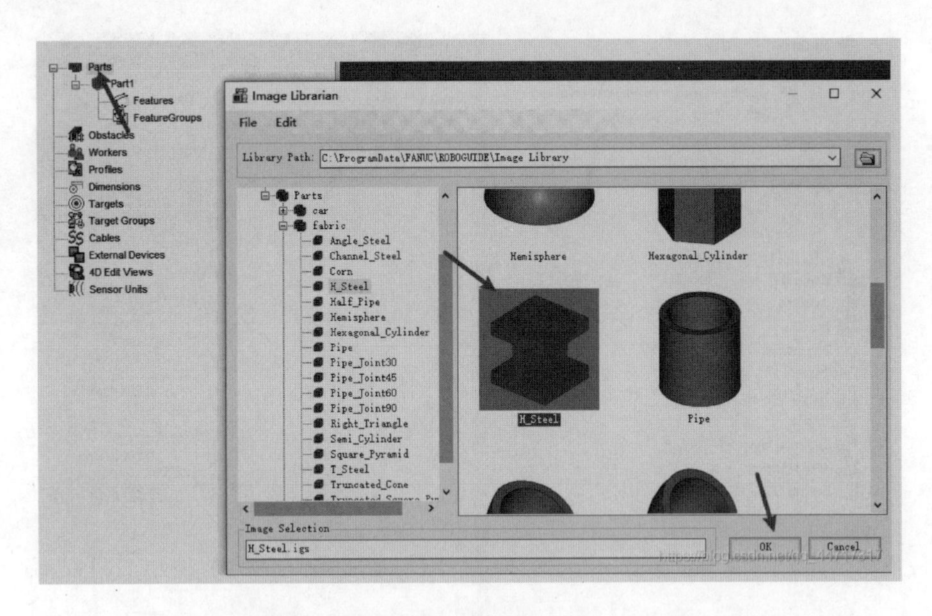

图 2-127　加载焊接工件

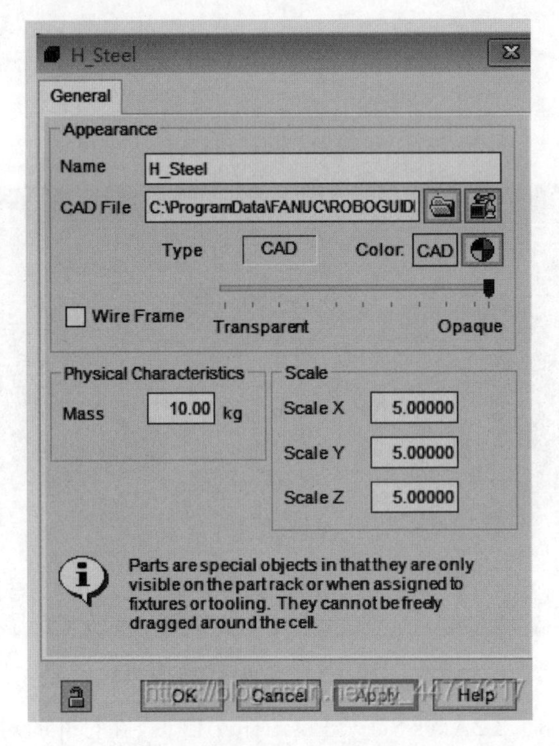

图 2-128　焊接工件参数设置

将其加载到变位机上，并调整位置直至合适。

4. 示教编程

本项目一共示教八个点和一个 home 点，采用 I/O 来控制变位器的旋转，配合机器人的 wait 指令使用，即可达到不碰撞的目的，如图 2-130 所示。

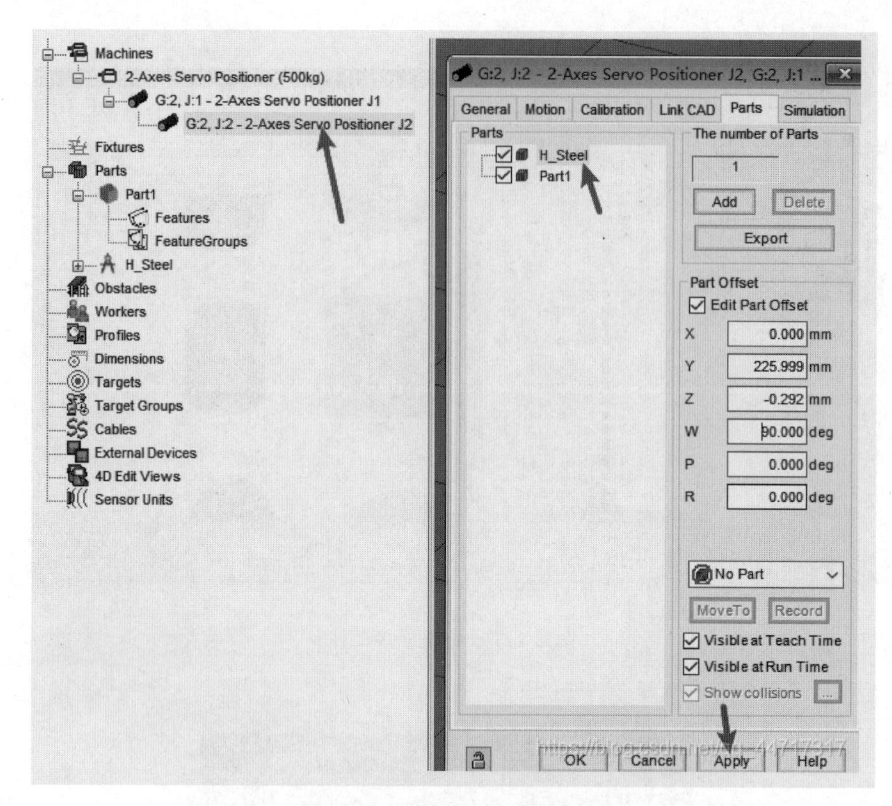

图 2-129 加载焊接工件到变位机

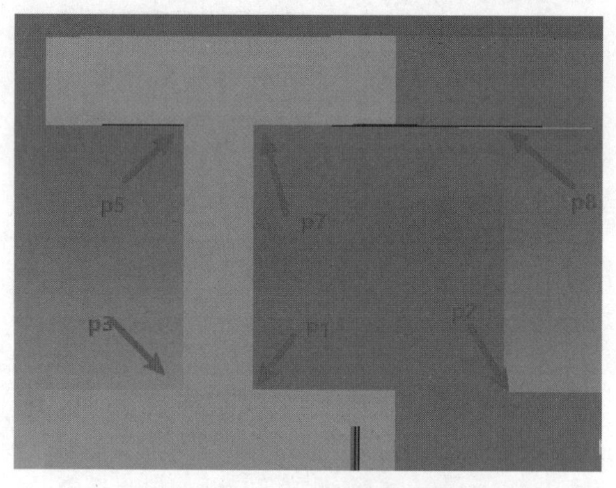

图 2-130 工件上可视的示教点

继续选取“G：2，J：2-2Axes Servo Positioner J2 ”，在打开的对话框中按下“Motion”选项卡。在“Motion Control Type”下拉列表栏中选定“Device I/O Controlled”。在“Axis Type”栏选取“旋转（Rotary）”，“速度（Speed）”文本输入框中设定旋转速度 40°/s。在“Inputs”栏下完成变位机 I/O 各项设置，如图 2-131 所示。

完成 I/O 设置后，即可示教完成如图 2-132 所示的 TCP 运行轨迹程序。在验证轨迹无误后，在程序中添加弧焊起弧、收弧指令，输入焊接参数后，即可进行变位机焊接。

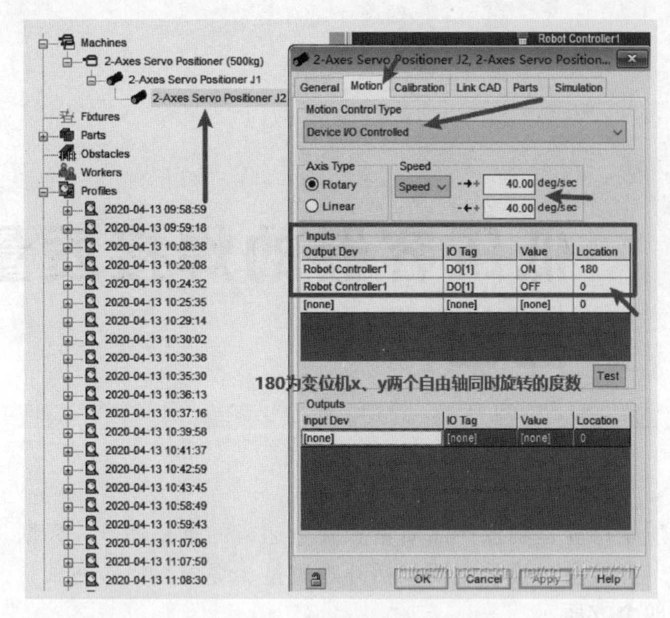

图 2-131　变位机的 I/O 设置

上述指令引导机器人运行的 TCP 轨迹，如图 2-133 所示。

```
1:     Do[1]=OFF
2:J @PR[1]  100% FINE
3:L  P[1]  2000mm/sec FINE
4:L  P[2]  2000mm/sec FINE
5:J @PR[1]  100% FINE
6:  DO[1]=ON // 变位机旋转到 180°
7:  WAIT    4.00(sec) // 机器人等待 4s
8:L  P[3]  2000mm/sec FINE
9: L  P[4]  2000mm/sec FINE
10:J@PR[1]  100% CNT100
11:L   P[5]  2000mm/sec FINE
12:L   P[6]  2000mm/sec FINE
13:J@PR[1]  100% FINE
14:  DO[1]=OFF  // 变位机回到 0°
15:  WAIT   4.00(sec) //机器人等待 4s
16:L   P[7]  2000mm/sec  FINE
17:L   P[8]  2000mm/sec  FINE
18:J@PR[1] 100%  FINE
[END]
```

图 2-132　TCP 轨迹控制代码

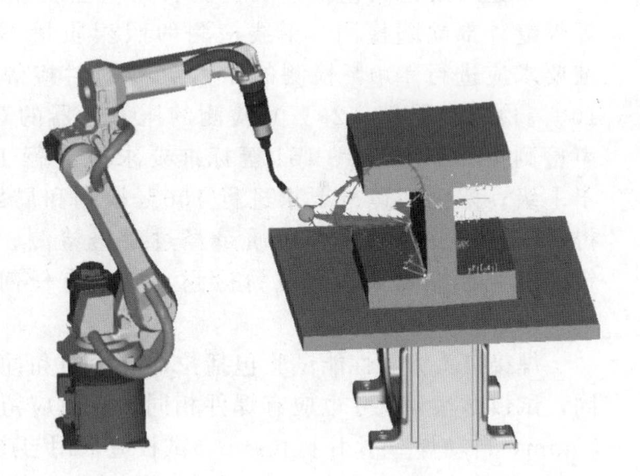

图 2-133　TCP 运行轨迹

总结与练习

管板焊接的圆焊缝或者两根圆管角焊接形成的马鞍形焊缝，是变位机的常见焊接对象，均可以在没有变位机辅助、可变位机非协同焊接以及协同焊接的条件下完成，是训练学生体验三者焊接形式差异的良好教学载体。因此，各学校应根据焊接机器人与变位机配置情况，安排学生完成管板焊接或马鞍形焊缝的协同或非协同焊接编程。在条件允许的情况下，建议完成实际操作，更有利于学生的操作水平的提高。

项目五 低压容器的焊接质量检验

压力容器焊接质量检验是确保产品质量和安全运行的重要环节，根据《压力容器安全技术监察规程》要求，焊接质量检验主要包括外观质量、焊缝无损检测试验、焊接接头力学性能试验和压力试验四个方面。

外观质量检查利用检验尺、样板、量规等检查外观尺寸是否符合设计图样的规定；利用肉眼或放大镜检查焊接接头表面是否存在裂纹、气孔、未熔合、未焊透、咬边等焊缝表面缺陷，焊缝与母材过渡是否圆滑。

焊缝无损检测包括射线检测、超声检测等焊缝内部缺陷检测和渗透检测、磁粉检测等焊缝外部缺陷检测。射线检测的照相质量不应低于AB级，按GB 150/GB 151等标准要求应进行100%检测的压力容器的对接焊缝不得低于Ⅱ级；除上述以外要求进行100%检测和局部（20%）检测的压力容器的对接焊缝不得低于Ⅲ级，且无未焊透。超声检测按GB 150/GB 151等标准要求应进行100%检测的压力容器的对接焊缝不得低于Ⅰ级；除上述以外要求进行100%检测和局部（20%）检测的压力容器的对接焊缝不得低于Ⅱ级。合格的焊缝质量经过渗透检测，应没有任何裂纹、成排气孔和分层，并符合有关标准要求；经磁粉检测，应没有任何裂纹、成排气孔和分层，并符合有关标准要求。

焊接接头力学性能试验包括拉伸、弯曲和冲击三项试验。试验用试板材质应与产品相同，试板形状和尺寸也应有焊件相同，同时应留有足够的舍弃长度，对于手工焊应不小于30mm，自动焊应不小于40mm。试板应采用与产品生产相同的焊接工艺，其数量按照相关规定要求。拉伸试验的抗拉强度应不小于产品样图规定值、钢材标准规定的最小抗拉强度和不同强度钢材组成的接头中抗拉强度较小者等三项规定之一；弯曲试验要求在拉力机上冷压至规定的角度后，在受拉面的任何方向上没有长度大于3mm的纵向裂纹或缺陷；冲击试验要求常温冲击功的平均值不低于27J。

压力试验可采用液压和气密性试验两种方法。试验之前，产品必须先进行焊后热处理和其他所有试验，且全部合格；必须检查所用的设备、仪器和防护措施且合格。

液压试验一般采用水作为介质，因此亦称为“水压试验”。对于碳素钢、16MnR、15MnVR，试验水温应不低于5℃；其他低合金钢不低于15℃。准备就绪后，首先将容器充满液体，当容器壁温与液体接近时，缓慢升压至设计压力。确认无泄漏后，升压至试验压力并保压30min，再降压至试验压力的80%，保压足够的时间，进行检查，然后卸载。试验合格的标准是无泄漏、无可见异常变形和无异常响声。

在进行气密性试验之前必须先进行耐压试验且合格；必须检查所用的设备、仪器和防护措施且合格。对于碳素钢和低合金钢，试验时的气温应不低于5℃，其他材质按设计图样规定。准备就绪后缓慢升压至试验压力（与设计压力相同）并保压30min，在保压过程中对所有焊缝和连接部位进行泄漏检查，然后卸载。产品合格标准为无泄漏。

任务一　XT低压箱式容器焊缝的外观检查

任务目标

1. 熟悉焊缝外观质量检查的内容和作用。
2. 掌握焊缝外观质量检查的一般方法。

相关知识

一、焊缝外观质量检查的内容与目的

焊缝外观检查是实际焊接质量控制的重要组成部分，具有方法简单、检查迅速、成本低廉、可靠性高等特点，是一种广泛用于检查焊缝的观感质量、外形尺寸、表面缺陷等检查手段。检查时通常采用低倍放大镜、管道探测镜、焊缝检测尺（焊缝量规）等辅助工具以提高检验质量，焊缝外观检查主要检查以下四个方面。

1. 焊接飞溅情况和焊缝表面粗糙度、清洁度

焊缝在焊完后应立即去除渣皮、飞溅物，清理干净焊缝表面，然后进行焊缝外观质量检查。若在焊缝焊完后不及时进行清理及表面外观检查，甚至在竣工检查时仍发现焊缝上存在药皮、残渣覆盖等情况，将失去发现焊缝缺陷的最好机会。因此，焊接操作人员必须养成立即去除渣皮、飞溅物，清理焊缝表面的习惯。

2. 焊缝及其热影响区表面是否存在表面缺陷

在焊缝表面清理干净后，应立即对焊缝及其热影响区的表面进行外观质量检查，检查是否存在表面气孔、咬边、焊瘤、裂纹、未熔合、根部未焊透、根部凸出等表面缺陷。

通过对焊缝的外观质量检查，及时发现表面缺陷并予以消除、修补，一方面可减少表面缺陷对焊缝无损检测的影响，减少通过表面无损检测和近表面无损检测手段来发现缺陷的处理工作。焊缝在进行无损检测之前，焊缝表面及其附近的母材表面应经过外观质量检查合格，否则会影响无损检测结果的正确性和完整性，造成漏检，或给焊缝内部质量评定带来困难。如射线检测，焊缝的表面缺陷将直接反映在底片上，会掩盖或干扰焊缝内部缺陷的影像，造成焊缝内部缺陷漏检，或形成伪缺陷，给缺陷的评定和返修带来困难。

另一方面，也可提高强度试验及严密性试验的成功率，节省施工成本，节约时间。据相关统计发现，现场强度试验及气密性试验不合格，需要处理问题并需重新试验的案例，有相当部分是由于未能及时发现、未能及早消除焊缝缺陷而造成的。应特别注意检查不易烧焊、不易察看部位的焊缝和存在于结构内壁的焊缝的表面情况。

3. 焊缝尺寸

焊缝外形尺寸应符合设计图样和工艺文件的规定，焊缝高度应不低于母材。不少行业焊接规范都明确规定了各类焊缝所允许的焊缝尺寸要求，包括焊缝余高、焊缝余高差、焊缝宽度、角变形量等等，并明确指出外观检查不合格的焊缝不允许进行其他项目的检验，要求焊接工作人员必须注重提高焊缝的外观质量，提高一次合格率。

焊缝形状尺寸对焊缝质量高低影响最大的是焊缝的熔深 H，它直接影响到接头的承载能力；另一重要尺寸是焊缝宽度 B。B 与 H 之比值构成的焊缝成型系数影响到熔池中的气体逸出的难易和熔池的结晶方向，以及焊缝中心偏析严重程度等。焊缝成型系数小时形成窄而深的焊缝，在焊缝中心由于区域偏析会聚集较多的杂质，抗热裂纹性能差，所以成型系数值不能太小。

焊缝的另一个尺寸是焊缝的余高，余高可避免熔池金属凝固收缩时形成缺陷，也可增大焊缝截面提高承载能力。但余高过大将引起应力集中或疲劳寿命的下降，因此要限制余高的尺寸。当工件的疲劳寿命是主要问题时，焊后应将余高去掉。

4. 焊缝外观的整体成型情况

焊缝的外观成型不但影响到外在的美观问题，与内部质量也有一定的关系，可通过外观质量大致推断焊缝的内在质量状况。同时，焊缝外观成型质量在很大程度上反映了焊工的技能状况和责任心，焊缝外观成型良好，不应有电弧擦伤，焊道与焊道、焊道与母材之间应圆滑过渡，焊渣和飞溅物应清除干净等，是对焊工最起码的要求。

二、焊缝外观质量标准与检测方法

压力容器外观质量标准及其检测方法与产品的设计要求和质量等级密切相关，因此各不相同。下面以 XT 低压箱式容器为例，介绍焊缝外观质量检查的通用标准和一般检测方法，见表 2-10～表 2-13。

表 2-10　压力容器上盖板平焊及侧板立焊单面焊双面成型焊缝评分表

姓名：		总得分：	项目名称：		日期：	
检查项目	标准、分数	焊　缝　等　级				实际得分
		Ⅰ	Ⅱ	Ⅲ	Ⅳ	
焊缝余高	标准/mm	0～1	>1,≤2	>2,≤3	>3,<0	
	分数	10	7	4	0	
焊缝高低差	标准/mm	≤1	>1,≤2	>2,≤3	>3	
	分数	10	7	4	0	
焊缝宽度	标准/mm	>6,≤8	>8,≤10	>10,≤12	≤6,>12	
	分数	10	7	4	0	
焊缝宽窄差	标准/mm	≤1.5	>1.5,≤2	>2,≤3	>3	
	分数	10	7	4	0	
背面余高	标准/mm	0～1	>1,≤2	>2,≤3	>3,<0	
	分数	10	7	4	0	
角变形	标准/mm	0～1	>1,≤2	>2,≤3	>3	
	分数	10	7	4	0	

续表

姓名：		总得分：	项目名称：		日期：	
检查项目	标准、分数	焊缝等级				实际得分
		Ⅰ	Ⅱ	Ⅲ	Ⅳ	
气孔	标准/mm	0	气孔≤ϕ1.5 数目:1个	气孔≤ϕ1.5 数目:2个	气孔＞ϕ1.5 或数目＞2个	
	分数	10	6	2	0	
咬边	标准/mm	0	深度≤0.5	深度≤0.5	深度＞0.5	
	分数	10	7	4	0	
焊缝外表成型	标准	优	良	一般	差	
		成型美观,焊纹均匀细密,高低宽窄一致	成型较好,焊纹均匀,焊缝平整	成型尚可,焊缝平直	焊缝弯曲,高低宽窄明显,有表面焊接缺陷	
	分数	10	6	2	0	
电弧擦伤	标准(处)	无	有			
	分数	10	0			

表 2-11　压力容器四侧面立焊包角焊焊缝评分表

姓名：		总得分：	项目名称：		日期：	
检查项目	标准、分数	焊缝等级				实际得分
		Ⅰ	Ⅱ	Ⅲ	Ⅳ	
焊缝余高	标准/mm	0～1	＞1,≤2	＞2,≤3	＞3,＜0	
	分数	15	6	4	0	
焊缝高低差	标准/mm	≤1	＞1,≤2	＞2,≤3	＞3	
	分数	15	6	2	0	
焊缝宽度	标准/mm	＞6,≤8	＞8,≤10	＞10,≤12	≤6,＞12	
	分数	10	4	2	0	
焊缝宽窄差	标准/mm	≤1.5	＞1.5,≤2	＞2,≤3	＞3	
	分数	10	4	2	0	
气孔	标准/mm	0	气孔≤ϕ1.5 数目:1个	气孔≤ϕ1.5 数目:2个	气孔＞ϕ1.5 或数目＞2个	
	分数	10	6	2	0	
咬边	标准/mm	0	深度≤0.5	深度≤0.5	深度＞0.5	
	分数	15	8	4	0	
焊缝外表成型	标准	优	良	一般	差	
		成型美观,焊纹均匀细密,高低宽窄一致	成型较好,焊纹均匀,焊缝平整	成型尚可,焊缝平直	焊缝弯曲,高低宽窄明显,有表面焊接缺陷	
	分数	15	4	2	0	
电弧擦伤	标准(处)	无	有			
	分数	10	0			

表 2-12　压力容器顶部四周包角焊焊缝评分表

姓名：		总得分：	项目名称：		日期：	
检查项目	标准、分数	焊缝等级				实际得分
		Ⅰ	Ⅱ	Ⅲ	Ⅳ	
焊缝余高	标准/mm	0～1	＞1,≤2	＞2,≤3	＞3,＜0	
	分数	15	6	4	0	
焊缝高低差	标准/mm	≤1	＞1,≤2	＞2,≤3	＞3	
	分数	15	6	2	0	

续表

姓名：		总得分：	项目名称：		日期：	
检查项目	标准、分数	焊缝等级				实际得分
		Ⅰ	Ⅱ	Ⅲ	Ⅳ	
焊缝宽度	标准/mm	>6,≤8	>8,≤10	>10,≤12	≤6,>12	
	分数	10	4	2	0	
焊缝宽窄差	标准/mm	≤1.5	>1.5,≤2	>2,≤3	>3	
	分数	10	4	2	0	
气孔	标准/mm	0	气孔≤ϕ1.5 数目:1个	气孔≤ϕ1.5 数目:2个	气孔>ϕ1.5 或数目>2个	
	分数	10	6	2	0	
咬边	标准/mm	0	深度≤0.5	深度≤0.5	深度>0.5	
	分数	15	8	4	0	
焊缝外表成型		优	良	一般	差	
	标准	成型美观,焊纹均匀细密,高低宽窄一致	成型较好,焊纹均匀,焊缝平整	成型尚可,焊缝平直	焊缝弯曲,高低宽窄明显,有表面焊接缺陷	
	分数	15	4	2	0	
电弧擦伤	标准(处)	无	有			
	分数	10	0			

表 2-13 压力容器底部T型角焊缝及侧面管板焊缝评分表

姓名：		总得分：	项目名称：		日期：	
检查项目	标准、分数	焊缝等级				实际得分
		Ⅰ	Ⅱ	Ⅲ	Ⅳ	
焊缝余高	标准/mm	0～1	>1,≤2	>2,≤3	>3,<0	
	分数	15	6	4	0	
焊缝高低差	标准/mm	≤1	>1,≤2	>2,≤3	>3	
	分数	15	6	2	0	
焊缝宽度	标准/mm	>6,≤8	>8,≤10	>10,≤12	≤6,>12	
	分数	10	4	2	0	
焊缝宽窄差	标准/mm	≤1.5	>1.5,≤2	>2,≤3	>3	
	分数	10	4	2	0	
气孔	标准/mm	0	气孔≤ϕ1.5 数目:1个	气孔≤ϕ1.5 数目:2个	气孔>ϕ1.5 或数目>2个	
	分数	10	6	2	0	
咬边	标准/mm	0	深度≤0.5	深度≤0.5	深度>0.5	
	分数	15	8	4	0	
焊缝外表成型		优	良	一般	差	
	标准	成型美观,焊纹均匀细密,高低宽窄一致	成型较好,焊纹均匀,焊缝平整	成型尚可,焊缝平直	焊缝弯曲,高低宽窄明显,有表面焊接缺陷	
	分数	15	4	2	0	
电弧擦伤	标准(处)	无	有			
	分数	10	0			

焊缝余高、高低差、焊缝高度一般采用焊缝万用量规和游标卡尺进行测量，如图 2-134 所示。

焊缝宽度、宽窄差一般采用游标卡尺测量，如图 2-135 所示。

(a)　万用量规测余高

(b)　游标卡尺测角焊缝高度

(c)　游标卡尺测管板焊缝高度

图 2-134　余高、焊缝高度的测量

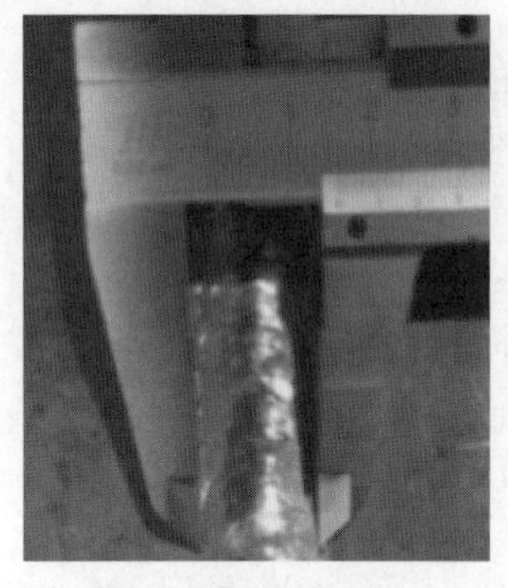

(a)　平焊缝宽度测量

(b)　角焊缝宽度测量

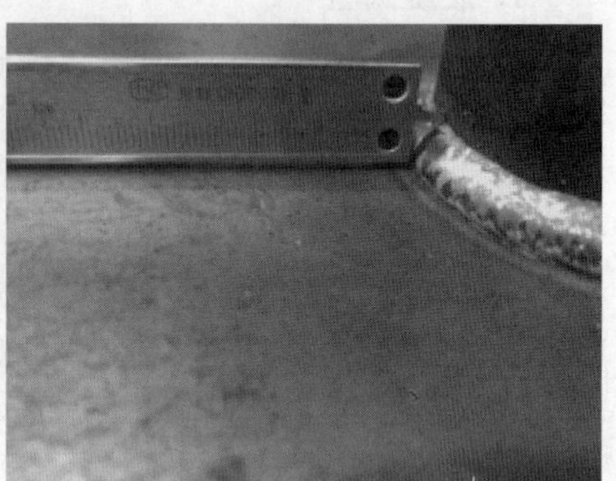

(c)　环焊缝宽度测量

图 2-135　焊缝宽度的测量

总结与练习

随着老一代高水平焊接技工的退出，年轻一代不愿意学习和提高焊接水平，为了稳定压力容器的焊接质量，机器人焊接越来越成为生产企业的重要保障。压力容器常见焊缝形式包括平焊缝、角焊缝和管板焊缝，掌握综合评定上述焊缝的机器人焊接质量，是评价学生焊接技术水平的重要依据。本次任务各学校应根据学校条件安排学生完成包含上述焊缝的机器人焊接构件，参照表 2-10～表 2-13 所示的检测评分标准，完成焊缝外观质量的检查。

任务二　低压容器的压力测试

任务目标

1. 熟悉压力容器水压、气压测试和气密性试验要求。
2. 掌握水压、气压和气密性试验的一般方法。
3. 完成 XT 低压箱式容器的水压试验准备。

相关知识

一、压力容器耐压试验规程

压力容器的耐压试验是为了检验设备在超过设计（工作）压力条件下，设备密封结构的严密性、焊缝是否致密不漏，以及设备的整体强度。耐压试验包括压力试验或气密性试验，压力试验又分为液压试验和气压试验。

进行耐压试验前，压力容器各连接部位的紧固螺栓必须装配齐全，紧固妥当。耐压试验用压力表至少应采用两个量程相同、经过校验合格的压力表，且应安装在便于操作人员观察的被试容器顶部等位置。压力表量程应为试验压力的2倍左右为宜，且不应低于1.5倍或高于3倍的试验压力。表盘直径不应小于100mm，压力表精度不应低于1.5级。压力容器的开孔补强圈应在压力试验以前通入0.4～0.5MPa的压缩空气，以检查焊接接头质量。

1. 液压试验

液压试验一般采用水介质，需要时也可采用不会导致发生危险的其他液体。试验时液体的温度应低于其闪点或沸点，以水为介质进行液压试验，其用水必须是洁净的。奥氏体不锈钢制容器用水进行液压试验时，应严格控制水中的氯离子含量不超过25mg/L，且试验合格后应立即将水渍去除干净。

试验时容器顶部应设排气口。充液时应先将容器中充满液体，滞留在容器内的气体必须排净，试验过程中，应保持容器可观察表面的干燥。

当容器壁温与液体温度接近时，才能缓慢上升至设计压力，确认无泄漏后继续升压达到规定试验压力，保压时间不少于30min。然后将压力降至规定试验压力的80%，保压足够长的时间对所有焊接接头和连接部位进行检查。检查期间压力应保持不变，不得采用连续加压来维持试验压力。试验过程中不得带压紧固螺栓或向受压元件施加外压。试验过程中，如有渗漏，补焊后重新试验。

对于夹套容器，应先进行内筒液压试验，合格后再焊夹套，然后进行夹套内的液压试验。夹套试验时，内筒是否要保压应详见装配图要求。

液压试验完毕后，应将液体排尽并用压缩空气将内部吹干，符合下列条件判定为合格：

① 无渗漏；

② 无可见的变形；

③ 试验过程中无异常的响声；

④ 对抗拉强度规定值下限大于等于540MPa的材料，表面经无损检测抽查未发现裂纹。

2. 气压试验

气压试验应有经技术总负责人批准并经安全部门检查监督的安全措施。气压试验所用气体应为干燥、洁净的空气、氮气或其他惰性气体。

试验时压力应缓慢上升至规定试验压力的10%，且不超过0.05MPa时，保压5～10min。然后对所有焊接接头和连接部位进行初次泄漏检查，如有泄漏，补焊后重新试验。初次泄漏检查合格后，再继续缓慢升压至规定试验压力的50%，如无异常现象，其后按每级为规定试验压力的10%的级差逐级增至规定的试验压力。保压30min后将压力降至规定试验压力的87%，并保持足够长的时间后再次进行泄漏检查。检查期间压力应保持不变，不得采用连续加压来维持试验压力，带压紧固螺栓或向受压元件施加外压。如有泄漏，修补后再按上述规定重新试验。

气压试验过程中，容器无异常响声，无可见变形，经肥皂液或其他检漏液检查无漏气，无可见的变形即为合格。

3. 气密性试验

需气密性试验的容器，必须先进行液压试验，合格后方可进行。气密性试验时，一般应将安全附件装配齐全。如需投用前在现场装配安全附件，应在容器出厂质量证明书的气密性试验报告中注明，装配安全附件后需再次进行现场气密性试验。

试验时压力应缓慢上升，达到规定试验压力后对所有焊接接头和连接部位进行泄漏检查，小型容器也可浸入水中检查。经检查无泄漏，保压不少于 30min 即为合格。

二、压力容器耐压试验参数与设备

1. 液压试验压力

内压容器的液压试验压力按式(2-5-1) 计算：

$$P_T=\eta P\frac{[\sigma]}{[\sigma]_t} \tag{2-5-1}$$

式中，P_T 为耐压试验压力，MPa；P 为设计压力，MPa；η 为耐压试验压力系数，按表 2-14 选用；$[\sigma]$ 为容器元件材料在耐压试验温度下的许用应力，MPa；$[\sigma]_t$ 为容器元件材料在设计温度下的许用应力，MPa。

表 2-14　耐压试验压力系数

压力容器材料	(液压试验)压力系数 η	
	固定式压力容器安全技术监察规程 TSG R004—2009	移动式压力容器安全技术监察规程 TSG R005—2011
钢和有色金属	1.25	1.30
铸铁	2.00	

在按式(2-5-1) 及表 2-14 所列压力系数进行试验压力计算时，容器铭牌上规定有最高允许工作压力时，公式中应以最高允许工作压力代替设计压力 P；容器上的圆筒、封头、接管、设备法兰（或人孔法兰）及其紧固件等各主要受压元件所用材料不同时，应取各元件材料许用应力比 $[\sigma]/[\sigma]_t$ 的最小值；$[\sigma]_t$ 不应低于材料受抗拉强度和屈服强度控制的许用应力最小值。

外压容器和真空容器的液压试验压力计算时无须考虑温度修正，因为以内压代替外压进行试验，已将工作时趋于闭合状态的器壁和焊缝中缺陷改以“张开”状态接受检验。试验压力按式(2-5-2) 计算：

$$P_T=1.25P \tag{2-5-2}$$

夹套容器是由内筒和夹套组成的多腔压力容器，各腔的设计压力通常是不同的，应在图样上分别注明内筒和夹套的试验压力值。如未注明，可按内压容器确定试验压力。在确定了夹套试验压力后，还必须校核内筒在该试验压力下的稳定性。如不能满足外压稳定性要求，则在做夹套的液压试验时，必须同时在内筒保持一定的压力，以使整个试验过程（包括升压、保压和卸压）中的任一时间内，夹套和内筒的压力差不超过设计压差，以确保夹套试压时内筒的稳定性。图样上应注明这一要求，以及试验压力和允许压差。

为使液压试验时容器的材料处于弹性状态，在进行液压试验前还应对试验应力进行校核，按式(2-5-3) 计算试验时筒体的薄膜应力 σ_T：

$$\sigma_T = \frac{P_T(D_i + \delta_e)}{2\delta_e} \leqslant 0.9 R_{eL} \phi \tag{2-5-3}$$

式中，R_{eL} 为壳体材料在试验温度下的屈服强度（或 0.2%非比例延伸强度），MPa；δ_e 为壳体壁厚，mm；D_i 为壳体内径；ϕ 为壳体材料的延伸率。

2. 气压试验压力

内压容器的气压试验压力计算与液压试验计算公式相同，但耐压试验压力系数 η 应按表 2-15 选取。外压容器和真空容器的气压试验压力按式(2-5-4) 计算：

$$P_T = 1.1P \tag{2-5-4}$$

表 2-15　耐压试验压力系数

压力容器材料	（气压试验）压力系数 η	
	固定式压力容器安全技术监察规程 TSG R004—2009	移动式压力容器安全技术监察规程 TSG R005—2011
钢和有色金属	1.10	1.15

同样，为使气压试验时容器的材料处于弹性状态，在进行液压试验前还应对试验应力进行校核，按式(2-5-5) 计算试验时筒体的薄膜应力 σ_T：

$$\sigma_T = \frac{P_T(D_i + \delta_e)}{2\delta_e} \leqslant 0.8 R_{eL} \phi \tag{2-5-5}$$

3. 气密性试验压力

介质为易燃或毒性程度为极度、高度危害或设计上不允许有微量泄漏（如真空度要求较高时）的压力容器，必须进行气密性试验。气密性试验压力大小视容器上是否配置安全泄放装置而定。

若容器上没有安全泄放装置，当气密性试验介质为空气时，试验压力为设计压力，若采用其他介质则需根据介质情况进行调整；但若容器上设置了安全泄放装置，为保证安全泄放装置的正常工作，其气密性试验压力值应低于安全阀的开启压力或爆破片的设计爆破压力，建议试验压力设定为容器的最高工作压力。

特别注意：气密性试验的危险性大，应在液压试验合格后进行。在进行气密性试验前，应将容器上的安全附件装配齐全。

4. 试验设备和工具

水压试验应有专用的水压试验台，场地周围应固定有隔墙板进行防护，常用设备、工具和辅助材料要求如下：

① 试验用电动试压泵或手动试压泵均应符合水压试验工艺要求。

② 为了便于观察，使读数清晰，位于 2m 以下高度的压力表刻度盘直径应不小于 100mm；位于 2m 以上高度的压力表刻度盘直径应为 100～200mm；位于 4m 高度的压力表刻度盘直径应大于 200mm。

③ 水压试验用加压管路一般选用软性的黄铜管或高压橡胶管，长度以 4m 左右为宜。

④ 水压试验用通用接头、扳手、手锤、温度计、水温测量仪等应满足水压试验工艺要求，温度计、水温测量仪应经周期检验合格且在有效期内。

⑤ 工具应按压力分类别整齐摆放在合理的器位或工具箱内。

⑥ 为便于对位于较高高度的工件操作和检查，需要配备操作升降台。

⑦ 为防止跳跃升降压力，应尽可能采用自动控压和自动记录装置。

总结与练习

各类不同的压力容器承受等级不同的介质压力，但压力试验是各类压力容器出厂的必备工序。掌握压力试验的方法和要求，能够根据压力容器的类型，选择合理的试验方法，计算相关试验参数，是从事压力试验的前提条件。本次任务安排学生完成XT低压箱式容器类型确认，并计算水压试验压力，校核其薄膜应力。在学校条件允许的情况下，应当安排学生进行水压试验实际操作。

任务三　典型焊缝的金相试样制备与分析

任务目标

1. 熟悉焊接区域显微组织特征。
2. 掌握金相试样的制备方法。
3. 完成金相组织的初步分析。

相关知识

一、焊接区域显微组织特征

1. 焊接组织侵蚀方法

普通碳钢或低碳低合金钢的焊接接头，常用4mL与96mL乙醇混合溶液侵蚀；不锈钢对接焊的焊板经固溶处理后，最好10%草酸水溶液电解侵蚀；对具有两种以上金属材料的焊接可以分段侵蚀，但存在较多弊病，可以配制复合试剂进行侵蚀。

低碳及低合金钢宏观组织可采用10%硝酸酒精溶液侵蚀，或用10%过硫酸铵水溶液侵蚀；奥氏体不锈钢宏观组织可采用由4g硫酸铜、3～20mL盐酸和20mL水组成的溶液热蚀，或用10%草酸，也可用10%铬酸电解侵蚀。

2. 焊缝金属的组织

焊缝金属的一次组织（初次组织）是焊缝在熔化状态后，经形核和长大完成结晶时的高温组织形态，属于凝固结晶的铸态组织。二次组织属于固态相变组织，是焊缝由高温态冷却到室温过程中发生的固态相变而形成的，属于室温下焊缝金属的显微组织状态。

(1) 焊缝金属的一次组织（凝固结晶组织）　焊缝一次组织具有与被焊件母材连接长大和呈柱状晶分布的特征，焊缝金属中的柱状晶生长方向与散热最快的方向一致，并垂直于熔合线向焊缝中心发展，焊缝一次组织的形态与成分的均匀度及过冷度有关。焊缝结晶形态有平面晶、胞状晶如图2-136所示；树状晶包括胞状-树枝晶、柱状树枝晶和等轴树枝晶，如图2-137所示。

低碳低合金钢焊缝一次组织主要为胞状晶和树枝晶。奥氏体钢的焊缝一次组织，仍保留

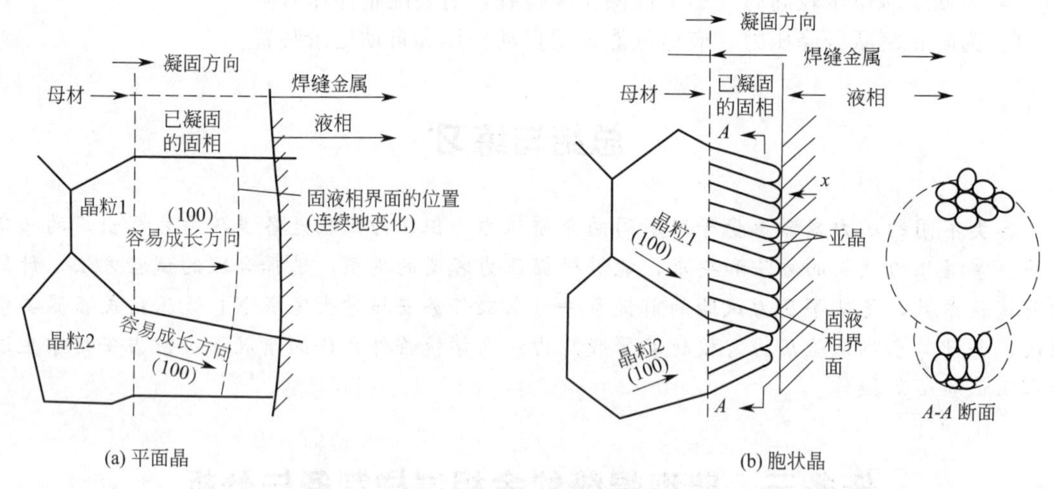

图 2-136 平面晶和胞状晶

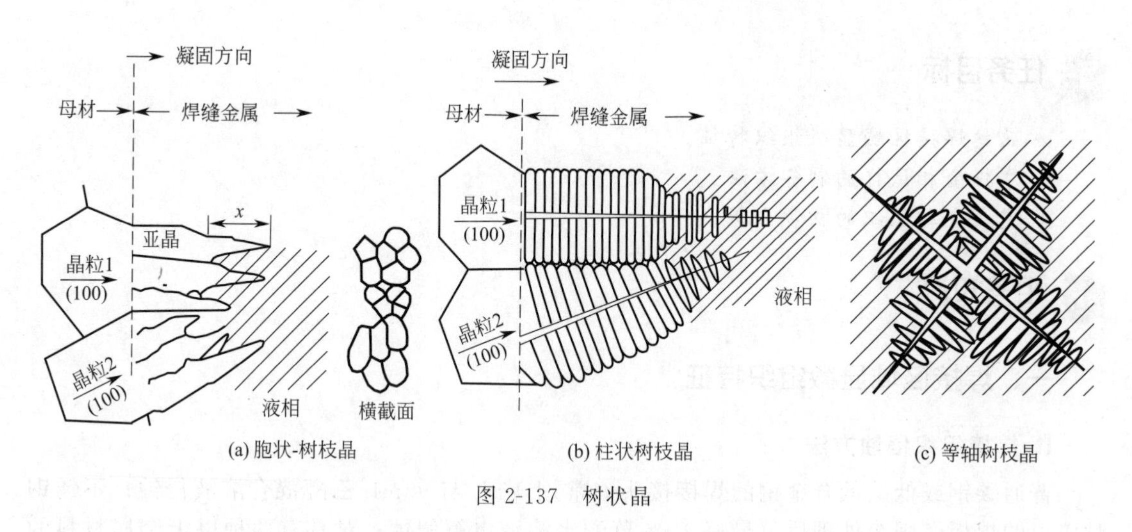

图 2-137 树状晶

着凝固后的结晶形态特征，奥氏体胞状树枝晶和胞状晶形态较完整。

（2）焊缝金属的二次组织（固态相变组织） 低碳钢焊缝二次组织大部分是铁素体＋少量珠光体；低合金钢一般冷却条件下二次组织大部分是铁素体＋少量珠光体，冷却快时出现贝氏体组织；低合金钢也会出现马氏体或马氏体＋贝氏体组织。

（3）焊缝热影响区的组织 部分相变区（不完全重结晶区）为未发生转变的铁素体＋经部分相变后的细小珠光体和铁素体；相变重结晶区（细晶粒区）为均匀细小的铁素体＋珠光体，相当于热处理中的正火组织；过热区（粗晶粒区）为粗大的针状铁素体（魏氏组织）＋索氏体；熔合区为晶粒十分粗大为过热组织，是产生裂纹、局部脆性破坏的发源地，如图 2-138 所示。

二、焊接区域组织的化学成分与力学性能

焊接是工业生产中用来连接金属材料的重要加工方法。根据工艺特点不同，焊接方法又分为许多种，其中熔化焊应用得最广泛。熔化焊的实质就是利用能量高度集中的热源，将被焊金属和填充材料快速熔化，然后冷却结晶而形成牢固接头。

由于熔化焊过程的这一特点，不仅焊缝区的金属组织与母材组织不一样，而且靠近焊缝

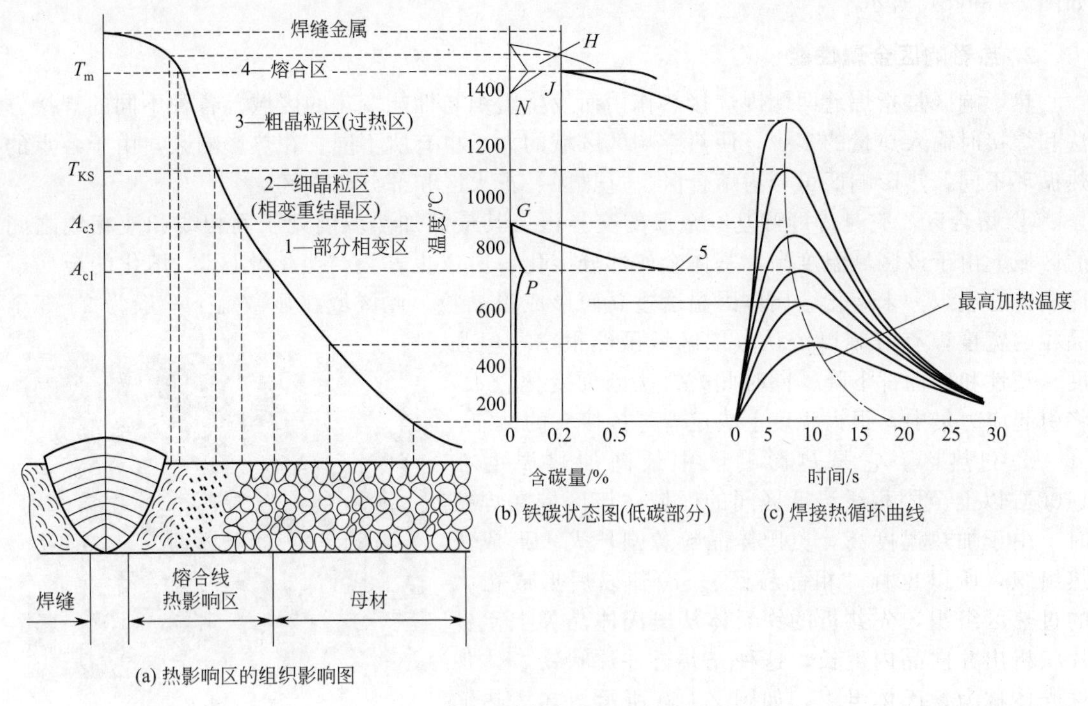

图 2-138　焊接热影响区的组织

区的母材组织也要发生变化。这部分靠近焊缝且组织发生了变化的区域称为热影响区。热影响区内，和焊缝距离不一样的金属由于在焊接过程中所达到的最高温度和冷却速度不一样，相当于经受了不同规范的热处理，因而最终组织也不一样。

焊接结构的服役能力和工作可靠性，既取决于焊缝区的组织和质量，也取决于热影响区的组织和宽窄。因此对焊接接头组织进行金相观察与分析已成为焊接生产与科研中用以评判焊接质量优劣，寻找焊接结构的失效原因的一种重要手段。

1. 焊缝金属性能

焊缝金属结晶是从熔池底壁上许多未熔化的半个晶粒开始的，因结晶使各个方向冷却速度不同，垂直于熔合线方向冷却速度最大，所以晶粒由垂直于熔合线向熔池中心生长，最终呈柱状晶，如图 2-139(a) 所示。在结晶过程中，低熔点的硫磷杂质和氧化铁等易偏析，集中在焊缝中心，将影响焊缝金属的力学性能，如图 2-139(b) 所示。20 钢焊缝区金相组织图

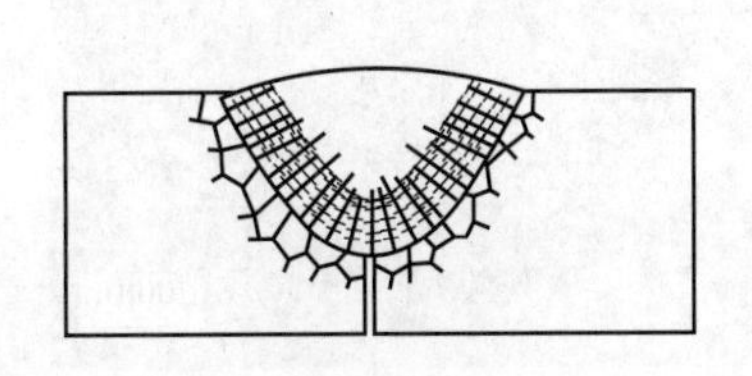

(a) 焊缝的柱状树枝晶

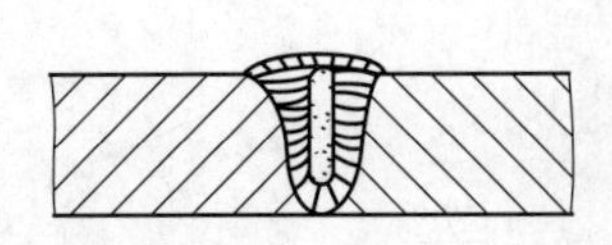

(b) 焊缝金属偏析

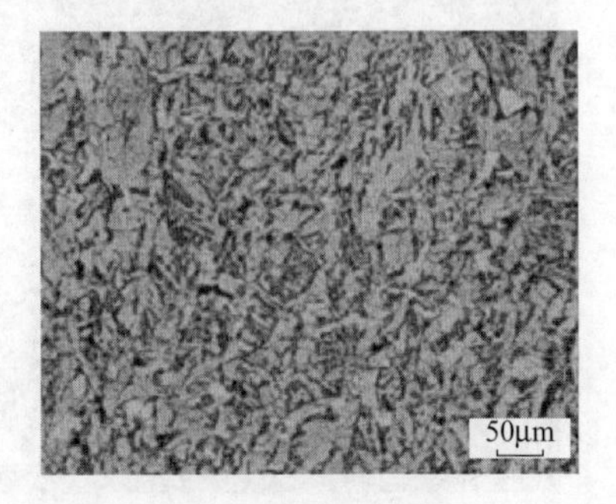

(c) 20钢焊缝组织图

图 2-139　焊缝金属性能

如图 2-139(c) 所示。

2. 热影响区金属性能

热影响区是指焊缝两侧因焊接热作用而发生组织与性能变化的区域。各种不同的焊接方法和焊接时输入热量的多少，使热影响区区域的大小也有所不同。在热影响区，由于各点的热循环不同，热影响区可分为熔合区、过热区、正火区和部分相变区。

① 熔合区。它是焊缝和基本金属的交界区，其最高加热温度处于固相线和液相线之间的区域。由于该区域温度高，基体金属部分熔化，所以也称为“半熔化区”。熔化的金属凝固成铸态组织，未熔化金属体因温度过高而形成粗晶粒。此区域在显微镜下一般为 2～3 个晶粒的宽度，有时难以辨认。该区域虽然很窄，但强度、塑性和韧性都下降；同时此处接头断面变化较大，将引起应力集中，很大程度上决定着焊接接头的性能。

② 过热区。它是热影响区中最高加热温度在 1100℃以上至固相线温度区间的区域，该区域在焊接时，由于加热温度高，奥氏体晶粒急剧长大，形成过热组织，所以也称“粗晶粒区”。冷却以后形成粗大的过热区组织，先共析的铁素体从奥氏体晶界上呈针片状析出并向晶内生长，这种先共析针片状铁素体加珠光体称为魏氏体组织，如图 2-140 所示。在大热输入的电弧焊、气焊、电渣焊的条件下，经常出现魏氏体组织。因此使该区域的塑性和韧性大大降低，冲击韧性下降约 25%～75%。对淬透性好的钢材，过热区冷却后得到淬火马氏体，脆性更大。所以过热影响区中力学性能最差的部位。

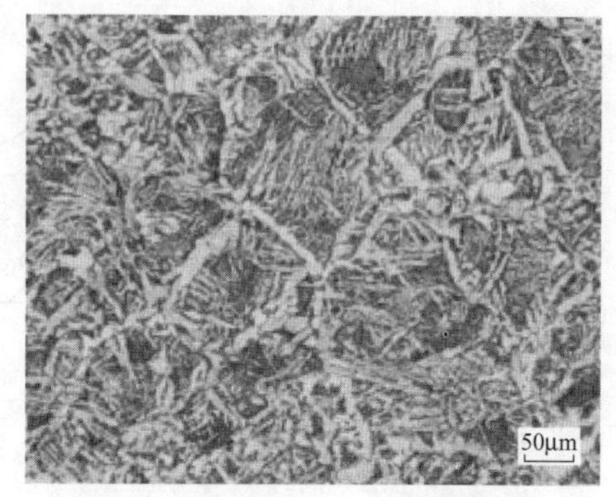

图 2-140 20 钢过热区组织金相图

③ 正火区。它是指热影响区中加热温度在 A3～1100℃之间的区间，该区温度虽较高，但加热时间较短，晶粒不容易长大。焊后空冷，金属将发生重结晶，得到晶粒较细的正火组织，所以该区域称为正火区，也称为细晶区或重结晶区。该区的组织比退火（或轧制）状态的母材组织细小，其力学性能优于母材。图 2-141 为 20 钢正火区组织。

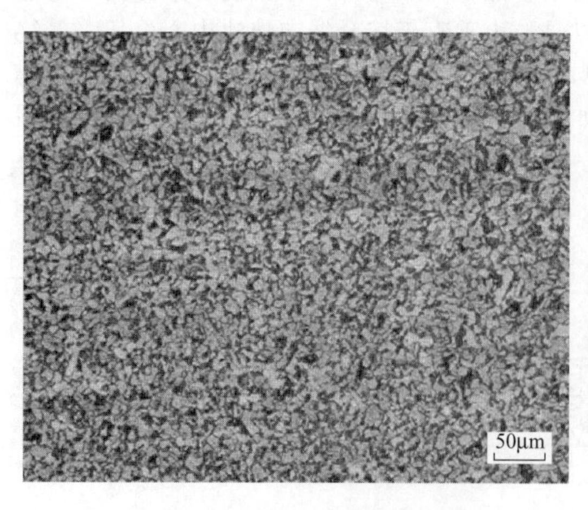

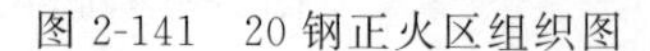

图 2-141 20 钢正火区组织图

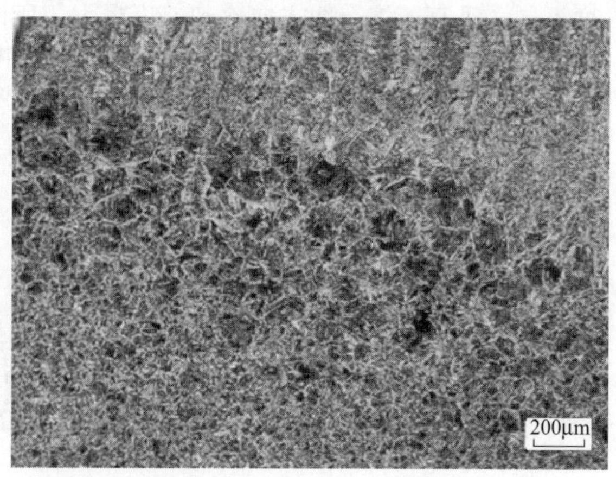

图 2-142 20 钢焊接接头组织全貌

④ 部分相变区。是指热影响区中加热温度在 A1～A3 之间的区域，焊接加热时，首先

珠光体向奥氏体转变，随着温度的进一步升高，部分铁素体逐步向奥氏体中溶解，温度愈高，溶入愈多，至A3时，全部转变为奥氏体。焊接加热时由于时间较短，该区只有部分铁素体溶入奥氏体。焊后空冷，该区域得到由经过重结晶的细小铁素体和珠光体与未经重结晶的铁素体组成不均匀组织。所以该区也称为不完全重结晶区。该区由于组织不均匀，力学性能稍差，图2-142为20钢焊接接头组织全貌。

三、金相实验与分析

本实验采用焊接生产中应用最广的Q235钢为母材，采用CO_2气体保护焊施焊，然后对焊接接头进行磨样观察。

1. 实验设备及器材

① 施焊设备及器材：弧焊电源Artsen PM400、焊丝ER49-1（H08Mn2SiA），直径ϕ1.2mm，CO_2（纯度>99.6%）。

② XT容器顶板单面焊双面成型焊后试件（134mm×234mm×8mm，Q235钢）。

③ 砂轮切割机一台。

④ 钳工工具一套。

⑤ 制备金相试样的全部器材。

⑥ 金相显微镜若干台。

2. 实验方法与步骤

将焊后试件冷至室温后，划出焊接接头试样取样位置，如图2-143(a) 所示。按照划好的砂轮切割线，用砂轮切割机截取试样，如图2-143(b) 所示。试样截取切割时须用水冷却，以防止组织发生变化。将试件进行打磨、抛光和腐蚀，以便于观察和测量，注意磨制面应选择与焊缝走向垂直的横截面，如图2-143(c) 所示。

(a) 取样区域划分

(b) 截开后的试样毛坯

(c) 初步打磨后的试样

图2-143　试样取样和制备过程

在金相显微镜上观察制备好的焊接接头试样。先用低倍镜镜头（放大100倍）观察焊缝区及热影响区全貌，再用高倍镜镜头（450倍）逐区进行观察，注意识别各区的金相组织特征，并做出金相实验分析报告。报告中重要的内容为缺陷的统计分析，如图2-144所示。

合格率

检验数量	合格	不合格	合格率
2	2	0	100.00%

缺陷分类

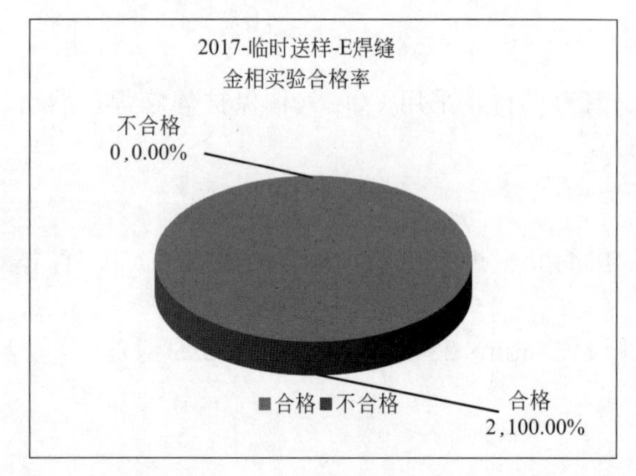

图 2-144 缺陷统计分析图表

总结与练习

金相分析是确认压力容器焊缝质量的根本依据。掌握焊缝取样、制备金相试样和观察金相组织，是学生今后从事焊接质量检验的重要技能。目前，机械类学校的金相实验条件差别较大，建议学校根据各自的条件，完成一种压力容器焊缝的金相试样制备和观察。取样的焊接最好包括有正常的显微组织和焊接缺陷。

参考文献

[1] 孙慧平，张银辉，卢永霞．焊接机器人系统操作、编程与维护［M］．北京：化学工业出版社，2018.
[2] 朱小兵，张祥生．焊接结构制造工艺及实施［M］．北京：机械工业出版社，2010.
[3] 人力资源和社会保障部教材办公室编．冷作工工艺与技能训练［M］．2 版．北京：中国劳动社会保障出版社，2014.
[4] 人力资源和社会保障部教材办公室．冷作工工艺学［M］．4 版．北京：中国劳动社会保障出版社，2014.
[5] 陶友瑞．FVS0812 薄板半球形零件拉深成形研究［D］．长沙：湖南大学，2004.
[6] 赵燕．拼焊板充液拉深的数值模拟及实验装置设计［D］．镇江：江苏大学，2007.
[7] 陈军，段文森，杨海瑛．金属弯管的成型技术［J］．稀有金属材料与工程，2008，37（z4）：555-560.
[8] 杨叔庸，陈荣毅，王建，等．钢管冷、热弯曲后的可焊性试验研究［C］．第四届全国现代结构工程学术研讨会论文集，2004：7.
[9] 宋进桂．BMW 两轮摩托车前悬架新设计［J］．摩托车技术，1994（6）：20-41.
[10] 高长宏，戴子兵．KUKA 机器人工作站的变位机控制系统设计［J］．南方农机，2018，49（11）：24.
[11] 杨树峰．U 形换热管弯制过程反弹研究［J］．金属加工（加工），2013（13）：56-57.
[12] 温家伶，黄志军，黄小军，等．薄板点焊工艺及性能研究［J］．武汉造船，2000（1）：15-17.
[13] 叶河源．薄板工件焊接缺陷的原因及解决对策［J］．机械工程师，2004（12）：77-77.
[14] 刘山，厉福海，任小省．一种不锈钢薄板异形构件的焊接变形控制研究及应用［J］．中国新技术新产品，2013（11）：6-7.
[15] 张士营．工程机械大型结构件焊接变形的原因及控制方法［J］．科技尚品，2016（12）：124.
[16] 孙升．二轮摩托车前叉［J］．摩托车技术，1989（1）：29-30.
[17] 孙升．前叉行程可调的二轮摩托车减振器［J］．摩托车技术，1989（4）：41-42.
[18] 张发荣，何志涛，陈曦．钢管的热弯制作工艺研究［J］．武汉船舶职业技术学院学报，2011，10（1）：29-33.
[19] 张发荣，何志涛，陈越．钢管冷弯制作工艺探究［J］．武汉船舶职业技术学院学报，2012，11（1）：68-70，80.
[20] 苏忻．国外套筒式前叉的结构及使用［J］．摩托车技术，1993（5）：26-27.
[21] 李衍．焊缝交叉部位的 RT 问题［J］．无损探伤，2001（04）：4-6，20.
[22] 康艳军，朱灯林，陈俊伟．弧焊机器人和变位机协调运动的研究［J］．电焊机，2005，35（3）：46-49.
[23] 周永强．基于变位机的多功能机器人实训台的自动控制［J］．机电工程技术，2021，50（01）：100-102.
[24] 董朝元．壳体零件的弯曲成形工艺［J］．航空制造技术，2003（7）：75-76.
[25] 孟令菊，杨柏凤，陈晶，等．摩托车车架焊接工序的制定［J］．摩托车技术，2003（4）：16-17.
[26] 史春涛，孙立星，刘建军，等．摩托车座垫结构设计浅析［J］．摩托车技术，2006（1）：18-21.
[27] 朱晓欢．浅谈薄板冲压件的成形工艺与实现方法［J］．中国对外贸易（英文版），2012（16）：363.
[28] 万丽丽，余海飞．弯管工艺过程的受力分析及工艺分析［J］．大科技，2016（8）：251-252.
[29] 周庆．弯曲类钣金件热冲压成型工艺研究［J］．轨道交通装备与技术，2017（6）：14-15.

目 录

模块一 摩托车模型的制作

模块二　压力容器的焊接

模块一　摩托车模型的制作

项目一　摩托车模型认知

任务一　摩托车模型功能与结构分析

具体任务及内容描述

选择一种自己熟悉的国产摩托车，完成其结构和功能分析。

改革开放之后，我国摩托车工业迅速崛起，历经起步、发展、整合、重组，跌宕起伏的艰难发展，现已跻身世界摩托车生产大国，成为汽车工业的重要组成部分。国产摩托车的种类繁多，性能和结构差别巨大。本次任务要求学生根据当地实际，选择一种国产摩托车（包括电动摩托车）进行结构和功能分析，并记录学习过程。

建议学时　2学时

知识回顾

填一填

1. 我国摩托车的分类有两种方法，一种是按____________，分为轻便摩托车和摩托车。轻便摩托车发动机工作容积不超过____mL，最高设计速度不大于____km/h；摩托车指发动机工作容积大于____mL，最高设计速度超过____km/h的两轮或三轮摩托车。另一种是按____________，分为两轮车、边三轮车和正三轮车等三类。

2. 实用两轮摩托车一般由________、________、________、________和________等五大部分组成，摩托车模型主要用于完成机械零部件的成型以及构件焊接技术的学习，故将模型分为______、______、______和______等四部分，以便学生学习相关的知识及培养相应的操作技能。

想一想

1. 请简述摩托车车头部分的结构特点和功能。

2. 摩托车的车座分为哪几类，主要作用是什么？

学习过程记录

专业__________ 班级__________ 项目同组人__________ 日期__________

<table>
<tr><td>项目名称</td><td colspan="2">项目一　摩托车模型认知</td></tr>
<tr><td>任务名称</td><td colspan="2">任务一　摩托车模型功能与结构分析</td></tr>
<tr><td>主要任务</td><td colspan="2">①熟悉摩托车的发展历程；
②认识常用摩托车的主要种类；
③对比分析实用摩托车及其模型的结构组成和主要功能</td></tr>
<tr><td rowspan="2">任务要求</td><td>理论要求</td><td>具有一定的机械图形识读和结构设计能力</td></tr>
<tr><td>技能要求</td><td>掌握机械产品拆解和分析的基础能力</td></tr>
<tr><td>任务重点</td><td colspan="2"></td></tr>
<tr><td>任务难点</td><td colspan="2"></td></tr>
<tr><td>关键技能</td><td colspan="2"></td></tr>
<tr><td>操作要点</td><td colspan="2"></td></tr>
<tr><td rowspan="2">任务学习条件</td><td>理论储备</td><td></td></tr>
<tr><td>技能准备</td><td></td></tr>
<tr><td rowspan="4">学习过程记录</td><td>1. 任务导入</td><td></td></tr>
<tr><td>2. 工作步骤及要求</td><td></td></tr>
<tr><td>3. 注意事项</td><td></td></tr>
<tr><td>4. 工作任务</td><td></td></tr>
<tr><td colspan="3">注：本表不够填写时可以另附页</td></tr>
</table>

任务二　摩托车模型制作方法的认知

具体任务及内容描述

完成摩托车模型的制作所需的圆钢和薄板的切割与弯曲练习，为后续操作做准备。在熟悉各种下料设备的基础上，通过查阅课外网络资料等，独立或小组合作完成下料，并对工作过程进行记录、存档。

建议学时　2 学时

知识回顾

填一填

1. 杆件折弯即在外力的作用形成符合设计要求的形变，有______和______两种方法。在______进行的弯曲称____，常由钳工完成。当杆件尺寸较大时（直径________），需要边______进行弯曲的称______，常由锻工完成。

2. 一般钢铁材料冷态和热态的机械强度有显著变化，温度上升到______以上时强度开始急剧下降，到______时强度将下降十多倍。

3. 氩弧焊是薄板与细杆焊接成型常用的一种焊接方法，使用惰性气体氩气作为保护气体，具有____________、________________、________________优点。

4. 等离子切割是利用气体在____________等离子化，形成高能的等离子气流束____________被切割材料，并借助__________将熔化材料排开，直至等离子气流束穿透工件背面而形成切口。

5. 钣金加工是针对 6mm 以下金属薄板的一种综合冷加工工艺，包括______、______、______、焊接、______、__________及__________等，其显著的特征就是同一零件厚度一致。

想一想

1. 简述钣金拉伸的圆角与板厚的关系。

2. 简述钣金折弯操作注意事项。

学习过程记录

专业__________ 班级__________ 项目同组人__________ 日期__________

项目名称	项目一 摩托车模型认知	
任务名称	任务二 摩托车模型制作方法的认知	
主要任务	①熟悉摩托车模型制作的常用工艺方法； ②掌握相关工艺参数选定的技巧； ③能够根据制作要求选择合理的工艺方法	
任务要求	理论要求	掌握钣金制作和焊接基础知识
	技能要求	了解常用制作工艺的一般过程
任务重点		
任务难点		
关键技能		
操作要点		
任务学习条件	理论储备	
	技能准备	
学习过程记录	1. 任务导入	
	2. 工作步骤及要求	
	3. 注意事项	
	4. 工作任务	
注:本表不够填写时可以另附页		

项目二　车头制作

任务一　车头结构认知

具体任务及内容描述

完成项目二任务一练习题图所示车头结构件中的链条与深沟球轴承焊接的制作难点分析，并对工作过程进行记录、存档。

建议学时　4 学时

知识回顾

填一填

1. 摩托车在行驶过程中，特别是在凹凸不平的低质路面上行驶时，车轮将承受来自路面的________________、________________、________________，并传递到车架上。

2. 冲击力的______和______超过人的承受范围，将引起疲劳，影响__________并造成摩托车各零部件的______、________。

想一想

1. 08 标准滚子链选材主要考虑哪几个方面？

2. 轴承材料具有什么特性？

3. 简述轴承钢和不锈钢的可焊性。

认一认

指出作业图 1-1 所示的深沟球轴承内外圈、保持架，并分析各自的材料可焊性。

作业图 1-1

学习过程记录

专业＿＿＿＿＿班级＿＿＿＿＿项目同组人＿＿＿＿＿日期＿＿＿＿＿

项目名称	项目二　车头制作	
任务名称	任务一　车头结构认知	
主要任务	①了解两轮摩托车的前叉结构形式； ②分析摩托车模型车头结构组成及特点； ③熟悉车头结构件的制作工艺及难点	
任务要求	理论要求	掌握常见焊材的可焊性知识
	技能要求	能够进行焊接可行性分析
任务重点		
任务难点		
关键技能		
操作要点		
任务学习条件	理论储备	
	技能准备	
学习过程记录	1. 任务导入	
	2. 工作步骤及要求	
	3. 注意事项	
	4. 工作任务	
注：本表不够填写时可以另附页		

任务二　简单杆件的冷弯成型

具体任务及内容描述

完成项目二任务二练习题图所示杆件的下料和冷弯成型。

冷弯成型的影响因素众多，成型过程复杂，至今还没有能够精确分析这一过程的理论。常用简化分析与运动学法，其本质思想是分别考虑横向弯曲变形和纵向弯曲变形，在分析中横向变形应用弹塑性理论及纯弯曲理论分析，纵向变形等同为弹塑性薄壳来分析。

学生在完成本任务理论学习的基础上，熟读产品图纸后完成作业任务，并进行记录、存档。

建议学时　8 学时

知识回顾

填一填

1. 冷作图样有______和______两种表达方法。______形式一般用于____________的表达，通常用一张____________来表达构件的形状和详细尺寸；______形式常用于____________的表达，一般采用一张表达装配关系的总图，并附__________________的形式。

2. 冷作加工的基本工序包括______、______、______、______、______、______、铆接及焊接等。

3. 按构件的实际尺寸或一定比例画出该构件的轮廓，或将____________，以准确地定______的尺寸，作为__________、加工或装配工作的依据，这一工作过程称为______。

想一想

1. 钣金加工时常用的工量具有哪些？

2. 简述角形弯折手工操作时应注意的事项。

认一认

作业图 1-2 所示的工具名称是什么？都有什么用途？

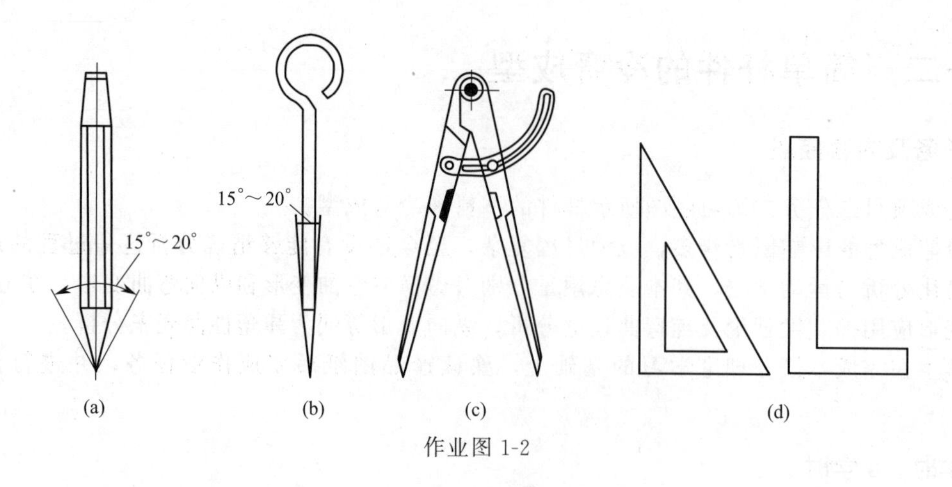

作业图 1-2

学习过程记录

专业________ 班级________ 项目同组人________ 日期________

项目名称	项目二　车头制作	
任务名称	任务二　简单杆件的冷弯成型	
主要任务	①了解冷弯成型工艺的适用范围； ②熟悉冷弯成型杆件零件图； ③掌握冷弯加工的操作步骤与要领； ④完成简单杆件的冷弯成型	
任务要求	理论要求	掌握冷弯成型工艺的基本知识
	技能要求	能够进行圆钢杆件冷弯成型基本操作
任务重点		
任务难点		
关键技能		
操作要点		
任务学习条件	理论储备	
	技能准备	
学习过程记录	1. 任务导入	
	2. 工作步骤及要求	
	3. 注意事项	
	4. 工作任务	
注：本表不够填写时可以另附页		

任务三　薄板与杆件的手工点焊

具体任务及内容描述

根据学校设备情况任意选择下面任务之一，作为课内学习任务，其余两项作为提高训练题：

1. 前车牌与前挡泥板的薄板角焊成型操作。
2. 前轮毂与前轮罩的标准件与薄板件周向点焊操作。
3. 前罩与前叉立柱的薄板冲压件与圆钢的侧面点焊操作。

点焊是一种焊点间有一定的间距，适用于可以采用搭接接头、没有密封性要求、厚度小的冲压、轧制的薄板构件和金属网、交叉钢筋结构件等制造的高速、经济的连接方法。通过理论学习，结合前修课程积累，完成选定任务，并进行记录、存档。

建议学时　6学时

知识回顾

填一填

1. 电阻点焊是将被焊工件压紧于______之间，并施以电流，利用电流流经工件接触面及邻近区域产生的________效应，将其加热到__________状态，使之形成金属结合的一种方法。过程可分为__________、__________和__________彼此相联的三个阶段。

2. 电阻点焊接头的设计应考虑________、________、________、________。

3. 气体保护钨极电弧点焊是一种__________电弧焊，在国际上通称为________焊，利用钨极和工件之间的电弧使金属熔化而形成焊缝。焊接过程中__________，只起电极的作用。同时，由焊炬的喷嘴送进________________作保护，还可根据需要另外__________。

4. 焊构件制作的准备工作包括__________、__________、领取材料、______、相关试验和工艺规程的编制、__________等工作。

5. 点焊构件的制造主要包括备料（包括______、______、______、______等）、装配、焊接、________及__________等工序。

想一想

1. 选用电阻点焊或氩弧点焊的主要理由是什么？

2. 点焊和连续焊的焊接参数选择有何不同？

认一认

1. 列出作业图 1-3 所示的氩弧点焊设备组成名称，并简述其功能。
2. 列出作业图 1-4 所示的电阻点焊设备组成名称，并简述其功能。

作业图 1-3

作业图 1-4

学习过程记录

专业__________ 班级__________ 项目同组人__________ 日期__________

<table>
<tr><td>项目名称</td><td colspan="2">项目二　车头制作</td></tr>
<tr><td>任务名称</td><td colspan="2">任务三　薄板与杆件的手工点焊</td></tr>
<tr><td>主要任务</td><td colspan="2">①熟悉薄板与圆钢点焊工艺；
②完成焊前分析并确定焊接参数；
③完成车头组合构件的手工焊接</td></tr>
<tr><td rowspan="2">任务要求</td><td>理论要求</td><td>掌握点焊工艺的基本知识</td></tr>
<tr><td>技能要求</td><td>能够进行点焊的一般操作</td></tr>
<tr><td>任务重点</td><td colspan="2"></td></tr>
<tr><td>任务难点</td><td colspan="2"></td></tr>
<tr><td>关键技能</td><td colspan="2"></td></tr>
<tr><td>操作要点</td><td colspan="2"></td></tr>
<tr><td rowspan="2">任务学习条件</td><td>理论储备</td><td></td></tr>
<tr><td>技能准备</td><td></td></tr>
<tr><td rowspan="4">学习过程记录</td><td>1. 任务导入</td><td></td></tr>
<tr><td>2. 工作步骤及要求</td><td></td></tr>
<tr><td>3. 注意事项</td><td></td></tr>
<tr><td>4. 工作任务</td><td></td></tr>
<tr><td colspan="3">注：本表不够填写时可以另附页</td></tr>
</table>

任务四　构件焊接质量检查及修整

具体任务及内容描述

根据学校设备情况任意选择下面任务之一，作为课内学习任务，其余两项作为提高训练题：

1. 试完成挡泥板与其支架焊接组件的质量检查与修整。
2. 试完成车轮焊接组件的质量检查与修整。
3. 试完成驾驶手把与前叉立柱的焊接质量检查与修整。

学生在完成理论学习后，结合相关资料和标准，完成选定任务，并记录过程。

建议学时　6 学时

知识回顾

填一填

1. 焊接件是指通过焊接而成的一个不可拆卸的整体，可以是零件、组件或部件，其质量检验标准有________、________和________三个方面。

2. 焊件内常见______、______、______、______和______等缺陷。

3. 在容器制造结束投入试验前，________中各道工序应有操作、检验签字，________必须齐全、正确、符合要求，并经综合检查合格，内部________。容器顶部设置排气阀，容器底部设置________，适当的部位设置________。

4. 焊前对焊件采用________，强制焊接在焊接时________，这种防止________的方法称为刚性固定法。

认一认

1. 找出作业图 1-5 所示各种焊接缺陷，写出其名称，简述其特点及危害。

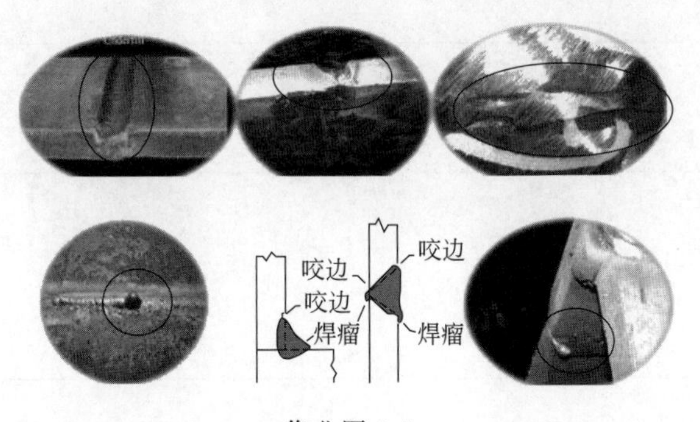

作业图 1-5

2. 简述作业图 1-6 所采用的焊接变形矫正方法，说明其原理。

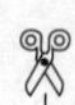

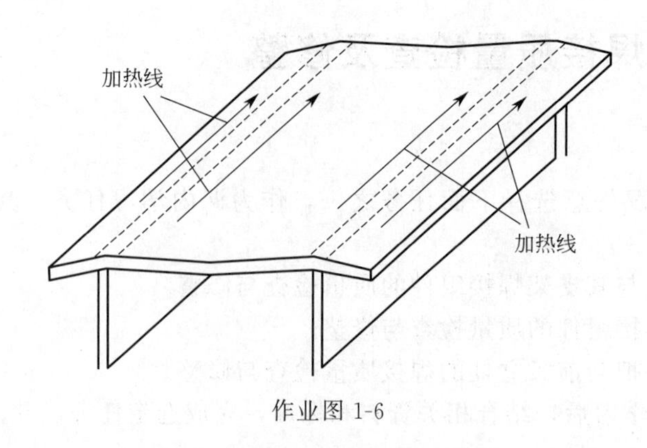

作业图 1-6

学习过程记录

专业__________ 班级__________ 项目同组人__________ 日期__________

<table>
<tr><td>项目名称</td><td colspan="2">项目二　车头制作</td></tr>
<tr><td>任务名称</td><td colspan="2">任务四　构件焊接质量检查及修整</td></tr>
<tr><td>主要任务</td><td colspan="2">①熟悉焊接构件的质量检查方法；
②掌握焊接构件修整的一般方法；
③完成车头部件的修整及质量检查</td></tr>
<tr><td rowspan="2">任务要求</td><td>理论要求</td><td>掌握焊接成型构件质量的基本知识</td></tr>
<tr><td>技能要求</td><td>能够完成焊接构件检查操作</td></tr>
<tr><td>任务重点</td><td colspan="2"></td></tr>
<tr><td>任务难点</td><td colspan="2"></td></tr>
<tr><td>关键技能</td><td colspan="2"></td></tr>
<tr><td>操作要点</td><td colspan="2"></td></tr>
<tr><td rowspan="2">任务学习条件</td><td>理论储备</td><td></td></tr>
<tr><td>技能准备</td><td></td></tr>
<tr><td rowspan="4">学习过程记录</td><td>1. 任务导入</td><td></td></tr>
<tr><td>2. 工作步骤及要求</td><td></td></tr>
<tr><td>3. 注意事项</td><td></td></tr>
<tr><td>4. 工作任务</td><td></td></tr>
<tr><td colspan="3">注:本表不够填写时可以另附页</td></tr>
</table>

项目三　车架制作

任务一　车架的结构与功能分析

具体任务与内容描述

试完成项目三任务一练习题图所示摩托车车架的结构特点与功能分析。

摩托车车架用来支撑发动机、变速传动系统以及摩托车乘员，起到连接发动机、悬架装置、行走装置以及其他零部件的作用，及为车轮提供安装位置，有效地抵抗来自路面的颠簸和冲击。在完成项目三任务一的学习之后，结合课外网络资料，通过独立或小组合作方式，完成本次作业任务，并进行记录、存档。

建议学时　2学时

知识回顾

填一填

1. 车架如同人体骨骼，应具有______，______、______足够，________符合设计要求并考虑车辆的_______。

2. 摩托车车架的型式主要有_______车架、_______车架和_______车架。

3. 摩托车车架通常由______、______或者______焊接制作而成，_________仅仅用于一些特别昂贵或者定制车架。

想一想

1. 摩托车车架结构的主要特点是什么？

2. 摩托车模型车架主要由何种材料组成？

3. 圆钢搭接焊怎样保证焊接成型尺寸？

认一认

作业图 1-7 所示的车架有何特点，常用于哪种摩托车？

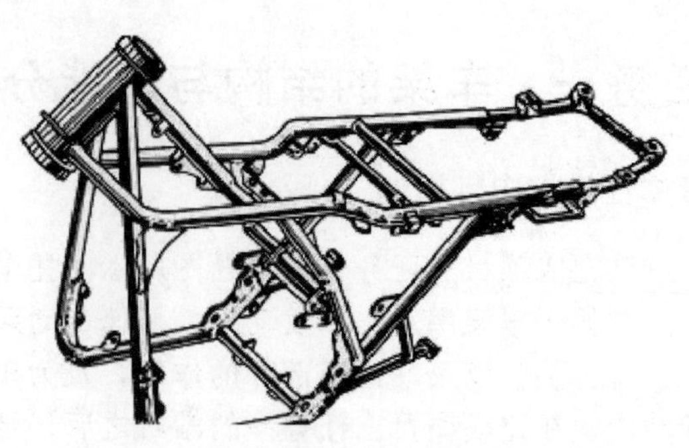

作业图 1-7

学习过程记录

专业＿＿＿＿＿＿ 班级＿＿＿＿＿＿ 项目同组人＿＿＿＿＿＿ 日期＿＿＿＿＿＿

项目名称	项目三　车架制作	
任务名称	任务一　车架的结构与功能分析	
主要任务	①了解两轮摩托车的车架结构形式； ②熟悉摩托车车架的功能特点； ③完成车架模型的结构组成与功能分析	
任务要求	理论要求	熟悉摩托车车架的结构形式和受力特点等基本知识
	技能要求	能够对特定车架进行功能分析
任务重点		
任务难点		
关键技能		
操作要点		
任务学习条件	理论储备	
	技能准备	
学习过程记录	1. 任务导入	
	2. 工作步骤及要求	
	3. 注意事项	
	4. 工作任务	
注：本表不够填写时可以另附页		

任务二　复杂杆件的热弯成型

具体任务及内容描述

根据学校教学安排，选择车架主梁或车架侧护杆的热弯成型，作为课堂训练，另一工件作为课外练习。在完成实操的同时，写出详细的工艺规程，并进行记录、存档。

较粗的圆钢需要通过热压或热煨工艺弯曲成所需要的形状和尺寸。热压是通过将钢管加热后，再放到特制的模具中冲压成型的热弯工艺；热煨是将钢管通过加热煨弯，然后通过手工、顶推和旋拉等方法制成所需形状的工艺。这两种热弯成型工艺各有特点，需要根据使用环境和设计强度要求选用。上述训练任务采取何种热弯成型工艺由教师选定。

建议学时　4 学时

知识回顾

填一填

1. 热煨管需要将钢材加热至__________，在钢材强度降低、塑性增大的基础上，再在模具上进行弯制加工。钢材加热到__________时将产生蓝脆，在此温度范围内，应严禁锤打和弯曲以免断裂。碳素结构钢在温度下降到________之前，低合金结构钢在温度下降到______之前，应结束加工，在空气中缓慢冷却。

2. 拉伸和压缩使材料内部产生应力，引起一定的________________，一旦外力______________（或同时降温），将产生一定的________，回弹量一般为____________________R，R 为弯曲半径。

3. 热煨弯的一般过程包括____________________、________________、______________和________________。

想一想

1. 弯管展开尺寸如何计算？

2. 弯管下料的倾斜度有何要求？

3. 弯管的回弹量计算目前一般采用什么方法？

4. 弯管质量检查主要测量哪些参数？

认一认

作业图 1-8 所示的工具是什么工具？如何操作？

作业图 1-8

学习过程记录

专业__________ 班级__________ 项目同组人__________ 日期__________

项目名称	项目三　车架制作	
任务名称	任务二　复杂杆件的热弯成型	
主要任务	①熟悉热弯成型技术特点； ②掌握热弯成型的操作步骤； ③完成车架模型的前护杆热弯制作	
任务要求	理论要求	掌握热弯成型工艺的基本知识
	技能要求	能够进行平面弯管的操作
任务重点		
任务难点		
关键技能		
操作要点		
任务学习条件	理论储备	
	技能准备	
学习过程记录	1. 任务导入	
	2. 工作步骤及要求	
	3. 注意事项	
	4. 工作任务	
注:本表不够填写时可以另附页		

任务三　复杂杆件的气体保护焊接

具体任务及内容描述

完成如项目三任务三练习题图所示的两构件气体保护焊接工艺规程编写，并完成焊接操作。

焊接工艺规程是用文字、图表和其他载体确定下来，指导产品加工和工人操作的主要工艺文件。在完成本任务的理论学习后，查阅课外网络资料等，学生独立或小组合作完成上述任务，并进行记录、存档。

建议学时　6 学时

知识回顾

填一填

1. 气体保护焊是利用气体作为__________并保护电弧和焊接区的电弧焊，称为气体保护电弧焊。熔化极气体保护焊常用焊接电流为______________，电源暂载率一般在______________，空载电压为__________。

2. 对于空气冷却焊枪，对于 CO_2 气体保护焊断续负载下一般可使用高达__________的电流，而氩气或氦气保护焊通常只限于_____________电流。

3. 程序控制系统将__________、__________、______________、______________系统有机地组合在一起，构成一个________、__________的焊接设备系统。

4. 常用方式有________、__________、____________、____________等。

5. 常见焊接形式有________、________、________、________和__________等。

想一想

1. 自动 CO_2 气体保护焊机在进行圆钢外圆搭接焊时，其焊接参数和技术要求是什么？

2. 圆钢 T 形接头焊接的焊枪倾角有什么要求？

动一动

作业图 1-9 所示的各种构件可采用哪种焊接方式进行？试完成其中的一种构件的焊接。

作业图 1-9

学习过程记录

专业__________ 班级__________ 项目同组人__________ 日期__________

<table>
<tr><td>项目名称</td><td colspan="2">项目三　车架制作</td></tr>
<tr><td>任务名称</td><td colspan="2">任务三　复杂杆件的气体保护焊接</td></tr>
<tr><td>主要任务</td><td colspan="2">①熟悉气体保护焊接工艺方法，完成复杂杆件的焊前准备；
②掌握气体保护焊的基本操作方法，选定正确的焊接参数；
③顺利阅读焊接工艺规程，完成车架复杂杆件的焊接操作</td></tr>
<tr><td rowspan="2">任务要求</td><td>理论要求</td><td>掌握气体保护焊的基本知识</td></tr>
<tr><td>技能要求</td><td>能够进行气体保护焊一般操作</td></tr>
<tr><td>任务重点</td><td colspan="2"></td></tr>
<tr><td>任务难点</td><td colspan="2"></td></tr>
<tr><td>关键技能</td><td colspan="2"></td></tr>
<tr><td>操作要点</td><td colspan="2"></td></tr>
<tr><td rowspan="2">任务学习条件</td><td>理论储备</td><td></td></tr>
<tr><td>技能准备</td><td></td></tr>
<tr><td rowspan="4">学习过程记录</td><td>1. 任务导入</td><td></td></tr>
<tr><td>2. 工作步骤及要求</td><td></td></tr>
<tr><td>3. 注意事项</td><td></td></tr>
<tr><td>4. 工作任务</td><td></td></tr>
<tr><td colspan="3">注：本表不够填写时可以另附页</td></tr>
</table>

任务四　车架整形与尺寸检验

具体任务及内容描述

试完成图 1-46 所示的摩托车模型后车架组合件的尺寸检验。若有超差，则分析其产生原因，并进行整形。学生在完成本次任务的理论学习后，通过查阅课外网络资料，独立或小组合作完成上述作业任务，并进行记录、存档。

建议学时　2 学时

知识回顾

填一填

1. 影响焊接热变形的因素主要包括__________方法、__________、______________、施工方法和______________。

2. 任何钢结构的焊接变形可分为________和________。整体变形就是焊接以后整个构件的尺寸或________的变化，主要有____________总尺寸缩短的收缩变形，中间__________的弯曲变形，以及整体产生____________的扭曲变形等。局部变形是指焊接以后构件局部区域出现的变形，包括________、__________和__________。

填一填

1. 预防及控制焊接变形的主要方法有哪些？

2. 焊接结构件的主要整形方法有哪些？

3. 焊接构件质量检查主要有哪些方面？

动一动

试完成作业图 1-10 所示的构件的整形和尺寸检验。

φ142　31　16　11　1　2　3　4

作业图 1-10

1—链条；2—轴承 6006；
3—焊接垫片；4—轴承覆盖片

学习过程记录

专业__________班级__________项目同组人__________日期__________

<table>
<tr><td>项目名称</td><td colspan="2">项目三　车架制作</td></tr>
<tr><td>任务名称</td><td colspan="2">任务四　车架整形与尺寸检验</td></tr>
<tr><td>主要任务</td><td colspan="2">①熟悉引起圆钢框架焊接构件变形的原因及其避免措施，制定车架整形方案；
②熟悉焊接构件尺寸检验的一般方法，准备尺寸检验器具；
③完成车架焊接构件的焊后整形及尺寸检验</td></tr>
<tr><td rowspan="2">任务要求</td><td>理论要求</td><td>掌握焊接成型构件整形和尺寸检查的基本知识</td></tr>
<tr><td>技能要求</td><td>能够进行焊接构件检查和整形操作</td></tr>
<tr><td>任务重点</td><td colspan="2"></td></tr>
<tr><td>任务难点</td><td colspan="2"></td></tr>
<tr><td>关键技能</td><td colspan="2"></td></tr>
<tr><td>操作要点</td><td colspan="2"></td></tr>
<tr><td rowspan="2">任务学习条件</td><td>理论储备</td><td></td></tr>
<tr><td>技能准备</td><td></td></tr>
<tr><td rowspan="4">学习过程记录</td><td>1. 任务导入</td><td></td></tr>
<tr><td>2. 工作步骤及要求</td><td></td></tr>
<tr><td>3. 注意事项</td><td></td></tr>
<tr><td>4. 工作任务</td><td></td></tr>
<tr><td colspan="3">注：本表不够填写时可以另附页</td></tr>
</table>

项目四　车座制作

任务一　车座的认知

具体任务及内容描述

试完成图 1-77 摩托车模型车座的点固焊顺序安排，并说明理由。

摩托车座垫是用于支承骑乘者及乘员质量，缓和、衰减由车身传来的冲击和振动，给骑乘者和乘员提供平稳、舒适骑乘条件的重要部件。图 1-77 所示的摩托车模型车座模仿分离式双人车座垫，由前钣金和后车座两部分组成，主体材料为薄板件，良好的点固焊质量是减少和控制焊接变形的重要措施。本次任务在完成车座制作要求学习的基础上，查阅课外网络资料，独立或小组合作完成，并对工作过程进行记录、存档。

建议学时　2 学时

知识回顾

填一填

1. 摩托车座垫外形各不相同，但其结构组成大同小异，主要由________、________、座垫底板、__________、____________及__________组成。

2. 骑式车座垫主要与_________、_________配合，在保证整车外形特征风格的前提下，要控制__________、__________零间隙，____________等间隙的配合尺寸。

3. 弯梁车座垫前部通过________________，铰链板通过______________的铰链孔相连，座垫后部布置有__________与固定在车架上的________配合。

4. 踏板车座垫锁杆布置在________和________中间位置。

想一想

1. 薄板钣金件有哪几种成型方法？各主要运用于什么类型的零件加工？

2. 薄板件连接有哪几种类型？各有何优缺点？

3. 薄板钣金件展开尺寸如何计算？

4. 简述摩托车车座类型与车型的配合关系。

学习过程记录

专业__________ 班级__________ 项目同组人__________ 日期__________

<table>
<tr><td>项目名称</td><td colspan="2">项目四　车座制作</td></tr>
<tr><td>任务名称</td><td colspan="2">任务一　车座的认知</td></tr>
<tr><td>主要任务</td><td colspan="2">①了解两轮摩托车车座的主要结构形式；
②熟悉摩托车车座的功能特点；
③完成车座模型的结构与功能分析</td></tr>
<tr><td rowspan="2">任务要求</td><td>理论要求</td><td>掌握焊接成型构件质量的基本知识</td></tr>
<tr><td>技能要求</td><td>能够完成焊接构件检查操作</td></tr>
<tr><td>任务重点</td><td colspan="2"></td></tr>
<tr><td>任务难点</td><td colspan="2"></td></tr>
<tr><td>关键技能</td><td colspan="2"></td></tr>
<tr><td>操作要点</td><td colspan="2"></td></tr>
<tr><td rowspan="2">任务学习条件</td><td>理论储备</td><td></td></tr>
<tr><td>技能准备</td><td></td></tr>
<tr><td rowspan="4">学习过程记录</td><td>1. 任务导入</td><td></td></tr>
<tr><td>2. 工作步骤及要求</td><td></td></tr>
<tr><td>3. 注意事项</td><td></td></tr>
<tr><td>4. 工作任务</td><td></td></tr>
<tr><td colspan="3">注：本表不够填写时可以另附页</td></tr>
</table>

任务二　车座钣金件的成型

具体任务及内容描述

完成项目四任务二练习题图所示的油箱盖钣金件的成型加工。

钣金是一种针对厚度 6mm 及以下金属薄板进行剪、冲/切/复合、折、焊接、铆接、拼接、成型等操作的综合性冷加工工艺，成型零件各处壁厚一致，采用钣金工艺加工的产品称为钣金件。学生在完成钣金加工工艺学习的基础上，借助课内外网络资料，独立或小组合作完成本次任务，并记录学习工作过程。

建议学时　4 学时

知识回顾

填一填

1. 钣金加工主要有________、__________、________成型和________钣金加工。

2. 钣金件成型工艺过程包括______、________、________等。

3. 半球形零件的成型方法较多，有__________成型、__________成型、__________成型、用____________成型或________________等。

想一想

1. 钣金下料常用有哪些方法？各有什么优缺点？

2. 折弯时的最小半径与板厚的关系是怎样的？

学习过程记录

专业＿＿＿＿＿＿ 班级＿＿＿＿＿＿ 项目同组人＿＿＿＿＿＿ 日期＿＿＿＿＿＿

项目名称	项目四　车座制作	
任务名称	任务二　车座钣金件的成型	
主要任务	①熟悉钣金件结构与成型特点； ②掌握钣金件手工成型工艺； ③完成车座钣金件的制作	
任务要求	理论要求	熟悉钣金成型的基本知识
	技能要求	能够进行手工成型操作
任务重点		
任务难点		
关键技能		
操作要点		
任务学习条件	理论储备	
	技能准备	
学习过程记录	1. 任务导入	
	2. 工作步骤及要求	
	3. 注意事项	
	4. 工作任务	
注：本表不够填写时可以另附页		

任务三　车座的机器人自动焊接

具体任务及内容描述

完成后车座与油箱盖的焊接工艺编制和机器人焊接编程操作。

学生在完成项目四任务三薄板机器人自动焊接理论学习之后，结合前修课程掌握的机器人焊接基本理论和操作技能，独立或小组合作完成作业任务，并进行记录、存档。

建议学时　4 学时

知识回顾

填一填

1. 机器人自动焊接的优势主要体现在可稳定地提高__________，保证其________；改善劳动条件，易于__________；提高____________和________________，减小设备投资。

2. 数字焊机采用________________，__________________，___________________，焊接_____________________，___________________。

动一动

1. 试编写一段薄板钣金件焊接程序，并进行调试。

2. 调节焊接电流、电压和焊接移动速度等工艺参数，并进行试焊，比较焊接质量。

3. 观察薄板焊接最容易出现的焊接缺陷，并分析其原因。

学习过程记录

专业＿＿＿＿＿＿ 班级＿＿＿＿＿＿ 项目同组人＿＿＿＿＿＿ 日期＿＿＿＿＿＿

<table>
<tr><td>项目名称</td><td colspan="2">项目四　车座制作</td></tr>
<tr><td>任务名称</td><td colspan="2">任务三　车座的机器人自动焊接</td></tr>
<tr><td>主要任务</td><td colspan="2">①熟悉机器人自动焊接的工艺特点；
②掌握机器人薄板焊接编程与操作技巧；
③完成车座的机器人自动焊接</td></tr>
<tr><td rowspan="2">任务要求</td><td>理论要求</td><td>掌握机器人焊接的基本知识</td></tr>
<tr><td>技能要求</td><td>能够进行机器人焊接参数设定、调试和运行操作</td></tr>
<tr><td>任务重点</td><td colspan="2"></td></tr>
<tr><td>任务难点</td><td colspan="2"></td></tr>
<tr><td>关键技能</td><td colspan="2"></td></tr>
<tr><td>操作要点</td><td colspan="2"></td></tr>
<tr><td rowspan="2">任务学习条件</td><td>理论储备</td><td></td></tr>
<tr><td>技能准备</td><td></td></tr>
<tr><td rowspan="4">学习过程记录</td><td>1. 任务导入</td><td></td></tr>
<tr><td>2. 工作步骤及要求</td><td></td></tr>
<tr><td>3. 注意事项</td><td></td></tr>
<tr><td>4. 工作任务</td><td></td></tr>
<tr><td colspan="3">注：本表不够填写时可以另附页</td></tr>
</table>

项目五　其他部件的制作

任务一　车轮认知

具体任务及内容描述

完成图 1-90 所示代表摩托车模型车轮结构的 08B 标准滚子链与深沟球轴承的焊接。该车轮结构以标准件为主，自制件也是形状简单的圆形，制作的难点在于不同材质的焊接。学生在完成可焊性较差的不同材质构件焊接的理论知识学习后，借助课外网络资料，独立或小组合作完成作业任务，并对工作过程进行记录、存档。

建议学时　2 学时

知识回顾

想一想

1. 摩托车车轮受力有何特点？对车轮材料性能有何要求？

2. 材料的可焊接性是如何评价的？

3. 含碳量差异较大的材质焊接应注意哪些事项？

4. 异种材质焊后热处理有何要求？

学习过程记录

专业＿＿＿＿＿＿ 班级＿＿＿＿＿＿ 项目同组人＿＿＿＿＿＿ 日期＿＿＿＿＿＿

项目名称	项目五　其他部件的制作	
任务名称	任务一　车轮认知	
主要任务	①熟悉摩托车车轮的结构组成与功能； ②分析摩托车模型的车轮结构； ③理清车模的车轮部件制作难点	
任务要求	理论要求	掌握异种材料焊接的基本知识
	技能要求	能够完成异种材料的氩弧焊操作
任务重点		
任务难点		
关键技能		
操作要点		
注意事项		
任务学习条件	理论储备	
	技能准备	
学习过程记录	1. 任务导入	
	2. 工作步骤及要求	
	3. 注意事项	
	4. 工作任务	
注：本表不够填写时可以另附页		

任务二　油箱的钣金制作

具体任务及内容描述

完成项目五任务二练习题图所示的无凸缘圆筒件的成型工艺分析，并计算毛坯外径和拉深次数。

拉深（拉延）是利用拉深模具将平板毛坯压制成各种开口的空心工件，或将已制成的开口空心件加工成其他形状空心件的一种冲压加工方法。其形变过程是随着凸模的不断下行，留在凹模端面上的毛坯外径不断缩小，圆形毛坯逐渐被拉进凸、凹模间的间隙中形成直壁，而处于凸模下面的材料则成为拉深件的底，当板料全部进入凸、凹模间的间隙里代表拉深过程结束，平面毛坯就变成具有一定的直径和高度的杯形件。学生在完成拉深成型理论知识学习后，独立或小组完成作业任务，并对工作过程进行记录、存档。

建议学时　2 学时

知识回顾

想一想

1. 简述拉深件毛坯尺寸计算的原则。

2. 简单形状的拉深零件毛坯尺寸是如何确定的？

3. 什么是拉深系数？拉深系数和拉深次数有何关系？

学习过程记录

专业＿＿＿＿＿＿ 班级＿＿＿＿＿＿ 项目同组人＿＿＿＿＿＿ 日期＿＿＿＿＿＿

<table>
<tr><td>项目名称</td><td colspan="2">项目五　其他部件的制作</td></tr>
<tr><td>任务名称</td><td colspan="2">任务二　油箱的钣金制作</td></tr>
<tr><td>主要任务</td><td colspan="2">①熟悉两轮摩托车油箱结构；
②掌握车模油箱盖拉深成型方法；
③完成油箱盖拉深工艺设计</td></tr>
<tr><td rowspan="2">任务要求</td><td>理论要求</td><td>掌握拉深成型工艺的基本知识</td></tr>
<tr><td>技能要求</td><td>能够完成拉深成型技术参数计算</td></tr>
<tr><td>任务重点</td><td colspan="2"></td></tr>
<tr><td>任务难点</td><td colspan="2"></td></tr>
<tr><td>关键技能</td><td colspan="2"></td></tr>
<tr><td>操作要点</td><td colspan="2"></td></tr>
<tr><td rowspan="2">任务学习条件</td><td>理论储备</td><td></td></tr>
<tr><td>技能准备</td><td></td></tr>
<tr><td rowspan="4">学习过程记录</td><td>1. 任务导入</td><td></td></tr>
<tr><td>2. 工作步骤及要求</td><td></td></tr>
<tr><td>3. 注意事项</td><td></td></tr>
<tr><td>4. 工作任务</td><td></td></tr>
<tr><td colspan="3">注：本表不够填写时可以另附页</td></tr>
</table>

任务三 其他辅件的焊接成型

具体任务及内容描述

完成图1-95所示前车把组合件的回转轴（六角头螺栓）与前叉横梁的焊接。学生在学习完成混合气体保护焊的理论知识后，借助课内外网络资料，独立或小组合作方式完成作业任务，并对工作过程进行记录、存档。

建议学时 4学时

知识回顾

想一想

1. 为何要采用混合气体保护焊？有何优点？

2. 不锈钢材质焊接为何要特别注意焊前处理质量？

3. 通用焊接工艺规程一般包括哪些内容？

动一动

试焊接一段Q235A和不锈钢材料平焊缝，观察其表面质量，并分析其原因。

学习过程记录

专业＿＿＿＿＿＿班级＿＿＿＿＿＿项目同组人＿＿＿＿＿＿日期＿＿＿＿＿＿

项目名称	项目五　其他部件的制作	
任务名称	任务三　其他辅件的焊接成型	
主要任务	①确定车模其他辅件的焊接参数； ②完成辅件焊接作业	
任务要求	理论要求	掌握焊接参数、焊接工艺规程的基本知识
	技能要求	能够选定合理的焊接参数，编制简单的焊接工艺规程
任务重点		
任务难点		
关键技能		
操作要点		
任务学习条件	理论储备	
	技能准备	
学习过程记录	1. 任务导入	
	2. 工作步骤及要求	
	3. 注意事项	
	4. 工作任务	
注：本表不够填写时可以另附页		

项目六　模型整体的组对与焊接

任务一　车模组对及简易工装制作

具体任务及内容描述

完成图 1-77 所示的摩托车模型分离式双人车座的详细焊接装配工艺过程分析，并完成主要焊接夹具的设计。焊接结构生产的装配工艺是将组成结构的零件、毛坯以正确的相互位置加以固定，组成组件、部件或结构的过程。经过焊接就可生产出结构、部件或组件等成品。装配质量不佳，不可能获得优质产品。装配工序约占结构全部加工工作量的 25%～35%，装配时零件的固定需要用定位焊、装配焊接夹具来实现。在焊接流水线上，真正用于焊接操作的工作量仅占 30%～40%，而 60%～70%为辅助和装夹工作。因装夹是在焊接夹具上完成的，所以夹具在整个焊接流程中起着重要作用。合理的夹具结构，有利于合理安排生产，便于平衡工位时间，降低非生产用时。

学生在完成焊接装配理论知识和基本训练之后，借鉴课内外网络资料，独立或小组合作完成本次任务，并记录工作过程。

建议学时　6 学时

知识回顾

想一想

1. 焊接结构装配有哪些主要类型及关键步骤？

2. 装配尺寸精度如何测量？

3. 常用装配工具有哪些？

4. 焊接装配包括哪些基本流程？

动一动

1. 试完成作业图 1-11 所示的两零件定位焊。

作业图 1-11

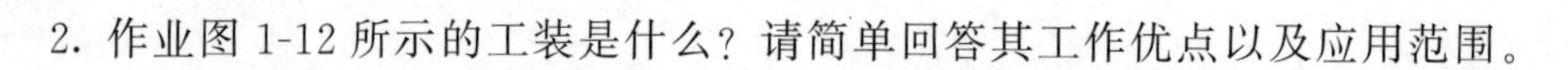

2. 作业图 1-12 所示的工装是什么？请简单回答其工作优点以及应用范围。

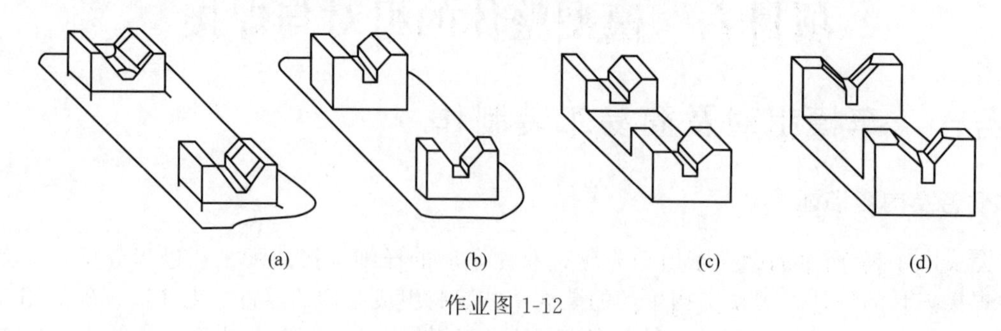

(a) (b) (c) (d)

作业图 1-12

学习过程记录

专业________ 班级________ 项目同组人________ 日期________

项目名称	项目六　模型整体的组对与焊接	
任务名称	任务一　车模组对及简易工装制作	
主要任务	①熟悉焊接装配基本要求； ②掌握装配组对工装的设计要点； ③完成摩托车模型总装设计	
任务要求	理论要求	掌握焊接成型构件质量的基本知识
	技能要求	能够完成焊接构件检查操作
任务重点		
任务难点		
关键技能		
操作要点		
任务学习条件	理论储备	
	技能准备	
学习过程记录	1. 任务导入	
	2. 工作步骤及要求	
	3. 注意事项	
	4. 工作任务	
注：本表不够填写时可以另附页		

任务二　模型的装配焊接

具体任务及内容描述

完成项目六任务二练习题图所示的薄板与圆钢的氩弧定位焊操作。

定位焊（点固焊）就是在需要焊接在一起的构件按要求定位后，将其固定在适当的位置，直到最终焊接完成的一种临时性固定办法。定位焊一般采用与最终焊接相同的工艺的短焊缝，在任何结构中均需要在一定距离处焊接多处定位焊，以将部件固定在一起。学生在完成点固焊理论知识学习和基本训练之后，借鉴课内外网络资料，独立或小组合作完成本次任务，并记录工作过程。

建议学时　6 学时

知识回顾

想一想

1. 装配焊接顺序如何选择？

2. 定位焊有哪些作用和功能？

3. 圆钢与薄板定位焊有何特殊要求？

动一动

1. 试完成作业图 1-13 所示薄板平面点固焊操作。
2. 试完成作业图 1-14 所示薄板角接点固焊操作。

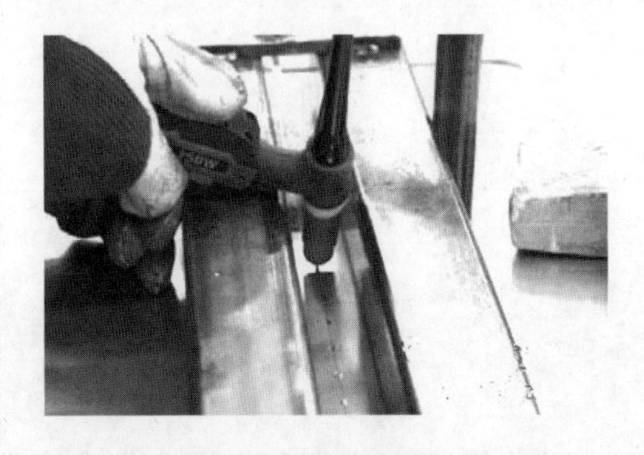

作业图 1-13

作业图 1-14

学习过程记录

专业__________ 班级__________ 项目同组人__________ 日期__________

项目名称	项目六　模型整体的组对与焊接	
任务名称	任务二　模型的装配焊接	
主要任务	①熟悉装配组对技术要点与难点； ②掌握装配定位焊(点固焊)基本操作； ③完成摩托车模型的点固焊	
任务要求	理论要求	掌握定位焊(点固焊)的基本知识
	技能要求	能够完成点固焊操作
任务重点		
任务难点		
关键技能		
操作要点		
任务学习条件	理论储备	
	技能准备	
学习过程记录	1. 任务导入	
	2. 工作步骤及要求	
	3. 注意事项	
	4. 工作任务	
注：本表不够填写时可以另附页		

任务三　摩托车模型整体质量检查

具体任务及内容描述

完成如图 1-112 所示的摩托车模型整体质量检查。焊接质量检测是保证焊接结构的完整性、可靠性、安全性和使用性的重要环节，起到质量保证、缺陷预防和结果报告的作用。焊接质量检测的一般步骤为明确质量要求、进行项目检测、评定测试结果和报告检验结果。学生在完成质量检查理论学习和基本训练之后，借鉴课内外网络资料，独立或小组合作完成本次任务，记录工作过程。

建议学时　6 学时

知识回顾

想一想

1. 焊接构件的尺寸检查包括哪些内容？

2. 焊接质量检验中常见的缺陷有哪些？

3. 焊缝质量如何分级？

4. 简述 CO_2 气体保护焊表面质量通用标准。

动一动

1. 试识读作业图 1-15 所示的测量数据。
2. 试简述作业图 1-16 所示超声波探测仪的使用步骤。

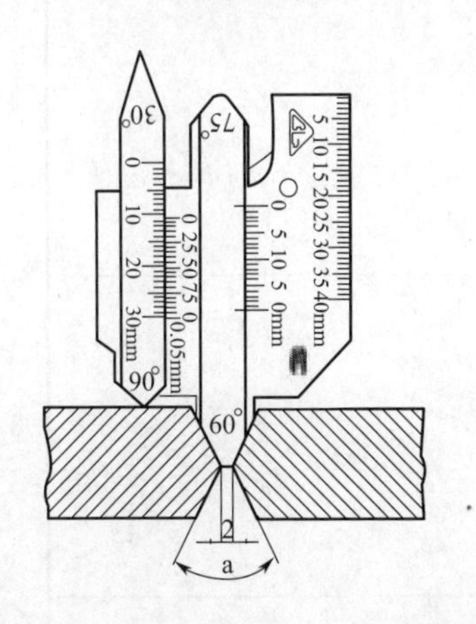

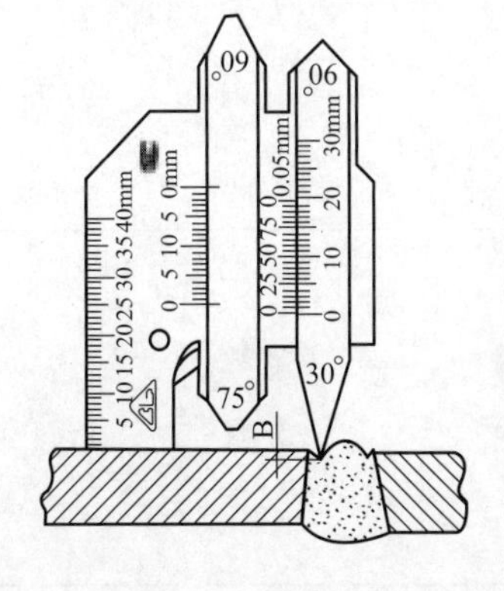

作业图 1-15

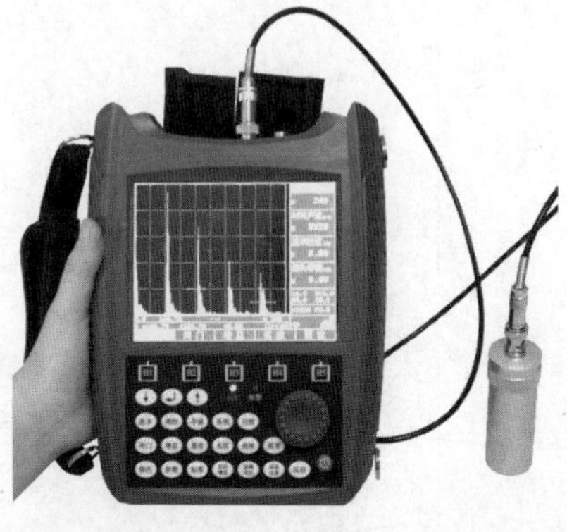

作业图 1-16

学习过程记录

专业__________ 班级__________ 项目同组人__________ 日期__________

项目名称	项目六　模型整体的组对与焊接	
任务名称	任务三　摩托车模型整体质量检查	
主要任务	①掌握焊接构件尺寸检测方法； ②熟悉焊缝质量检测操作过程； ③完成车座模型整体质量检查	
任务要求	理论要求	掌握焊接成型构件质量的基本知识
	技能要求	能够完成焊接构件质量检查操作
任务重点		
任务难点		
关键技能		
操作要点		
任务学习条件	理论储备	
	技能准备	
学习过程记录	1. 任务导入	
	2. 工作步骤及要求	
	3. 注意事项	
	4. 工作任务	
注：本表不够填写时可以另附页		

模块二　压力容器的焊接

项目一　压力容器焊接技术入门

任务一　压力容器焊接入门

具体任务及内容描述

试写出保证项目一任务一练习题图所示压力容器焊接质量应采取的主要措施。

该压力内容为一种加热炉，图示为泄压及基座部分的焊缝要求。本次任务是在完成“压力容器焊接的难点和要点”学习的基础上，制订该容器的焊接工艺规程，指出焊接的难点和要点，阐明保证焊接质量的主要措施。

建议学时　2学时

知识回顾

填一填

1. 压力容器，是指盛装______或者____，能够承载一定范围内压力值的密闭设备。压力容器是作为我国装备制造业大国的重要标志，是生产工业发展完善与否的体现。随着社会的不断发展，压力容器应用越来越广泛，在____、____、____等部门以及科研领域都具有重要的地位和作用。

2. 压力容器的分类方法很多，按承受压力的等级分为：低压容器、中压容器、高压容器和超高压容器，请分别写不同等级容器的压力范围。

（1）低压（代号L）______MPa≤p<______MPa。

（2）中压（代号M）______MPa≤p<______MPa。

（3）高压（代号H）______MPa≤p<1______MPa。

（4）超高压（代号U）p≥______MPa。

本次任务项目属于____________容器。

想一想

1. 请简述压力容器的制造工序和焊接工艺。

2. 压力容器焊接中存在哪些难点，你认为用什么方案可以解决？

认一认

1. 焊接缺陷是指焊接接头部位在焊接过程中形成的缺陷。作业图2-1所示为焊接常见的缺陷，请对应写出其缺陷名称。

2. 请找出作业图 2-2 中的各种缺陷，并说明产生造成缺陷的原因。

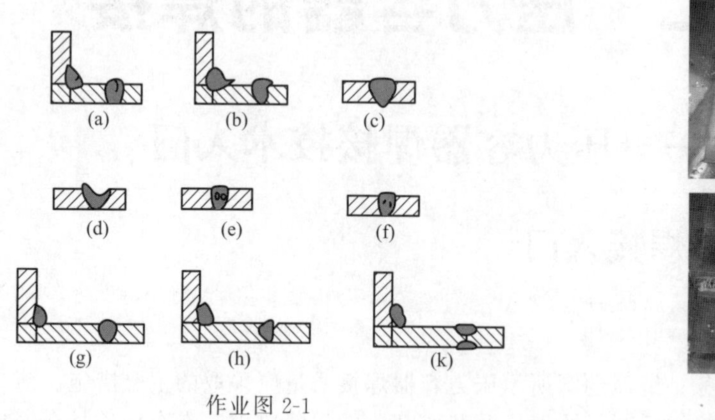

作业图 2-1

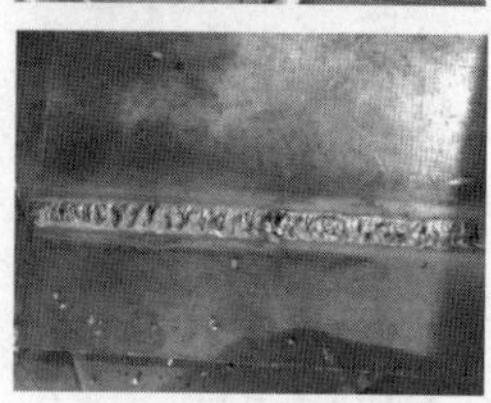

作业图 2-2

学习过程记录

专业__________ 班级__________ 项目同组人__________ 日期__________

<table>
<tr><td>项目名称</td><td colspan="2">项目一　压力容器焊接技术入门</td></tr>
<tr><td>任务名称</td><td colspan="2">任务一　压力容器焊接入门</td></tr>
<tr><td>主要任务</td><td colspan="2">①熟悉压力容器焊接的难点与要点；
②掌握保证压力容器焊接质量的主要方法</td></tr>
<tr><td rowspan="2">任务要求</td><td>理论要求</td><td>掌握压力容器分类基本知识</td></tr>
<tr><td>技能要求</td><td>熟悉压力容器焊缝质量分类要求</td></tr>
<tr><td>任务重点</td><td colspan="2"></td></tr>
<tr><td>任务难点</td><td colspan="2"></td></tr>
<tr><td>关键技能</td><td colspan="2"></td></tr>
<tr><td>操作要点</td><td colspan="2"></td></tr>
<tr><td rowspan="2">任务学习
条件</td><td>理论储备</td><td></td></tr>
<tr><td>技能准备</td><td></td></tr>
<tr><td rowspan="4">学习过程
记录</td><td>1. 任务导入</td><td></td></tr>
<tr><td>2. 工作步骤
及要求</td><td></td></tr>
<tr><td>3. 注意事项</td><td></td></tr>
<tr><td>4. 工作任务</td><td></td></tr>
<tr><td colspan="3">注:本表不够填写时可以另附页</td></tr>
</table>

任务二　机器人焊接入门

具体任务及内容描述

完成项目一任务二练习题图所示的摩托车车架机器人焊接系统的配置，并说明选用的依据。

焊接机器人作为当前广泛使用的先进自动化焊接设备，是一种多用途的、可重复编程的自动控制操作机，具有三个或更多可编程的轴，用于工业自动化领域。请根据焊接机器人系统类型与功能特点、课外网络资料等，通过独立或小组合作方式，选用适合完成项目一任务二练习图所示构件焊接任务的机器人系统类型，并说明选用和计算依据。

建议学时　2 学时

知识回顾

填一填

1. 工业机器人是一种____________、____________自动控制操作机，具有可编程的轴，用于工业自动化领域。按照机器人作业中所采用的焊接方法，可将焊接机器人分为____________、____________、____________等类型。

2. 点焊机器人具有____________、____________的特点，配备有专用的点焊枪，并能实现____________的运动，以适应____________的要求，其最典型的应用是用于汽车车身的自动装配生产线。

3. 弧焊机器人因弧焊的____________要求，需实现____________控制，也可利用____________根据示教点生成____________轨迹，弧焊机器人除机器人本体、示教器与控制柜之外，还包括焊枪、自动送丝机构、焊接电源、保护气体相关部件等。

4. 焊接机器人具有____________强、____________的特点，使用机器人完成一项焊接任务只需要对它进行____________示教，机器人即可准确地再现示教的每一步操作。通常焊接机器人有六自由度，由机器人本体和控制柜两部分组成。

5. 激光焊机器人除了____________要求外，还常通过与____________、____________或其他机器人协作的方式，以实现复杂曲线焊缝或大型焊件的灵活焊接。

想一想

1. 弧焊机器人系统包括哪些？

2. 焊接机器人功能特点有哪些？

认一认

根据所学的工业机器人焊接系统组成知识，在作业图 2-3 的图框中写出指定产品的名称。

作业图 2-3

学习过程记录

专业______ 班级______ 项目同组人______ 日期______

项目名称	项目一　压力容器焊接技术入门	
任务名称	任务二　机器人焊接入门	
主要任务	①熟悉机器人焊接主要类型的工作特点； ②熟悉机器人焊接系统的设备组成	
任务要求	理论要求	掌握焊接机器人基础知识
	技能要求	熟悉焊接机器人各部分组成及功能
任务重点		
任务难点		
关键技能		
操作要点		
任务学习条件	理论储备	
	技能准备	
学习过程记录	1. 任务导入	
	2. 工作步骤及要求	
	3. 注意事项	
	4. 工作任务	
注：本表不够填写时可以另附页		

项目二　压力容器的焊前准备

任务一　材料选定及坡口处理

具体任务及内容描述

根据学校条件，按下表提供的参数选择适当的板材，完成项目二任务一练习题图所示V形坡口的焊接成型操作，并对学习过程进行记录、存档。

建议学时　4学时

知识回顾

填一填

1. 根据教材图纸分析，XT构件是一件能承受________MPa的压力的小型容器，由________个零件焊接而成，焊件材料为________钢，焊缝接头形式有__________和__________，焊接位置有________、________、________、________。

2. 坡口是指焊件的待焊部位加工并装配成的一定几何形状的__________，坡口是主要为了________，保证焊接度。坡口形式很多，常见的坡口基本形式有________坡口、________坡口、__________坡口和________坡口四种。

想一想

1. 根据应用场合的不同压力容器材料种类很多，合理选材主要考虑哪几个方面？

2. 坡口形式主要根据什么进行选择？请举例说明。

3. 焊接坡口加工通常有哪些方法？

认一认

1. 焊接接头形式有很多，请根据所学填写作业图2-4中常见的焊接接头形式。

(a)　(b)　(c)　(d)

作业图 2-4

2. 坡口是根据设计或工艺需求加工成一定几何形状的沟槽，便于获得良好的焊缝成型。请根据所学写出作业图 2-5 中常见的坡口形式。

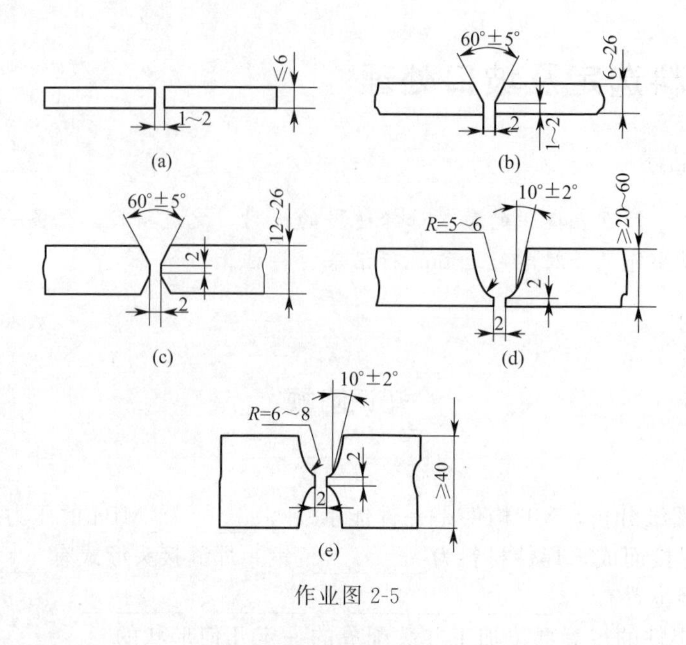

作业图 2-5

学习过程记录

专业＿＿＿＿＿＿ 班级＿＿＿＿＿＿ 项目同组人＿＿＿＿＿＿ 日期＿＿＿＿＿＿

项目名称	项目二　压力容器的焊前准备	
任务名称	任务一　材料选定及坡口处理	
主要任务	①熟悉焊接材料选用规则； ②掌握焊接坡口设计及加工方法	
任务要求	理论要求	掌握焊材和焊接坡口的基本知识
	技能要求	能够根据焊材情况完成指定坡口的选用
任务重点		
任务难点		
关键技能		
操作要点		
任务学习条件	理论储备	
	技能准备	
学习过程记录	1. 任务导入	
	2. 工作步骤及要求	
	3. 注意事项	
	4. 工作任务	
注：本表不够填写时可以另附页		

任务二　焊接工具和设备的准备

具体任务及内容描述

根据本校焊接机器人系统的配置情况，完成气体流量设置、焊接参数设置和送丝速度设置，并操作机器人进行单步移动。

首先，检查和完善焊工劳动保护用品配备，实训场地管理规范，以确保操作者人身安全；然后，根据焊接任务和焊接机器人系统配置，合理选择工量具、夹具，熟悉焊接设备、正确调试机器人，并对学习过程进行记录、存档。

建议学时　8学时

知识回顾

填一填

1. 焊工进入施焊现场，必须穿戴好防护用品。焊工的防护用品较多，保护眼睛、头部的防护用品主要有________、________、________、________、________。

2. 焊工工作服的安全要求，____________工作服广泛用于一般焊接、切割工作，工作服的颜色为____________。

3. 焊工手套应选用______、_____的皮革或棉帆布和皮革合制材料制成，其长度不应小于________，要缝制结实 焊工不应戴有破损和潮湿的手套，耐电压________V。

4. 焊工防护鞋的安全要求，具有__________、抗热、__________、__________和防滑的性能的__________鞋底，应经耐电压____________________V的试验合格，如在易燃易爆场合焊接时，鞋底不应有____________，以免产生摩擦火星。在有积水的地面焊接切割时，焊工应穿用经过耐电压____________V，试验合格的防水橡胶鞋。

想一想

1. 焊接常用工量具有哪些？

2. 本校使用的焊材、气体介质及焊接设备是什么？

认一认

1. 找一找作业图 2-6 中的焊接工位设计及操作规范问题。

（1）左图中主要存在____________________________________等问题。

（2）右图中主要存在____________________________________等问题。

作业图 2-6

2. 焊前准备应正确布置工位，准确和调试机器人及焊接设备，完成下表所示知识点的填充。

调试过程	图例	
检查焊接机器人操作场地______、______状况，悬挂______ 检查______是否齐备并能满足使用要求，确认进入场地人员______穿戴情况		
按顺序依次启动______、工位电源、机器人配套焊接设备______。推拉闸刀前应检验空气开关保护装置是否有效，身体______闸刀		
确认焊接机器人处于______状态后，将机器人控制柜电源钥匙切换至______挡，等待示教器自检程序开启	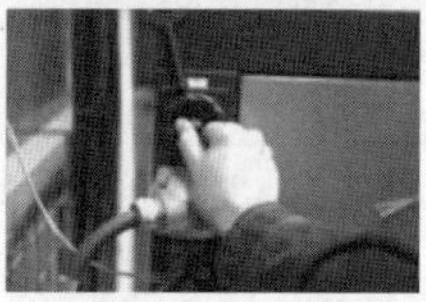	
检查示教器______完成情况，确认有无报警项。若有，需联系______进行处理	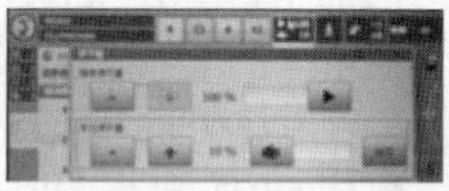	
检查示教器急停按钮工作情况并解除机器人锁止状态，拧动钥匙选择______。结合机器人调整______速度，检查机器人运行情况。手握上电键结合______或______手动运行设备，检验各轴运行状态	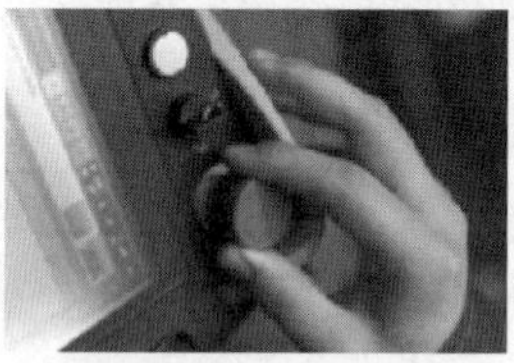	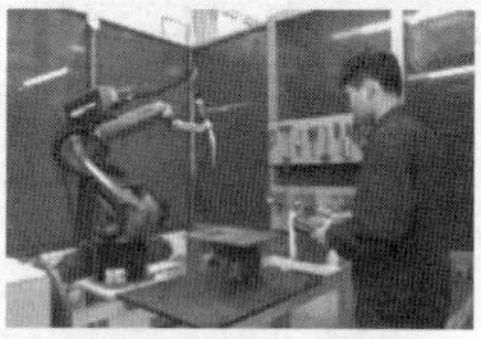
打开气瓶瓶阀，调节气体流量______L/min。 按动焊接电源上______按钮，检查机器人焊枪端部有无气体送出		
检查机器人送丝机构压紧度，检查送丝轮______磨损情况，必要时更换新的送丝轮。 检查示教器______、______是否正常。（图示为送丝按钮，其下方为退丝按钮）		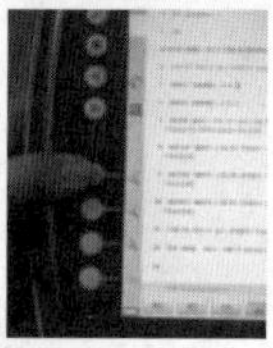
焊接电源面板操作，调试设置焊接工艺参数：______、______、焊接方法		

学习过程记录

专业＿＿＿＿＿＿ 班级＿＿＿＿＿＿ 项目同组人＿＿＿＿＿＿ 日期＿＿＿＿＿＿

<table>
<tr><td>项目名称</td><td colspan="2">项目二　压力容器的焊前准备</td></tr>
<tr><td>任务名称</td><td colspan="2">任务二　焊接工具和设备的准备</td></tr>
<tr><td>主要任务</td><td colspan="2">①熟悉常用焊接工具和设备；
②完成焊接工具和设备的基本设置与调整</td></tr>
<tr><td rowspan="2">任务要求</td><td>理论要求</td><td>掌握焊接工具、焊接设备的基本知识</td></tr>
<tr><td>技能要求</td><td>能够根据焊接项目完成工具和设备配备</td></tr>
<tr><td>任务重点</td><td colspan="2"></td></tr>
<tr><td>任务难点</td><td colspan="2"></td></tr>
<tr><td>关键技能</td><td colspan="2"></td></tr>
<tr><td>操作要点</td><td colspan="2"></td></tr>
<tr><td rowspan="2">任务学习条件</td><td>理论储备</td><td></td></tr>
<tr><td>技能准备</td><td></td></tr>
<tr><td rowspan="4">学习过程记录</td><td>1. 任务导入</td><td></td></tr>
<tr><td>2. 工作步骤及要求</td><td></td></tr>
<tr><td>3. 注意事项</td><td></td></tr>
<tr><td>4. 工作任务</td><td></td></tr>
<tr><td colspan="3">注：本表不够填写时可以另附页</td></tr>
</table>

学习心得：

任务三　焊接机器人系统的基本操作

具体任务及内容描述

根据本校焊接机器人设备配置条件，完成一段直线焊缝程序的编写及试运行。按照教材熟悉示教器的结构及面板功能，学习巩固程序模块的创建、编辑，焊接机器人系统的基本操作流程，完成学习任务，并进行记录、存档。

建议学时　16 学时

知识回顾

填一填

1. 机器人的动作通过________来完成。______可进行手动操纵、程序编写、参数配置来__________机器人的行走路线、速度变量、旋转度数和各种姿势动作。

2. 开启示教器时，即可显示__________，如运行模式、工具编号、坐标系、程序编辑管理、IPO 模式、程序运行方式、__________。

3. 信息提示状态栏在触摸屏界面__________，机器人控制系统的信息提示影响机器人的功能。确认信息始终引发机器人停止或抑制其启动。为了使机器人运动，首先必须对信息予以确认。点击指令“__________”（确认）表示请求操作人员有意识地对信息进行分析。

4. 在选定坐标系的情况下，机器人手动移动操作可使用________或__________进行操控；仅在__________运行模式下才能进行，速度可通过手动倍率调试。

5. 6D 鼠标的位置可根据人-机器人的位置通过移动滑动调节器来调节________的位置。机器人示教器背面有 3 个使能键，每个使能键有 3 个挡位：未按下挡（________）、中位挡（________）、完全按下挡（________）。

想一想

1. KUKA 机器人程序模块的编辑方式包括哪些？请简单描述各个功能。

....

....

....

....

2. 解析下列程序段指令的含义。

PTP　P1 CONT Vel=100% PDAT1

....

....

....

....

认一认

作业图 2-7 为示教器面板，请根据提示填写功能键名称。

① ______________。按下后 25s 内拔下控制柜的示教数据线，即示教器失效。

② ______________。用于调出选择或切换运行模式，只有当钥匙插入时，方可转动开关，连接管理器随即显示运行模式。

③ 紧急停止键。用于在危险情况下关停机器人。紧急停止键在被按下时所有功能键将自行闭锁，机械人处于停止状态。

④ 手动控制机器人 6 个位置的移动和 360°的转动，可通过坐标系选择实现单轴和联轴运动。

⑤ ______________。用于手动控制机器人，区别 6D 鼠标于自动控制 6 个单轴移动或转动。

⑥ ______________。用于设定程序自动运行时倍率的按键。

⑦ ______________。用于设定手动运行时倍率的按键。

⑧ ______________。主菜单按键。用来在触摸屏上将菜单项显示出来。

⑨ ______________。工艺键。用于设定工艺程序包中的参数。焊接机器人中的 4 个按键分别是“送丝键”“回丝键”“通电键”“摆动键”。

⑩ ______________。在手动模式下，可启动一个程序进行单步运行；在自动模式下，可启动一个程序进行自动运行。

⑪ ______________。在手动模式下，正常启动后可将程序逐步逆向运行。

⑫ ______________。用停止键可暂停正运行中的程序。

⑬ ______________键盘显示键盘。通常不必特地将键盘显示出来，触摸屏上可识别需要通过键盘输入的情况并自动显示键盘。

⑭ ______________。配合移动键和 6D 鼠标手动控制机器人，3 个使能键按下其中一个使能键（即 6D 和移动指示灯显示绿色），机器人就能运行，如作业图 2-8 所示。

⑮ ______________。启动程序顺序运行。

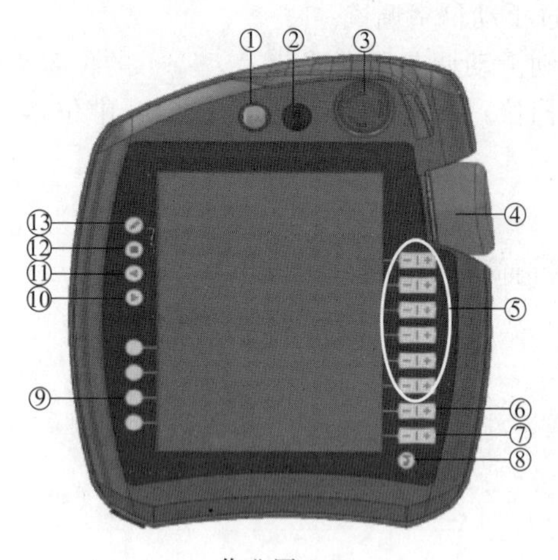

作业图 2-7

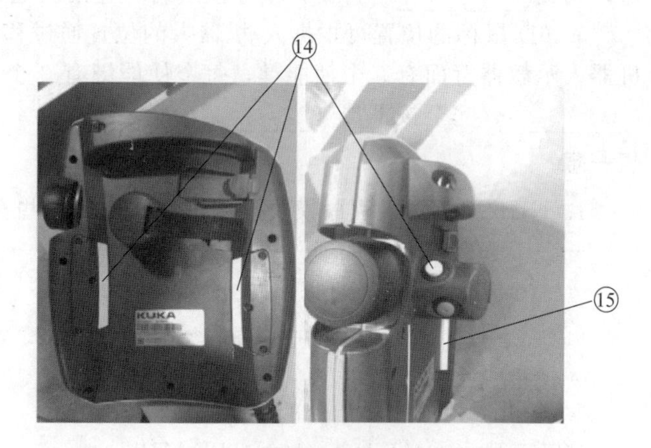

作业图 2-8

动一动

1. 分别运用示教器移动键和 6D 鼠标操控机器人移动。

2. 手动操控机器人移动，在规定时间内完成如作业图 2-9 所示的“趣味钓鱼”项目。具体应完成程序的编辑、示教并自动开启程序，测定规定时间内的钓鱼成功率。将安全操作纳入考核，保障自动开启程序时的安全。

作业图 2-9

学习过程记录

专业＿＿＿＿＿ 班级＿＿＿＿＿ 项目同组人＿＿＿＿＿ 日期＿＿＿＿＿

<table>
<tr><td>项目名称</td><td colspan="2">项目二　压力容器的焊前准备</td></tr>
<tr><td>任务名称</td><td colspan="2">任务三　焊接机器人系统的基本操作</td></tr>
<tr><td>主要任务</td><td colspan="2">①熟悉 KUKA 工业机器人示教器操作；
②完成 KUKA 焊接机器人系统的基本操作</td></tr>
<tr><td rowspan="2">任务要求</td><td>理论要求</td><td>掌握工业机器人示教编程的基本知识</td></tr>
<tr><td>技能要求</td><td>能够完成焊接机器人的一般操作</td></tr>
<tr><td>任务重点</td><td colspan="2"></td></tr>
<tr><td>任务难点</td><td colspan="2"></td></tr>
<tr><td>关键技能</td><td colspan="2"></td></tr>
<tr><td>操作要点</td><td colspan="2"></td></tr>
<tr><td rowspan="2">任务学习条件</td><td>理论储备</td><td></td></tr>
<tr><td>技能准备</td><td></td></tr>
<tr><td rowspan="4">学习过程记录</td><td>1. 任务导入</td><td></td></tr>
<tr><td>2. 工作步骤及要求</td><td></td></tr>
<tr><td>3. 注意事项</td><td></td></tr>
<tr><td>4. 工作任务</td><td></td></tr>
<tr><td colspan="3">注:本表不够填写时可以另附页</td></tr>
</table>

学习心得：

项目三　各类焊缝的机器人工作站系统焊接

任务一　压力容器焊缝特性认知

具体任务及内容描述

完成项目二任务一练习题图所示的压力容器焊缝分析，指出焊缝形式、焊缝类型，以及焊接时应注意的操作事项。

压力容器焊缝特性分析是焊前以及工艺编制之前的重要环节，本次任务要求学生结合课外网络资料，通过独立或小组合作方式，了解承载力特性、疲劳特性、成型特性及特性的重要性，熟悉焊缝常见缺陷和产生的原因，完成本次任务，并进行记录、存档。

建议学时　2 学时

知识回顾

填一填

1. 本任务所涉及的 XT 低压箱式容器采用________、________、________、________、________、________和________等七类焊缝。

2. 根据焊枪前进的方向不同，焊接可分为________和________。

3. 在中厚板的焊接中根据板厚要求可进行________和________增加焊接层数。

4. 横焊时，由于熔池金属与熔渣因________，容易分离，熔池温度过高时，熔池金属易下淌形成焊瘤、咬边、夹渣等缺陷，所以结晶条件比________差。

想一想

1. 压力容器 V 形坡口对接立焊时需要注意哪些问题？

2. 压力容器 V 形坡口对接横焊时需要注意哪些问题？

3. 简述单面焊双面成型V形坡口板对接与角焊缝的区别和焊接方法。

学习过程记录

专业________ 班级________ 项目同组人________ 日期________

<table>
<tr><td>项目名称</td><td colspan="2">项目三　各类焊缝的机器人工作站系统焊接</td></tr>
<tr><td>任务名称</td><td colspan="2">任务一　压力容器焊缝特性认知</td></tr>
<tr><td>主要任务</td><td colspan="2">①熟悉压力容器焊缝分类定义及性能特点；
②掌握压力容器各类焊缝的焊接操作要点</td></tr>
<tr><td rowspan="2">任务要求</td><td>理论要求</td><td>掌握压力容器焊接的基本知识</td></tr>
<tr><td>技能要求</td><td>能够对特定的焊缝进行特性分析</td></tr>
<tr><td>任务重点</td><td colspan="2"></td></tr>
<tr><td>任务难点</td><td colspan="2"></td></tr>
<tr><td>关键技能</td><td colspan="2"></td></tr>
<tr><td>操作要点</td><td colspan="2"></td></tr>
<tr><td rowspan="2">任务学习条件</td><td>理论储备</td><td></td></tr>
<tr><td>技能准备</td><td></td></tr>
<tr><td rowspan="4">学习过程记录</td><td>1. 任务导入</td><td></td></tr>
<tr><td>2. 工作步骤及要求</td><td></td></tr>
<tr><td>3. 注意事项</td><td></td></tr>
<tr><td>4. 工作任务</td><td></td></tr>
<tr><td colspan="3">注：本表不够填写时可以另附页</td></tr>
</table>

任务二　常用焊缝形式的焊接参数选择

具体任务及内容描述

完成项目三任务二练习题图所示箱体的各种焊缝的焊接参数选用。

焊接工艺参数（焊接规范）是指焊接时为保证焊接质量而选定的诸多物理量。请根据教材典型压力容器主要类型焊缝的焊接参数选择、课外网络资料等，通过独立或小组合作方式，了解焊接参数、摆动方法与参数，完成上述任务并进行记录、存档。

建议学时　2学时

知识回顾

填一填

1. 电流的大小应根据焊件厚度、__________、__________、熔滴过渡形式来确定。

2. 电压必须与__________配合恰当，否则会影响焊缝成型机焊接过程的稳定性。电弧电压随着__________的增大而__________。

3. 在一定的焊丝直径、焊接电流和电弧电压条件下，随着__________增加，焊缝__________与焊缝__________减小。

4. 焊丝伸出长度取决于__________，一般接近焊丝直径的__________倍，并且不超过15mm。伸出长度过大，焊丝会成段熔断，飞溅__________，气体保护效果__________；伸出长度过小，不但易造成__________，影响保护效果，还会__________。

5. 流量应根据__________、__________、__________、喷嘴直径等选择。过大或过小的气体流量都会影响气体__________。

想一想

1. CO_2 气体保护焊的焊接参数主要有哪些？

2. KUKA机器人常用的摆动方式主要有哪些？解释长度和偏转的意思。

3. 单面焊双面成型V形坡口板对接平焊，板厚8mm。请根据提示完善表格内容。

<table>
<tr><th>焊接层次</th><th>焊丝直径/mm</th><th>焊接电流/A</th><th>电弧电压/V</th><th>焊接速度/(m/min)</th><th>摆动方式</th></tr>
<tr><td>打底层</td><td rowspan="2"></td><td></td><td></td><td></td><td></td></tr>
<tr><td>盖面层</td><td></td><td></td><td></td><td></td></tr>
</table>

学习过程记录

专业__________ 班级__________ 项目同组人__________ 日期__________

<table>
<tr><td>项目名称</td><td colspan="2">项目三　各类焊缝的机器人工作站系统焊接</td></tr>
<tr><td>任务名称</td><td colspan="2">任务二　常用焊缝形式的焊接参数选择</td></tr>
<tr><td>主要任务</td><td colspan="2">①熟悉压力容器常用焊缝类型的焊接特性；
②掌握各类焊缝形式的焊接参数选用方法；
③完成低压容器焊接参数的选定</td></tr>
<tr><td rowspan="2">任务要求</td><td>理论要求</td><td>掌握焊接参数选择的基本知识</td></tr>
<tr><td>技能要求</td><td>能够完成压力容器常用焊缝的焊接参数选用</td></tr>
<tr><td>任务重点</td><td colspan="2"></td></tr>
<tr><td>任务难点</td><td colspan="2"></td></tr>
<tr><td>关键技能</td><td colspan="2"></td></tr>
<tr><td>操作要点</td><td colspan="2"></td></tr>
<tr><td rowspan="2">任务学习条件</td><td>理论储备</td><td></td></tr>
<tr><td>技能准备</td><td></td></tr>
<tr><td rowspan="4">学习过程记录</td><td>1. 任务导入</td><td></td></tr>
<tr><td>2. 工作步骤及要求</td><td></td></tr>
<tr><td>3. 注意事项</td><td></td></tr>
<tr><td>4. 工作任务</td><td></td></tr>
<tr><td colspan="3">注：本表不够填写时可以另附页</td></tr>
</table>

任务三　压力容器典型焊缝的工艺规程编制

具体任务及内容描述

根据学校设备条件，完成项目三任务二中各焊缝的机器人焊接工艺规程和程序编写。

焊接工艺规程是用文字、图表和其他载体确定下来，指导产品焊接加工及操作的主要工艺文件。借助课外资料及网络资源，通过独立或小组合作方式，了解生产工艺流程、生产加工工艺操作要求及加工步骤，完成本次任务并进行记录、存档。

建议学时　2学时

知识回顾

填一填

1. 工艺规程是用________、________和其他载体确定下来，指导产品加工和工人操作的主要________。它是企业计划、组织和控制生产的基本依据，是企业保证产品质量，提高________的重要保证。

2. 打磨时，磨光机清理试件坡口面及坡口正反面两侧各________mm范围内的________、________、水分及其他污物，直至露出________。

3. V形坡口对接平焊定位焊时，将修磨完毕的试件按装配要求进行组装固定，采用与焊接试件________型号的焊丝，在距离试件两端________mm以内的坡口面内进行定位焊，焊缝长度控制在________mm以内；反变形，预置反变形量为________°；装配间隙，始焊端装配间隙为________mm，终焊端装配间隙为2.0mm。错边量≤0.5mm。

4. 将容器组装件放置在工作台用________压紧，有些工件也可以用________夹紧。

5. 右焊法是焊枪从______往______进行焊接，左焊法则相______。

想一想

1. 半自动CO_2气体保护焊机进行工件的组装点固，其焊接参数和技术要求是什么？

2. 项目中压力容器顶板V形坡口对接平焊打底层和盖面层分别用了什么方法加工？并说明与V形坡口对接立焊、横焊区别之处。

动一动

1. 完成 XT 低压箱体容器的半自动 CO_2 气体保护焊组装步骤。

2. 简述 XT 低压箱体容器的编制工艺流程及加工步骤。

学习过程记录

专业________ 班级________ 项目同组人________ 日期________

项目名称	项目三 各类焊缝的机器人工作站系统焊接	
任务名称	任务三 压力容器典型焊缝的工艺规程编制	
主要任务	①熟悉压力容器机器人压力容器焊接装配的要求； ②掌握多种焊缝形式的焊接工艺编制方法； ③完成 XT 低压容器的机器人焊接编程与试运行	
任务要求	理论要求	掌握焊接装配的基本知识
	技能要求	能够完成简单压力容器的工艺规程编制
任务重点		
任务难点		
关键技能		
操作要点		
任务学习条件	理论储备	
	技能准备	
学习过程记录	1. 任务导入	
	2. 工作步骤及要求	
	3. 注意事项	
	4. 工作任务	
注：本表不够填写时可以另附页		

任务四　机器人焊接工作站系统的编程与操作

具体任务及内容描述

初学者在熟悉打底层、盖面层的焊接程序分别编写、单段焊接，并掌握打底层焊接出现焊缝偏移时，用盖面层的点位及摆动幅度对其进行修正的焊接技术后，应当熟悉打底层、盖面层的焊接程序一次编写、调试的焊接工艺过程。

完成XT低压箱式容器的指定焊缝的焊接。具体焊缝由教师随机选择，学生通过查阅课外网络资料，通过独立或小组合作方式，完成压力容器指定焊缝的编程与焊接，并参考教材完善作业，对学习过程进行记录、存档。

建议学时　2学时

知识回顾

填一填

1. 编程前准备，检查焊接机器人操作场地__________、__________安全状况，并注意悬挂________，然后按顺序依次启动________电源、________电源、焊接机器人配套焊接设备电源。并在确认焊接机器人处于________状态后，将机器人控制柜电源钥匙切换至________挡，等待示教器自检程序开启。

2. 设置焊机参数，按动焊接电源上______按钮，选择所使用的焊丝直径______mm；按动________按钮，选择所焊材料为________，气体为________%CO_2；按动________按钮选择________步；按动________按钮选择________。

3. 设置焊接电流　点击“________”键，从该栏中点击“________”选择“静态”，弹出对话框中选择“________”并更改参数，点击“指令OK”。

4. 设置始焊点位置　将焊枪移至直线________点位置，点击“________”键，从该栏中点击“________”选择“开”。

动一动

1. 取材12mm的一套Q235钢板，进行V形坡口对接平焊焊接，参数自拟。

2. 取材12mm的一套Q235钢板，进行V形坡口对接横焊焊接，参数自拟。

学习过程记录

专业__________ 班级__________ 项目同组人__________ 日期__________

<table>
<tr><td>项目名称</td><td colspan="2">项目三　各类焊缝的机器人工作站系统焊接</td></tr>
<tr><td>任务名称</td><td colspan="2">任务四　机器人焊接工作站系统的编程与操作</td></tr>
<tr><td>主要任务</td><td colspan="2">①熟悉机器人工作站系统的操作要领；
②完成机器人工作站系统焊接编程与操作</td></tr>
<tr><td rowspan="2">任务要求</td><td>理论要求</td><td>掌握机器人焊接工作站的基本知识</td></tr>
<tr><td>技能要求</td><td>能够操作机器人焊接工作站完成压力容器焊接</td></tr>
<tr><td>任务重点</td><td colspan="2"></td></tr>
<tr><td>任务难点</td><td colspan="2"></td></tr>
<tr><td>关键技能</td><td colspan="2"></td></tr>
<tr><td>操作要点</td><td colspan="2"></td></tr>
<tr><td rowspan="2">任务学习条件</td><td>理论储备</td><td></td></tr>
<tr><td>技能准备</td><td></td></tr>
<tr><td rowspan="4">学习过程记录</td><td>1. 任务导入</td><td></td></tr>
<tr><td>2. 工作步骤及要求</td><td></td></tr>
<tr><td>3. 注意事项</td><td></td></tr>
<tr><td>4. 工作任务</td><td></td></tr>
<tr><td colspan="3">注:本表不够填写时可以另附页</td></tr>
</table>

项目四　机器人与焊接变位机的协同焊接

任务一　典型焊接变位机的认知

具体任务及内容描述

根据项目三任务二所示的异形容器焊接变位机选用。焊接变位机是一种焊接辅助设备，通过回转运动实现工件的焊接变位，以得到理想的焊接位置和焊接速度。在完成典型焊接变位机的工作原理与结构特点学习的基础上，查阅课外网络资料，通过独立或小组合作方式，完成本次学习任务，并对学习过程进行记录、存档。

建议学时　2学时

知识回顾

填一填

1. 焊接变位机可使工件实现________°回转或________°翻转，可与操作机、焊机配套使用，组成自动焊接中心，也可用于手工作业时的____________变位。工作台回转采用变频器________调速，调速精度________。遥控盒可实现对工作台的________操作，也可与操作机、焊接机控制系统相连，实现联动操作。

2. 焊接变位机一般由工作台__________和__________组成，通过__________的升降，翻转和回转使固定在工作台上的__________达到所需的焊接、装配角度，工作台回转为变频________调速，可得到满意的焊接速度。

3. 变位机按形式的不同有很多种类，如________变位机、________变位机、头尾升降回转式变位机、头尾可倾斜式变位机以及双回转变位机等，通过________的升降、回转、翻转使工件处于________焊接或装配位置，可与焊接操作机等配套组成自动焊接专机，还可作为机器人周边设备与机器人配套实现焊接________，同时可根据用户不同类型的工件及工艺要求，配以各种特殊变位机。

4. 通过改变焊件、焊机及焊接工人的________位置，达到和保持焊接位置的________状态；有利于实现__________和__________生产。焊接变位机械的主要类型有__________变位机、________变位机和________变位机等几种，每种类型又按其结构特点或作用分成若干种类。

学习过程记录

专业＿＿＿＿＿＿班级＿＿＿＿＿＿项目同组人＿＿＿＿＿＿日期＿＿＿＿＿＿

项目名称	项目四　机器人与焊接变位机的协同焊接	
任务名称	任务一　典型焊接变位机的认知	
主要任务	①熟悉典型焊接变位机的工作原理； ②掌握焊接变位机选用原则； ③完成XT低压箱体容器焊接变位机的选择	
任务要求	理论要求	掌握焊接变位机工作原理及运行控制基本知识
	技能要求	能够根据焊接项目特点，选用合适的变位机
任务重点		
任务难点		
关键技能		
操作要点		
任务学习条件	理论储备	
	技能准备	
学习过程记录	1. 任务导入	
	2. 工作步骤及要求	
	3. 注意事项	
	4. 工作任务	
注：本表不够填写时可以另附页		

任务二　变位机与弧焊机器人的协同运动控制

具体任务及内容描述

试比较 XT 低压箱式容器采用非同步协调和同步协调的优缺点。

弧焊机器人与变位机的配合有协同运动和非协同运动两种方式，非协同运动控制简单，适用于工件的翻转，但不能完成复杂的空间曲线的焊接；协同焊接将变位机与工业机器人进行整体控制，扩展了机器人焊接系统的自由度，可以进行复杂空间曲线焊缝的焊接。焊接变位机是焊接领域常见的一款辅助产品，主要是配合焊接机器人加速焊接效率。

根据教材中变位机与弧焊机器人的协同运动控制方法，查阅课外网络资料，通过独立或小组合作方式，完成上述比较学习任务，并进行记录、存档。

建议学时　2 学时

知识回顾

想一想

1. 结合实际，简述弧焊机器人与变位机的协同运动应用场合。

2. 简述焊件变位机与焊接机器人之间的非同步协调和同步协调的区别。

学习过程记录

专业________ 班级________ 项目同组人________ 日期________

<table>
<tr><td>项目名称</td><td colspan="2">项目四　机器人与焊接变位机的协同焊接</td></tr>
<tr><td>任务名称</td><td colspan="2">任务二　变位机与弧焊机器人的协同运动控制</td></tr>
<tr><td>主要任务</td><td colspan="2">①熟悉变位机与弧焊机器人协同运动控制原理;
②掌握变位机与弧焊机器人协同运动控制常用方法</td></tr>
<tr><td rowspan="2">任务要求</td><td>理论要求</td><td>熟悉协同运动与非协同运动的控制原理及运动特点</td></tr>
<tr><td>技能要求</td><td>能够根据焊缝复杂程度选用合适的运动方式</td></tr>
<tr><td>任务重点</td><td colspan="2"></td></tr>
<tr><td>任务难点</td><td colspan="2"></td></tr>
<tr><td>关键技能</td><td colspan="2"></td></tr>
<tr><td>操作要点</td><td colspan="2"></td></tr>
<tr><td rowspan="2">任务学习条件</td><td>理论储备</td><td></td></tr>
<tr><td>技能准备</td><td></td></tr>
<tr><td rowspan="4">学习过程记录</td><td>1. 任务导入</td><td></td></tr>
<tr><td>2. 工作步骤及要求</td><td></td></tr>
<tr><td>3. 注意事项</td><td></td></tr>
<tr><td>4. 工作任务</td><td></td></tr>
<tr><td colspan="3">注:本表不够填写时可以另附页</td></tr>
</table>

任务三　协同焊接的编程与操作

具体任务及内容描述

根据各学校焊接机器人与变位机配置情况，有条件的完成管板焊缝的机器人与变位机协同焊接；没有配备协同运动的变位机，则通过变位机的翻转，完成非协同焊接。本次任务主要考查学生机器人与焊接变位机协同焊接的编程与实操的掌握程度，通过独立或小组合作方式，完成学习任务，并进行记录、存档。

建议学时　2学时

知识回顾

动一动

1. 参考教材，完成XT压力容器中的管板焊缝进行变位机协同焊接轨迹编程。

2. 完成上题中的程序模拟，确认无误后，进行参数设置，完成上述焊缝的焊接。

学习过程记录

专业＿＿＿＿＿＿班级＿＿＿＿＿＿项目同组人＿＿＿＿＿＿日期＿＿＿＿＿＿

<table>
<tr><td>项目名称</td><td colspan="2">项目四　机器人与焊接变位机的协同焊接</td></tr>
<tr><td>任务名称</td><td colspan="2">任务三　协同焊接的编程与操作</td></tr>
<tr><td>主要任务</td><td colspan="2">①熟悉变位机焊接编程的特点；
②掌握协同焊接编程基本方法；
③完成协同焊接设置操作</td></tr>
<tr><td rowspan="2">任务要求</td><td>理论要求</td><td>掌握焊接成型构件质量的基本知识</td></tr>
<tr><td>技能要求</td><td>能够完成焊接构件检查操作</td></tr>
<tr><td>任务重点</td><td colspan="2"></td></tr>
<tr><td>任务难点</td><td colspan="2"></td></tr>
<tr><td>关键技能</td><td colspan="2"></td></tr>
<tr><td>操作要点</td><td colspan="2"></td></tr>
<tr><td rowspan="2">任务学习条件</td><td>理论储备</td><td></td></tr>
<tr><td>技能准备</td><td></td></tr>
<tr><td rowspan="4">学习过程记录</td><td>1. 任务导入</td><td></td></tr>
<tr><td>2. 工作步骤及要求</td><td></td></tr>
<tr><td>3. 注意事项</td><td></td></tr>
<tr><td>4. 工作任务</td><td></td></tr>
<tr><td colspan="3">注：本表不够填写时可以另附页</td></tr>
</table>

项目五　低压容器的焊接质量检验

任务一　XT 低压箱式容器焊缝的外观检查

具体任务及内容描述

根据学校设备条件，完成包含平焊缝、角焊缝和管板焊缝的构件的机器人焊接，并参照教材检验评分标准，完成焊缝外观质量的检查。

本次任务可采用独立或小组合作方式完成，并记录学习过程、存档。

建议学时　2 学时

知识回顾

想一想

1. 焊缝外观检查检查的主要内容有哪些？

2. 焊缝评判中，出现哪些情况作 0 分处理？

动一动

1. 试焊几组不同质量的焊缝，结合教材进行外观评分。

2. 在车间找一焊好的箱体容器，对其进行外观和局部无损检测，并说明所存在的问题。

学习过程记录

专业＿＿＿＿＿ 班级＿＿＿＿＿ 项目同组人＿＿＿＿＿ 日期＿＿＿＿＿

<table>
<tr><td>项目名称</td><td colspan="2">项目五　低压容器的焊接质量检验</td></tr>
<tr><td>任务名称</td><td colspan="2">任务一　XT低压箱式容器焊缝的外观检查</td></tr>
<tr><td>主要任务</td><td colspan="2">①熟悉焊缝外观质量检查的内容与作用；
②掌握焊缝外观质量检查的一般方法</td></tr>
<tr><td rowspan="2">任务要求</td><td>理论要求</td><td>掌握压力容器焊缝外观检查基本知识</td></tr>
<tr><td>技能要求</td><td>能够使用工量具完成焊缝质量的外观检查</td></tr>
<tr><td>任务重点</td><td colspan="2"></td></tr>
<tr><td>任务难点</td><td colspan="2"></td></tr>
<tr><td>关键技能</td><td colspan="2"></td></tr>
<tr><td>操作要点</td><td colspan="2"></td></tr>
<tr><td rowspan="2">任务学习条件</td><td>理论储备</td><td></td></tr>
<tr><td>技能准备</td><td></td></tr>
<tr><td rowspan="4">学习过程记录</td><td>1. 任务导入</td><td></td></tr>
<tr><td>2. 工作步骤及要求</td><td></td></tr>
<tr><td>3. 注意事项</td><td></td></tr>
<tr><td>4. 工作任务</td><td></td></tr>
<tr><td colspan="3">注：本表不够填写时可以另附页</td></tr>
</table>

任务二　低压容器的压力测试

具体任务及内容描述

试分析XT低压箱式容器属于何种类型的压力容器，并计算水压试验压力，校核其薄膜应力。

压力试验是在一定温度和压力载荷下对压力容器的强度和密封性的检验，有液压试验和气压试验两类，本任务要求学生参考教材案例，完成XT低压箱式容器的水压试验压力和薄膜应力计算，并对计算和资料查阅过程进行记录、存档。

建议学时　**2**学时

知识回顾

想一想

1. 压力试验是压力容器在一定温度和压力载荷下对其强度和密封性的检验，一般分为几类？请简述这几种试验的区别。

2. 结合所学简述水压试验流程。

动一动

根据水压试验程序对试件进行水压试验并评判试件质量。

学习过程记录

专业__________ 班级__________ 项目同组人__________ 日期__________

<table>
<tr><td>项目名称</td><td colspan="2">项目五　低压容器的焊接质量检验</td></tr>
<tr><td>任务名称</td><td colspan="2">任务二　低压容器的压力测试</td></tr>
<tr><td>主要任务</td><td colspan="2">①熟悉压力容器水压、气压测试和气密性试验要求；
②掌握水压、气压和气密性试验的一般方法；
③完成XT低压箱式容器的水压试验准备</td></tr>
<tr><td rowspan="2">任务要求</td><td>理论要求</td><td>掌握压力试验的基本知识</td></tr>
<tr><td>技能要求</td><td>能够完成压力试验基本操作</td></tr>
<tr><td>任务重点</td><td colspan="2"></td></tr>
<tr><td>任务难点</td><td colspan="2"></td></tr>
<tr><td>关键技能</td><td colspan="2"></td></tr>
<tr><td>操作要点</td><td colspan="2"></td></tr>
<tr><td rowspan="2">任务学习条件</td><td>理论储备</td><td></td></tr>
<tr><td>技能准备</td><td></td></tr>
<tr><td rowspan="4">学习过程记录</td><td>1. 任务导入</td><td></td></tr>
<tr><td>2. 工作步骤及要求</td><td></td></tr>
<tr><td>3. 注意事项</td><td></td></tr>
<tr><td>4. 工作任务</td><td></td></tr>
<tr><td colspan="3">注：本表不够填写时可以另附页</td></tr>
</table>

任务三　典型焊缝的金相试样制备与分析

具体任务及内容描述

根据学校金相实验条件，试完成一种给定焊缝的金相试样制备和观察。

金相试样制备与分析是对焊接接头组织进行金相观察与分析，已成为焊接生产与科研中用以评判焊接质量优劣、寻找焊接结构失效原因的一种重要手段。根据教材项目任务三典型焊缝的金相试样制备与分析要求，通过独立或小组合作方式，完成学习任务，并工作过程进行记录、存档。

建议学时　2学时

知识回顾

想一想

1. 简述焊缝的金相试样实验原理。

2. 在不同情况下，低碳钢焊接接头组织及热影响区有何变化？

动一动

借助现有实验设备、器材完成试件的金相试样制备。

学习过程记录

专业________班级________项目同组人________日期________

<table>
<tr><td>项目名称</td><td colspan="2">项目五　低压容器的焊接质量检验</td></tr>
<tr><td>任务名称</td><td colspan="2">任务三　典型焊缝的金相试样制备与分析</td></tr>
<tr><td>主要任务</td><td colspan="2">①熟悉焊接区域显微组织特征；
②掌握金相试样的制备方法；
③完成金相组织的初步分析</td></tr>
<tr><td rowspan="2">任务要求</td><td>理论要求</td><td>掌握金相制备和分析的基本知识</td></tr>
<tr><td>技能要求</td><td>能够进行金相观察与分析基本操作</td></tr>
<tr><td>任务重点</td><td colspan="2"></td></tr>
<tr><td>任务难点</td><td colspan="2"></td></tr>
<tr><td>关键技能</td><td colspan="2"></td></tr>
<tr><td>操作要点</td><td colspan="2"></td></tr>
<tr><td rowspan="2">任务学习条件</td><td>理论储备</td><td></td></tr>
<tr><td>技能准备</td><td></td></tr>
<tr><td rowspan="4">学习过程记录</td><td>1. 任务导入</td><td></td></tr>
<tr><td>2. 工作步骤及要求</td><td></td></tr>
<tr><td>3. 注意事项</td><td></td></tr>
<tr><td>4. 工作任务</td><td></td></tr>
<tr><td colspan="3">注:本表不够填写时可以另附页</td></tr>
</table>

教学效果评价

专业__________班级__________项目负责人__________日期__________

项目名称				
任务名称				
成员姓名				
评价指标项	内容简介与评价标准	分值	学生自评	老师评价
注：可以跨行填写，本表不够用时可以另附页				

教学效果评价

专业__________ 班级__________ 项目负责人__________ 日期__________

项目名称				
任务名称				
成员姓名				
评价指标项	内容简介与评价标准	分值	学生自评	老师评价
注:可以跨行填写,本表不够用时可以另附页				

温馨提示

扫描即可下载电子版的教学效果评价表